책장을 넘기며 느껴지는
몰입의 기쁨

노력한 만큼 빛이 나는
내일의 반짝임

새로운 배움, 더 큰 즐거움

미래엔이 응원합니다!

올리드 유형완성

중등 수학 1(하)

BOOK CONCEPT

단계별, 유형별 학습으로 수학 잡는 필수 유형서

BOOK GRADE

구성 비율	개념			문제

개념 수준	상세	알참	간략

문제 수준	기본	실전	심화

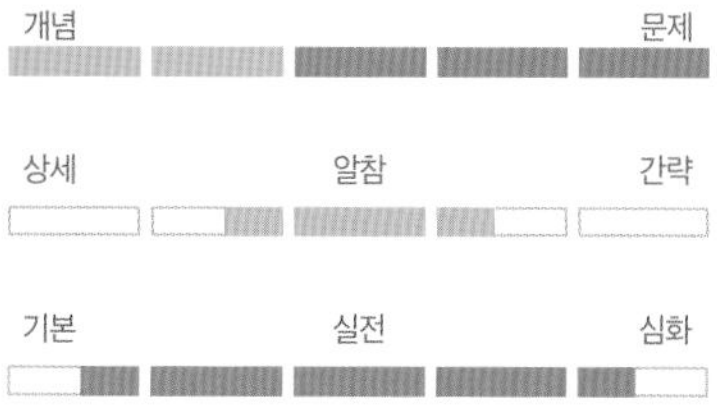

WRITERS

미래엔콘텐츠연구회

No.1 Content를 개발하는 교육 전문 콘텐츠 연구회

COPYRIGHT

인쇄일 2022년 5월 2일(2판1쇄)
발행일 2022년 5월 2일

펴낸이 신광수
펴낸곳 ㈜미래엔
등록번호 제16-67호

교육개발1실장 하남규
개발책임 주석호
개발 김지현, 박혜령, 황규리, 조성민

콘텐츠서비스실장 김효정
콘텐츠서비스책임 이승연, 이병욱

디자인실장 손현지
디자인책임 김기욱
디자인 이진희, 유성아

CS본부장 강윤구
CS지원책임 강승훈

ISBN 979-11-6841-123-4

INTRODUCTION

머리말

끊임없는 노력이
나의 실력을 만든다!!

끊임없이 노력하라.
체력이나 지능이 아니라 노력이야말로
잠재력의 자물쇠를 푸는 열쇠다.
– 윈스턴 처칠

여러분은 지금까지 수학 공부를 어떻게 하였나요?

공부 계획은 열심히 세웠지만

실천하지 못하여 중간에 포기하지 않았나요?

또는 개념을 명확히 이해하지 못한 채

문제만 기계적으로 풀지 않았나요?

수학을 잘하려면 집중력 있고 끈기 있게 공부하여야 합니다.

이때 개념을 정확히 이해하고 문제를 푸는 것이

무엇보다 중요하겠지요.

올리드 유형완성은

주제별로 개념과 유형을 구성하여

하루에 한 주제만 집중할 수 있도록 하였습니다.

올리드 유형완성으로 하루에 한 주제씩

개념 학습과 유형 연습을 완벽하게 한다면

그 하루하루의 노력이 모여

점점 실력이 향상되는 나를 발견하게 될 것입니다.

STRUCTURE

1 수학의 모든 문제 유형을 한 권에 담았습니다.

교과서에 수록된 문제부터 시험에 출제된 문제까지
모든 수학 문제를 개념별, 난이도별, 유형별로 정리
하여 구성하였습니다.

Lecture별 유형 집중 학습

기본 학습
Lecture별로 교과서 핵심 개념과 이를 익히고
계산력을 기를 수 있는 문제로 구성하였습니다.

유형 학습
교과서와 시험에 출제된 문제를 철저히 분석하여 개념과
문제 형태에 따라 다양한 유형으로 구성하였습니다.

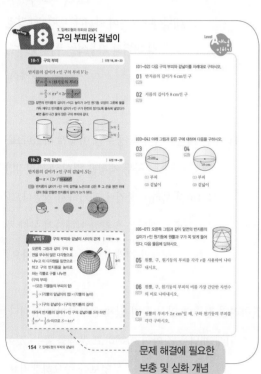

문제 해결에 필요한
보충 및 심화 개념

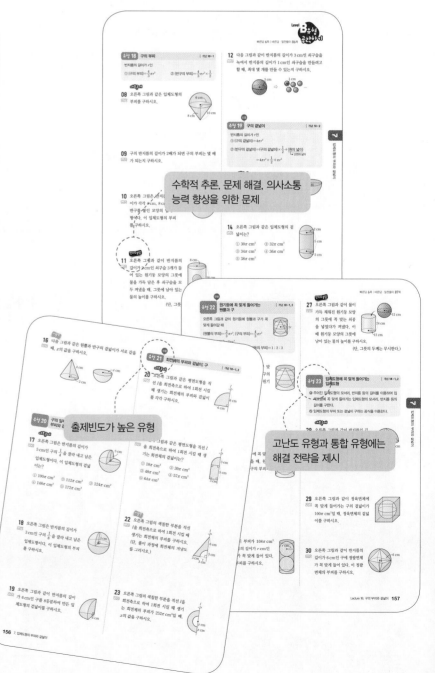

수학적 추론, 문제 해결, 의사소통
능력 향상을 위한 문제

출제빈도가 높은 유형

고난도 유형과 통합 유형에는
해결 전략을 제시

2 진도에 맞춰 기본부터 실전까지 완전 학습이 가능합니다.

한 시간 수업(Lecture)을 기본 4쪽으로 구성하여 수업 진도에 맞춰 예습·복습하기 편리하고, 유형별로 충분한 문제 해결 연습을 할 수 있습니다.

3 서술형 문제, 창의·융합 문제로 수학적 창의성을 기릅니다.

교육과정에서 강조하는 창의·융합적 사고력을 기를 수 있도록 다양한 형태의 문제를 제시하고 자세한 풀이를 수록하여 쉽게 이해할 수 있습니다.

중단원별 실전 집중 학습

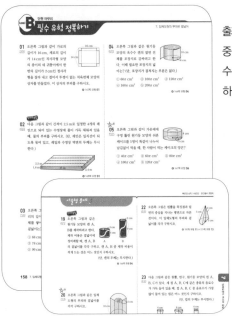

출제율이 높은 시험 문제 중 Lecture별로 학습할 수 있도록 문제를 구성하였습니다.

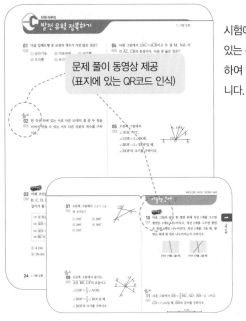

시험에서 변별력 있는 문제를 엄선하여 구성하였습니다.

자세한 문제 풀이

정답만 빠르게 확인할 수 있습니다.

자세한 풀이를 제시하였습니다.

CONTENTS
차례

수학이 쉬워지는

"유형완성 학습법"

STEP 01

핵심 개념 정리

수학 문제를 풀기 위해서는 무엇보다 개념을 정확히 이해하고 있는 것이 중요하므로 차근차근 개념을 학습하여 확실히 이해하고 공식을 암기합니다. 교과서를 먼저 읽은 후 공부하면 더 쉽게 개념을 이해할 수 있습니다.

STEP 02

(Level A) 개념 익히기

기본 문제를 풀어 보면서 개념을 어느 정도 이해했는지 확인해 봅니다. 틀린 문제가 있다면 해당 개념으로 돌아가 개념을 다시 한 번 학습한 후 문제를 다시 풀어 봅니다.

STEP 03

(Level B) 유형 공략하기

문제의 형태와 문제 해결에 사용되는 핵심 개념, 풀이 방법 등에 따라 문제를 유형화하고 그 유형에 맞는 해결 방법이 제시되어 있으므로 문제를 풀어 보며 해결 방법을 익힙니다. 틀린 문제가 있다면 체크해 두고 반드시 복습합니다.

STEP 04

(Level B)
단원 마무리 필수 유형 정복하기

수학을 꾸준히 공부했다고 하더라도 실전에 앞서 실전 감각을 기르는 것이 무엇보다 중요합니다. 필수 유형 정복하기에 제시된 문제를 풀면서 실전 감각을 기르고 앞에서 학습한 내용을 얼마나 이해했는지 확인해 봅니다.

STEP 05

(Level C)
단원 마무리 발전 유형 정복하기

난이도가 높은 문제를 해결하기 위해서는 어떤 개념과 유형이 복합된 문제인지를 파악하고 그에 맞는 전략을 세울 수 있어야 합니다. 발전 유형 정복하기에 제시된 문제를 풀면서 앞에서 학습한 유형들이 어떻게 응용되어 있는지 파악하고 해결 방법을 고민해 보는 훈련을 통해 문제 해결력을 기릅니다.

1 기본 도형

학습 계획 및 성취도 체크

O 학습 계획을 세우고 적어도 두 번 반복하여 공부합니다.

O 유형 이해도에 따라 ☐ 안에 ○, △, ×를 표시합니다.

O 시험 전에 [빈출] 유형과 × 표시한 유형은 반드시 한 번 더 풀어 봅니다.

01 점, 선, 면

01-1 교점과 교선 | 유형 01

(1) **도형의 기본 요소**

① 점, 선, 면을 도형을 이루는 기본 요소라 한다.

② 점이 움직인 자리는 선이 되고, 선이 움직인 자리는 면이 된다.
└→직선과 곡선   평면과 곡면←┘

(2) **교점과 교선**

① **교점**: 선과 선 또는 선과 면이 만나서 생기는 점

② **교선**: 면과 면이 만나서 생기는 선

01-2 직선, 반직선, 선분 | 유형 02~04

(1) **직선의 결정 조건**: 한 점을 지나는 직선은 무수히 많지만 서로 다른 두 점을 지나는 직선은 오직 하나뿐이다.
└→ 서로 다른 두 점은 하나의 직선을 결정한다.

(2) **직선, 반직선, 선분**

① **직선 AB**: 서로 다른 두 점 A, B를 지나 양쪽으로 한없이 곧게 뻗은 선 ➡ $\overleftrightarrow{AB}$

② **반직선 AB**: 직선 AB 위의 점 A에서 시작하여 점 B의 방향으로 한없이 곧게 뻗은 선 ➡ $\overrightarrow{AB}$
┌→시작점

③ **선분 AB**: 직선 AB 위의 점 A에서 점 B까지의 부분 ➡ $\overline{AB}$

참고 $\overrightarrow{AB}$와 $\overrightarrow{BA}$는 시작점과 뻗어 나가는 방향이 다르므로 서로 다른 반직선이다.

01-3 두 점 사이의 거리 | 유형 05~07

(1) **두 점 A, B 사이의 거리**: 두 점 A, B를 잇는 무수히 많은 선 중에서 길이가 가장 짧은 선인 선분 AB의 길이

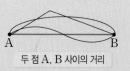

두 점 A, B 사이의 거리

(2) **선분 AB의 중점**: 선분 AB 위의 점 M에 대하여 $\overline{AM} = \overline{MB}$일 때의 점 M
└→ 점 M은 선분 AB의 길이를 이등분한다.

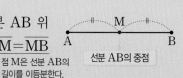

선분 AB의 중점

➡ $\overline{AM} = \overline{MB} = \dfrac{1}{2}\overline{AB}$

[01~04] 다음 중 옳은 것은 ○표, 옳지 않은 것은 ×표를 하시오.

01 점이 움직인 자리는 항상 직선이 된다. ( )
0001

02 면은 무수히 많은 선으로 이루어져 있다. ( )
0002

03 교선은 면과 선이 만나서 생기는 선이다. ( )
0003

04 면과 면이 만나면 직선 또는 곡선이 생긴다. ( )
0004

05 오른쪽 그림과 같은 사각뿔에서 교점과 교선의 개수를 차례대로 구하시오.
0005

[06~10] 오른쪽 그림과 같은 직육면체에서 다음을 구하시오.

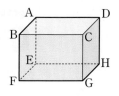

06 모서리 AB와 모서리 AD의 교점
0006

07 모서리 CD와 면 BFGC의 교점
0007

08 면 ABCD와 면 AEHD의 교선
0008

09 교점의 개수
0009

10 교선의 개수
0010

[11~14] 다음 도형을 기호로 나타내시오.

11 P   Q
[0011]

12 P   Q
[0012]

13 P   Q
[0013]

14 P   Q
[0014]

[15~18] 한 직선 위에 있는 두 점 P, Q에 대하여 다음 ☐ 안에 = 또는 ≠를 알맞게 써넣으시오.

15 $\overrightarrow{PQ}$ ☐ $\overrightarrow{QP}$
[0015]

16 $\overrightarrow{PQ}$ ☐ $\overleftarrow{QP}$
[0016]

17 $\overline{PQ}$ ☐ $\overline{QP}$
[0017]

18 $\overrightarrow{PQ}$ ☐ $\overleftarrow{PQ}$
[0018]

[19~20] 오른쪽 그림에서 다음을 구하시오.

19 두 점 A, C 사이의 거리
[0019]

20 두 점 C, D 사이의 거리
[0020]

[21~22] 다음 그림을 보고, ☐ 안에 알맞은 수를 써넣으시오.

21 점 M이 선분 AB의 중점일 때
[0021]

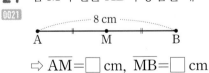

⇨ $\overline{AM}=$ ☐ cm, $\overline{MB}=$ ☐ cm

22 두 점 M, N이 선분 AB의 삼등분점일 때
[0022]

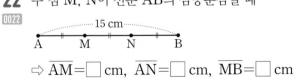

⇨ $\overline{AM}=$ ☐ cm, $\overline{AN}=$ ☐ cm, $\overline{MB}=$ ☐ cm

---

유형 01   교점과 교선 | 개념 01-1

대표문제

23 오른쪽 그림과 같은 육각기둥에서 교점의 개수를 a개, 교선의 개수를 b개, 면의 개수를 c개라 할 때, $a+b+c$의 값을 구하시오.
[0023]

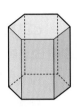

창의⊕융합

24 다음 중 오른쪽 그림과 같은 오각뿔과 사각기둥에 대하여 바르게 말한 사람을 모두 고르시오.
[0024]

> 재희: 두 도형은 모두 입체도형이야.
> 승우: 오각뿔에서 교선의 개수는 6개이지.
> 나연: 사각기둥에서 교점의 개수는 6개야.
> 기훈: 사각기둥에서 교선의 개수는 12개야.

25 다음 중 옳지 <u>않은</u> 것은?
[0025]

① 선 위에는 무수히 많은 점이 있다.
② 선이 움직인 자리는 면이 된다.
③ 선과 선이 만나면 교점이 생긴다.
④ 입체도형은 점, 선, 면으로 이루어져 있다.
⑤ 직육면체에서 교점의 개수와 교선의 개수는 서로 같다.

빈출

유형 02 직선, 반직선, 선분 | 개념 01-2

① $\overrightarrow{AB}$와 $\overrightarrow{BA}$는 서로 같은 직선이다. ➡ $\overrightarrow{AB}=\overrightarrow{BA}$

② $\overrightarrow{AB}$와 $\overrightarrow{BA}$는 시작점과 뻗어 나가는 방향이 모두 다르므로 서로 다른 반직선이다. ➡ $\overrightarrow{AB}\neq\overrightarrow{BA}$

③ $\overline{AB}$와 $\overline{BA}$는 서로 같은 선분이다. ➡ $\overline{AB}=\overline{BA}$

대표문제

26 오른쪽 그림과 같이 직선 l 위에 네 점 A, B, C, D가 있을 때, 다음 중 $\overrightarrow{AC}$와 같은 것은 모두 몇 개인지 구하시오.

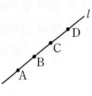

$$\overrightarrow{AC}, \quad \overrightarrow{BC}, \quad \overrightarrow{AB}, \quad \overrightarrow{AC}, \quad \overrightarrow{AD}, \quad \overrightarrow{CA}$$

27 오른쪽 그림과 같이 직선 l 위에 세 점 A, B, C가 있을 때, 다음 중 옳지 <u>않은</u> 것은?

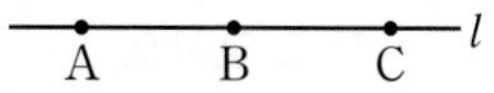

① $\overrightarrow{AB}=\overrightarrow{BA}$ ② $\overrightarrow{AB}=\overrightarrow{BC}$

③ $\overrightarrow{AC}=\overrightarrow{CB}$ ④ $\overline{AC}=\overline{CA}$

⑤ $\overline{AB}$는 $\overline{AC}$에 포함된다.

28 아래 그림과 같이 직선 l 위에 5개의 점 A, B, C, D, E가 있을 때, 다음 중 $\overrightarrow{CD}$를 포함하는 것을 모두 고르면? (정답 2개)

① $\overrightarrow{AB}$ ② $\overrightarrow{CD}$ ③ $\overrightarrow{AC}$

④ $\overrightarrow{DE}$ ⑤ $\overrightarrow{DC}$

29 다음 중 옳은 것을 모두 고르면? (정답 2개)

① 한 점을 지나는 직선은 오직 하나뿐이다.

② 시작점이 같은 반직선은 오직 하나뿐이다.

③ 서로 다른 두 점을 지나는 직선은 오직 하나뿐이다.

④ 방향이 같은 두 반직선은 서로 같다.

⑤ 두 점을 잇는 선 중에서 길이가 가장 짧은 것은 두 점을 일직선으로 잇는 선분이다.

유형 03 직선, 반직선, 선분의 개수 (1) | 개념 01-2

두 점 A, B로 만들 수 있는 서로 다른 직선, 반직선, 선분의 개수

① 직선 ➡ $\overleftrightarrow{AB}$의 1개

② 반직선 ➡ $\overrightarrow{AB}$, $\overrightarrow{BA}$의 2개 → (반직선의 개수)=(직선의 개수)×2

③ 선분 ➡ $\overline{AB}$의 1개 → (선분의 개수)=(직선의 개수)

대표문제

30 오른쪽 그림과 같이 한 직선 위에 있지 않은 세 점 A, B, C 중 두 점을 지나는 서로 다른 직선, 반직선, 선분의 개수를 차례대로 구하시오.

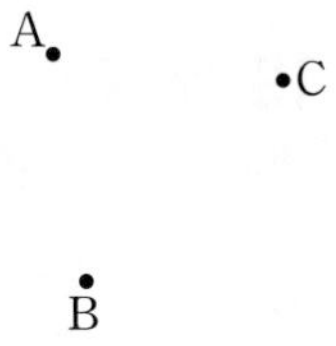

A•   •C

B•

31 오른쪽 그림과 같이 어느 세 점도 한 직선 위에 있지 않은 네 점 A, B, C, D가 있다. 이 중 두 점을 지나는 서로 다른 선분의 개수를 구하시오.

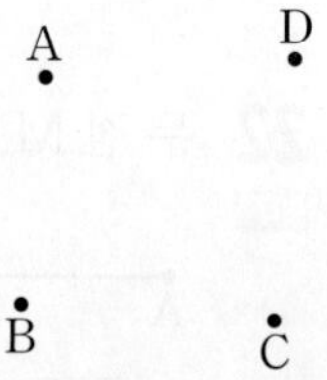

A•   D•

B•   C•

서술형

32 오른쪽 그림과 같이 한 원 위에
0032 5개의 점 A, B, C, D, E가 있
다. 이 중 두 점을 지나는 서로
다른 직선의 개수를 a개, 반직선
의 개수를 b개라 할 때, $a+b$의
값을 구하시오.

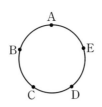

서술형 **창의◆응합**

35 오른쪽 그림과 같이 직선 l 위
0035 에 있는 세 점 A, B, C와 직
선 l 위에 있지 않은 두 점 D,
E가 있다. 이 중 두 점을 이어
서 만들 수 있는 서로 다른 반직선과 선분의 개수를
차례대로 구하시오.

유형 04 **직선, 반직선, 선분의 개수 (2)** | 개념 **01-2**

오른쪽 그림과 같이 직선 l 위에 세 점 A,
B, C가 있을 때, 이 중 두 점을 이어서 만
들 수 있는 서로 다른 직선, 반직선, 선분의
개수

① 직선 ➡ $\overleftrightarrow{AB}$의 1개
② 반직선 ➡ $\overrightarrow{AC}$, $\overrightarrow{BC}$, $\overrightarrow{CA}$, $\overrightarrow{BA}$의 4개
③ 선분 ➡ $\overline{AB}$, $\overline{BC}$, $\overline{AC}$의 3개

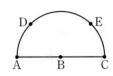

대표문제

33 오른쪽 그림과 같이 직선
0033 l 위에 네 점 A, B, C, D

가 있을 때, 이 중 두 점을 이어서 만들 수 있는 서로
다른 반직선과 선분의 개수를 차례대로 구하면?

① 3개, 3개　　② 3개, 6개　　③ 6개, 1개

④ 6개, 3개　　⑤ 6개, 6개

36 오른쪽 그림과 같이 반원 위에
0036 5개의 점 A, B, C, D, E가 있
다. 이 중 두 점을 이어서 만들
수 있는 서로 다른 직선의 개수
를 구하시오.

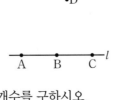

빈출

유형 05 **선분의 중점** | 개념 **01-3**

대표문제

37 아래 그림에서 점 M은 $\overline{AB}$의 중점이고 점 N은 $\overline{BM}$
0037 의 중점일 때, 다음 **보기** 중 옳은 것을 모두 고르시오.

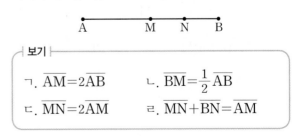

┌ 보기 ┐

ㄱ. $\overline{AM}=2\overline{AB}$　　　ㄴ. $\overline{BM}=\dfrac{1}{2}\overline{AB}$

ㄷ. $\overline{MN}=2\overline{AM}$　　　ㄹ. $\overline{MN}+\overline{BN}=\overline{AM}$

34 오른쪽 그림과 같이 직선 l 위
0034 에 있는 세 점 A, B, C와 직
선 l 위에 있지 않은 한 점 D
가 있다. 이 중 두 점을 이어서
만들 수 있는 서로 다른 직선의 개수를 구하시오.

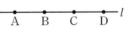

38 아래 그림과 같이 직선 l 위에 5개의 점 A, B, C,
M, N이 있다. 두 점 M, N은 각각 $\overline{AB}$, $\overline{BC}$의 중점
일 때, 다음 **보기** 중 길이가 서로 같은 선분끼리 짝
지어진 것을 모두 고르시오.

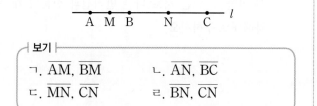

| 보기 |
| ㄱ. $\overline{AM}$, $\overline{BM}$ ㄴ. $\overline{AN}$, $\overline{BC}$ |
| ㄷ. $\overline{MN}$, $\overline{CN}$ ㄹ. $\overline{BN}$, $\overline{CN}$ |

39 아래 그림에서 $\overline{AM}=\overline{MN}=\overline{NB}$일 때, 다음 중 옳지
<u>않은</u> 것은?

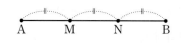

① $\overline{AN}=\dfrac{2}{3}\overline{AB}$ ② $\overline{BN}=\dfrac{1}{3}\overline{AB}$

③ $\overline{BM}=2\overline{BN}$ ④ $\overline{AN}=2\overline{MN}$

⑤ $\overline{BM}=\dfrac{1}{3}\overline{AB}$

40 아래 그림에서 두 점 M, N은 $\overline{AB}$의 삼등분점이고
점 P는 $\overline{MN}$의 중점일 때, 다음 중 옳지 <u>않은</u> 것은?

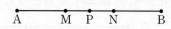

① $\overline{AB}=6\overline{PM}$ ② $\overline{PB}=\dfrac{1}{2}\overline{AB}$

③ $\overline{AB}=3\overline{AM}$ ④ $\overline{AN}=3\overline{PN}$

⑤ $\overline{MN}=\dfrac{1}{3}\overline{AB}$

유형 06 **두 점 사이의 거리** (1) | 개념 01-3

다음 그림에서 두 점 M, N이 각각 $\overline{AC}$, $\overline{BC}$의 중점일 때

① $\overline{AM}=\overline{CM}=\dfrac{1}{2}\overline{AC}$, $\overline{CN}=\overline{BN}=\dfrac{1}{2}\overline{BC}$

② $\overline{MN}=\overline{CM}+\overline{CN}=\dfrac{1}{2}(\overline{AC}+\overline{BC})=\dfrac{1}{2}\overline{AB} \rightarrow \overline{AB}=2\overline{MN}$

대표문제

41 다음 그림에서 두 점 M, N은 각각 $\overline{AC}$, $\overline{BC}$의 중점
이다. $\overline{AB}=14$ cm일 때, $\overline{MN}$의 길이를 구하시오.

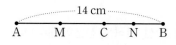

42 다음 그림에서 두 점 M, N은 각각 $\overline{AC}$, $\overline{BC}$의 중점
이다. $\overline{MN}=9$ cm일 때, $\overline{AB}$의 길이를 구하시오.

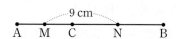

43 다음 그림에서 $\overline{AB}=\overline{BC}=\overline{CD}$이고 $\overline{AC}=18$ cm이
다. $\overline{AD}=a\overline{CD}$, $\overline{BD}=b$ cm일 때, 수 a, b에 대하
여 $a+b$의 값은?

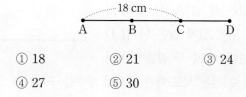

① 18   ② 21   ③ 24

④ 27   ⑤ 30

서술형

44 아래 그림에서 세 점 L, M, N은 각각 $\overline{AB}$, $\overline{BC}$, $\overline{LM}$의 중점이다. $\overline{AB}=24$ cm, $\overline{BC}=16$ cm일 때, 다음 물음에 답하시오.

(1) $\overline{LN}$의 길이를 구하시오.

(2) $\overline{NB}$의 길이를 구하시오.

유형 07 두 점 사이의 거리 (2) | 개념 01-3

오른쪽 그림에서 $2\overline{AC}=5\overline{BC}$이면

$\overline{AC}=\dfrac{5}{2}\overline{BC}$이므로

$\overline{AB}=\overline{AC}+\overline{BC}=\dfrac{5}{2}\overline{BC}+\overline{BC}=\dfrac{7}{2}\overline{BC}$ ➡ $\overline{BC}=\dfrac{2}{7}\overline{AB}$

대표문제

45 다음 그림에서 $3\overline{AB}=\overline{BC}$이고 두 점 M, N은 각각 $\overline{AB}$, $\overline{BC}$의 중점이다. $\overline{MN}=10$ cm일 때, $\overline{BC}$의 길이는?

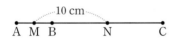

① 13 cm ② 14 cm ③ 15 cm
④ 16 cm ⑤ 17 cm

서술형

46 아래 그림에서 $\overline{AC}=2\overline{CD}$, $\overline{AB}=2\overline{BC}$이고 $\overline{AD}=27$ cm일 때, 다음 물음에 답하시오.

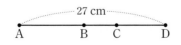

(1) $\overline{AC}$의 길이를 구하시오.

(2) $\overline{BC}$의 길이를 구하시오.

---

47 다음 그림에서 $\overline{AM}:\overline{MO}=1:2$, $\overline{AO}:\overline{OB}=2:3$, $\overline{ON}:\overline{NB}=5:1$이다. $\overline{AM}=8$ cm일 때, $\overline{NB}$의 길이를 구하시오.

48 다음 그림에서 두 점 D, E는 각각 $\overline{AB}$, $\overline{DC}$의 중점이다. $\overline{AD}=\dfrac{2}{7}\overline{AC}$, $\overline{BE}=3$ cm일 때, $\overline{AC}$의 길이는?

① 42 cm ② 44 cm ③ 46 cm
④ 48 cm ⑤ 50 cm

창의·융합

49 주영이네 집 A에서 학교 B까지의 거리는 12 km이고 집과 학교 사이의 일직선인 길 위에 각각 서점 C, 마트 D, 공원 E가 있다. $\overline{AB}=4\overline{AD}$, $\overline{AD}=3\overline{CD}$, $\overline{DE}=\dfrac{1}{6}\overline{BD}$일 때, 서점과 공원 사이의 거리를 구하시오.

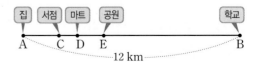

02-1 각 | 유형 08~12

(1) **각 AOB**: 한 점 O에서 시작
하는 두 반직선 OA와 OB로
이루어진 도형

각의 꼭짓점
각의 변
각의 크기

➡ **∠AOB**, ∠BOA, ∠O, ∠a

(2) **각의 분류**

① (평각)=180° ② (직각)=90°

③ 0°<(예각)<90° ④ 90°<(둔각)<180°

02-2 맞꼭지각 | 유형 13~16

(1) **교각**: 서로 다른 두 직선이 한 점에서
만날 때 생기는 네 각

➡ ∠a, ∠b, ∠c, ∠d

(2) **맞꼭지각**: 교각 중에서 서로 마주 보는 각

➡ ∠a와 ∠c, ∠b와 ∠d

(3) **맞꼭지각의 성질**: 맞꼭지각의 크기는 서로 같다.

➡ ∠a=∠c, ∠b=∠d

02-3 직교와 수선 | 유형 17

(1) **직교**: 두 직선 AB와 CD의 교각이
직각일 때, 이 두 직선은 **직교**한다
고 한다. ➡ AB⊥CD

(2) **수직과 수선**: 두 직선이 직교할 때,
두 직선은 서로 **수직**이고, 한 직선을 다른 직선의 **수선**
이라 한다.

(3) **수직이등분선**: 선분 AB의 중점 M
을 지나고 선분 AB에 수직인 직
선 l을 선분 AB의 **수직이등분선**이
라 한다. ➡ AM=BM, l⊥AB

(4) **수선의 발**: 직선 l 위에 있지 않
은 점 P에서 직선 l에 수선을
그어 생기는 교점 ➡ 점 H

점 P와 직선 l
사이의 거리
수선의 발

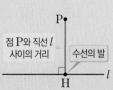

(5) **점과 직선 사이의 거리**: 직선 l 위
에 있지 않은 점 P에서 직선 l에 내린 수선의 발 H까지
의 거리 ➡ PH의 길이

[01~06] 다음 각을 예각, 직각, 둔각, 평각으로 분류하시오.

01 53°
0050

02 180°
0051

03 72°
0052

04 101°
0053

05 90°
0054

06 160°
0055

[07~08] 다음 그림에서 ∠x의 크기를 구하시오.

07
0056

08
0057

[09~12] 다음 그림에서 ∠x, ∠y의 크기를 각각 구하시오.

09
0058

10
0059

11
0060

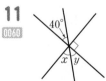

12
0061

[13~14] 오른쪽 그림과 같은 사다
리꼴 ABCD에서 다음을 구하시
오.

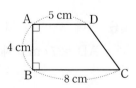

13 BC와 직교하는 선분
0062

14 점 A와 BC 사이의 거리
0063

유형 08 각의 크기 구하기 ; 직각 이용 | 개념 02-1

대표문제

15 오른쪽 그림에서 x의 값을 구하시오.
0064

$2x° - 10°$
$x° + 40°$

16 오른쪽 그림에서 x의 값을 구하시오.
0065

$x°$
$3x° - 26°$

서술형

17 오른쪽 그림에서 $∠x$, $∠y$의 크기를 각각 구하시오.
0066

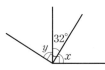
y $32°$ x

18 오른쪽 그림에서 $∠AOC = ∠BOD = 90°$이고 $∠AOB + ∠COD = 70°$일 때, $∠BOC$의 크기는?
0067

① $45°$ ② $50°$ ③ $55°$

④ $60°$ ⑤ $65°$

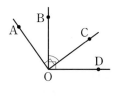

빈출

유형 09 각의 크기 구하기 ; 평각 이용 | 개념 02-1

대표문제

19 오른쪽 그림에서 $∠x$의 크기를 구하시오.
0068

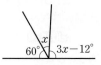
x
$60°$ $3x - 12°$

20 오른쪽 그림에서 x의 값을 구하시오.
0069

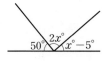
$50°$ $2x°$ $x° - 5°$

21 오른쪽 그림에서 $∠BOD$의 크기는?
0070

① $20°$ ② $22°$

③ $25°$ ④ $28°$

⑤ $32°$

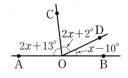
C
$2x+2°$ D
$2x+13°$ $x-10°$
A O B

서술형

22 오른쪽 그림에서 $∠AOB = 25°$, $∠DOE = 90°$, $∠COE = 120°$일 때, $∠b - ∠a$의 크기를 구하시오.
0071

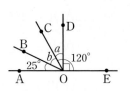
C D
B a
b
$25°$ $120°$
A O E

각의 크기 구하기
; 각의 크기 사이의 조건이 주어진 경우
| 개념 **02-1**

오른쪽 그림에서 $\angle COD = a°$일 때
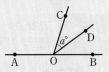
① $\angle AOC = 3\angle COD$이면
  $\angle AOC = 3a°$
② $\angle BOC = 2\angle COD$이면
  $\angle BOD = a° \leftarrow \angle BOD = \angle BOC - \angle COD = 2a° - a° = a°$

대표문제

23
[0072]
오른쪽 그림에서
$\angle AOD = 2\angle COD$,
$\angle DOB = 2\angle EOB$일 때,
$\angle COE$의 크기를 구하시오.
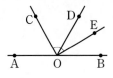

24
[0073]
오른쪽 그림에서
$\angle AOD = 6\angle COD$,
$\angle DOB = 6\angle DOE$일 때,
$\angle COE$의 크기는?
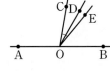

① $20°$ ② $25°$ ③ $30°$
④ $35°$ ⑤ $40°$

서술형

25
[0074]
오른쪽 그림에서
$\angle AOP = 90°$이고
$\angle POQ = \dfrac{1}{4}\angle AOQ$,
$\angle QOR = \dfrac{1}{3}\angle BOR$일 때, $\angle POR$의 크기를 구하시오.
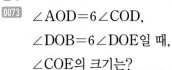

26
[0075]
오른쪽 그림에서
$\angle BOD = 3\angle DOE$,
$\angle COD = \dfrac{1}{2}\angle DOE$이고
$\angle AOB = 60°$일 때, $\angle BOC$의 크기를 구하시오.
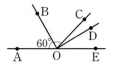

유형 **11** **각의 크기 구하기**
; 각의 크기의 비가 주어진 경우
| 개념 **02-1**

오른쪽 그림에서
$\angle x : \angle y : \angle z = a : b : c$이면

① $\angle x = 180° \times \dfrac{a}{a+b+c}$
② $\angle y = 180° \times \dfrac{b}{a+b+c}$
③ $\angle z = 180° \times \dfrac{c}{a+b+c}$

대표문제

27
[0076]
오른쪽 그림에서
$\angle x : \angle y : \angle z = 2 : 6 : 7$
일 때, $\angle x$의 크기를 구하시오.

28
[0077]
오른쪽 그림에서
$\angle AOB : \angle BOC = 4 : 1$일 때,
$\angle AOB$의 크기를 구하시오.

29 오른쪽 그림에서
0078
$\angle x : \angle y = 1 : 2$,
$\angle y : \angle z = 4 : 3$일 때,
$\angle y - \angle z$의 크기는?

① $10°$　　② $15°$　　③ $20°$

④ $25°$　　⑤ $30°$

빈출

유형 13　맞꼭지각 (1)　　　| 개념 02-2

대표문제

32 오른쪽 그림에서 $\angle AOD$의 크기
0081
는?

① $100°$　　② $105°$

③ $110°$　　④ $120°$

⑤ $125°$

유형 12　시계에서 각의 계산　　　| 개념 02-1

① 시침: 12시간에 $360°$만큼 움직인다.
　➡ 1시간에 $30°$씩, 1분에 $0.5°$씩 움직인다.
② 분침: 1시간(60분)에 $360°$만큼 움직인다.
　➡ 1분에 $6°$씩 움직인다.
예 x시 y분일 때,
　시침이 시계의 12를 가리킬 때부터 x시간 y분 동안 움직인 각도는
　➡ $\underset{x시간}{30° \times x} + \underset{y분}{0.5° \times y}$
　분침이 시계의 12를 가리킬 때부터 y분 동안 움직인 각도는
　➡ $\underset{y분}{6° \times y}$

대표문제

30 오른쪽 그림과 같이 시계가 5시
0079
10분을 가리킬 때, 시침과 분침
이 이루는 각 중 작은 쪽의 각의
크기는? (단, 시침, 분침의 두께
는 무시한다.)

① $87.5°$　　② $90°$　　③ $92.5°$

④ $95°$　　⑤ $97.5°$

33 오른쪽 그림에서 $\angle y - \angle x$의
0082
크기는?

① $15°$　　② $18°$

③ $20°$　　④ $22°$

⑤ $25°$

34 오른쪽 그림에서 $\angle x$, $\angle y$의 크기
0083
를 각각 구하시오.

창의♢융합

31 오른쪽 그림과 같이 시계가 1시
0080
25분을 가리킬 때, 시침과 분침
이 이루는 각 중 작은 쪽의 각의
크기를 구하시오. (단, 시침, 분
침의 두께는 무시한다.)

서술형

35 오른쪽 그림에서 $\angle x$의 크기
0084
를 구하시오.

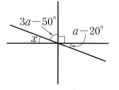

유형 14 맞꼭지각 (2) | 개념 02-2

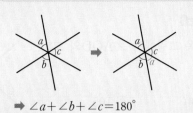

➡ $\angle a + \angle b + \angle c = 180°$

대표문제

36 오른쪽 그림에서 $\angle x$의 크기
0085 는?

① $20°$ ② $25°$
③ $30°$ ④ $35°$
⑤ $40°$

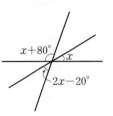

37 오른쪽 그림에서 $\angle x$, $\angle y$의
0086 크기를 각각 구하시오.

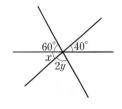

38 오른쪽 그림에서 $\angle y$의 크기
0087 는?

① $25°$ ② $30°$
③ $35°$ ④ $40°$
⑤ $45°$

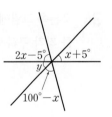

39 오른쪽 그림에서 x의 값을 구
0088 하시오.

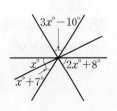

유형 15 맞꼭지각 (3) | 개념 02-2

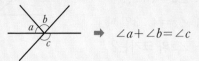

➡ $\angle a + \angle b = \angle c$

대표문제

40 오른쪽 그림에서 $\angle x$, $\angle y$의
0089 크기를 각각 구하시오.

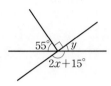

41 오른쪽 그림에서 $\angle x - \angle y$의
0090 크기를 구하시오.

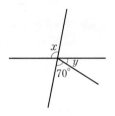

42 오른쪽 그림에서 x의 값은?
0091

① 30 ② 40
③ 50 ④ 60
⑤ 70

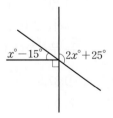

서술형

43 오른쪽 그림에서 $x+y$의 값을
0092 구하시오.

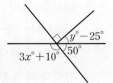

유형 16 맞꼭지각의 쌍의 개수 | 개념 **02-2**

서로 다른 두 직선이 한 점에서 만날 때 생기는 맞꼭지각의 쌍의 개수

➡ ∠a와 ∠c, ∠b와 ∠d의 2쌍

대표문제

44 오른쪽 그림과 같이 세 직선이 한
0093 점 O에서 만날 때 생기는 맞꼭지각
은 모두 몇 쌍인지 구하시오.

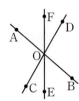

창의+융합

45 오른쪽 그림과 같이 원 모양
0094 의 룰렛 내부에 네 직선이 한
점 O에서 만날 때 생기는 맞
꼭지각은 모두 몇 쌍인가?

① 6쌍   ② 8쌍

③ 10쌍   ④ 12쌍

⑤ 14쌍

유형 17 직교와 수선 | 개념 **02-3**

대표문제

46 오른쪽 그림과 같은 사다리
0095 꼴 ABCD에 대하여 다음 **보
기** 중 옳은 것을 모두 고르시
오.

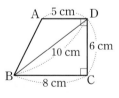

| 보기 |

ㄱ. $\overline{AD} \perp \overline{CD}$

ㄴ. 점 D에서 $\overline{BC}$에 내린 수선의 발은 점 B이다.

ㄷ. 점 B와 $\overline{CD}$ 사이의 거리는 10 cm이다.

ㄹ. 점 A와 $\overline{BC}$ 사이의 거리는 6 cm이다.

47 오른쪽 그림과 같은 직각삼각
0096 형 ABC에서 점 A와 $\overline{BC}$ 사
이의 거리를 a cm, 점 B와
$\overline{AC}$ 사이의 거리를 b cm라
할 때, $a+b$의 값을 구하시오.

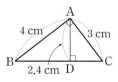

창의+융합

48 오른쪽 좌표평면 위의 5개
0097 의 점 A, B, C, D, E에
대하여 x축과의 거리가 가
장 먼 점과 y축과의 거리가
가장 가까운 점을 차례대
로 구하시오.

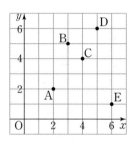

49 오른쪽 그림과 같이 직선 AB
0098 와 직선 CD가 서로 수직일 때,
다음 중 옳지 않은 것은?

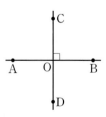

① $\overleftrightarrow{AO} \perp \overleftrightarrow{CO}$

② ∠AOC=∠AOD

③ $\overleftrightarrow{AB}$는 $\overleftrightarrow{CD}$의 수선이다.

④ 점 C에서 $\overleftrightarrow{AB}$에 내린 수선의 발은 점 O이다.

⑤ 점 A와 $\overleftrightarrow{CD}$ 사이의 거리는 $\overline{AB}$의 길이이다.

01
[0099] 오른쪽 그림과 같은 입체도형에서 교점의 개수를 a개, 교선의 개수를 b개라 할 때, $a+b$의 값을 구하시오.

▶ 9쪽 유형 **01**

04
[0102] 오른쪽 그림과 같이 직선 l 위에 있지 않은 한 점 A와 직선 l 위에 있는 네 점 B, C, D, E가 있다. 이 중 두 점을 이어서 만들 수 있는 서로 다른 반직선의 개수를 구하시오.

A•

▶ 11쪽 유형 **04**

02 다음 중 옳지 <u>않은</u> 것을 모두 고르면? (정답 2개)
[0100]
① 선분은 양 끝 점을 모두 포함한다.
② 한 점을 지나는 직선은 무수히 많다.
③ 시작점이 같은 두 반직선은 서로 같다.
④ 반직선의 길이는 직선의 길이의 $\frac{1}{2}$이다.
⑤ 서로 다른 두 점을 지나는 직선은 오직 하나뿐이다.

▶ 10쪽 유형 **02**

창의⊕융합
05 아래 그림에서 $\overline{AC}=\overline{CD}=\overline{DE}=\overline{EB}$일 때, 다음 **보기**
[0103] 중 옳은 것을 모두 고르시오.

│ 보기 │
ㄱ. 점 D는 $\overline{AB}$의 중점이다.
ㄴ. 점 C는 $\overline{AD}$의 중점이다.
ㄷ. $3\overline{CB}=2\overline{DB}$
ㄹ. $\overrightarrow{BD}=\overrightarrow{ED}$

▶ 11쪽 유형 **05**

03 다음 중 오른쪽 그림에서 서로
[0101] 같은 반직선끼리 짝 지어진 것은?

 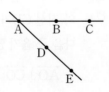

① $\overrightarrow{AB}$와 $\overrightarrow{AD}$ ② $\overrightarrow{AB}$와 $\overrightarrow{AE}$
③ $\overrightarrow{AC}$와 $\overrightarrow{AD}$ ④ $\overrightarrow{CA}$와 $\overrightarrow{CB}$
⑤ $\overrightarrow{DA}$와 $\overrightarrow{EA}$

▶ 10쪽 유형 **02**

06 다음 그림에서 세 점 C, D, E는 각각 $\overline{AB}$, $\overline{AC}$, $\overline{DB}$
[0104] 의 중점이다. $\overline{AB}=16\,cm$일 때, $\overline{CE}$의 길이를 구하시오.

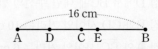

▶ 12쪽 유형 **06**

창의+융합

07 다음 조건을 모두 만족하는 네 점 O, P, Q, R가 $\overline{AB}$ 위에 차례대로 있을 때, $\overline{OQ}$의 길이를 구하시오.

> (개) 점 P는 $\overline{AB}$의 중점이다.
> (내) 점 O는 $\overline{AP}$의 중점이다.
> (대) 두 점 Q, R는 $\overline{PB}$의 삼등분점이다.
> (래) $\overline{AB}$의 길이는 48 cm이다.

▶ 12쪽 유형 06

 08 다음 그림에서 $\overline{CD}=\dfrac{1}{2}\overline{AC}$, $\overline{BC}=\dfrac{1}{3}\overline{AB}$이고 $\overline{AD}=30$ cm일 때, $\overline{BC}$의 길이를 구하시오.

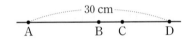

30 cm

A   B C   D

▶ 13쪽 유형 07

09 다음 그림에서 $\overline{AB}:\overline{BC}=2:3$이고 점 M은 $\overline{AB}$의 중점, 점 N은 $\overline{BC}$의 중점일 때, $\overline{MN}:\overline{BC}$는?

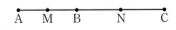

A   M   B   N   C

① 5:6   ② 5:3   ③ 4:5

④ 3:5   ⑤ 2:3

▶ 13쪽 유형 07

10 오른쪽 그림에서 $x+y$의 값을 구하시오.

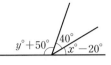

$y°+50°$ $40°$ $x°-20°$

▶ 15쪽 유형 09

11 오른쪽 그림에서 $\angle AOC=\angle COD=\angle DOE$이고 $\angle EOB$는 직각일 때, 다음 중 옳지 <u>않은</u> 것은?

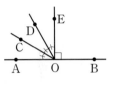

① $\angle AOE=90°$

② $\angle COD=30°$

③ $\angle COB=150°$

④ $3\angle AOD=\angle BOD$

⑤ $\angle AOC=\dfrac{1}{4}\angle BOD$

▶ 16쪽 유형 10

12 오른쪽 그림과 같이 평각을 5등분했을 때, 예각의 개수는?

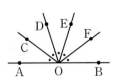

① 5개   ② 8개

③ 9개   ④ 10개

⑤ 12개

▶ 16쪽 유형 10

13 ∠AOC=90°이고

∠DOE : ∠COD=3 : 2,

∠BOC=$\frac{2}{9}$∠AOD일 때, ∠AOB의 크기는?

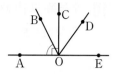

① 56°   ② 58°   ③ 60°

④ 62°   ⑤ 64°

◐ 16쪽 유형 **11**

16 오른쪽 그림과 같이 5개의 직선이 한 점에서 만날 때 생기는 맞꼭지각은 모두 몇 쌍인지 구하시오.

◐ 19쪽 유형 **16**

14 오른쪽 그림에서 ∠a+∠b=200°일 때, ∠x의 크기는?

① 60°   ② 65°

③ 70°   ④ 75°

⑤ 80°

◐ 17쪽 유형 **13**

17 오른쪽 그림과 같은 사각형 ABDE에 대한 설명으로 다음 **보기** 중 옳지 <u>않은</u> 것을 모두 고르시오.

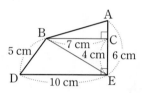

┌ 보기 ┐

ㄱ. 점 A와 $\overline{BC}$ 사이의 거리는 2 cm이다.

ㄴ. 점 B에서 $\overline{AE}$에 내린 수선의 발은 점 E이다.

ㄷ. 점 B와 $\overline{DE}$ 사이의 거리는 5 cm이다.

ㄹ. $\overline{AE}$와 $\overline{BC}$는 직교한다.

◐ 19쪽 유형 **17**

15 오른쪽 그림에서 $y-x$의 값을 구하시오.

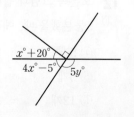

◐ 18쪽 유형 **15**

창의⊕융합

18 오른쪽 그림과 같이 좌표평면 위에 두 점 P(−3, 2), Q(5, −4)가 있다. 점 P에서 x축과 y축에 내린 수선의 발을 각각 A, B라 하고, 점 Q에서 x축과 y축에 내린 수선의 발을 각각 C, D라 할 때, 사각형 ABCD의 넓이를 구하시오.

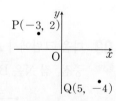

◐ 19쪽 유형 **17**

서술형 문제 ✏️

19
[0117]
오른쪽 그림과 같이 어느 세 점도 한 직선 위에 있지 않은 6개의 점 A~F가 있다. 다음 물음에 답하시오.

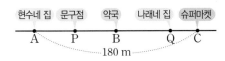

(1) 두 점을 지나는 서로 다른 직선의 개수를 구하시오.

(2) 두 점을 지나는 서로 다른 반직선의 개수를 구하시오.

(3) 두 점을 지나는 서로 다른 선분의 개수를 구하시오.

▶ 10쪽 유형 **03**

창의＋융합

20
[0118]
다음 그림과 같이 일직선의 도로를 따라 점 A, P, B, Q, C의 위치에 집과 상점들이 있다.

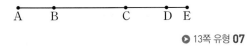

$\overline{AB}=\overline{BC}$, $\overline{AP}=\overline{PB}$, $\overline{BQ}=2\overline{QC}$이고 현수네 집에서 슈퍼마켓까지의 거리가 180 m일 때, 문구점에서 나래네 집까지의 거리를 구하시오.

▶ 13쪽 유형 **07**

21
[0119]
다음 그림에서 $\overline{AB}=\dfrac{1}{3}\overline{AC}$, $\overline{DE}=\dfrac{1}{2}\overline{CD}$일 때, $\overline{BD}$의 길이는 $\overline{AE}$의 길이의 몇 배인지 구하시오.

A   B   C   D   E

▶ 13쪽 유형 **07**

22
[0120]
오른쪽 그림에서
$\angle AOC : \angle COD = 4 : 5$,
$\angle EOB : \angle DOB = 4 : 9$
일 때, $\angle COE$의 크기를 구하시오.

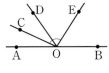

▶ 16쪽 유형 **10** + 16쪽 유형 **11**

23
[0121]
오른쪽 그림에서 $x+y$의 값을 구하시오.

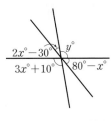

▶ 18쪽 유형 **14**

24
[0122]
오른쪽 그림과 같은 평행사변형 ABCD에서 두 삼각형 ABC와 ACD의 넓이가 같을 때, 점 A와 $\overline{BC}$ 사이의 거리를 구하시오.

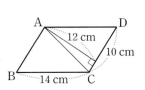

▶ 19쪽 유형 **17**

01 다음 입체도형 중 교점의 개수가 가장 많은 것은?
0123
① 삼각기둥 ② 직육면체 ③ 사각뿔
④ 오각뿔 ⑤ 육각뿔

04 아래 그림에서 $2\overline{AC}=3\overline{CB}$이고 두 점 M, N은 각
0126 각 $\overline{AC}$, $\overline{CB}$의 중점이다. 다음 중 옳은 것은?

① $\overline{AM}=\overline{CB}$ ② $\overline{NB}=\dfrac{3}{2}\overline{MC}$

③ $\overline{MN}=\dfrac{2}{3}\overline{AB}$ ④ $\overline{AN}:\overline{NB}=4:1$

⑤ $\overline{AM}:\overline{CN}=3:1$

02 한 직선 위에 있는 서로 다른 10개의 점 중 두 점을
0124 이어서 만들 수 있는 서로 다른 선분의 개수를 구하
시오.

05 오른쪽 그림에서
0127 $\angle AOC=72°$,
$\angle COE=3\angle DOE$,
$\angle BOF=2\angle EOF$일 때,
$\angle DOF$의 크기를 구하시오.

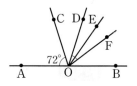

03 아래 조건을 모두 만족하는 서로 다른 5개의 점 A,
0125 B, C, D, E가 한 직선 위에 있을 때, 다음 중 $\overline{AE}$의
길이가 될 수 있는 것을 모두 고르면? (정답 2개)

> (가) 점 B는 $\overline{AC}$의 중점이다.
> (나) $\overline{AD}=\dfrac{1}{2}\overline{AB}$
> (다) $\overline{AD}=\overline{BE}$
> (라) $\overline{BC}$의 길이는 8 cm이다.

① 4 cm ② 8 cm ③ 12 cm
④ 16 cm ⑤ 20 cm

06 오른쪽 그림과 같이 7시와 8시
0128 사이에서 시계의 시침과 분침이
완전히 포개어질 때의 시각은?
(단, 시침, 분침의 두께는 무시한
다.)

① 7시 37분 ② 7시 $\dfrac{410}{11}$분 ③ 7시 38분

④ 7시 $\dfrac{420}{11}$분 ⑤ 7시 39분

Tip
시침과 분침이 완전히 포개어질 때의 시각을 7시 x분이라 놓고 시침과 분
침이 시계의 12를 가리킬 때부터 움직인 각의 크기를 각각 구한다.

07 오른쪽 그림에서 $\angle x + \angle y$
⟨0129⟩ 의 크기는?

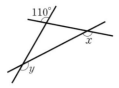

① 270°　　② 280°

③ 290°　　④ 300°

⑤ 310°

08 오른쪽 그림에서 점 O는
⟨0130⟩ $\overleftrightarrow{AD}$, $\overleftrightarrow{BE}$, $\overleftrightarrow{CF}$의 교점이고

$\angle COP = \dfrac{2}{3}\angle AOB$,

$\angle DOP = \dfrac{2}{3}\angle BOC$일 때,

$\angle DOF$의 크기를 구하시오.

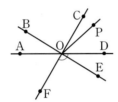

09 오른쪽 그림과 같은 직각삼각형
⟨0131⟩ ABC에서 점 A와 $\overline{BC}$ 사이의 거
리를 a cm, 점 B와 $\overline{AC}$ 사이의
거리를 b cm, 점 C와 $\overline{AB}$ 사이의
거리를 c cm라 할 때, $\dfrac{ab}{c}$의 값은?

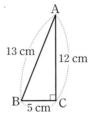

① 5　　② 12　　③ 13

④ 15　　⑤ 20

> **Tip**
> 점 C와 $\overline{AB}$ 사이의 거리는 점 C에서 $\overline{AB}$에 내린 수선의 발까지의 거리
> 이다.

서술형 문제 ✏️

창의융합

10 다음 그림과 같이 한 평면 위에 직선 1개를 그으면
⟨0132⟩ 평면은 2개로 나누어지고, 직선 2개를 그으면 평면
은 최대 4개로 나누어진다. 직선 5개를 그을 때, 평
면은 최대 몇 개로 나누어지는지 구하시오.

[직선 1개를 그을 때]　　[직선 2개를 그을 때]

11 다음 그림에서 $\overline{AB} = \dfrac{3}{2}\overline{BC}$, $\overline{AD} : \overline{BD} = 4 : 1$이고
⟨0133⟩ $\overline{CD} = 7$ cm일 때, $\overline{BD}$의 길이를 구하시오.

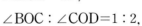

12 오른쪽 그림에서 두 직선 AF,
⟨0134⟩ BG는 한 점 O에서 만나고

$\angle AOD = 90°$,

$\angle BOC : \angle COD = 1 : 2$,

$\angle COD : \angle DOE = 2 : 3$,

$\angle COD : \angle EOG = 1 : 2$일 때,

$\angle BOC + \angle FOG$의 크기를 구하시오.

2 위치 관계

위치 관계 (1)

Level **A** 개념 익히기

03-1 점과 직선, 점과 평면의 위치 관계 | 유형 01

(1) 점과 직선의 위치 관계

직선 *l*이 점 A를 지난다.

① 점 A는 직선 *l* 위에 있다.

② 점 B는 직선 *l* 위에 있지 않다.

직선 *l*이 점 B를 지나지 않는다.

(2) 점과 평면의 위치 관계

① 점 A는 평면 *P* 위에 있다.

② 점 B는 평면 *P* 위에 있지 않다.

03-2 평면에서 두 직선의 위치 관계 | 유형 02, 03

(1) 두 직선의 평행: 한 평면 위에 있는 두 직선 *l*, *m*이 만나지 않을 때, 두 직선 *l*, *m*은 평행하다고 한다.

➡ *l* // *m*

(2) 평면에서 두 직선의 위치 관계

평면에서 두 직선 *l*, *m*의 위치 관계는 다음과 같다.

① 한 점에서 만난다. ② 일치한다. ③ 평행하다.

참고 평면이 단 하나로 정해지는 조건은 다음과 같다.
① 한 직선 위에 있지 않은 서로 다른 세 점이 주어질 때
② 한 직선과 그 직선 위에 있지 않은 한 점이 주어질 때
③ 한 점에서 만나는 두 직선이 주어질 때
④ 서로 평행한 두 직선이 주어질 때

03-3 공간에서 두 직선의 위치 관계 | 유형 04, 05

(1) 꼬인 위치: 공간에서 두 직선이 만나지도 않고 평행하지도 않을 때, 두 직선은 꼬인 위치에 있다고 한다.

(2) 공간에서 두 직선의 위치 관계

공간에서 두 직선 *l*, *m*의 위치 관계는 다음과 같다.

① 한 점에서 ② 일치한다. ③ 평행하다. ④ 꼬인 위치에
  만난다.   있다.

한 평면 위에 있다.

한 평면 위에 있지 않다.

참고 ①, ②는 두 직선이 만나는 경우이고, ③, ④는 두 직선이 만나지 않는 경우이다.

주의 꼬인 위치는 공간에서만 해당되는 위치 관계이다.

[01~02] 오른쪽 그림에서 다음을 구하시오.

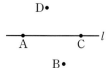

01 직선 *l* 위에 있는 점
0135

02 직선 *l* 위에 있지 않은 점
0136

[03~04] 오른쪽 그림에서 다음을 구하시오.

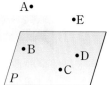

03 평면 *P* 위에 있는 점
0137

04 평면 *P* 위에 있지 않은 점
0138

[05~07] 오른쪽 그림과 같은 직육면체에서 다음을 구하시오.

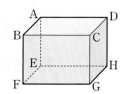

05 꼭짓점 D를 지나는 모서리
0139

06 모서리 AE 위에 있는 꼭짓점
0140

07 면 BFGC 위에 있는 꼭짓점
0141

[08~10] 오른쪽 그림과 같은 두 직사각형 ABCF, FCDE에서 다음을 구하시오.

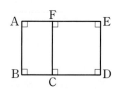

08 변 AB와 평행한 변
0142

09 변 BD와 수직으로 만나는 변
0143

10 변 AE와 변 FC의 교점
0144

[11~13] 오른쪽 그림과 같이 평면 P 위에 세 직선 l, m, n이 있다. 다음 두 직선의 위치 관계를 말하시오.

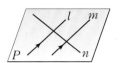

11 두 직선 l과 m
0145

12 두 직선 l과 n
0146

13 두 직선 m과 n
0147

[14~16] 오른쪽 그림과 같은 삼각기둥에서 다음을 구하시오.

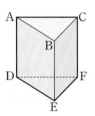

14 모서리 AB와 한 점에서 만나는 모서리
0148

15 모서리 AB와 평행한 모서리
0149

16 모서리 AB와 꼬인 위치에 있는 모서리
0150

[17~19] 오른쪽 그림과 같은 직육면체에서 다음을 구하시오.

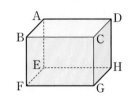

17 모서리 AB와 한 점에서 만나는 모서리의 개수
0151

18 모서리 AB와 평행한 모서리의 개수
0152

19 모서리 AB와 꼬인 위치에 있는 모서리의 개수
0153

유형 01 점과 직선, 점과 평면의 위치 관계 | 개념 03-1

대표문제

20 다음 **보기** 중 오른쪽 그림에 대한 설명으로 옳은 것을 모두 고르시오.
0154

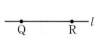

| 보기 |

ㄱ. 직선 l은 점 Q를 지나지 않는다.

ㄴ. 두 점 Q, R를 지나는 직선은 하나뿐이다.

ㄷ. 세 점 P, Q, R는 한 직선 위에 있다.

ㄹ. 점 P를 지나면서 직선 l에 평행한 직선은 하나뿐이다.

21 오른쪽 그림에서 직선 l 위에 있으면서 직선 m 위에 있지 **않은** 점은?
0155

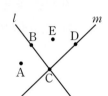

① 점 A   ② 점 B

③ 점 C   ④ 점 D

⑤ 점 E

22 다음 중 오른쪽 그림에 대한 설명으로 옳지 **않은** 것은?
0156

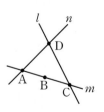

① 점 A는 두 직선 m, n의 교점이다.

② 점 B는 직선 m 위에 있다.

③ 직선 l은 점 C를 지난다.

④ 점 D는 직선 m 위에 있다.

⑤ 두 직선 l, n의 교점은 점 D이다.

23 오른쪽 그림과 같이 평면 P 위에 직선 l이 있을 때, 세 점 A, B, C에 대하여 다음 설명 중 옳은 것은?

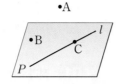

① 직선 l은 점 A를 지난다.

② 점 A는 평면 P 위에 있다.

③ 점 C는 평면 P 위에 있지 않다.

④ 직선 l 위에 있지 않은 점은 1개이다.

⑤ 점 B는 직선 l 위에 있지 않고, 평면 P 위에 있다.

24 오른쪽 그림과 같은 사각뿔에서 모서리 AB 위에 있는 꼭짓점의 개수를 a개, 면 BCDE 위에 있지 않은 꼭짓점의 개수를 b개라 할 때, $a+b$의 값을 구하시오.

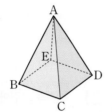

유형 02 평면에서 두 직선의 위치 관계 | 개념 03-2

대표문제

25 다음 중 오른쪽 그림에 대한 설명으로 옳은 것을 모두 고르면? (정답 2개)

① $\overleftrightarrow{AB}$와 $\overleftrightarrow{CD}$는 평행하다.

② $\overleftrightarrow{AD}$와 $\overleftrightarrow{BC}$는 만나지 않는다.

③ $\overleftrightarrow{AD}$와 $\overleftrightarrow{CD}$는 수직으로 만난다.

④ 점 C는 $\overleftrightarrow{AB}$와 $\overleftrightarrow{BC}$의 교점이다.

⑤ $\overleftrightarrow{AD}$와 $\overleftrightarrow{AB}$는 한 점에서 만난다.

26 다음 중 한 평면 위에 있는 두 직선의 위치 관계가 될 수 <u>없는</u> 것은?

① 수직으로 만난다. ② 일치한다.

③ 꼬인 위치에 있다. ④ 평행하다.

⑤ 한 점에서 만난다.

27 한 평면 위에 있는 서로 다른 세 직선 l, m, n에 대하여 $l /\!/ m$, $m \perp n$일 때, 두 직선 l과 n의 위치 관계를 기호를 사용하여 나타내시오.

28 오른쪽 그림과 같은 정육각형에서 각 변을 연장한 직선을 그을 때, $\overleftrightarrow{AB}$와 한 점에서 만나는 직선의 개수를 구하시오.

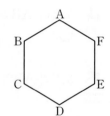

29 오른쪽 그림과 같이 가로, 세로의 길이가 각각 $6\,cm$, $12\,cm$인 직사각형 ABCD에 대하여 다음 중 옳지 <u>않은</u> 것은?

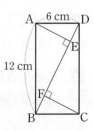

① $\overline{AD}$와 $\overline{BC}$는 평행하다.

② $\overline{AD}$와 $\overline{CD}$는 한 점에서 만난다.

③ 점 A와 $\overline{CD}$ 사이의 거리는 $6\,cm$이다.

④ 점 C와 $\overline{BD}$ 사이의 거리는 $12\,cm$이다.

⑤ 점 A에서 $\overline{BD}$에 내린 수선의 발은 점 E이다.

30 다음 **보기** 중 한 평면 위에 있는 서로 다른 세 직선 l, 〔0164〕 m, n에 대한 설명으로 옳지 <u>않은</u> 것을 모두 고른 것은?

┌ 보기 ┐

ㄱ. $l /\!/ m$, $m /\!/ n$이면 $l /\!/ n$이다.
ㄴ. $l \perp m$, $m /\!/ n$이면 $l /\!/ n$이다.
ㄷ. $l \perp m$, $m \perp n$이면 $l \perp n$이다.
ㄹ. $l \perp m$, $m \perp n$이면 $l /\!/ n$이다.

① ㄱ, ㄴ   ② ㄱ, ㄷ   ③ ㄴ, ㄷ
④ ㄴ, ㄹ   ⑤ ㄷ, ㄹ

[유형 03] **평면이 하나로 정해지는 조건** | 개념 **03-2**

다음과 같은 조건이 주어지면 평면이 단 하나로 정해진다.
① 한 직선 위에 있지 않은 서로 다른 세 점
② 한 직선과 그 직선 위에 있지 않은 한 점
③ 한 점에서 만나는 두 직선
④ 서로 평행한 두 직선

[대표문제]

31 다음 중 평면이 하나로 정해지는 조건이 <u>아닌</u> 것을 〔0165〕 모두 고르면? (정답 2개)

① 서로 평행한 두 직선
② 일치하는 두 직선
③ 한 점에서 만나는 두 직선
④ 한 직선 위에 있지 않은 서로 다른 세 점
⑤ 서로 만나지도 않고 평행하지도 않은 두 직선

32 오른쪽 그림과 같이 한 직선 위 〔0166〕 에 서로 다른 세 점 A, B, C가 있고 그 직선 밖에 한 점 D가 있다. 네 점 A, B, C, D로 정해지는 서로 다른 평면의 개수를 구하시오.

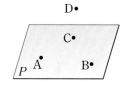

33 오른쪽 그림과 같이 평면 P 〔0167〕 위에 서로 다른 세 점 A, B, C가 있고, 평면 P 밖에 한 점 D가 있다. 네 점 A, B, C, D 중 세 점으로 정해지는 서로 다른 평면의 개수는? (단, 어느 세 점도 한 직선 위에 있지 않다.)

① 2개   ② 3개   ③ 4개
④ 5개   ⑤ 6개

[서술형]

34 오른쪽 그림과 같이 두 직선 〔0168〕 AB와 CD가 한 점에서 만나고, 두 직선을 모두 포함하는 평면 P 밖에 한 점 E가 있다. 5개의 점 A, B, C, D, E 중 세 점으로 정해지는 서로 다른 평면의 개수를 구하시오.

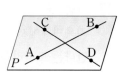

대표문제

35 다음 중 오른쪽 그림과 같은 정
0169 육면체에 대한 설명으로 옳은
것은?

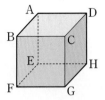

① $\overline{AE}$와 $\overline{CG}$는 한 점에서 만
난다.

② $\overline{DH}$와 $\overline{FG}$는 평행하다.

③ $\overline{AB}$와 $\overline{HG}$는 만나지 않는다.

④ $\overline{CD}$와 $\overline{EF}$는 꼬인 위치에 있다.

⑤ $\overline{EF}$와 $\overline{EH}$는 평행하다.

36 오른쪽 그림과 같은 삼각기둥에
0170 서 모서리 AD와 평행한 모서리
의 개수는?

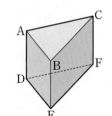

① 1개　　② 2개

③ 3개　　④ 4개

⑤ 5개

37 다음 중 오른쪽 그림과 같은
0171 직육면체에서 $\overline{CF}$와 수직으로
만나는 모서리를 모두 고르면?

(정답 2개)

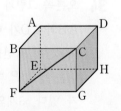

① $\overline{AE}$　　② $\overline{BF}$　　③ $\overline{CD}$

④ $\overline{DH}$　　⑤ $\overline{EF}$

38 다음 중 오른쪽 그림과 같이 밑
0172 면이 사다리꼴인 사각기둥에서
각 모서리를 연장한 직선을 그을
때, 직선 AB와의 위치 관계가
나머지 넷과 다른 하나는?

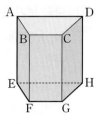

① $\overleftrightarrow{AD}$　　② $\overleftrightarrow{BC}$　　③ $\overleftrightarrow{BF}$

④ $\overleftrightarrow{CD}$　　⑤ $\overleftrightarrow{EF}$

39 다음 중 오른쪽 그림과 같이 밑면
0173 이 정오각형인 오각기둥에 대한
설명으로 옳지 않은 것은?

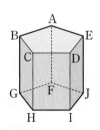

① 모서리 AB와 수직으로 만나
는 모서리는 2개이다.

② 모서리 BC와 모서리 GH는 평행하다.

③ 모서리 CH와 평행한 모서리는 4개이다.

④ 모서리 DI와 수직으로 만나는 모서리는 6개이다.

⑤ 모서리 EJ와 모서리 AB는 꼬인 위치에 있다.

40 다음 보기 중 공간에서 두 직선의 위치 관계로 옳지
0174 않은 것을 모두 고르시오.

┤보기├

ㄱ. 꼬인 위치에 있는 두 직선은 만나지 않는다.

ㄴ. 서로 만나지 않는 두 직선은 평행하다.

ㄷ. 한 직선에 평행한 서로 다른 두 직선은 만나지
않는다.

ㄹ. 한 평면 위에 있고 서로 만나지 않는 두 직선
은 평행하다.

유형 05 꼬인 위치
개념 03-3

입체도형에서 한 모서리와 꼬인 위치에 있는 모서리를 쉽게 찾는 방법

❶ 주어진 모서리와 한 점에서 만나는 모서리를 제외한다.
❷ 주어진 모서리와 평행한 모서리를 제외한다.
❸ 남겨진 모든 모서리가 주어진 모서리와 꼬인 위치에 있는 모서리이다.

주의 꼬인 위치에 있는 두 모서리는 한 평면 위에 있지 않다.

대표문제

41 다음 중 오른쪽 그림과 같은 정육면체에서 $\overline{BD}$와 꼬인 위치에 있는 모서리가 아닌 것은?

0175

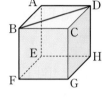

① $\overline{AE}$ ② $\overline{BF}$
③ $\overline{EF}$ ④ $\overline{FG}$
⑤ $\overline{GH}$

42 다음 중 오른쪽 그림과 같은 삼각뿔에서 서로 만나지도 않고 평행하지도 않은 모서리끼리 짝 지은 것을 모두 고르면?

0176

(정답 2개)

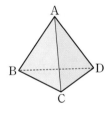

① $\overline{AB}, \overline{BD}$ ② $\overline{AC}, \overline{BD}$ ③ $\overline{AD}, \overline{BC}$
④ $\overline{BC}, \overline{CD}$ ⑤ $\overline{BD}, \overline{CD}$

43 오른쪽 그림과 같은 직육면체에서 모서리 EF와 한 점에서 만나면서 모서리 DH와 꼬인 위치에 있는 모서리의 개수를 구하시오.

0177

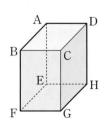

44 오른쪽 그림과 같이 밑면이 정사각형인 사각뿔에서 모서리 BC와 수직으로 만나는 모서리의 개수를 a개, 평행한 모서리의 개수를 b개, 꼬인 위치에 있는 모서리의 개수를 c개라 할 때, $a+b-c$의 값을 구하시오.

0178

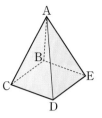

서술형

45 오른쪽 그림과 같이 밑면이 정육각형인 육각기둥에서 각 모서리를 연장한 직선을 그을 때, 직선 CI와 한 점에서 만나는 직선의 개수를 a개, 직선 DE와 꼬인 위치에 있는 직선의 개수를 b개라 하자. 이때 $a+b$의 값을 구하시오.

0179

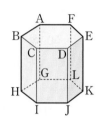

창의◆융합

46 오른쪽 그림은 수수깡을 이용하여 정사각형과 정삼각형 모양의 면으로만 이루어진 입체도형을 만든 것이다. 이 입체도형에서 각 모서리를 연장한 직선을 그을 때, 직선 BF와 꼬인 위치에 있는 직선의 개수를 구하시오.

0180

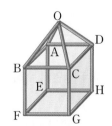

Lecture 04 · 2. 위치 관계

위치 관계 (2)

04-1 공간에서 직선과 평면의 위치 관계 | 유형 06, 07, 09~11

(1) **직선과 평면의 평행**: 공간에서 직선 l과 평면 P가 만나지 않을 때, 직선 l과 평면 P는 평행하다고 한다.
→ $l /\!/ P$

(2) **직선과 평면의 위치 관계**
공간에서 직선 l과 평면 P의 위치 관계는 다음과 같다.

① 한 점에서 만난다.   ② 포함된다.   ③ 평행하다.

(3) **직선과 평면의 수직**: 직선 l이 평면 P 와 한 점 H에서 만나고 점 H를 지나는 평면 P 위의 모든 직선과 수직일 때, 직선 l과 평면 P는 **수직**이다 또는 **직교**한다고 한다. → $l \perp P$

이때 직선 l을 평면 P의 수선, 점 H는 수선의 발이라 한다.

> 참고 점과 평면 사이의 거리: 평면 P 위에 있지 않은 점 A와 평면 P 사이의 거리는 점 A에서 평면 P에 내린 수선의 발 H까지의 거리, 즉 선분 AH의 길이이다.

04-2 공간에서 두 평면의 위치 관계 | 유형 08~11

(1) **두 평면의 평행**: 공간에서 두 평면 P, Q가 만나지 않을 때, 두 평면 P, Q는 평행하다고 한다. → $P /\!/ Q$

(2) **두 평면의 위치 관계**
공간에서 두 평면 P, Q의 위치 관계는 다음과 같다.

① 한 직선에서 만난다.   ② 일치한다.   ③ 평행하다.

(3) **두 평면의 수직**: 평면 P가 평면 Q와 수직인 직선 l을 포함할 때, 평면 P 와 평면 Q는 **수직**이다 또는 **직교**한다고 한다. → $P \perp Q$

> 참고 두 평면 사이의 거리: 평행한 두 평면에 대하여 한 평면 위의 점에서 다른 평면에 내린 수선의 발까지의 거리이다.

[01~04] 오른쪽 그림과 같은 직육면체에서 다음을 구하시오.

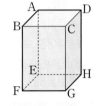

01 면 ABCD에 포함되는 모서리
0181

02 모서리 BF를 포함하는 면
0182

03 면 EFGH와 평행한 모서리
0183

04 모서리 EH와 평행한 면
0184

[05~09] 오른쪽 그림과 같은 삼각기둥에서 다음을 구하시오.

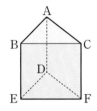

05 면 DEF에 포함되는 모서리의 개수
0185

06 모서리 AC를 포함하는 면의 개수
0186

07 면 ABC와 한 점에서 만나는 모서리의 개수
0187

08 면 DEF와 평행한 모서리의 개수
0188

09 모서리 CF와 수직인 면의 개수
0189

[10~11] 오른쪽 그림과 같은 삼각 기둥에서 다음을 구하시오.

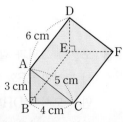

10 점 A와 면 BCFE 사이의 거리
0190

11 점 A와 면 DEF 사이의 거리
0191

[12~16] 오른쪽 그림과 같은 삼각기둥에서 다음을 구하시오.

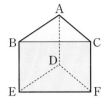

12 면 BEFC와 한 모서리에서 만나는 면

13 면 DEF와 수직인 면

14 면 ABC와 평행한 면

15 면 ABED와 면 DEF의 교선

16 모서리 BE를 교선으로 하는 두 면

[17~19] 오른쪽 그림과 같은 직육면체에서 다음을 구하시오.

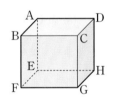

17 면 BFGC와 한 모서리에서 만나는 면의 개수

18 면 BFGC와 평행한 면의 개수

19 면 BFGC와 수직인 면의 개수

[20~21] 서로 다른 세 평면 P, Q, R에 대하여 다음 ☐ 안에 기호 ∥ 또는 ⊥를 알맞게 써넣으시오.

20 $P \parallel Q$이고 $P \parallel R$이면 Q ☐ R이다.

21 $P \parallel Q$이고 $P \perp R$이면 Q ☐ R이다.

유형 06 공간에서 직선과 평면의 위치 관계 | 개념 04-1

대표문제

22 다음 중 오른쪽 그림과 같은 정육면체에 대한 설명으로 옳지 않은 것은?

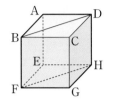

① $\overline{BD}$와 $\overline{FG}$는 꼬인 위치에 있다.
② $\overline{BD}$는 면 BFHD에 포함된다.
③ $\overline{BD}$와 평행한 면은 2개이다.
④ $\overline{FG}$는 면 CGHD와 수직이다.
⑤ $\overline{FH}$는 면 ABCD와 평행하다.

23 다음 중 오른쪽 그림과 같은 직육면체에서 모서리 CD와 평행한 면을 모두 고르면?

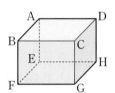

(정답 2개)

① 면 ABCD ② 면 ABFE ③ 면 BFGC
④ 면 CGHD ⑤ 면 EFGH

24 오른쪽 그림과 같은 삼각기둥에서 다음 조건을 모두 만족하는 모서리는?

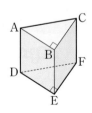

(가) 면 ADEB와 수직인 모서리이다.
(나) 면 DEF에 포함되는 모서리이다.

① $\overline{AB}$ ② $\overline{BC}$ ③ $\overline{DE}$
④ $\overline{DF}$ ⑤ $\overline{EF}$

25 오른쪽 그림과 같이 밑면이 사다리꼴인 사각기둥에서 $\overline{AD}$를 포함하는 면의 개수를 a개, $\overline{CG}$와 수직인 면의 개수를 b개, 면 ABCD와 평행한 모서리의 개수를 c개라 할 때, $a+b+c$의 값을 구하시오.

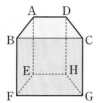

28 오른쪽 그림과 같은 직육면체에서 점 B와 면 AEHD 사이의 거리를 구하시오.

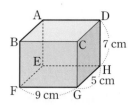

26 오른쪽 그림과 같이 밑면이 정육각형인 육각기둥 모양의 상자의 꼭짓점 A에 개미가 있다. 이 개미가 꼭짓점 A에서 출발하여 다음 ㈎, ㈏, ㈐의 순서로 한 모서리씩 이동한다고 할 때, 개미가 마지막에 도착하는 꼭짓점을 구하시오. (단, 한 번 지나간 길은 되돌아가지 않는다.)

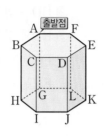

> ㈎ 모서리 DE와 평행한 모서리를 따라 이동한다.
> ㈏ 면 GHIJKL과 수직인 모서리를 따라 이동한다.
> ㈐ 모서리 CI와 수직인 모서리를 따라 이동한다.

29 오른쪽 그림과 같은 삼각기둥에 대하여 다음 물음에 답하시오.

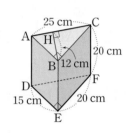

(1) 점 A와 면 DEF 사이의 거리를 구하시오.

(2) 점 B와 면 ADFC 사이의 거리를 구하시오.

(3) 점 C와 면 ADEB 사이의 거리를 구하시오.

유형 07 점과 평면 사이의 거리 | 개념 04-1

대표문제

27 다음 중 오른쪽 그림과 같은 삼각기둥에서 점 E와 면 ADFC 사이의 거리와 길이가 같은 모서리를 모두 고르면? (정답 2개)

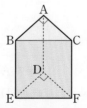

① $\overline{AB}$ ② $\overline{AD}$
③ $\overline{DE}$ ④ $\overline{DF}$
⑤ $\overline{EF}$

유형 08 공간에서 두 평면의 위치 관계 | 개념 04-2

대표문제

30 다음 중 오른쪽 그림과 같은 정육면체에서 면 BFHD와 수직인 면을 모두 고르면?

(정답 2개)

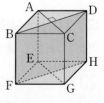

① 면 ABCD   ② 면 AEGC
③ 면 AEHD   ④ 면 BFGC
⑤ 면 CGHD

31 다음 중 공간에서 두 평면의 위치 관계가 될 수 <u>없는</u> 것은?

① 한 직선에서 만난다.　② 일치한다.

③ 평행하다.　④ 꼬인 위치에 있다.

⑤ 수직이다.

32 다음 중 오른쪽 그림과 같은 직육면체에 대한 설명으로 옳지 <u>않은</u> 것은?

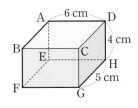

① $\overline{DH}$는 면 ABCD와 수직이다.

② $\overline{FG}$는 면 CGHD와 한 점에서 만난다.

③ 면 ABFE와 수직인 면은 4개이다.

④ 면 EFGH와 평행한 면은 2개이다.

⑤ 면 BFGC와 면 AEHD 사이의 거리는 5 cm 이다.

33 오른쪽 그림은 옆면이 정삼각형인 똑같은 사각뿔 두 개를 붙여 놓은 입체도형이다. 다음 **보기** 중 옳은 것을 모두 고르시오.

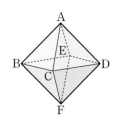

| 보기 |

ㄱ. 서로 평행한 두 면은 모두 2쌍이다.

ㄴ. 면 BCDE와 한 모서리에서 만나는 면은 모두 8개이다.

ㄷ. 면 ACD와 면 CDF는 한 모서리에서 만난다.

유형 09 일부를 잘라 낸 입체도형에서의 위치 관계 | 개념 **04-1, 2**

잘라 내기 전의 입체도형에서의 직선과 평면의 위치 관계를 이용하여 주어진 입체도형에서 직선과 평면의 위치 관계를 파악한다.

대표문제

34 오른쪽 그림은 직육면체의 일부를 잘라 만든 입체도형이다. 다음 중 옳지 <u>않은</u> 것은?

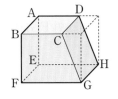

① 모서리 GH와 평행한 면은 2개이다.

② 면 EFGH와 수직인 모서리는 2개이다.

③ 면 EFGH와 수직인 면은 3개이다.

④ 면 BFGC와 평행한 모서리는 4개이다.

⑤ 각 모서리를 연장한 직선을 그을 때, 직선 AE와 꼬인 위치에 있는 직선은 6개이다.

35 오른쪽 그림은 직육면체를 사각형 AIJB가 직사각형이 되도록 잘라 내고 남은 입체도형이다. 이때 모서리 AB와 평행한 면을 모두 구하시오.

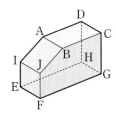

36 오른쪽 그림은 정육면체를 세 꼭짓점 B, F, C를 지나는 평면으로 잘라 만든 입체도형이다. 다음 물음에 답하시오.

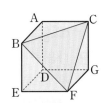

(1) 모서리 BC와 꼬인 위치에 있는 모서리의 개수를 구하시오.

(2) 모서리 CG를 포함하는 면의 개수를 구하시오.

37 오른쪽 그림은 직육면체의 일부
를 잘라 만든 오각기둥이다. 다음
중 면 DIJE와 수직인 면이 아닌
것은?

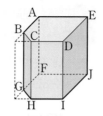

① 면 AFJE   ② 면 BGHC
③ 면 CHID   ④ 면 ABCDE
⑤ 면 FGHIJ

서술형

38 오른쪽 그림은 직육면체에
서 사각기둥을 잘라 내고
남은 입체도형이다. 각 면
을 연장한 평면을 생각할
때, 면 ABLK와 평행한 면의 개수를 a개, 면 GHIJ
와 수직인 면의 개수를 b개라 하자. 이때 $a+b$의 값
을 구하시오.

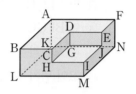

유형 10 전개도가 주어졌을 때의 위치 관계 | 개념 04-1, 2

전개도가 주어지면 전개도를 접어서 입체도형을 만든 후 겹쳐지
는 꼭짓점에 유의하여 위치 관계를 파악한다.

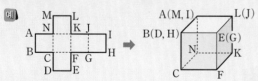

대표문제

39 다음 중 오른쪽 그림과 같은
전개도로 만들어지는 정육
면체에서 면 LEHK와 평
행하지 않은 모서리는?

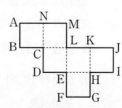

① $\overline{AB}$ ② $\overline{CD}$ ③ $\overline{FG}$
④ $\overline{MN}$ ⑤ $\overline{NA}$

---

40 다음 중 오른쪽 그림과 같은
전개도로 만들어지는 삼각뿔
에서 모서리 AB와 만나는 모
서리 또는 면이 아닌 것은?

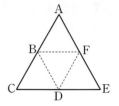

① $\overline{CD}$ ② $\overline{DF}$
③ $\overline{EF}$ ④ 면 BDF
⑤ 면 DEF

서술형

41 오른쪽 그림과 같은 전개
도로 만들어지는 오각기
둥에서 모서리 BK와 평
행한 면의 개수를 a개, 모
서리 DI와 꼬인 위치에
있는 모서리의 개수를 b
개라 할 때, $a+b$의 값을 구하시오.

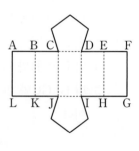

창의+융합

42 오른쪽 그림과 같은 전개도
로 만들어지는 주사위에서
평행한 두 면에 적힌 눈의 수
의 합이 7이다. a, b, c는 각
면에 적힌 눈의 수일 때, $a-b+c$의 값을 구하시오.

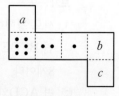

43 오른쪽 그림과 같은 전개도
로 만들어지는 삼각기둥에서
다음을 만족하는 모서리에
해당하는 선분을 전개도에서
모두 구하시오.

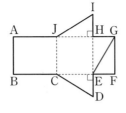

(1) 모서리 IJ와 평행한 모서리

(2) 선분 GE와 꼬인 위치에 있는 모서리

(3) 면 ABCJ와 평행한 모서리

유형 11 **여러 가지 위치 관계** | 개념 04-1, 2

공간에서의 위치 관계는 정육면체를 그려서 주어진 조건에 따른
위치 관계를 살펴본다. 이때 각 모서리를 직선으로, 각 면을 평면
으로 생각한다.

대표문제

44 다음 중 공간에서 평면 P와 서로 다른 두 직선 l,
m에 대한 설명으로 옳은 것은?

① $l \perp P$, $m \perp P$이면 $l \perp m$이다.
② $l \perp P$, $m \perp P$이면 $l /\!/ m$이다.
③ $l /\!/ P$, $m /\!/ P$이면 $l /\!/ m$이다.
④ $l \perp P$, $m /\!/ P$이면 $l /\!/ m$이다.
⑤ $l \perp P$, $m /\!/ P$이면 두 직선 l, m은 꼬인 위치에
있다.

45 공간에서 서로 다른 세 평면 P, Q, R에 대하여
$P \perp Q$, $Q /\!/ R$일 때, 두 평면 P와 R의 위치 관계를
기호를 사용하여 나타내시오.

---

46 서로 다른 두 직선 l, m과 두 직선 l, m을 포함하지
않는 평면 P에 대하여 $l \perp P$, $l \perp m$일 때, 직선 m과
평면 P의 위치 관계는?

① 일치한다.　　　　② 평행하다.
③ 수직이다.　　　　④ 꼬인 위치에 있다.
⑤ 한 점에서 만난다.

47 공간에서 서로 다른 세 직선 l, m, n과 서로 다른 세
평면 P, Q, R에 대하여 다음 **보기** 중 옳은 것을 모
두 고르시오.

| 보기 |

ㄱ. $l \perp m$이고 $l \perp n$이면 $m /\!/ n$이다.
ㄴ. $l /\!/ n$이고 $l /\!/ P$이면 $n /\!/ P$이다.
ㄷ. $l /\!/ P$이고 $l /\!/ Q$이면 $P /\!/ Q$이다.
ㄹ. $P /\!/ Q$이고 $P \perp R$이면 $Q \perp R$이다.

48 다음 중 공간에서 서로 다른 두 평면이 항상 평행한
경우를 모두 고르면? (정답 2개)

① 한 직선을 포함한 두 평면
② 한 직선과 평행한 두 평면
③ 한 직선과 수직인 두 평면
④ 한 평면과 평행한 두 평면
⑤ 한 평면과 수직인 두 평면

평행선의 성질

05-1 동위각과 엇각
유형 12

한 평면 위의 서로 다른 두 직선 l, m이 한 직선 n과 만나서 생기는 각 중에서

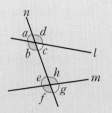

(1) **동위각**: 서로 같은 위치에 있는 각
→ $\angle a$와 $\angle e$, $\angle b$와 $\angle f$,
$\angle c$와 $\angle g$, $\angle d$와 $\angle h$

(2) **엇각**: 서로 엇갈린 위치에 있는 각
→ $\angle b$와 $\angle h$, $\angle c$와 $\angle e$

참고 서로 다른 두 직선이 한 직선과 만나면 8개의 교각이 생기고, 이 중 동위 각은 4쌍, 엇각은 2쌍이다.

05-2 평행선의 성질
유형 13, 15~20

한 평면 위에서 평행한 두 직선이 다른 한 직선과 만날 때

(1) 동위각의 크기는 서로 같다.
→ $l /\!/ m$이면 $\angle a = \angle b$

(2) 엇각의 크기는 서로 같다.
→ $l /\!/ m$이면 $\angle c = \angle d$

예 (1)

(2)

$l /\!/ m$이면 동위각의 크기가
같으므로 $\angle x = 50°$

$l /\!/ m$이면 엇각의 크기가
같으므로 $\angle y = 120°$

참고 맞꼭지각의 크기는 항상 같지만 동위각, 엇각의 크기는 두 직선이 평행 할 때에만 같다.

05-3 두 직선이 평행하기 위한 조건
유형 14

한 평면 위에서 서로 다른 두 직선이 한 직선과 만날 때

(1) 동위각의 크기가 같으면 두 직선 은 평행하다.
→ $\angle a = \angle b$이면 $l /\!/ m$

(2) 엇각의 크기가 같으면 두 직선은 평행하다.
→ $\angle c = \angle d$이면 $l /\!/ m$

[01~04] 오른쪽 그림과 같이 서로 다른 두 직선이 한 직선과 만날 때, 다음을 구하시오.

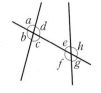

01 $\angle a$의 동위각
0229

02 $\angle c$의 엇각
0230

03 $\angle h$의 동위각
0231

04 $\angle f$의 엇각
0232

[05~06] 다음 그림에서 $l /\!/ m$일 때, $\angle x$, $\angle y$의 크기를 각각 구하시오.

05
0233

06
0234
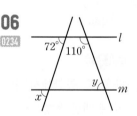

[07~10] 다음 그림에서 두 직선 l, m이 평행하면 ○표, 평행하 지 않으면 ×표를 하시오.

07
0235
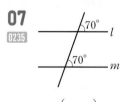
(   )

08
0236

(   )

09
0237
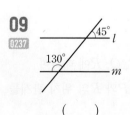
(   )

10
0238
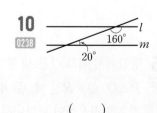
(   )

유형 12 동위각과 엇각 | 개념 **05-1**

대표문제

11 오른쪽 그림과 같이 서로 다른
0239 두 직선이 다른 한 직선과 만날
때, 다음 중 옳지 <u>않은</u> 것은?

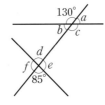

① ∠a의 동위각의 크기는 95°
  이다.
② ∠b의 엇각의 크기는 85°이다.
③ ∠c의 동위각의 크기는 85°이다.
④ ∠d의 엇각의 크기는 130°이다.
⑤ ∠f의 동위각의 크기는 50°이다.

12 오른쪽 그림과 같이 서로 다른 두
0240 직선이 다른 한 직선과 만날 때,
∠a의 동위각과 ∠b의 엇각의 크
기의 합을 구하시오.

13 오른쪽 그림과 같이 세 직선
0241 이 만날 때, 다음 물음에 답
하시오.

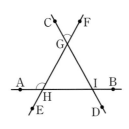

(1) ∠CGF의 동위각을
  모두 구하시오.

(2) ∠AHG의 엇각을 구하시오.

14 오른쪽 그림과 같이 세 직선이
0242 만날 때, ∠x의 모든 동위각의
크기의 합을 구하시오.

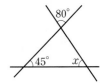

빈출

유형 13 평행선의 성질 | 개념 **05-2**

대표문제

15 오른쪽 그림에서 $l /\!/ m$일 때,
0243 ∠x+∠y의 크기를 구하시오.

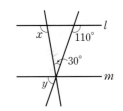

16 오른쪽 그림에서 $l /\!/ m$일 때,
0244 ∠c와 크기가 같은 각을 모두
구하시오.

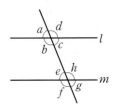

창의+융합

17 오른쪽 그림과 같이 계단 난간
0245 이 평행한 세 막대로 이루어져
있을 때, ∠y-∠x의 크기를
구하시오.

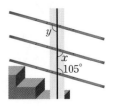

18 오른쪽 그림과 같이 폭이 각
0246 각 일정한 종이테이프 두 개
를 겹쳐 놓았을 때,
$\angle a + \angle b + \angle c + \angle d$의 크
기를 구하시오.

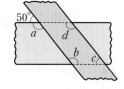

19 오른쪽 그림에서 세 직선
0247 l, m, n이 평행할 때,
$y - x$의 값을 구하시오.

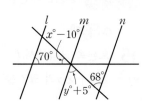

21 다음 중 오른쪽 그림에서
0249 $l /\!/ m$이 되는 경우를 모두 고
르면? (정답 2개)

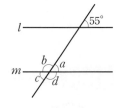

① $\angle a = 45°$

② $\angle b = 125°$

③ $\angle c = 55°$

④ $\angle d = 155°$

⑤ $\angle a + \angle b = 180°$

22 다음 중 오른쪽 그림에서 서
0250 로 평행한 직선을 바르게 나
타낸 것을 모두 고르면?

(정답 2개)

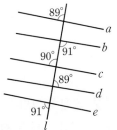

① $a /\!/ c$　　② $a /\!/ d$

③ $a /\!/ e$　　④ $b /\!/ d$

⑤ $b /\!/ e$

유형 14 두 직선이 평행하기 위한 조건　　| 개념 **05-3**

대표문제

20 다음 중 두 직선 l, m이 평행하지 <u>않은</u> 것은?
0248

① 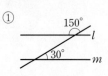　　②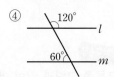

③ 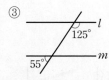　　④

⑤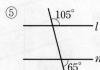

23 오른쪽 그림에서 $\angle x$의 크기
0251 는?

① $55°$　　② $60°$

③ $65°$　　④ $70°$

⑤ $75°$

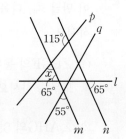

유형 15 각의 크기 구하기
; 삼각형 모양으로 주어진 경우 | 개념 05-2

❶ 평행선에서 동위각과 엇각의 크기는 각각
같음을 이용한다.

❷ 삼각형의 세 각의 크기의 합이 180°임을
이용한다.

➡ $\angle a + \angle b + \angle c = 180°$

대표문제

24 오른쪽 그림에서 $l /\!/ m$
0252 일 때, $\angle x$의 크기를 구
하시오.

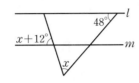

25 오른쪽 그림에서 $l /\!/ m$일 때,
0253 $\angle x$의 크기를 구하시오.

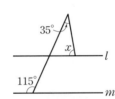

서술형

26 오른쪽 그림에서 $l /\!/ m$일 때,
0254 $\angle x - \angle y$의 크기를 구하시오.

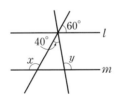

27 오른쪽 그림에서 $l /\!/ m$일 때,
0255 x의 값을 구하시오.

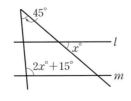

빈출

유형 16 각의 크기 구하기
; 보조선을 1개 긋는 경우 | 개념 05-2

❶ 꺾인 점을 지나면서 주어진 평행선과 평행한 직선을 긋는다.

❷ 평행선에서 동위각과 엇각의 크기는 각각 같음을 이용한다.

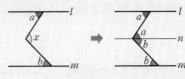

$l /\!/ m$이면 $\angle x = \angle a + \angle b$

대표문제

28 오른쪽 그림에서 $l /\!/ m$일 때,
0256 $\angle x$의 크기는?

① 35° ② 40°

③ 45° ④ 50°

⑤ 55°

29 오른쪽 그림에서 $l /\!/ m$일 때,
0257 $\angle x$의 크기를 구하시오.

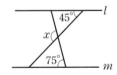

서술형

30 오른쪽 그림에서 $l /\!/ m$일 때,
0258 $\angle x$의 크기를 구하시오.

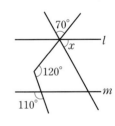

31 오른쪽 그림에서 $l /\!/ m$일 때,
0259 x의 값을 구하시오.

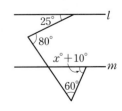

유형 17 각의 크기 구하기 ; 보조선을 2개 긋는 경우 | 개념 05-2

❶ 꺾인 두 점을 각각 지나면서 주어진 평행선과 평행한 직선을 긋는다.

❷ 평행선에서 동위각과 엇각의 크기는 각각 같음을 이용한다.

대표문제

32 오른쪽 그림에서 $l /\!/ m$일 때, ∠x의 크기는?

0260

① 25° ② 30°

③ 35° ④ 40°

⑤ 45°

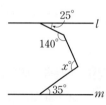

33 오른쪽 그림에서 $l /\!/ m$일 때, x의 값을 구하시오.

0261

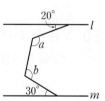

34 오른쪽 그림에서 $l /\!/ m$일 때, ∠a + ∠b의 크기는?

0262

① 165° ② 180°

③ 200° ④ 215°

⑤ 230°

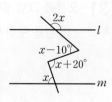

35 오른쪽 그림에서 $l /\!/ m$일 때, ∠x의 크기를 구하시오.

0263

유형 18 평행선의 활용 (1) | 개념 05-2

① 각의 등분선이 주어지는 경우 ➡ 평행선의 성질을 이용한다.

② 평행선과 만나는 한 직선과 각의 등분선이 삼각형을 이루는 경우 ➡ 평행선의 성질과 삼각형의 세 각의 크기의 합은 180° 임을 이용한다.

대표문제

36 오른쪽 그림에서 $l /\!/ m$이고

0264

$∠BAC = \dfrac{1}{3} ∠DAC$,

$∠ACB = \dfrac{1}{3} ∠ACE$일 때,

∠x의 크기는?

① 100° ② 110° ③ 120°

④ 130° ⑤ 140°

창의⊕융합

37 오른쪽 그림에서 $l /\!/ m$이고

0265

$\overline{AD}$, $\overline{BC}$가 각각 ∠CAB, ∠ABD의 이등분선일 때, ∠x의 크기는?

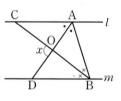

① 75° ② 80° ③ 85°

④ 90° ⑤ 95°

서술형

38 오른쪽 그림에서 $l /\!/ m$이고

0266

∠AOB = 3∠BOC일 때, ∠BOC의 크기를 구하시오.

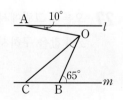

유형 19 평행선의 활용 (2) | 개념 05-2

대표문제

39 오른쪽 그림에서 $l /\!/ m$일 때, $\angle x$의 크기를 구하시오.

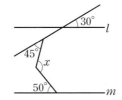

창의+융합

40 어떤 로봇 청소기가 오른쪽 그림과 같이 진행 방향을 네 번 바꾸어 처음과 정반대 방향으로 가게 되었다. $l /\!/ m$일 때, $\angle x$의 크기를 구하시오.

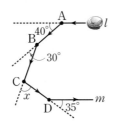

41 오른쪽 그림에서 $l /\!/ m$일 때, $\angle a + \angle b + \angle c + \angle d + \angle e$ 의 크기를 구하시오.

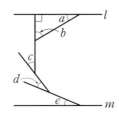

빈출

유형 20 종이 접기 | 개념 05-2

직사각형 모양의 종이를 접었을 때,
① 접은 각의 크기가 같음을 이용한다.
② 평행선에서 엇각의 크기가 같음을 이용한다.

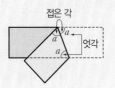

대표문제

42 오른쪽 그림과 같이 직사각형 모양의 종이를 접었을 때, $\angle x$의 크기를 구하시오.

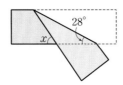

43 오른쪽 그림과 같이 직사각형 모양의 종이를 접었을 때, $\angle x - \angle y$의 크기는?

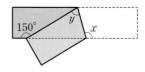

① 20° ② 25° ③ 28°
④ 30° ⑤ 35°

44 오른쪽 그림은 직사각형 모양의 종이를 $\overline{EB}$를 접는 선으로 하여 접은 것이다. $\angle EBF = 35°$일 때, $\angle x + \angle y$의 크기는?

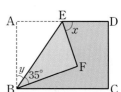

① 85° ② 90° ③ 95°
④ 100° ⑤ 105°

서술형

45 아래 그림은 폭이 일정한 종이테이프를 접은 것이다. $\angle BCF = 70°$, $\angle CFB = 42°$일 때, 다음 물음에 답하시오.

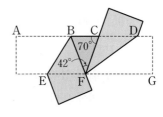

(1) $\angle CBF$의 크기를 구하시오.

(2) $\angle BEF$의 크기를 구하시오.

Level B 필수 유형 정복하기
단원 마무리

01 다음 **보기** 중 오른쪽 그림과 같은 정팔각형에 대한 설명으로 옳지 않은 것을 모두 고르시오. (단, 점 O는 $\overline{AE}$, $\overline{BF}$, $\overline{CG}$, $\overline{DH}$의 교점이다.)

0274

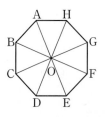

| 보기 |

ㄱ. $\overleftrightarrow{AB}$와 $\overleftrightarrow{FG}$는 평행하다.
ㄴ. $\overleftrightarrow{BF}$와 $\overleftrightarrow{DH}$는 수직으로 만난다.
ㄷ. $\overrightarrow{DO}$와 $\overrightarrow{HO}$는 한 점에서 만난다.
ㄹ. $\overleftrightarrow{CD}$와 $\overleftrightarrow{HG}$는 평행하다.

● 30쪽 유형 02

02 한 평면 위에 서로 다른 5개의 직선 l, m, n, p, q가 있다. $l /\!/ m /\!/ n$이고 $l \perp p$, $m \perp q$일 때, 다음 중 옳지 않은 것은?

0275

① $p /\!/ q$ ② $p \perp m$ ③ $p /\!/ n$
④ $q \perp l$ ⑤ $q \perp n$

● 30쪽 유형 02

03 오른쪽 그림과 같이 직선 l과 한 직선 위에 있지 않은 서로 다른 세 점 P, Q, R가 있을 때, 다음 중 옳지 않은 것을 모두 고르면? (정답 2개)

0276

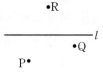

① 직선 l은 점 P를 지나지 않는다.
② 점 Q는 직선 l 위에 있지 않다.
③ 점 R는 직선 l 위에 있다.
④ 직선 l과 점 R를 지나는 평면은 하나뿐이다.
⑤ 세 점 P, Q, R를 포함하는 평면은 무수히 많다.

● 29쪽 유형 01 + 31쪽 유형 03

04 다음 중 오른쪽 그림과 같은 삼각뿔에 대한 설명으로 옳은 것은?

0277

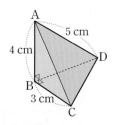

① 모서리 BC와 모서리 BD는 만나지 않는다.
② 모서리 AB와 모서리 CD는 평행하다.
③ 모서리 AC와 모서리 BD는 꼬인 위치에 있다.
④ 점 A와 모서리 BD 사이의 거리는 5 cm이다.
⑤ 점 C에서 모서리 AB에 내린 수선의 발은 점 A이다.

● 32쪽 유형 04

05 오른쪽 그림과 같이 정삼각형 8개로 이루어진 입체도형에서 각 모서리를 연장한 직선을 그을 때, 두 직선 BC, AE와 모두 꼬인 위치에 있는 직선을 구하시오.

0278

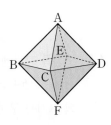

● 33쪽 유형 05

창의융합

06 오른쪽 그림과 같이 뚜껑이 열려 있는 직육면체 모양의 보석함에서 다음 조건을 모두 만족하는 면과 점 H 사이의 거리를 구하시오.

0279

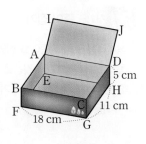

(가) 모서리 BC와 직교하는 면이다.
(나) 모서리 CD와 평행한 면이다.

● 35쪽 유형 06 + 36쪽 유형 07

07 오른쪽 그림은 직육면체를
0280 $\overline{AD}=\overline{BC}$, $\overline{EH}=\overline{FG}$,
$\overline{AD}\neq\overline{EH}$가 되도록 잘라 만
든 입체도형이다. 이 입체도
형에서 면 BFGC와 수직인 면의 개수를 x개, 모서
리 AB와 평행한 모서리의 개수를 y개라 할 때,
$2x-y$의 값을 구하시오.

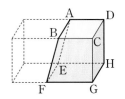

▶ 37쪽 유형 **09**

08 다음 중 공간에서 서로 다른 세 직선 l, m, n과 서로
0281 다른 세 평면 P, Q, R에 대하여 바르게 말한 사람
을 모두 고르시오.

> 슬비: $l\perp m$, $m\perp n$이면 $l/\!/n$이야.
> 지혜: $l/\!/m$, $m\perp n$이면 두 직선 l, n은 꼬인 위치
>   에 있어.
> 진우: $l\perp P$, $m/\!/P$이면 $l\perp m$이군.
> 성민: $P/\!/Q$, $Q\perp R$이면 $P\perp R$이지.

▶ 39쪽 유형 **11**

09 오른쪽 그림에서 $l/\!/m$일 때,
0282 x의 값은?

① 40   ② 45

③ 50   ④ 55

⑤ 60

▶ 41쪽 유형 **13**

10 오른쪽 그림에서 $l/\!/m$,
0283 $p/\!/q$일 때, $\angle x$의 크기를
구하시오.

▶ 41쪽 유형 **13**

11 오른쪽 그림과 같이 서로 다
0284 른 두 직선 l, m이 다른 한 직
선과 만날 때, 다음 중 옳지
않은 것을 모두 고르면?

(정답 2개)

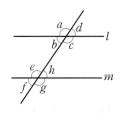

① $l/\!/m$이면 $\angle c=\angle g$

② $l/\!/m$이면 $\angle b=\angle e$

③ $l/\!/m$이면 $\angle b+\angle h=180°$

④ $\angle c=\angle e$이면 $l/\!/m$

⑤ $\angle d+\angle g=180°$이면 $l/\!/m$

▶ 41쪽 유형 **13** + 42쪽 유형 **14**

12 다음 그림에서 $l/\!/n$, $k/\!/m$일 때, $\angle x+\angle y$의 크기
0285 를 구하시오.

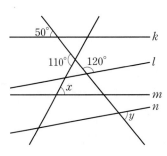

▶ 43쪽 유형 **15**

13 오른쪽 그림에서 $l /\!/ m$일 때,
0286 $\angle x$의 크기를 구하시오.

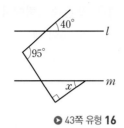

▶ 43쪽 유형 16

14 오른쪽 그림에서 $l /\!/ m$이
0287 고 $\angle AOB = 120°$일 때,
x의 값은?

① 20   ② 21

③ 22   ④ 23

⑤ 24

▶ 43쪽 유형 16

15 오른쪽 그림은 하늘에
0288 있는 인공위성의 위치
를 종이 위에 그리고 선
분으로 그어서 나타낸
것이다. $l /\!/ m$일 때,
$\angle x$의 크기를 구하시오.

창의⊕융합

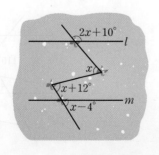

▶ 44쪽 유형 17

16 오른쪽 그림에서 $l /\!/ m$일 때,
0289 $\angle x - \angle y$의 크기를 구하시오.

▶ 44쪽 유형 18

창의⊕융합

17 다음 그림에서 $\overleftrightarrow{AB} /\!/ \overleftrightarrow{EF}$일 때, $\angle x$의 크기는?
0290

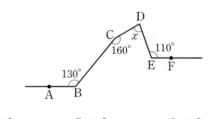

① 85°   ② 80°   ③ 75°

④ 70°   ⑤ 65°

▶ 45쪽 유형 19

18 다음 그림과 같이 직사각형 모양의 종이를 접었을
0291 때, $\angle x$의 크기는?

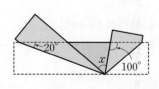

① 50°   ② 55°   ③ 60°

④ 65°   ⑤ 70°

▶ 45쪽 유형 20

서술형 문제

19
0292

오른쪽 그림과 같이 밑면이 정오각형인 오각기둥에서 면 ABGF와 평행한 모서리의 개수를 a개, 선분 BE와 꼬인 위치에 있는 모서리의 개수를 b개, 모서리 DI와 수직으로 만나는 모서리의 개수를 c개라 할 때, $a+b+c$의 값을 구하시오.

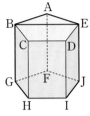

▶ 33쪽 유형 **05** + 35쪽 유형 **06**

20
0293

오른쪽 그림은 밑면이 사다리꼴인 사각기둥에서 삼각기둥을 잘라 내고 남은 입체도형이다. 각 모서리를 연장한 직선과 각 면을 연장한 평면을 생각할 때, $\overrightarrow{JK}$와 꼬인 위치에 있는 직선의 개수를 x개, $\overrightarrow{IK}$와 평행한 평면의 개수를 y개라 하자. 이때 $x+y$의 값을 구하시오.

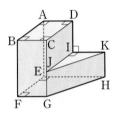

▶ 37쪽 유형 **09**

21
0294

오른쪽 그림은 어떤 선물 상자의 전개도이다. 이 전개도로 만들어지는 선물 상자에 대하여 다음 물음에 답하시오.

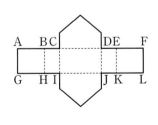

(1) 선물 상자의 겨냥도를 그리시오.
(단, 겹치는 꼭짓점도 모두 나타낸다.)

(2) 모서리 EK와 꼬인 위치에 있는 모서리의 개수를 구하시오.

▶ 38쪽 유형 **10**

22
0295

오른쪽 그림과 같이 세 직선 l, m, n이 만날 때, 다음 물음에 답하시오.

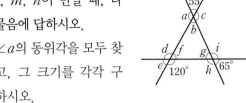

(1) ∠a의 동위각을 모두 찾고, 그 크기를 각각 구하시오.

(2) ∠b의 엇각을 모두 찾고, 그 크기를 각각 구하시오.

▶ 41쪽 유형 **12**

23
0296

오른쪽 그림과 같이 평행한 두 직선 l, m과 정사각형 ABCD가 각각 점 A, C에서 만날 때, x의 값을 구하시오.

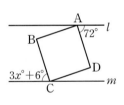

▶ 43쪽 유형 **16**

24
0297

오른쪽 그림과 같이 직사각형 모양의 종이를 접었을 때, ∠x의 크기를 구하시오.

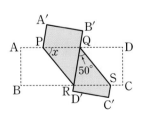

▶ 45쪽 유형 **20**

2

위치 관계

01 오른쪽 그림과 같이 평면 P
0298 위에 세 점 A, B, C가 있고,
평면 P 밖에 두 점 D, E가 있
다. 5개의 점 A, B, C, D, E
중 세 점으로 정해지는 서로 다른 평면의 개수를 구
하시오. (단, 어느 세 점도 한 직선 위에 있지 않고,
평면 P 위의 어느 두 점과 두 점 D, E도 한 평면 위
에 있지 않다.)

02 공간에서 세 직선 l, m, n에 대하여 $l /\!/ m$, $m \perp n$일
0299 때, 다음 **보기** 중 두 직선 l과 n의 위치 관계가 될 수
있는 것을 모두 고르시오.

| 보기 |
ㄱ. 일치한다.   ㄴ. 한 점에서 만난다.
ㄷ. 꼬인 위치에 있다.   ㄹ. $l /\!/ n$
ㅁ. $l \perp n$

Tip
정육면체를 이용하여 조건에 맞는 세 직선 l, m, n의 위치 관계를 생각해
본다.

03 오른쪽 그림은 직사각형 모
0300 양의 종이를 반으로 접은 후
평면 P 위에 세운 것이다. 다
음 중 평면 P와 $\overleftrightarrow{CD}$가 수직
임을 설명할 때, 필요한 조건
을 모두 고르면? (정답 2개)

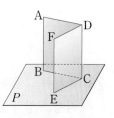

① $\overleftrightarrow{AD} \perp \overleftrightarrow{DF}$ ② $\overleftrightarrow{BC} \perp \overleftrightarrow{CE}$ ③ $\overleftrightarrow{CD} \perp \overleftrightarrow{BC}$

④ $\overleftrightarrow{AB} /\!/ \overleftrightarrow{CD}$ ⑤ $\overleftrightarrow{CD} \perp \overleftrightarrow{CE}$

04 오른쪽 그림은 직육면체를 세
0301 꼭짓점 A, C, F를 지나는 평
면으로 잘라 만든 입체도형이
다. 이때 ∠CFE의 크기는?

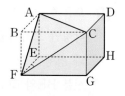

① $22.5°$ ② $30°$ ③ $45°$

④ $60°$ ⑤ $90°$

창의❤융합

05 다음 [그림 1]과 같이 세 면에 거울이 있는 방이 있다.
0302 점 A에서 바닥과 평행하게 점 P를 향해 쏜 빛은 $35°$
의 각도로 들어가 점 Q, 점 R에 차례대로 반사되어
다시 점 A를 지난다. 두 점 Q, R로 들어가는 빛의 각
도를 각각 ∠x, ∠y라 할 때, $2∠x+∠y$의 크기를
구하시오. (단, 네 점 A, P, Q, R는 한 평면 위에 있
고, [그림 2]와 같이 입사각과 반사각의 크기는 같다.)

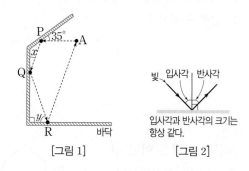

[그림 1]   [그림 2]

06 오른쪽 그림에서 $l /\!/ m$이고
0303 ∠CED=2∠BAC,
3∠ACF=5∠ECF이다.
∠BAC+∠ECF=150°
일 때, ∠BAC의 크기를 구하시오.

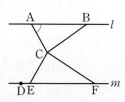

07 오른쪽 그림에서 $l /\!/ m$
0304 이고 사각형 ABCD가
정사각형일 때, ∠AEB
의 크기를 구하시오.

서술형 문제 🖊️

창의⊕융합

10 오른쪽 그림과 같이 각 면
0307 에 숫자가 하나씩 적힌 전
개도로 정육면체를 만들
면 각 꼭짓점에서 세 면이
만난다. 이때 점 H에서
만나는 세 면에 적힌 수의 곱을 구하시오.

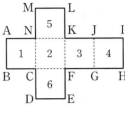

08 오른쪽 그림에서 $l /\!/ m$
0305 이고, ∠DPR=∠QPR,
∠PQR=∠CQR,
∠RPS=∠SPD,
∠RQS=∠SQC일 때,
∠x+∠y의 크기는?

① 120°   ② 135°   ③ 150°

④ 165°   ⑤ 180°

11 오른쪽 그림에서 $l /\!/ m$일
0308 때, x의 값을 구하시오.

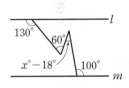

12 오른쪽 그림과 같이 직
0309 사각형 모양의 종이를
접었을 때, ∠EGI의
크기를 구하시오.

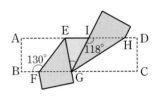

09 오른쪽 그림은 평행사변형
0306 ABCD를 대각선 BD를
접는 선으로 하여 접은 것
이다. 점 P는 $\overline{BA}$와 $\overline{DC'}$
의 연장선의 교점이고
∠BDC=40°일 때, ∠BPD의 크기를 구하시오.

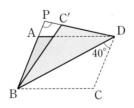

3 작도와 합동

학습 계획 및 성취도 체크

○ 학습 계획을 세우고 적어도 두 번 반복하여 공부합니다.
○ 유형 이해도에 따라 ☐ 안에 ○, △, ×를 표시합니다.
○ 시험 전에 [빈출] 유형과 × 표시한 유형은 반드시 한 번 더 풀어 봅니다.

Lecture 06 간단한 도형의 작도

Level A 개념 익히기

06-1 작도 | 유형 01

(1) **작도**: 눈금 없는 자와 컴퍼스만을 사용하여 도형을 그리는 것
→ 작도에서 자는 눈금 없는 자를 사용한다.

(2) **눈금 없는 자**: 두 점을 연결하여 선분을 그리거나 선분을 연장하는 데 사용

(3) **컴퍼스**: 원을 그리거나 주어진 선분의 길이를 옮기는 데 사용

06-2 길이가 같은 선분의 작도 | 유형 02

❶ 자를 사용하여 직선을 긋고, 그 위에 점 P를 잡는다.
❷ 컴퍼스를 사용하여 $\overline{AB}$의 길이를 잰다.
❸ 점 P를 중심으로 반지름의 길이가 $\overline{AB}$인 원을 그려 직선과의 교점을 Q라 한다. ➡ $\overline{AB}=\overline{PQ}$

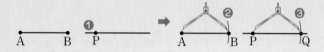

06-3 크기가 같은 각의 작도 | 유형 03

❶ 원 O의 일부를 그리고 $\overrightarrow{OX}$, $\overrightarrow{OY}$와의 교점을 각각 A, B라 한다.
❷ 점 P를 중심으로 반지름의 길이가 $\overline{OA}$인 원을 그려 $\overrightarrow{PQ}$와의 교점을 D라 한다.
❸ 점 D를 중심으로 반지름의 길이가 $\overline{AB}$인 원을 그려 ❷에서 그린 원과의 교점을 C라 한다.
❹ $\overrightarrow{PC}$를 긋는다. ➡ ∠XOY=∠CPD

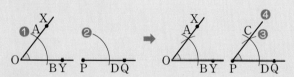

06-4 평행선의 작도 | 유형 04, 05

❶ 점 P를 지나는 직선을 그어 직선 l과의 교점을 Q라 한다.
❷ 원 Q의 일부를 그리고 $\overrightarrow{PQ}$, 직선 l과의 교점을 각각 C, D라 한다.
❸ 점 P를 중심으로 반지름의 길이가 $\overline{QC}$인 원을 그려 교점을 A라 한다.
❹ 컴퍼스를 사용하여 $\overline{CD}$의 길이를 잰다.
❺ 점 A를 중심으로 반지름의 길이가 $\overline{CD}$인 원을 그려 교점을 B라 한다.
❻ $\overrightarrow{PB}$를 긋는다. ➡ l // $\overrightarrow{PB}$
→ '서로 다른 두 직선이 한 직선과 만날 때 동위각의 크기가 같으면 두 직선은 평행하다.'는 성질을 이용하여 작도한 것이다.

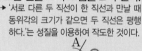
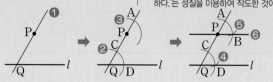

---

01 다음 □ 안에 알맞은 것을 써넣으시오.
0310

> 작도에서 두 점을 연결하여 선분을 그릴 때에는 ☐를 사용하고, 주어진 선분의 길이를 옮길 때에는 ☐를 사용한다.

[02~04] 다음 그림은 ∠XOY와 크기가 같고 $\overrightarrow{O'P}$를 한 변으로 하는 각을 작도하는 과정이다. □ 안에 알맞은 것을 써넣으시오.

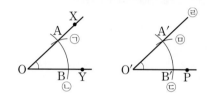

02 작도 순서는 ㉡ → ☐ → ☐ → ☐ → ㉣이다.
0311

03 $\overline{OA}=$ ☐ $=\overline{O'A'}=$ ☐, $\overline{AB}=$ ☐
0312

04 ∠XOY= ☐
0313

[05~07] 오른쪽 그림은 직선 l 위에 있지 않은 한 점 P를 지나고 직선 l에 평행한 직선을 작도하는 과정이다. □ 안에 알맞은 것을 써넣으시오.

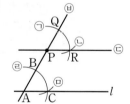

05 작도 순서는
0314 ㉂ → ☐ → ☐ → ☐ → ☐ → ㉢이다.

06 $\overline{AB}=$ ☐ $=\overline{PQ}=$ ☐, $\overline{BC}=$ ☐
0315

07 ∠BAC= ☐, l // ☐
0316

3

작도와 합동

Lecture 06. 간단한 도형의 작도 **55**

유형 01 작도 | 개념 06-1

대표문제

08 다음 보기 중 작도에 대한 설명으로 옳지 <u>않은</u> 것을
0317 모두 고르시오.

┤ 보기 ├
ㄱ. 작도할 때에는 눈금 없는 자와 컴퍼스만을 사
   용한다.
ㄴ. 주어진 선분의 길이를 다른 직선으로 옮길 때
   에는 컴퍼스를 사용한다.
ㄷ. 선분을 연장할 때에는 컴퍼스를 사용한다.
ㄹ. 주어진 각과 크기가 같은 각을 작도할 때에는
   눈금 없는 자만 사용한다.

09 다음 중 원을 그리거나 선분의 길이를 옮길 때 사용
0318 하는 작도 도구는?

① 각도기　　　　② 삼각자
③ 컴퍼스　　　　④ 줄자
⑤ 눈금 없는 자

10 다음 중 작도할 때 눈금 없는 자만을 사용하는 경우
0319 를 모두 고르면? (정답 2개)

① 각의 크기를 측정한다.
② 주어진 선분을 연장한다.
③ 두 선분의 길이를 비교한다.
④ 두 점을 연결하여 선분을 그린다.
⑤ 선분의 길이를 옮긴다.

유형 02 길이가 같은 선분의 작도 | 개념 06-2

대표문제

11 오른쪽 그림과 같은 직선 l 위
0320 에 $\overline{PQ}=2\overline{AB}$인 점 Q를 작
도하려고 한다. 이때 필요한
도구는?

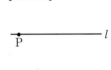

① 각도기　　　　② 컴퍼스
③ 삼각자　　　　④ 눈금 있는 자
⑤ 눈금 없는 자

12 다음 그림은 선분 AB와 길이가 같은 선분 CD를 작
0321 도하는 과정이다. 작도 순서를 바르게 나열하시오.

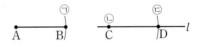

13 다음은 선분 AB를 한 변으로 하는 정삼각형을 작도
0322 하는 과정이다. ㈎, ㈏, ㈐에 알맞은 것을 써넣으시오.

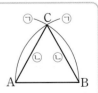

ㄱ 두 점 A, B를 각각 중심으
  로 반지름의 길이가 ㈎ 인
  원을 그려 두 원의 교점을
  C라 한다.
ㄴ $\overline{AC}$, $\overline{BC}$를 각각 그으면 $\overline{AC}=\overline{BC}=$ ㈏ 이므
  로 삼각형 ABC는 ㈐ 이다.

유형 03 크기가 같은 각의 작도 | 개념 06-3

대표문제

14 아래 그림은 ∠XOY와 크기가 같고 $\overrightarrow{PQ}$를 한 변으로 하는 각을 작도한 것이다. 다음 중 옳지 <u>않은</u> 것은?

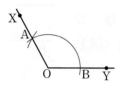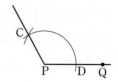

① $\overline{OA}=\overline{OB}$　　② $\overline{OA}=\overline{PD}$

③ $\overline{AB}=\overline{CD}$　　④ $\overline{OX}=\overline{PQ}$

⑤ ∠AOB = ∠CPD

15 아래 그림과 같은 ∠XOY와 크기가 같고 $\overrightarrow{AB}$를 한 변으로 하는 각을 작도하려고 한다. 다음 **보기**의 작도 순서를 바르게 나열한 것은?

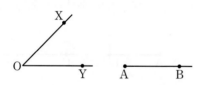

┤ 보기 ├

ㄱ. 점 A를 중심으로 반지름의 길이가 $\overline{OC}$인 원을 그려 $\overrightarrow{AB}$와의 교점을 E라 한다.

ㄴ. 점 O를 중심으로 적당한 원을 그려 $\overrightarrow{OX}$, $\overrightarrow{OY}$와의 교점을 각각 C, D라 한다.

ㄷ. 점 E를 중심으로 반지름의 길이가 $\overline{CD}$인 원을 그려 ㄱ에서 그린 원과의 교점을 F라 한다.

ㄹ. $\overrightarrow{AF}$를 긋는다.

ㅁ. 컴퍼스를 사용하여 $\overline{CD}$의 길이를 잰다.

① ㄱ → ㄴ → ㅁ → ㄷ → ㄹ

② ㄱ → ㄹ → ㄷ → ㄴ → ㅁ

③ ㄴ → ㄱ → ㅁ → ㄷ → ㄹ

④ ㄴ → ㄱ → ㅁ → ㄹ → ㄷ

⑤ ㄴ → ㅁ → ㄹ → ㄱ → ㄷ

16 아래 그림은 ∠AOB와 크기가 같은 ∠A′PB′을 작도하는 과정이다. 다음 중 바르게 말한 사람을 모두 고르시오.

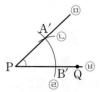

> 지원: 크기가 같은 각은 컴퍼스만을 사용하여 작도할 수 있어.
>
> 승우: ㉺ → ㉢ → ㉣ → ㉠ → ㉡ → ㉤의 순서로 작도하면 돼.
>
> 수민: ㉢, ㉣은 각각 점 O와 점 P를 중심으로 원을 그리는 과정인데 이때 두 원의 반지름의 길이는 반드시 같아야만 해.

유형 04 평행선의 작도; 동위각 이용 | 개념 06-4

'서로 다른 두 직선이 한 직선과 만날 때, 동위각의 크기가 같으면 두 직선은 평행하다.'는 성질을 이용한다.

➡ ∠CQD = ∠APB이므로 $l /\!/ \overrightarrow{PB}$

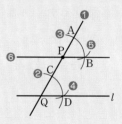

대표문제

17 오른쪽 그림은 직선 l 위에 있지 않은 한 점 P를 지나고 직선 l과 평행한 직선 m을 작도한 것이다. 다음 중 옳지 않은 것은?

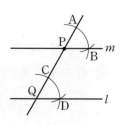

① $\overline{AP}=\overline{BP}$　　② $\overline{CQ}=\overline{DQ}$

③ $\overline{AB}=\overline{CD}$　　④ $\overline{AP}=\overline{CD}$

⑤ ∠APB = ∠CQD

18 오른쪽 그림은 $\overleftrightarrow{XY}$ 위에 있
지 않은 한 점 P를 지나고
$\overleftrightarrow{XY}$와 평행한 직선을 작도한
것이다. 다음 중 작도 과정에
서 이용된 성질은?

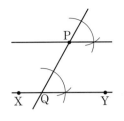

① 맞꼭지각의 크기는 서로 같다.

② 평행한 두 직선은 만나지 않는다.

③ 한 직선에 수직인 두 직선은 평행하다.

④ 동위각의 크기가 같으면 두 직선은 평행하다.

⑤ 엇각의 크기가 같으면 두 직선은 평행하다.

19 오른쪽 그림은 직선 l 위
에 있지 않은 한 점 P를
지나고 직선 l과 평행한
직선을 작도하는 과정이
다. ㈎~㈐에 들어갈 것으
로 알맞지 <u>않은</u> 것은?

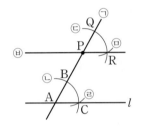

> ㉠ 점 P를 지나는 직선을 그어 직선 l과의 교점을
> A라 한다.
> ㉡ 점 ㈎ 를 중심으로 적당한 원을 그려 $\overleftrightarrow{AP}$, 직
> 선 l과의 교점을 각각 B, C라 한다.
> ㉢ 점 P를 중심으로 반지름의 길이가 ㈏ 인 원을
> 그려 $\overleftrightarrow{AP}$와의 교점을 Q라 한다.
> ㉣ ㈐ 의 길이를 잰다.
> ㉤ 점 Q를 중심으로 반지름의 길이가 ㈐ 인 원을
> 그려 ㉢에서 그린 원과의 교점을 ㈑ 라 한다.
> ㉥ $\overleftrightarrow{PR}$를 긋는다. ⇨ l ∥ ㈒

① ㈎: A   ② ㈏: $\overline{AB}$ ③ ㈐: $\overline{AP}$

④ ㈑: R   ⑤ ㈒: $\overleftrightarrow{PR}$

유형 **05** 평행선의 작도; 엇각 이용 | 개념 **06-4**

'서로 다른 두 직선이 한 직선과 만날
때, 엇각의 크기가 같으면 두 직선은
평행하다.'는 성질을 이용한다.

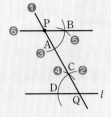

➡ ∠CQD=∠APB이므로
　　l ∥ $\overleftrightarrow{PB}$

대표문제

20 오른쪽 그림은 직선 l 위에 있
지 않은 한 점 P를 지나고 직
선 l과 평행한 직선 m을 작도
한 것이다. 다음 중 옳지 <u>않은</u>
것은?

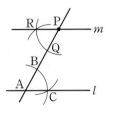

① $\overline{AB}=\overline{AC}$ ② $\overline{AB}=\overline{BC}$

③ $\overline{BC}=\overline{QR}$ ④ $\overline{PQ}=\overline{PR}$

⑤ ∠BAC=∠QPR

서술형

21 오른쪽 그림은 직선 l 위에 있
지 않은 한 점 P를 지나고 직
선 l과 평행한 직선을 작도하
는 과정이다. 다음 물음에 답
하시오.

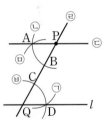

⑴ 작도 순서를 바르게 나열하시오.

⑵ $\overline{QC}$와 길이가 같은 선분을 모두 말하시오.

⑶ 이 작도에 이용된 평행선의 성질을 말하시오.

삼각형의 작도

07-1 삼각형 ABC | 유형 **06, 07**

(1) **삼각형 ABC**: 세 점 A, B, C를 꼭짓점으로 하는 삼각형 ➡ △ABC

① **대변**: 한 각과 마주 보는 변

② **대각**: 한 변과 마주 보는 각

예 오른쪽 그림과 같은 △ABC에서

· ∠A의 대변: $\overline{BC}$,
  ∠B의 대변: $\overline{AC}$,
  ∠C의 대변: $\overline{AB}$

· $\overline{AB}$의 대각: ∠C, $\overline{BC}$의 대각: ∠A, $\overline{CA}$의 대각: ∠B

(2) **삼각형의 세 변의 길이 사이의 관계**

삼각형에서 한 변의 길이는 나머지 두 변의 길이의 합보다 작다. ➡ $a<b+c$, $b<c+a$, $c<a+b$

참고 세 변의 길이가 주어질 때, 삼각형을 만들 수 있는 조건
➡ (가장 긴 변의 길이)<(나머지 두 변의 길이의 합)

07-2 삼각형의 작도 | 유형 **08~10**

(1) 다음의 세 가지 경우에 삼각형을 하나로 작도할 수 있다.

① 세 변의 길이가 주어질 때

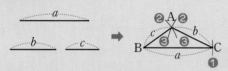

② 두 변의 길이와 그 끼인각의 크기가 주어질 때

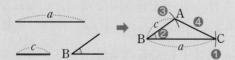

③ 한 변의 길이와 그 양 끝 각의 크기가 주어질 때

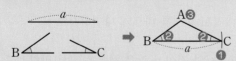

(2) **삼각형이 하나로 정해지는 조건**

다음의 세 가지 경우에 삼각형이 하나로 정해진다.

① 세 변의 길이가 주어질 때

　(단, (가장 긴 변의 길이)<(나머지 두 변의 길이의 합))

② 두 변의 길이와 그 끼인각의 크기가 주어질 때

③ 한 변의 길이와 그 양 끝 각의 크기가 주어질 때

　　　(단, 두 각의 크기의 합은 180°보다 작다.)

[01~02] 오른쪽 그림과 같은 삼각형 ABC에서 다음을 구하시오.

01 $\overline{AB}$의 대각
0331

02 ∠B의 대변
0332

[03~06] 다음과 같이 세 선분의 길이가 주어질 때, 세 선분으로 삼각형을 만들 수 있으면 ○표, 만들 수 없으면 ×표를 하시오.

03 3 cm, 5 cm, 9 cm 　　　　　（　　）
0333

04 4 cm, 5 cm, 8 cm 　　　　　（　　）
0334

05 5 cm, 5 cm, 9 cm 　　　　　（　　）
0335

06 2 cm, 8 cm, 10 cm 　　　　　（　　）
0336

[07~11] 다음과 같은 조건이 주어질 때, △ABC가 하나로 정해지는 것은 ○표, 하나로 정해지지 않는 것은 ×표를 하시오.

07 $\overline{AB}$=5 cm, $\overline{BC}$=10 cm, $\overline{CA}$=3 cm 　（　　）
0337

08 $\overline{BC}$=5 cm, ∠A=40°, ∠B=50° 　（　　）
0338

09 $\overline{AB}$=4 cm, $\overline{BC}$=6 cm, ∠C=40° 　（　　）
0339

10 $\overline{AB}$=7 cm, $\overline{BC}$=8 cm, ∠B=45° 　（　　）
0340

11 ∠A=80°, ∠B=60°, ∠C=40° 　（　　）
0341

3

작도와 합동

유형 06 삼각형의 세 변의 길이 사이의 관계 (1) | 개념 **07-1**

대표문제

12 다음 중 삼각형의 세 변의 길이가 될 수 있는 것은?
0342

① 2 cm, 3 cm, 5 cm

② 2 cm, 4 cm, 6 cm

③ 3 cm, 6 cm, 10 cm

④ 4 cm, 6 cm, 7 cm

⑤ 5 cm, 7 cm, 13 cm

13 다음 **보기** 중 삼각형의 세 변의 길이가 될 수 <u>없는</u> 것
0343 을 모두 고르시오.

| 보기 |

ㄱ. 6 cm, 8 cm, 11 cm

ㄴ. 9 cm, 9 cm, 9 cm

ㄷ. 4 cm, 8 cm, 13 cm

ㄹ. 8 cm, 8 cm, 17 cm

서술형

14 길이가 4 cm, 5 cm, 6 cm, 9 cm인 막대가 각각 하
0344 나씩 있다. 이 중 3개의 막대로 만들 수 있는 삼각형
의 개수를 구하시오.

유형 07 삼각형의 세 변의 길이 사이의 관계 (2) | 개념 **07-1**

변의 길이가 미지수인 경우 다음과 같은 순서로 구한다.
❶ 가장 긴 변의 길이를 찾는다.
❷ (가장 긴 변의 길이)<(나머지 두 변의 길이의 합)임을 이용하
여 식을 세운다.
❸ ❷의 식에서 미지수의 값의 범위를 구한다.

대표문제

15 삼각형의 세 변의 길이가 4 cm, 8 cm, x cm일 때,
0345 x의 값의 범위는?

① $x<4$　　　　　② $x>4$

③ $x<8$　　　　　④ $4<x<12$

⑤ $8<x<12$

16 삼각형의 세 변의 길이가 x, $x+3$, $x+7$일 때, 다음
0346 중 x의 값이 될 수 <u>없는</u> 것을 모두 고르면? (정답 2개)

① 3　　　　② 4　　　　③ 5

④ 6　　　　⑤ 7

서술형

17 삼각형의 세 변의 길이가 x cm, 5 cm, 12 cm일 때,
0347 자연수 x의 개수를 구하시오.

대표문제

18 오른쪽 그림과 같이 $\overline{AB}$의 길
이와 $\angle A$, $\angle B$의 크기가 주
어질 때, 다음 중 $\triangle ABC$를
작도하는 순서로 옳지 <u>않은</u>
것은?

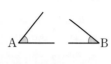

① $\angle A \rightarrow \overline{AB} \rightarrow \angle B$

② $\angle B \rightarrow \overline{AB} \rightarrow \angle A$

③ $\angle A \rightarrow \angle B \rightarrow \overline{AB}$

④ $\overline{AB} \rightarrow \angle A \rightarrow \angle B$

⑤ $\overline{AB} \rightarrow \angle B \rightarrow \angle A$

19 다음은 세 변의 길이 a, b, c가 주어졌을 때, 직선 l
위에 $\overline{BC}$가 있도록 $\triangle ABC$를 작도하는 과정이다.
□ 안에 들어갈 것으로 옳지 <u>않은</u> 것은?

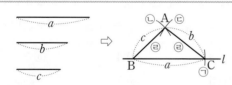

㉠ 직선 l을 긋고, 그 위에 길이가 ① 인 $\overline{BC}$를
작도한다.

㉡ 점 ② 를 중심으로 반지름의 길이가 c인 원을
그린다.

㉢ 점 C를 중심으로 반지름의 길이가 ③ 인 원을
그린다.

㉣ ㉡, ㉢에서 그린 두 원의 교점을 ④ 라 하고
$\overline{AB}$, $\overline{AC}$를 그으면 ⑤ 가 구하는 삼각형이다.

① a　　　　② B　　　　③ c

④ A　　　　⑤ $\triangle ABC$

20 다음은 두 변 $\overline{AB}$, $\overline{BC}$의 길이와 그 끼인각 $\angle B$의
크기가 주어졌을 때, $\overline{BC}$를 밑변으로 하는 $\triangle ABC$
를 작도하는 과정이다. 작도 순서를 바르게 나열한
것은?

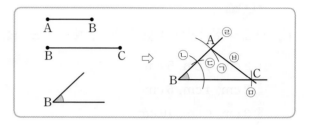

① ㉠ → ㉡ → ㉢ → ㉤ → ㉣ → ㉥

② ㉡ → ㉠ → ㉣ → ㉤ → ㉢ → ㉥

③ ㉡ → ㉢ → ㉣ → ㉤ → ㉥ → ㉠

④ ㉡ → ㉢ → ㉥ → ㉠ → ㉤ → ㉣

⑤ ㉢ → ㉡ → ㉣ → ㉤ → ㉥ → ㉠

다음의 세 가지 경우에 삼각형이 하나로 정해진다.

① 세 변의 길이가 주어질 때

② 두 변의 길이와 그 끼인각의 크기가 주어질 때

③ 한 변의 길이와 그 양 끝 각의 크기가 주어질 때

참고 다음의 각 경우에는 삼각형이 하나로 정해지지 않는다.

① (가장 긴 변의 길이)≥(나머지 두 변의 길이의 합)일 때

② 두 변의 길이와 그 끼인각이 아닌 다른 한 각의 크기가 주어
질 때

③ 세 각의 크기가 주어질 때

대표문제

21 다음 중 $\triangle ABC$가 하나로 정해지는 것은?

① $\overline{AB} = 5$ cm, $\overline{BC} = 12$ cm, $\overline{AC} = 7$ cm

② $\overline{AB} = 10$ cm, $\angle A = 60°$, $\angle B = 45°$

③ $\overline{AB} = 6$ cm, $\angle B = 35°$, $\overline{AC} = 4$ cm

④ $\angle A = 60°$, $\angle B = 30°$, $\angle C = 90°$

⑤ $\overline{BC} = 6$ cm, $\angle B = 95°$, $\angle C = 85°$

22 다음 **보기** 중 △ABC가 하나로 정해지는 조건이 <u>아닌</u> 것을 모두 고르시오.
0352

> ┤보기├
> ㄱ. ∠A=45°, ∠B=75°, ∠C=60°
> ㄴ. $\overline{AB}$=6 cm, $\overline{BC}$=9 cm, $\overline{AC}$=14 cm
> ㄷ. $\overline{BC}$=4 cm, $\overline{AC}$=5 cm, ∠A=80°
> ㄹ. $\overline{AC}$=7 cm, ∠A=50°, ∠B=30°

23 $\overline{AB}$의 길이가 주어졌을 때, 다음 중 △ABC가 하나
0353 로 정해지기 위해 더 필요한 조건을 모두 고르면?

(정답 2개)

① $\overline{BC}$, $\overline{AC}$ ② $\overline{AC}$, ∠C   ③ $\overline{BC}$, ∠C
④ $\overline{AC}$, ∠B   ⑤ ∠B, ∠C

24 오른쪽 그림과 같은 △ABC에
0354 서 ∠A의 크기가 주어졌을 때,
△ABC가 하나로 정해지기 위
해 필요한 조건이 <u>아닌</u> 것을 모
두 고르면? (정답 2개)

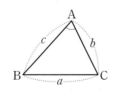

① a, c ② b, c ③ a, ∠C
④ ∠B, ∠C   ⑤ b, ∠C

25 오른쪽 그림과 같은 △ABC에서
0355 ∠A=48°, $\overline{AC}$=5 cm일 때,
△ABC가 하나로 정해지기 위해
필요한 나머지 한 조건으로 알맞
은 것을 다음 **보기** 중 모두 고른 것은?

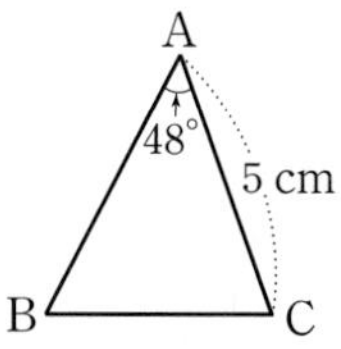

> ┤보기├
> ㄱ. $\overline{AB}$=8 cm   ㄴ. $\overline{BC}$=4 cm
> ㄷ. ∠B=62°   ㄹ. ∠C=70°

① ㄱ, ㄴ   ② ㄱ, ㄷ   ③ ㄴ, ㄹ
④ ㄱ, ㄷ, ㄹ   ⑤ ㄴ, ㄷ, ㄹ

유형 10 삼각형이 하나로 정해지지 않는 경우 | 개념 07-2

대표문제

26 한 변의 길이가 8 cm이고 두 각의 크기가 각각 35°,
0356 45°인 삼각형의 개수를 구하시오.

서술형 **창의+융합**

27 다음 조건을 만족하는 삼각형을 그려 보고, 삼각형이
0357 하나로 정해지지 <u>않는</u> 이유를 설명하시오.

(1) 두 변의 길이가 6 cm, 8 cm이고 한 각의 크기가
40°인 삼각형

(2) 세 각의 크기가 각각 25°, 70°, 85°인 삼각형

08 삼각형의 합동

Level A 개념 익히기

08-1 도형의 합동

유형 **11, 12**

(1) **합동**: 모양과 크기가 같아서 포개었을 때 완전히 겹쳐지는 두 도형을 서로 **합동**이라 한다.

△ABC와 △DEF가 서로 합동일 때, 기호로 △ABC≡△DEF와 같이 나타낸다.

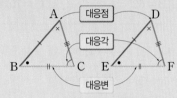

△ABC≡△DEF

참고 합동인 두 도형을 기호 ≡를 사용하여 나타낼 때에는 두 도형의 대응점을 같은 순서로 쓴다.

(2) **합동인 도형의 성질**

두 도형이 서로 합동이면

① 대응변의 길이가 서로 같다.
② 대응각의 크기가 서로 같다.

08-2 삼각형의 합동 조건

유형 **13~19**

두 삼각형은 다음의 각 경우에 서로 합동이다.

(1) 대응하는 세 변의 길이가 각각 같을 때 (SSS 합동)

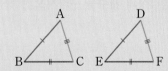

➡ $\overline{AB}=\overline{DE}$, $\overline{BC}=\overline{EF}$, $\overline{AC}=\overline{DF}$

(2) 대응하는 두 변의 길이가 각각 같고, 그 끼인각의 크기가 같을 때 (SAS 합동)

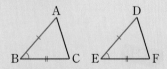

➡ $\overline{AB}=\overline{DE}$, $\overline{BC}=\overline{EF}$, $\angle B=\angle E$

(3) 대응하는 한 변의 길이가 같고, 그 양 끝 각의 크기가 각각 같을 때 (ASA 합동)

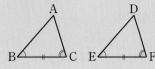

➡ $\overline{BC}=\overline{EF}$, $\angle B=\angle E$, $\angle C=\angle F$

[01~02] 다음 중 두 도형이 항상 합동인 것은 ○표, 합동이 아닌 것은 ×표를 하시오.

01 한 변의 길이가 같은 두 삼각형 ( )
0358

02 반지름의 길이가 같은 두 원 ( )
0359

[03~05] 오른쪽 그림에서 사각형 ABCD와 사각형 EFGH가 서로 합동일 때, 다음을 구하시오.

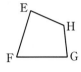

03 점 A의 대응점
0360

04 변 BC의 대응변
0361

05 ∠D의 대응각
0362

06 다음 그림에서 △ABC≡△DEF일 때, x, y의 값과 ∠a, ∠b의 크기를 각각 구하시오.
0363

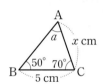
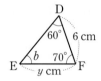

[07~09] 다음 조건에서 △ABC와 △DEF가 서로 합동이면 ○표, 합동이 아니면 ×표를 하시오.

07 $\overline{AB}=\overline{DE}$, $\overline{BC}=\overline{EF}$, $\overline{AC}=\overline{DF}$ ( )
0364

08 $\overline{AB}=\overline{DE}$, $\angle A=\angle D$, $\angle B=\angle E$ ( )
0365

09 $\overline{BC}=\overline{EF}$, $\overline{AC}=\overline{DF}$, $\angle A=\angle D$ ( )
0366

유형 11 도형의 합동 | 개념 08-1

대표문제

10 다음 중 두 도형이 항상 합동이라고 할 수 <u>없는</u> 것은?

0367

① 둘레의 길이가 같은 두 정삼각형

② 한 변의 길이가 같은 두 정사각형

③ 둘레의 길이가 같은 두 원

④ 넓이가 같은 두 원

⑤ 넓이가 같은 두 삼각형

11 다음 중 두 도형이 항상 합동인 것을 모두 고르면?

0368

(정답 2개)

① 한 변의 길이가 같은 두 정삼각형

② 네 변의 길이가 같은 두 사각형

③ 둘레의 길이가 같은 두 직사각형

④ 넓이가 같은 두 사다리꼴

⑤ 넓이가 같은 두 정사각형

12 다음 **보기** 중 옳은 것을 모두 고르시오.

0369

| 보기 |

ㄱ. 둘레의 길이가 같은 두 사각형은 서로 합동이다.

ㄴ. 합동인 두 도형의 변의 개수는 서로 같다.

ㄷ. 두 도형의 넓이가 같으면 서로 합동이다.

ㄹ. 합동인 두 도형은 넓이가 서로 같다.

유형 12 합동인 도형의 성질 | 개념 08-1

대표문제

13 다음 그림에서 $\triangle ABC \equiv \triangle DEF$일 때, $x+y$의 값을 구하시오.

0370

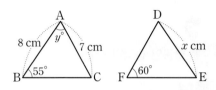

14 아래 그림과 같은 두 삼각형이 서로 합동일 때, 다음 중 옳지 <u>않은</u> 것을 모두 고르면? (정답 2개)

0371

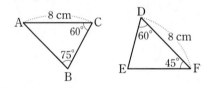

① $\overline{BC}$의 대응변은 $\overline{ED}$이다.

② $\triangle ABC \equiv \triangle DEF$

③ $\triangle ABC = \triangle DEF$

④ $\overline{AB} = 8$ cm

⑤ $\angle E = 75°$

15 다음 그림에서 사각형 ABCD와 사각형 EFGH가 서로 합동일 때, $x-y$의 값을 구하시오.

0372

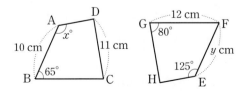

16 오른쪽 그림에서
△ABC≡△DEF이고
△DEF의 넓이가 30 cm²
일 때, $\overline{AC}$의 길이를 구하
시오.

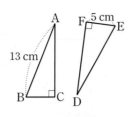

0373

빈출

유형 13 합동인 삼각형 찾기 | 개념 08-2

대표문제

17 다음 보기 중 서로 합동인 삼각형끼리 짝 지어 보고,
각각의 합동 조건을 말하시오.

0374

| 보기 |

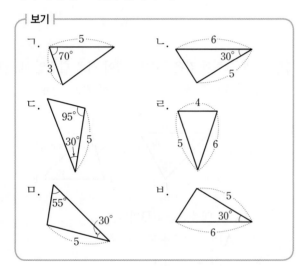

서술형

18 아래 그림과 같은 두 삼각형에 대하여 다음 물음에
답하시오.

0375

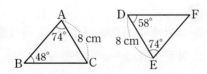

(1) 두 삼각형이 서로 합동임을 보이고, 기호 ≡를
사용하여 나타내시오.

(2) 합동 조건을 말하시오.

---

19 다음 중 오른쪽 그림과 같은 삼각형
과 서로 합동인 것은?

0376

① 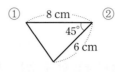 ② 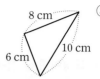 ③

④ 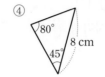 ⑤

---

20 아래 그림의 △ABC와 △DEF에 대하여 다음 중
△ABC≡△DEF인 것을 모두 고르면? (정답 2개)

0377

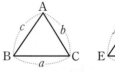

① $a=d$, $b=e$, $c=f$

② $a=d$, $b=e$, $\angle B=\angle E$

③ $b=e$, $c=f$, $\angle B=\angle E$

④ $c=f$, $\angle A=\angle D$, $\angle C=\angle F$

⑤ $\angle A=\angle D$, $\angle B=\angle E$, $\angle C=\angle F$

---

21 다음 중 △ABC≡△DEF라 할 수 <u>없는</u> 것은?

0378

① $\overline{AC}=\overline{DF}$, $\angle A=\angle D$, $\angle C=\angle F$

② $\overline{AB}=\overline{DE}$, $\overline{AC}=\overline{DF}$, $\angle B=\angle E$

③ $\overline{BC}=\overline{EF}$, $\angle A=\angle D$, $\angle B=\angle E$

④ $\overline{AB}=\overline{DE}$, $\overline{BC}=\overline{EF}$, $\angle B=\angle E$

⑤ $\overline{AB}=\overline{DE}$, $\overline{BC}=\overline{EF}$, $\overline{AC}=\overline{DF}$

유형 14 두 삼각형이 합동이 되기 위해 더 필요한 조건 | 개념 08-2

① 두 변의 길이가 각각 같을 때
➡ 나머지 한 변의 길이 또는 그 끼인각의 크기가 같아야 한다.
② 한 변의 길이와 그 양 끝 각 중 한 각의 크기가 같을 때
➡ 그 각을 끼고 있는 다른 한 변의 길이 또는 다른 한 각의 크기가 같아야 한다.
③ 두 각의 크기가 각각 같을 때
➡ 한 변의 길이가 같아야 한다.

대표문제

22 아래 그림에서 $\overline{AB}=\overline{DE}$, $\angle A=\angle D$일 때, 다음 중
0379 △ABC≡△DEF가 되기 위해 필요한 나머지 한 조건으로 옳지 <u>않은</u> 것을 모두 고르면? (정답 2개)

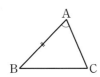
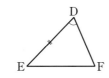

① $\angle B=\angle E$　　② $\angle C=\angle F$
③ $\overline{AC}=\overline{DF}$　　④ $\overline{BC}=\overline{EF}$
⑤ $\overline{AC}=\overline{EF}$

23 아래 그림에서 $\overline{AB}=\overline{DE}$, $\overline{BC}=\overline{EF}$일 때, 한 조건
0380 을 추가하여 △ABC≡△DEF가 되도록 하려고 한다. 다음 **보기** 중 필요한 조건을 모두 고른 것은?

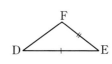

| 보기 |
ㄱ. $\overline{AC}=\overline{DF}$　　ㄴ. $\angle A=\angle D$
ㄷ. $\angle B=\angle E$　　ㄹ. $\angle C=\angle F$

① ㄱ, ㄴ　　② ㄱ, ㄷ　　③ ㄴ, ㄷ
④ ㄴ, ㄹ　　⑤ ㄷ, ㄹ

유형 15 삼각형의 합동 조건; SSS 합동 | 개념 08-2

대표문제

24 다음은 오른쪽 그림에서
0381 $\overline{AB}=\overline{AD}$, $\overline{BC}=\overline{DC}$일 때,
△ABC≡△ADC임을 설명하는
과정이다. ㈎, ㈏에 알맞은 것을
써넣으시오.

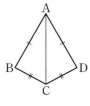

△ABC와 △ADC에서
$\overline{AB}=\overline{AD}$, $\overline{BC}=\overline{DC}$, ㈎ 는 공통
∴ △ABC≡△ADC (㈏ 합동)

25 오른쪽 그림에서
0382 $\overline{AB}=\overline{CD}$, $\overline{BC}=\overline{DA}$일 때,
다음 중 옳지 <u>않은</u> 것을 모두
고르면? (정답 2개)

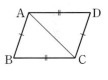

① $\overline{AB}=\overline{AD}$　　② △ABC≡△CDA
③ $\angle ABC=\angle CDA$　　④ $\angle BAC=\angle DCA$
⑤ $\angle ABC=2\angle CAD$

유형 16 삼각형의 합동 조건; SAS 합동 | 개념 08-2

대표문제

26 다음은 오른쪽 그림에서
0383 $\overline{AO}=\overline{CO}$, $\overline{BO}=\overline{DO}$일 때,
△AOB≡△COD임을 설명
하는 과정이다. ㈎, ㈏, ㈐에
알맞은 것을 써넣으시오.

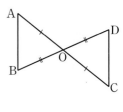

△AOB와 △COD에서
$\overline{AO}=\overline{CO}$, $\overline{BO}=\overline{DO}$, $\angle AOB=$ ㈎ (㈏)
∴ △AOB≡△COD (㈐ 합동)

27 오른쪽 그림에서
0384 $\overline{AC}=\overline{AD}$, $\overline{DB}=\overline{CE}$일 때,
다음 중 옳지 <u>않은</u> 것은?

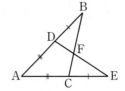

① $\overline{AB}=\overline{AE}$ ② $\angle ACB=\angle ADE$

③ $\angle BDF=\angle EFC$ ④ $\triangle ACB=\triangle ADE$

⑤ $\overline{BC}=\overline{ED}$

28 다음은 오른쪽 그림에서 점 C
0385 가 $\overline{AB}$의 수직이등분선 l 위의
한 점일 때, $\overline{CA}=\overline{CB}$임을 설
명하는 과정이다. □ 안에 알
맞은 것으로 옳지 <u>않은</u> 것은?

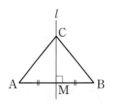

$\triangle CAM$과 $\triangle CBM$에서
점 M은 $\overline{AB}$의 중점이므로 $\overline{AM}=$ ① ······ ㉠
$\overline{AB}\perp l$이므로 $\angle CMA=$ ② $=90°$ ······ ㉡
③ 은 공통 ······ ㉢
㉠, ㉡, ㉢에서 $\triangle CAM\equiv\triangle CBM$ (④ 합동)
∴ $\overline{CA}=$ ⑤

① $\overline{BM}$ ② $\angle CMB$ ③ $\overline{CM}$
④ ASA ⑤ $\overline{CB}$

29 오른쪽 그림은 어느 동물
0386 원의 사자 우리의 위치를
A, 편의점의 위치를 B,
분수대의 위치를 C, 코끼
리 우리의 위치를 D로 나
타낸 것이다. 사자 우리와 편의점 사이의 거리를 구
하시오.

삼각형의 합동 조건; ASA 합동 | 개념 08-2

30 다음은 오른쪽 그림에서
0387 $\overline{AB}=\overline{ED}$, $\angle ABC=\angle EDC$
일 때, $\triangle ABC\equiv\triangle EDC$임을
설명하는 과정이다. ㈎, ㈏, ㈐
에 알맞은 것을 써넣으시오.

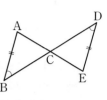

$\triangle ABC$와 $\triangle EDC$에서
$\overline{AB}=\overline{ED}$, $\angle ABC=\angle EDC$
$\angle ACB=$ ㈎ (맞꼭지각)이므로
$\angle BAC=$ ㈏
∴ $\triangle ABC\equiv\triangle EDC$ (㈐ 합동)

31 오른쪽 그림에서 $\overrightarrow{OP}$는
0388 $\angle XOY$의 이등분선이고, 두
점 A, B는 각각 점 P에서
$\overrightarrow{OX}$, $\overrightarrow{OY}$에 내린 수선의 발이
다. 다음 **보기** 중 $\triangle AOP\equiv\triangle BOP$임을 설명하는
데 사용되는 조건을 모두 고르시오.

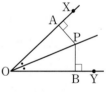

보기
ㄱ. $\overline{OA}=\overline{OB}$ ㄴ. $\overline{AX}=\overline{BY}$
ㄷ. $\overline{OP}$는 공통 ㄹ. $\angle APO=\angle BPO$
ㅁ. $\angle AOP=\angle BOP$

32 오른쪽 그림에서
0389 $\overline{AB}/\!/\overline{ED}$, $\overline{AC}/\!/\overline{FD}$,
$\overline{BF}=\overline{EC}$일 때, 서로 합동인
두 삼각형을 찾아 기호 $\equiv$를
사용하여 나타내고, 합동 조건을 말하시오.

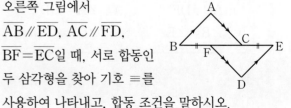

33 오른쪽 그림과 같은 평행사
변형 ABCD에서
$\overline{AE}=\overline{ED}$이고 $\overline{AB}$의 연장
선과 $\overline{CE}$의 연장선의 교점
을 F라 할 때, 다음 중 옳지
<u>않은</u> 것은?

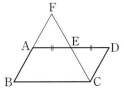

① $\overline{AF} /\!/ \overline{CD}$　　　② $\angle FAE=\angle CDE$
③ $\overline{AF}=\overline{DE}$　　　④ $\angle FEA=\angle CED$
⑤ $\triangle AEF \equiv \triangle DEC$

36 오른쪽 그림에서 △ABC는 정
삼각형이고 $\overline{AD}=\overline{BE}=\overline{CF}$일
때, ∠DEF의 크기를 구하시
오.

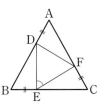

유형 18 삼각형의 합동의 활용; 정삼각형　| 개념 08-2

대표문제

34 오른쪽 그림은 선분 AB
위에 한 점 C를 잡아 $\overline{AC}$,
$\overline{CB}$를 각각 한 변으로 하
는 정삼각형 ACD, CBE
를 그린 것이다. 다음 중 옳지
<u>않은</u> 것은?

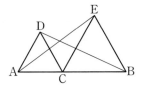

① $\overline{AC}=\overline{DC}$　　② $\overline{CB}=\overline{CE}$
③ $\angle ACE=\angle DCB$　④ $\triangle ACE \equiv \triangle DCB$
⑤ $\angle AEC=\angle CDB$

유형 19 삼각형의 합동의 활용; 정사각형　| 개념 08-2

대표문제

37 오른쪽 그림과 같은 정사각형
ABCD와 정삼각형 EBC에서
다음 중 옳지 <u>않은</u> 것은?

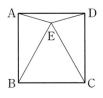

① $\overline{AB}=\overline{DC}$
② $\overline{BE}=\overline{CE}$
③ $\angle ABE=\angle DCE=30°$
④ $\angle AEB=\angle DEC=60°$
⑤ $\triangle ABE \equiv \triangle DCE$

38 오른쪽 그림에서 두 사각형
ABCD와 CEFG는 정사각
형이다. 이때 $\overline{DE}$의 길이를
구하시오.

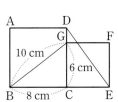

35 오른쪽 그림에서 △ABC와
△ADE는 정삼각형이다.
△CAE와 합동인 삼각형을 찾
아 기호 ≡를 사용하여 나타내
고, 합동 조건을 말하시오.

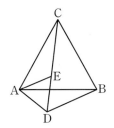

서술형

39 오른쪽 그림과 같은 정사각형
ABCD에서 $\overline{BE}=\overline{CF}$이고
∠EAB=24°일 때, ∠CFB의
크기를 구하시오.

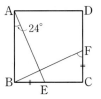

01 0397 아래 그림은 ∠XOY와 크기가 같고 $\overrightarrow{PQ}$를 한 변으로 하는 각을 작도한 것이다. 다음 중 길이가 나머지 넷과 다른 하나는?

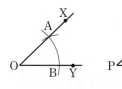

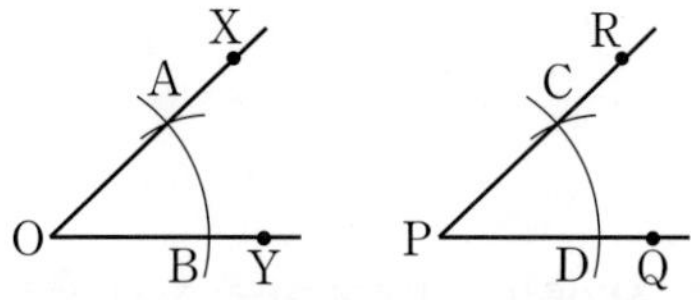

① $\overline{AB}$ ② $\overline{OA}$ ③ $\overline{OB}$
④ $\overline{PC}$ ⑤ $\overline{PD}$

▶ 56쪽 유형 03

02 0398 길이가 다음과 같은 5개의 선분 중 서로 다른 3개의 선분으로 만들 수 있는 삼각형의 개수를 구하시오.

3 cm, 4 cm, 5 cm, 6 cm, 7 cm

▶ 59쪽 유형 06

창의·융합

03 0399 아래 그림과 같이 우체국, 학교, 집이 삼각형 모양으로 위치하고 있다. 다음 중 우체국과 학교 사이의 거리가 될 수 없는 것은?

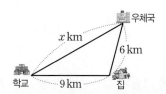

① 11 km ② 12 km ③ 13 km
④ 14 km ⑤ 15 km

▶ 59쪽 유형 07

04 0400 △ABC에서 $\overline{AB}=c$, $\overline{BC}=a$, $\overline{CA}=b$라 할 때, 다음 중 △ABC가 하나로 정해지는 것은?

① $a=5$ cm, $b=4$ cm, $c=9$ cm
② $\angle B=48°$, $a=6$ cm, $b=4$ cm
③ $\angle C=56°$, $b=4$ cm, $c=3$ cm
④ $\angle A=76°$, $\angle B=48°$, $b=4$ cm
⑤ $\angle A=76°$, $\angle B=48°$, $\angle C=56°$

▶ 60쪽 유형 09

05 0401 다음 중 항상 옳은 것은?

① 두 정사각형은 서로 합동이다.
② 한 변의 길이가 같은 두 마름모는 서로 합동이다.
③ 세 각의 크기가 각각 같은 두 삼각형은 서로 합동이다.
④ 반지름의 길이가 같은 두 반원은 서로 합동이다.
⑤ 넓이가 같은 두 이등변삼각형은 서로 합동이다.

▶ 63쪽 유형 11

06 0402 아래 그림에서 △ABC≡△DEF일 때, 다음 □ 안에 알맞은 것을 써넣으시오.

(가) $\overline{AB}$=□$=a$ cm
(나) □$=\angle E=80°$
(다) $\angle C=$□$=60°$

▶ 63쪽 유형 12

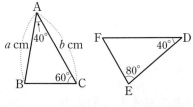

07 아래 그림에서 사각형 ABCD와 사각형 SRQP가 서로 합동일 때, 다음 중 옳지 <u>않은</u> 것은?

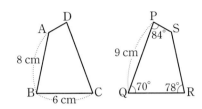

① $\overline{SR}$=8 cm   ② ∠C=70°   ③ ∠B=78°

④ $\overline{CD}$=9 cm   ⑤ ∠A=84°

▶ 63쪽 유형 **12**

08 오른쪽 그림에서
△ABC≡△QCP≡△NPM
일 때, 다음 중 옳지 <u>않은</u> 것은?

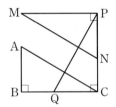

① $\overline{MP}$=$\overline{PC}$
② $\overline{AC}$=$\overline{QP}$
③ $\overline{QB}$=$\overline{NP}$
④ ∠ACB=∠QPC
⑤ ∠CAB=∠MNP

▶ 63쪽 유형 **12**

09 다음 삼각형 중 나머지 넷과 합동이 <u>아닌</u> 하나는?

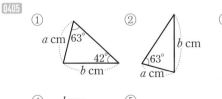

▶ 64쪽 유형 **13**

10 아래 그림에서 ∠A=∠D일 때, 두 가지 조건을 추가하여 △ABC≡△DEF가 되도록 하려고 한다. 다음 중 필요한 조건이 <u>아닌</u> 것을 모두 고르면?

(정답 2개)

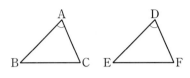

① ∠B=∠E, ∠C=∠F
② $\overline{AB}$=$\overline{DE}$, ∠B=∠E
③ $\overline{AB}$=$\overline{DE}$, $\overline{BC}$=$\overline{EF}$
④ $\overline{AC}$=$\overline{DF}$, ∠C=∠F
⑤ $\overline{AB}$=$\overline{DE}$, $\overline{AC}$=$\overline{DF}$

▶ 65쪽 유형 **14**

11 다음 **보기** 중 두 삼각형의 합동 조건이 SAS 합동인 것을 모두 고르시오.

┤ 보기 ├

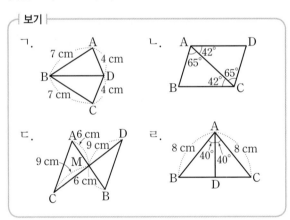

▶ 65쪽 유형 **16**

12 오른쪽 그림과 같이 $\overline{AB}$=$\overline{AC}$인 이등변삼각형 ABC에서 $\overline{BE}$=$\overline{CD}$일 때, 다음 중 옳지 <u>않은</u> 것은?

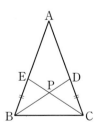

① $\overline{BD}$=$\overline{CE}$
② $\overline{BP}$=$\overline{BE}$
③ ∠EBC=∠DCB
④ ∠BEC=∠CDB
⑤ △EBC≡△DCB

▶ 65쪽 유형 **16**

13 오른쪽 그림에서
0409 $\overline{AB}=\overline{CB}$, $\overline{BE}=\overline{BD}$,
∠ABE=∠CBD이고
세 점 A, E, D가 한 직선 위
에 있다. $\overline{ED}=6$ cm,
$\overline{CD}=8$ cm일 때, $\overline{AD}$의 길이를 구하시오.

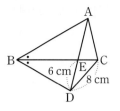

▶ 65쪽 유형 **16**

16 오른쪽 그림은 직사각형 모
0412 양의 종이 ABCD를 $\overline{AC}$를
접는 선으로 하여 접은 것이
다. 이때 △ABC의 넓이는?

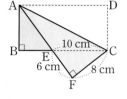

① 52 cm² ② 56 cm² ③ 64 cm²

④ 68 cm² ⑤ 72 cm²

▶ 66쪽 유형 **17**

14 오른쪽 그림에서 $\overrightarrow{OP}$가
0410 ∠AOB의 이등분선일 때, 다
음 **보기** 중 항상 옳은 것을 모
두 고르시오.

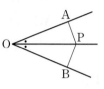

┌ 보기 ├────────────────
ㄱ. $\overline{OA}=\overline{OB}$이면 $\overline{AP}=\overline{BP}$
ㄴ. $\overline{AP}=\overline{BP}$이면 $\overline{OA}=\overline{OB}$
ㄷ. ∠OAP=∠OBP이면 $\overline{AP}=\overline{BP}$
ㄹ. $\overline{OA}=\overline{OP}=\overline{OB}$
└─────────────────────

▶ 65쪽 유형 **16** + 66쪽 유형 **17**

17 오른쪽 그림과 같이 한 변의
0413 길이가 3 cm인 정삼각형
ABC가 있다. $\overline{BC}$의 연장
선 위에 $\overline{CP}=2$ cm가 되도
록 하는 점 P를 잡고 $\overline{AP}$를
한 변으로 하는 정삼각형 APQ를 그릴 때, $\overline{CQ}$의 길
이를 구하시오.

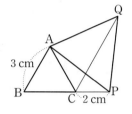

▶ 67쪽 유형 **18**

15 오른쪽 그림과 같이 △ABC
0411 에서 $\overline{BC}$의 중점을 M, 점 B
를 지나고 $\overline{AC}$에 평행한 직
선이 $\overline{AM}$의 연장선과 만나는
점을 D라 할 때, △AMC와
합동인 삼각형과 그 합동 조건을 차례대로 나열한 것
은?

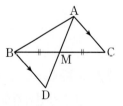

① △AMB, SAS 합동
② △AMB, ASA 합동
③ △DMB, SSS 합동
④ △DMB, SAS 합동
⑤ △DMB, ASA 합동

▶ 66쪽 유형 **17**

창의⊕융합

18 오른쪽 그림과 같이 한
0414 변의 길이가 8 cm인 두
정사각형 모양의 색종이
가 있다. 한 색종이의
대각선의 교점 O에 다
른 색종이의 한 꼭짓점
이 놓여 있을 때, 두 색종이의 겹쳐진 부분의 넓이를
구하시오.

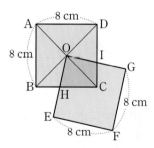

▶ 67쪽 유형 **19**

Tip

정사각형의 대각선의 성질
① 두 대각선의 길이는 서로 같다.
② 두 대각선은 서로 다른 것을 수직이등분한다.

서술형 문제 ✏️

😀창의⦁융합

19 다음은 **보기**의 주어진 조건으로 △ABC를 만들었을
0415 때, △ABC가 하나로 정해지는지에 대하여 말한 것이
다. 바르게 말한 사람을 고르고, 틀린 것은 그 이유
를 설명하시오.

> ┤ 보기 ├
> ㄱ. $\overline{AB}=8\,cm$, $\angle A=30°$, $\angle C=75°$
> ㄴ. $\overline{AB}=8\,cm$, $\overline{CA}=6\,cm$, $\angle B=30°$
> ㄷ. $\overline{AB}=8\,cm$, $\overline{BC}=6\,cm$, $\overline{CA}=10\,cm$

> 은주: 'ㄱ'은 한 변의 길이와 그 양 끝 각의 크기가
> 　　주어지지 않았기 때문에 △ABC는 하나로
> 　　정해지지 않아.
> 성민: 'ㄴ'은 두 변의 길이와 한 각의 크기가 주어졌
> 　　으므로 △ABC는 하나로 정해져.
> 재희: △ABC가 하나로 정해지는 것은 2개야.

▶ 60쪽 유형 **09**

20 오른쪽 그림과 같은 사각형
0416 ABCD에서 점 O는 $\overline{AC}$, $\overline{BD}$
의 교점이고 $\overline{AO}=\overline{DO}$,
$\overline{BO}=\overline{CO}$일 때, 합동인 삼각형
을 모두 찾아 각각을 기호 ≡를 사용하여 나타내고,
합동 조건을 말하시오.

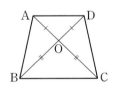

▶ 65쪽 유형 **15** + 65쪽 유형 **16**

21 오른쪽 그림에서 $\overline{AB}=\overline{BD}$,
0417 $\angle A=30°$, $\angle E=60°$일 때,
$\angle x$의 크기를 구하시오.

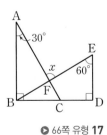

▶ 66쪽 유형 **17**

22 오른쪽 그림에서 △ABC와
0418 △CDE는 정삼각형이고
$\overline{AE}=4\,cm$, $\overline{BC}=10\,cm$
일 때, $\overline{AD}$의 길이를 구하시
오.

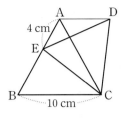

▶ 67쪽 유형 **18**

23 오른쪽 그림에서 △ABC는
0419 정삼각형이고
$\overline{AD}=\overline{BE}=\overline{CF}$일 때, 다음
물음에 답하시오.

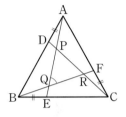

(1) $\overline{AE}=\overline{BF}=\overline{CD}$임을 설
명하시오.

(2) $\overline{PQ}=\overline{QR}=\overline{RP}$임을 설명하시오.

(3) $\angle PQR$의 크기를 구하시오.

▶ 67쪽 유형 **18**

24 오른쪽 그림과 같이 정사각
0420 형 ABCD의 대각선 BD 위
에 점 E를 잡고, $\overline{AE}$의 연
장선과 $\overline{BC}$의 연장선의 교점
을 F라 하자. $\angle AFC=34°$일 때, 다음 물음에 답하
시오.

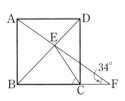

(1) △ABE와 합동인 삼각형을 찾아 기호 ≡를 사용
하여 나타내고, 합동 조건을 말하시오.

(2) $\angle BCE$의 크기를 구하시오.

▶ 67쪽 유형 **19**

3

작도와 합동

Level C 단원 마무리
발전 유형 정복하기

창의+융합

01 지현이는 3개의 빨대를 사용하여 삼각형을 만들려고
0421 한다. 지현이가 가지고 있는 빨대의 종류와 그 개수
는 다음 표와 같을 때, 만들 수 있는 삼각형의 개수를
구하시오. (단, 모양과 크기가 같은 삼각형은 1개의
삼각형으로 본다.)

빨대의 길이	2 cm	3 cm	4 cm	5 cm
빨대의 개수	2개	1개	2개	1개

Tip

삼각형에서 한 변의 길이는 나머지 두 변의 길이의 합보다 작다.
즉, (가장 긴 변의 길이)<(나머지 두 변의 길이의 합)

02 $\overline{AB}=8$ cm, $\overline{AC}=6$ cm, $\angle B=50°$인 조건으로 작
0422 도할 수 있는 삼각형 ABC의 개수는 a개이고, 한 변
의 길이가 7 cm, 두 각의 크기가 40°, 50°인 조건으
로 작도할 수 있는 삼각형의 개수는 b개일 때, $2a-b$
의 값을 구하시오.

03 다음 중 삼각형의 모양과 크기가 하나로 정해지는 경
0423 우는?

① 세 변의 길이가 3 cm, 4 cm, 8 cm일 때

② 세 각의 크기가 30°, 50°, 100°일 때

③ 두 변의 길이가 모두 5 cm이고 한 각의 크기가
  40°일 때

④ 한 변의 길이가 6 cm이고 두 각의 크기가 모두
  60°일 때

⑤ 두 변의 길이가 5 cm, 7 cm이고 한 각의 크기가
  30°일 때

04 △ABC와 △DEF에서 $\angle A=\angle D$, $\angle B=\angle F$이
0424 다. 다음 **보기** 중 두 삼각형이 ASA 합동이 되기 위
해 필요한 나머지 한 가지 조건으로 알맞은 것을 모
두 고르시오.

보기
ㄱ. $\overline{AB}=\overline{DE}$ ㄴ. $\overline{AB}=\overline{DF}$
ㄷ. $\overline{BC}=\overline{FE}$ ㄹ. $\overline{BC}=\overline{DF}$
ㅁ. $\overline{AC}=\overline{DE}$ ㅂ. $\angle C=\angle E$

05 오른쪽 그림에서 △ACB와
0425 △ADE는 직각이등변삼각
형이다. $\overline{CD}$와 $\overline{BE}$의 교점을
G라 할 때, 다음 중 옳지 않
은 것은?

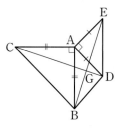

① $\angle CAD=\angle BAE$ ② $\overline{CG}=\overline{GE}$

③ △ACD≡△ABE   ④ $\angle ADC=\angle AEB$

⑤ $\angle CGE=90°$

06 오른쪽 그림과 같이
0426 $\angle BAC=90°$,
$\overline{AB}=\overline{AC}=10$ cm인
△ABC의 두 꼭짓점

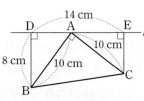

B, C에서 꼭짓점 A를 지나는 직선 l에 내린 수선의
발을 각각 D, E라 하자. $\overline{BD}=8$ cm, $\overline{DE}=14$ cm
일 때, $\overline{EC}$의 길이를 구하시오.

07 오른쪽 그림에서 △ABC
0427 와 △ECD는 정삼각형이
고, 세 점 B, C, D는 한
직선 위에 있다. 선분 BE
와 선분 AD의 교점을 P
라 할 때, $\angle x$의 크기는?

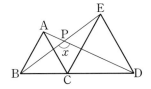

① 100°   ② 105°   ③ 110°

④ 115°   ⑤ 120°

> **Tip**
> 정삼각형은 세 변의 길이가 모두 같고, 세 각의 크기가 모두 60°임을 이용
> 한다.

창의⊕융합

08 다음 그림은 정삼각형 ABC의 두 변 AB, AC를 각
0428 각 한 변으로 하는 정사각형 ABED, ACFG를 그린
것이다. $\angle$AGB=15°일 때, $\angle x$의 크기를 구하시오.

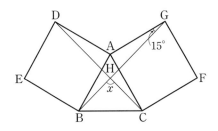

09 오른쪽 그림에서 두 사각형
0429 ABCD와 EFGC는 정사
각형이다. $\angle$ABG=60°,
$\angle$BCG=40°일 때,
$\angle$DEF의 크기를 구하시오.

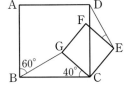

서술형 문제 ✏️

창의⊕융합

10 다음 조건을 모두 만족하는 세 수 a, b, c에 대하여
0430 삼각형의 세 변의 길이가 a cm, b cm, c cm인 서로
다른 삼각형의 개수를 구하시오.

> (개) 세 수 a, b, c는 모두 자연수이다.
> (내) $a+b+c=10$

11 오른쪽 그림에서 △ABC는
0431 정삼각형이고 $\overline{AE}=\overline{CD}$이다.
점 B에서 직선 AD에 내린 수
선의 발을 H라 할 때,
$\angle$EBH의 크기를 구하시오.

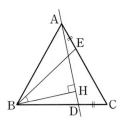

12 오른쪽 그림과 같은 정사각형
0432 ABCD에서 $\overline{BC}$ 위의 점 E와
$\overline{CD}$의 연장선 위의 점 G에 대하
여 △ABE≡△ADG이다. $\overline{CD}$
위의 점 F에 대하여 정사각형
ABCD의 둘레의 길이가 △CEF
의 둘레의 길이의 2배일 때, $\angle$EAF의 크기를 구하
시오.

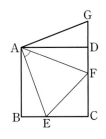

3
작도와 합동

4 다각형

4. 다각형

다각형 (1)

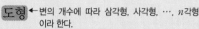

09-1 다각형 | 유형 01~03

(1) **다각형**: 선분으로만 둘러싸인 평면도형 ← 변의 개수에 따라 삼각형, 사각형, …, n각형이라 한다.

① **변**: 다각형을 이루는 선분
② **꼭짓점**: 변과 변이 만나는 점
③ **내각**: 다각형에서 이웃하는 두 변으로 이루어진 내부의 각
④ **외각**: 다각형의 각 꼭짓점에서 한 변과 그 변에 이웃한 변의 연장선으로 이루어진 각

참고 ① 한 내각에 대한 외각은 2개가 있고, 맞꼭지각이므로 그 크기가 서로 같다.
② 다각형의 한 꼭짓점에서 (내각의 크기)+(외각의 크기)=180°

(2) **정다각형**: 모든 변의 길이가 같고 모든 내각의 크기가 같은 다각형

정삼각형　　정사각형　　정오각형

주의 ① 모든 변의 길이가 같다고 해서 항상 정다각형인 것은 아니다.
② 모든 내각의 크기가 같다고 해서 항상 정다각형인 것은 아니다.

09-2 삼각형의 내각과 외각 | 유형 04~11

(1) **삼각형의 내각의 크기의 합**
삼각형의 세 내각의 크기의 합은 180°이다.
➡ ∠A+∠B+∠C=180°

(2) **삼각형의 내각과 외각의 관계**
삼각형의 한 외각의 크기는 그와 이웃하지 않는 두 내각의 크기의 합과 같다.
➡ ∠ACD=∠A+∠B

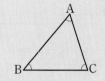

참고 오른쪽 그림과 같이 △ABC에서 $\overline{BA} /\!/ \overline{CE}$가 되도록 반직선 CE를 그으면
∠A=∠ACE (엇각),
∠B=∠ECD (동위각)
① ∠A+∠B+∠C=∠ACE+∠ECD+∠C=180°
② ∠ACD=∠ACE+∠ECD=∠A+∠B

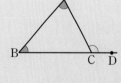

01 다음 **보기** 중 다각형인 것을 모두 고르시오.
0433

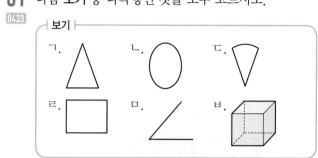
보기
ㄱ. ㄴ. ㄷ. ㄹ. ㅁ. ㅂ.

[02~04] 다음 다각형에 대한 설명 중 옳은 것은 ○표, 옳지 않은 것은 ×표를 하시오.

02 n각형에서 내각은 n개가 있다. (　　)
0434

03 다각형에서 이웃하는 두 변으로 이루어진 내부의 각은 외각이다. (　　)
0435

04 정다각형은 모든 변의 길이가 같다. (　　)
0436

[05~06] 다음 다각형에서 ∠A의 외각의 크기를 구하시오.

05 　　**06**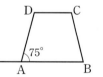
0437　　　　　　　0438

[07~08] 다음 다각형에서 ∠B의 내각의 크기를 구하시오.

07 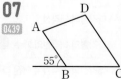　　**08**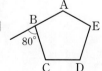
0439　　　　　　　0440

09 다음은 △ABC의 세 내각의 크기의 합이 180°임을 설

0441 명하는 과정이다. ☐ 안에 알맞은 것을 써넣으시오.

오른쪽 그림과 같이
△ABC의 꼭짓점 A를 지나고
☐에 평행한 직선 DE를
그으면

∠B=∠DAB (엇각), ∠C=∠EAC (☐)

∴ ∠A+∠B+∠C=∠A+☐+∠EAC

=☐

[10~13] 다음 그림에서 ∠x의 크기를 구하시오.

10
0442
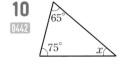

11
0443
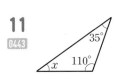

12
0444
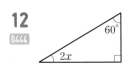

13
0445
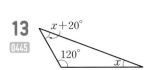

[14~17] 다음 그림에서 ∠x의 크기를 구하시오.

14
0446
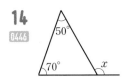

15
0447
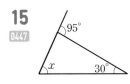

16
0448
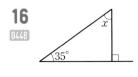

17
0449
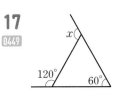

유형 **01** 다각형 | 개념 09-1

대표문제

18 다음 보기 중 다각형인 것을 모두 고르시오.

0450

┤ 보기 ├

ㄱ. 오각형   ㄴ. 삼각뿔   ㄷ. 팔각형

ㄹ. 원   ㅁ. 정육면체   ㅂ. 정십각형

19 다음 중 다각형이 <u>아닌</u> 것을 모두 고르면? (정답 2개)

0451

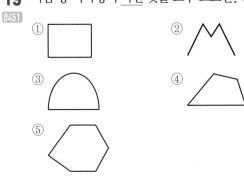

20 다음 보기 중 다각형에 대한 설명으로 옳지 <u>않은</u> 것

0452 을 모두 고르시오.

┤ 보기 ├

ㄱ. 다각형에서 두 변이 만나는 점을 꼭짓점이라
   한다.

ㄴ. 변의 개수가 가장 적은 다각형은 사각형이다.

ㄷ. 칠각형의 변의 개수는 7개이고 꼭짓점의 개수
   는 8개이다.

ㄹ. 다각형의 한 내각에 대한 외각은 2개가 있다.

대표문제

21 오른쪽 그림에서 $\angle x + \angle y$의 크기는?

① 130° ② 135°

③ 140° ④ 145°

⑤ 150°

22 다음 중 $\angle x$의 크기가 가장 작은 것은?

①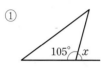

②

③

④

⑤

서술형

23 오른쪽 그림과 같은 오각형에서 $\angle$B의 외각의 크기와 $\angle$C의 내각의 크기를 차례대로 구하시오.

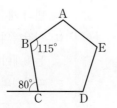

대표문제

24 다음 중 옳은 것을 모두 고르면? (정답 2개)

① 세 변의 길이가 같은 삼각형은 정삼각형이다.

② 네 내각의 크기가 같은 사각형은 정사각형이다.

③ 정오각형의 모든 내각의 크기는 같다.

④ 모든 내각의 크기가 같은 다각형은 정다각형이다.

⑤ 정다각형은 내각의 크기와 외각의 크기가 같다.

25 다음 조건을 모두 만족하는 다각형의 이름을 말하시오.

> ㈎ 모든 변의 길이가 같다.
>
> ㈏ 모든 내각의 크기가 같다.
>
> ㈐ 변의 개수가 10개이다.

26 다음 중 옳지 <u>않은</u> 것을 모두 고르면? (정답 2개)

① 정다각형은 모든 변의 길이가 같다.

② 꼭짓점이 8개인 정다각형은 정팔각형이다.

③ 정다각형은 모든 외각의 크기가 같다.

④ 정다각형은 모든 대각선의 길이가 같다.

⑤ 다각형의 한 꼭짓점에서 내각의 크기와 외각의 크기의 합은 360°이다.

유형 04 삼각형의 세 내각의 크기의 합 | 개념 09-2

대표문제

27
[0459] 오른쪽 그림과 같이 $\overline{AE}$와 $\overline{BD}$의 교점을 C라 할 때, x의 값은?

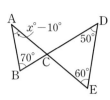

① 30 　　② 35

③ 40 　　④ 45

⑤ 50

28
[0460] 오른쪽 그림에서 x의 값을 구하시오.

29
[0461] 오른쪽 그림에서 $\triangle ABC$가 직각삼각형일 때, $\angle x$의 크기를 구하시오.

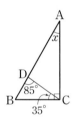

서술형

30
[0462] 오른쪽 그림과 같은 $\triangle ABC$에서 $\angle A$의 이등분선이 변 BC와 만나는 점을 D라 할 때, 다음 물음에 답하시오.

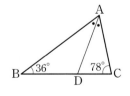

(1) $\angle CAD$의 크기를 구하시오.

(2) $\angle ADC$의 크기를 구하시오.

31
[0463] 삼각형의 세 내각의 크기의 비가 2 : 3 : 4일 때, 가장 작은 각의 크기를 구하시오.

창의 · 융합

32
[0464] 오른쪽 그림과 같은 $\triangle ABC$에서 $\angle C$의 크기는 $\angle B$의 크기의 2배이고, $\angle A$의 크기는 $\angle B$의 크기보다 60°만큼 크다고 한다. 이때 $\angle B$의 크기는?

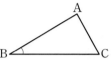

① 25° 　　② 30° 　　③ 35°

④ 40° 　　⑤ 45°

 유형 05 삼각형의 외각의 크기 | 개념 09-2

대표문제

33
[0465] 오른쪽 그림에서 $\angle x - \angle y$의 크기는?

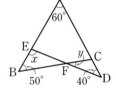

① 30° 　　② 40°

③ 50° 　　④ 60°

⑤ 70°

34
[0466] 오른쪽 그림에서 x의 값을 구하시오.

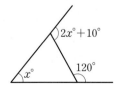

35 오른쪽 그림에서 $\angle x$, $\angle y$의
0467 크기를 각각 구하시오.

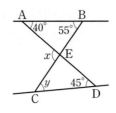

36 오른쪽 그림에서 $\angle x$의 크기
0468 는?

① $56°$ ② $58°$

③ $60°$ ④ $62°$

⑤ $64°$

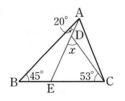

서술형
37 오른쪽 그림에서 $\angle x + \angle y$의
0469 크기를 구하시오.

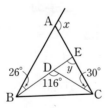

38 오른쪽 그림과 같은 △ABC에
0470 서 $\angle$A의 이등분선이 변 BC와
만나는 점을 D라 할 때, $\angle x$의
크기를 구하시오.

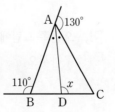

빈출
유형 06   삼각형의 내각의 크기의 합의 활용 | 개념 **09-2**
       ; △ 모양

보조선 BC를 그어 삼각형을 만든 후 삼각
형의 세 내각의 크기의 합이 $180°$임을 이
용한다.

$\angle a + \angle b + \angle c + (\bullet + \triangle) = 180°$

$\angle x + (\bullet + \triangle) = 180°$

➡ $\angle x = \angle a + \angle b + \angle c$

대표문제

39 오른쪽 그림에서 $\angle x$의 크기
0471 를 구하시오.

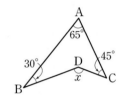

40 오른쪽 그림에서 $\angle x$의 크기
0472 는?

① $25°$ ② $30°$

③ $35°$ ④ $40°$

⑤ $45°$

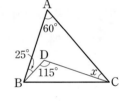

41 오른쪽 그림에서 $\angle x$의 크기는?
0473

① $40°$ ② $50°$

③ $60°$ ④ $70°$

⑤ $80°$

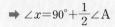

유형 07 삼각형의 내각의 크기의 합의 활용 ; 두 내각의 이등분선 | 개념 09-2

△ABC에서 ∠B와 ∠C의 이등분선의 교점을 I라 할 때

➡ $\angle x = 90° + \dfrac{1}{2}\angle A$

참고 △ABC에서 ● + △ = $\dfrac{1}{2}$(180° − ∠A) = 90° − $\dfrac{1}{2}$∠A

△IBC에서 ● + △ = 180° − ∠x

90° − $\dfrac{1}{2}$∠A = 180° − ∠x

∴ ∠x = 90° + $\dfrac{1}{2}$∠A

대표문제

42 오른쪽 그림과 같은 △ABC
0474 에서 점 I는 ∠B와 ∠C의
이등분선의 교점이고
∠A = 80°일 때, ∠x의 크
기를 구하시오.

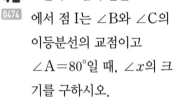

서술형

43 오른쪽 그림과 같은 △ABC
0475 에서 ∠ABI = ∠IBC,
∠ACI = ∠ICB일 때, 다음
물음에 답하시오.

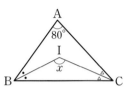

(1) ∠IBC + ∠ICB의 크기를 구하시오.

(2) ∠x의 크기를 구하시오.

44 오른쪽 그림과 같은 △ABC에
0476 서 점 D는 ∠B와 ∠C의 이등
분선의 교점이다.
∠EAC = 132°일 때, ∠x의 크
기를 구하시오.

 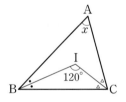

유형 08 삼각형의 내각과 외각의 관계의 활용 ; 두 외각의 이등분선 | 개념 09-2

△ABC에서 ∠A와 ∠C의 외각의
이등분선의 교점을 I라 할 때

➡ $\angle x = 90° − \dfrac{1}{2}\angle B$

참고 △ABC에서
∠BAC + ∠BCA = 180° − ∠B이므로

● + △ = $\dfrac{1}{2}$ {(180° − ∠BAC) + (180° − ∠BCA)}

= 90° + $\dfrac{1}{2}$∠B

∴ ∠x = 180° − (● + △)

= 90° − $\dfrac{1}{2}$∠B

대표문제

45 오른쪽 그림과 같은 △ABC
0477 에서 점 I는 ∠A와 ∠C의 외
각의 이등분선의 교점이다.
∠B = 50°일 때, ∠x의 크기
는?

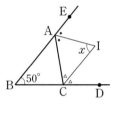

① 55° ② 60° ③ 65°
④ 70° ⑤ 75°

46 다음 그림과 같은 △ABC에서 점 F는 ∠CBD와
0478 ∠ECB의 이등분선의 교점이다. ∠BFC = 54°일 때,
∠x의 크기는?

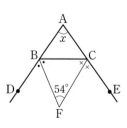

① 70° ② 72° ③ 74°
④ 76° ⑤ 78°

$\triangle ABC$에서 $\angle B$의 이등분선과 $\angle C$의
외각의 이등분선의 교점을 D라 할 때

$\Rightarrow \angle x = \dfrac{1}{2}\angle A$

참고 $\triangle ABC$에서 $\triangle = \dfrac{1}{2}(2\bullet + \angle A) = \bullet + \dfrac{1}{2}\angle A$

$\triangle DBC$에서 $\triangle = \bullet + \angle x$

$\therefore \angle x = \dfrac{1}{2}\angle A$

대표문제

47 오른쪽 그림과 같은
0479 $\triangle ABC$에서 점 D는 $\angle B$
의 이등분선과 $\angle C$의 외각
의 이등분선의 교점이다.
$\angle A = 60°$일 때, $\angle x$의 크기는?

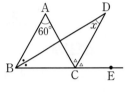

① 15° ② 20° ③ 25°

④ 30° ⑤ 35°

48 오른쪽 그림에서
0480 $\angle ABE = \angle CBE$,
$\angle ACD = \angle DCF$일 때,
$\angle x$의 크기를 구하시오.

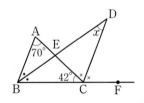

49 오른쪽 그림과 같은 $\triangle ABC$
0481 에서 점 D는 $\angle B$의 이등분
선과 $\angle C$의 외각의 이등분선
의 교점이다. $\angle D = 24°$일 때,
$\angle x$의 크기를 구하시오.

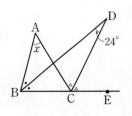

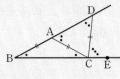
$\overline{AB} = \overline{AC} = \overline{CD}$일 때

$\Rightarrow \angle ABC = \angle ACB$

$\Rightarrow \angle ADC = \angle DAC$
$= 2\angle ABC$

$\Rightarrow \angle DCE = \angle DBC + \angle BDC = 3\angle ABC$

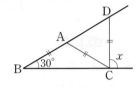

대표문제

50 오른쪽 그림에서
0482 $\overline{AB} = \overline{AC} = \overline{CD}$이고
$\angle B = 30°$일 때, $\angle x$의
크기를 구하시오.

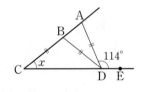

서술형

51 오른쪽 그림에서
0483 $\overline{AD} = \overline{BD} = \overline{BC}$이고
$\angle ADE = 114°$일 때,
$\angle x$의 크기를 구하시오.

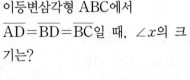

52 오른쪽 그림과 같이 $\overline{AB} = \overline{AC}$인
0484 이등변삼각형 ABC에서
$\overline{AD} = \overline{BD} = \overline{BC}$일 때, $\angle x$의 크
기는?

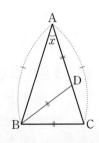

① 34° ② 35°

③ 36° ④ 37°

⑤ 38°

53 오른쪽 그림에서
0485 $\overline{AB}=\overline{BC}=\overline{BD}$이고
∠PAC=120°일 때,
∠x의 크기를 구하시오.

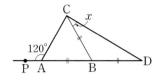

56 오른쪽 그림을 보고 다음 물
0488 음에 답하시오.

(1) ∠a+∠c의 크기를 구하
시오.

(2) ∠b+∠d+∠e의 크기를
구하시오.

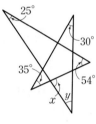

54 오른쪽 그림에서
0486 $\overline{AB}=\overline{AC}=\overline{CD}=\overline{DE}$
이고 ∠B=26°일 때,
∠x의 크기를 구하시오.

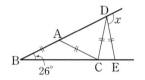

57 오른쪽 그림에서 ∠x-∠y의
0489 크기는?

① 37°　　② 40°

③ 43°　　④ 47°

⑤ 50°

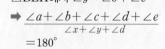
유형 11 **삼각형의 내각과 외각의 관계의 활용** | 개념 09-2
; ☆ 모양

적당한 삼각형을 찾아 삼각형의 내각과
외각의 관계를 이용한다.
△ACI에서 ∠x=∠a+∠c
△BEH에서 ∠y=∠b+∠e

➡ $\underline{∠a+∠b+∠c+∠d+∠e}$
　　$\underset{∠x+∠y+∠d}{}$
＝180°

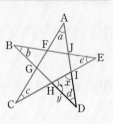

대표문제

55 오른쪽 그림에서 ∠x의 크기
0487 는?

① 30°　　② 31°

③ 32°　　④ 33°

⑤ 34°

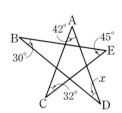

58 오른쪽 그림에서 ∠x+∠y
0490 의 크기는?

① 70°　　② 75°

③ 80°　　④ 85°

⑤ 90°

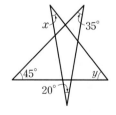

다각형 (2)

10-1 다각형의 내각과 외각의 크기의 합 | 유형 **12~16**

(1) 다각형의 내각의 크기의 합

① n각형의 내부의 한 점과 각 꼭짓점을 잇는 선분을 모두 그으면 **n개의 삼각형**이 생긴다.

② n각형의 내각의 크기의 합

➡ $180° \times n - 360° = \boxed{180° \times (n-2)}$

(2) 다각형의 외각의 크기의 합

n각형의 외각의 크기의 합은 항상 **360°** 이다.

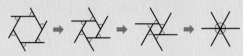

참고 n각형은 n개의 꼭짓점이 있고, 한 꼭짓점에서의 내각의 크기와 외각의 크기의 합은 180°이므로 n각형의

(내각의 크기의 합)+(외각의 크기의 합)=$180° \times n$

∴ (외각의 크기의 합)=$180° \times n$-(내각의 크기의 합)

$= 180° \times n - 180° \times (n-2)$

$= 360°$

예 ① 오각형의 내각의 크기의 합은

$180° \times (5-2) = 180° \times 3 = 540°$

② 오각형의 외각의 크기의 합은 360°이다.

10-2 정다각형의 한 내각과 한 외각의 크기 | 유형 **17~19**

(1) 정n각형의 한 내각의 크기 ➡ $\dfrac{180° \times (n-2)}{n}$

(2) 정n각형의 한 외각의 크기 ➡ $\dfrac{360°}{n}$

예 ① 정오각형의 한 내각의 크기는 $\dfrac{180° \times (5-2)}{5} = 108°$

② 정오각형의 한 외각의 크기는 $\dfrac{360°}{5} = 72°$

10-3 다각형의 대각선 | 유형 **20~22**

(1) 대각선: 다각형에서 이웃하지 않는 두 꼭짓점을 이은 선분

(2) 대각선의 개수

① n각형의 한 꼭짓점에서 그을 수 있는 대각선의 개수 ➡ $(n-3)$개

대각선

② n각형의 대각선의 개수 ➡ $\dfrac{n(n-3)}{2}$개

[01~02] 다음 다각형의 내각의 크기의 합을 구하시오.

01 칠각형
0491

02 십일각형
0492

03 다음은 내각의 크기의 합이 720°인 다각형을 구하는 과정이다. ☐ 안에 알맞은 것을 써넣으시오.
0493

구하는 다각형을 n각형이라 하면

$180° \times (n-2) = \boxed{}$

$n - 2 = \boxed{}$

∴ $n = \boxed{}$

따라서 구하는 다각형은 $\boxed{}$이다.

[04~05] 오른쪽 그림과 같은 다각형에서 다음을 구하시오.

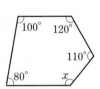

04 내각의 크기의 합
0494

05 $\angle x$의 크기
0495

[06~07] 다음 다각형의 외각의 크기의 합을 구하시오.

06 구각형
0496

07 십이각형
0497

[08~09] 다음 그림에서 ∠x의 크기를 구하시오.

08
0498

09
0499

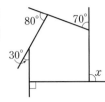

[10~13] 다음 정다각형의 한 내각의 크기와 한 외각의 크기를 차례대로 구하시오.

10 정육각형
0500

11 정팔각형
0501

12 정구각형
0502

13 정십오각형
0503

[14~15] 다음 다각형의 한 꼭짓점에서 그을 수 있는 대각선의 개수를 구하시오.

14
0504

15
0505

[16~17] 다음 다각형의 대각선의 개수를 구하시오.

16 십각형
0506

17 십삼각형
0507

유형 12 　다각형의 내각의 크기의 합　　개념 10-1

대표문제

18 내각의 크기의 합이 1260°인 다각형은?
0508

① 칠각형　　② 팔각형　　③ 구각형

④ 십각형　　⑤ 십일각형

19 내각의 크기의 합이 1440°인 다각형의 꼭짓점의 개
0509 수는?

① 7개　　② 8개　　③ 9개

④ 10개　　⑤ 11개

20 다음 조건을 모두 만족하는 다각형의 이름을 말하
0510 시오.

> ㈎ 모든 변의 길이가 같다.
> ㈏ 모든 내각의 크기가 같다.
> ㈐ 내각의 크기의 합이 1980°이다.

창의+융합

21 오른쪽 그림은 팔각형의 내부의
0511 한 점과 각 꼭짓점을 잇는 선분을 모두 그은 것이다. 삼각형의 세 내각의 크기의 합이 180°임을 이용하여 팔각형의 내각의 크기의 합을 구하시오.

유형 13 복잡한 도형에서 다각형의 내각의 크기의 합 | 개념 10-1

대표문제

22 오른쪽 그림에서 ∠x의 크기는?

① 95°   ② 100°

③ 105°   ④ 110°

⑤ 115°

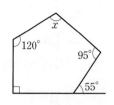

23 오른쪽 그림에서 ∠a−∠b의 크기를 구하시오.

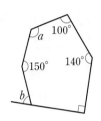

24 오른쪽 그림에서 ∠x의 크기를 구하시오.

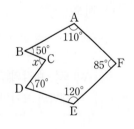

25 오른쪽 그림과 같은 사각형 ABCD에서 ∠B와 ∠C의 이등분선의 교점을 I라 하자. ∠A=130°, ∠D=110° 일 때, ∠x의 크기를 구하시오.

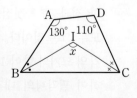

유형 14 다각형의 외각의 크기의 합 | 개념 10-1

대표문제

26 오른쪽 그림에서 ∠x+∠y의 크기를 구하시오.

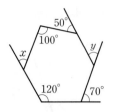

27 오른쪽 그림에서 ∠x의 크기는?

① 95°   ② 100°

③ 105°   ④ 110°

⑤ 115°

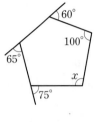

28 오른쪽 그림에서 x의 값을 구하시오.

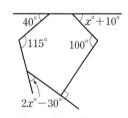

창의융합

29 다음 그림과 같이 달팽이 장난감이 점 P에서 출발하여 직선으로 가다가 왼쪽으로 꺾어서 다시 직선으로 간다. 이와 같이 모두 8번 꺾어 다시 점 P로 되돌아올 때, 달팽이 장난감이 회전한 각의 크기의 합을 구하시오.

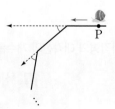

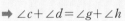 **유형 15** 다각형의 내각의 크기의 합의 활용 | 개념 **10-1**

$\overline{PQ}$를 그으면 마주 보는 두 삼각형에서 맞꼭지각의 크기가 같으므로
➡ $\angle c + \angle d = \angle g + \angle h$

대표문제

30 오른쪽 그림에서 $\angle x$의 크기는?

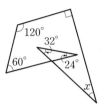

① $31°$ ② $32°$

③ $33°$ ④ $34°$

⑤ $35°$

31 오른쪽 그림에서
$\angle a + \angle b + \angle c$
$+ \angle d + \angle e$
의 크기는?

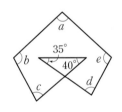

① $450°$ ② $455°$ ③ $460°$

④ $465°$ ⑤ $470°$

서술형

32 오른쪽 그림에서 $\angle x$의 크기 를 구하시오.

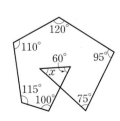

33 오른쪽 그림에서
$\angle a + \angle b + \angle c + \angle d$
$+ \angle e + \angle f + \angle g + \angle h$
의 크기를 구하시오.

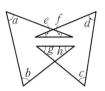

 유형 16 다각형의 내각과 외각의 크기의 합의 활용 | 개념 **10-1**

➡ $\angle a + \angle b + \angle c + \angle d + \angle e + \angle f = 360°$

대표문제

34 오른쪽 그림에서
$\angle a + \angle b + \angle c + \angle d$
$+ \angle e + \angle f + \angle g$
의 크기는?

① $270°$ ② $300°$ ③ $320°$

④ $360°$ ⑤ $400°$

35 오른쪽 그림에서
$\angle a + \angle b + \angle c + \angle d$
$+ \angle e + \angle f + \angle g + \angle h$
$+ \angle i + \angle j$
의 크기를 구하시오.

 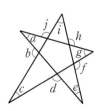

36 오른쪽 그림에서
[0526]
$\angle a + \angle b + \angle c$
$+ \angle d + \angle e$
의 크기를 구하시오.

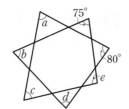

40 한 내각의 크기가 160°인 정다각형의 꼭짓점의 개수
[0530] 는?

① 8개   ② 10개   ③ 12개

④ 15개   ⑤ 18개

37 오른쪽 그림에서
[0527]
$\angle a + \angle b + \angle c$
$+ \angle d + \angle e + \angle f$
의 크기를 구하시오.

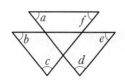

41 한 내각의 크기와 한 외각의 크기의 비가 3 : 1인 정
[0531] 다각형의 이름을 말하시오.

유형 **17** 정다각형의 한 내각과 한 외각의 크기 | 개념 **10-2**

대표문제

38 다음 중 정십이각형에 대한 설명으로 옳지 <u>않은</u> 것을
[0528] 모두 고르면? (정답 2개)

① 꼭짓점의 개수는 12개이다.

② 내각의 크기의 합은 1800°이다.

③ 한 외가의 크기는 60°이다.

④ 한 내각의 크기는 150°이다.

⑤ 내부의 한 점과 각 꼭짓점을 잇는 선분을 모두 그
으면 10개의 삼각형이 생긴다.

42 다음 조건을 모두 만족하는 다각형의 이름을 말하
[0532] 시오.

> ㈎ 모든 변의 길이가 같고 모든 내각의 크기가
> 같다.
> ㈏ 한 내각의 크기가 한 외각의 크기의 4배이다.

서술형

39 정이십각형의 한 내각의 크기를 a°, 정십각형의 한
[0529] 외각의 크기를 b°라 할 때, $a + b$의 값을 구하시오.

43 모든 내각의 크기와 모든 외각의 크기의 합이 1620°인
[0533] 정다각형의 한 내각의 크기는?

① 108°   ② 120°   ③ 135°

④ 140°   ⑤ 150°

빈출

유형 18 정다각형의 한 내각의 크기의 활용 | 개념 10-2

정n각형에서 모든 변의 길이가 같으므로 각의 크기는 다음을 이용하여 구한다.

① 이등변삼각형의 성질
　➡ 삼각형에서 두 변의 길이가 같으면 두 밑각의 크기도 같다.

② 한 내각의 크기 ➡ $\dfrac{180° \times (n-2)}{n}$

대표문제

44 오른쪽 그림과 같은 정오각형에
0534 서 ∠x의 크기를 구하시오.

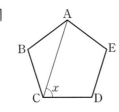

창의융합

45 직사각형 모양의 긴 종이
0535 띠 한 장으로 매듭을 만들
어 당기면 오른쪽 그림과
같이 정오각형이 만들어진
다. 이때 ∠x+∠y의 크기
는?

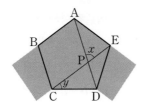

① 104°　　② 108°　　③ 112°

④ 116°　　⑤ 120°

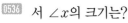

46 오른쪽 그림과 같은 정팔각형에
0536 서 ∠x의 크기는?

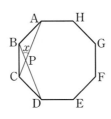

① 40°　　② 42°

③ 43°　　④ 45°

⑤ 50°

47 오른쪽 그림과 같이 정오각
0537 형의 두 꼭짓점 A, D가 각
각 직선 l, m 위에 있고
$l /\!/ m$일 때, ∠x의 크기는?

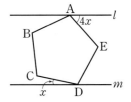

① 10°　　② 12°

③ 14°　　④ 16°

⑤ 18°

서술형

48 오른쪽 그림에서 사각형 ABCD
0538 는 정사각형이고 삼각형 PBC는
정삼각형일 때, ∠x, ∠y의 크기
를 각각 구하시오.

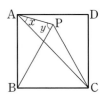

유형 19 정다각형의 한 외각의 크기의 활용 | 개념 10-2

먼저 주어진 정다각형이 몇 각형인지 구한 후
(다각형의 외각의 크기의 합)＝360°
임을 이용하여 한 외각의 크기를 구한다.

대표문제

49 오른쪽 그림과 같이 한 변의 길
0539 이가 같은 정오각형과 정사각
형의 한 변이 붙어 있을 때,
∠x의 크기는?

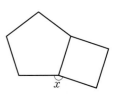

① 160°　　② 162°

③ 164°　　④ 166°

⑤ 168°

50 오른쪽 그림과 같은 정오각형에서 $\overline{AB}$, $\overline{DC}$의 연장선의 교점을 P라 할 때, $\angle x$의 크기를 구하시오.

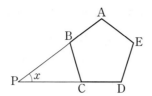

53 한 꼭짓점에서 그을 수 있는 대각선의 개수가 12개인 다각형은?

① 칠각형　　② 구각형　　③ 십일각형
④ 십삼각형　⑤ 십오각형

51 오른쪽 그림은 한 변의 길이가 같은 정육각형과 정오각형의 한 변을 붙여 놓은 것이다. 정육각형의 한 변의 연장선과 정오각형의 한 변의 연장선이 만날 때, $\angle x$의 크기를 구하시오.

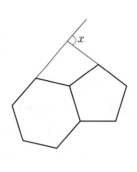

54 한 꼭짓점에서 대각선을 모두 그었을 때 생기는 삼각형의 개수가 9개인 다각형의 변의 개수를 구하시오.

서술형

55 십팔각형의 한 꼭짓점에서 그을 수 있는 대각선의 개수를 a개, 내부의 한 점과 각 꼭짓점을 잇는 선분을 모두 그었을 때 생기는 삼각형의 개수를 b개라 할 때, $b-a$의 값을 구하시오.

유형 20　다각형의 대각선　　|　개념 **10-3**

① n각형의 한 꼭짓점에서 그을 수 있는 대각선의 개수
　➡ $(n-3)$개

② n각형의 한 꼭짓점에서 대각선을 모두 그었을 때 생기는 삼각형의 개수
　➡ $(n-2)$개

③ n각형의 내부의 한 점과 각 꼭짓점을 잇는 선분을 모두 그었을 때 생기는 삼각형의 개수
　➡ n개

대표문제

52 십일각형의 한 꼭짓점에서 그을 수 있는 대각선의 개수를 a개, 이때 생기는 삼각형의 개수를 b개라 할 때, $a+b$의 값을 구하시오.

56 다음은 칠각형의 한 꼭짓점에서 그은 대각선을 이용하여 내각의 크기의 합을 구하는 과정이다. (가), (나)에 알맞은 것을 각각 구하시오.

칠각형의 한 꼭짓점 P에서 대각선을 그으면 [(가)]개의 삼각형으로 나누어진다.
따라서 칠각형의 내각의 크기의 합은
$180° \times$ [(가)] $=$ [(나)] 이다.

유형 21 다각형의 대각선의 개수 | 개념 10-3

조건을 만족하는 다각형을 먼저 구한 후 이 다각형의 대각선의 개수를 구한다.

꼭짓점의 개수

$$\frac{n(n-3)}{2}$$ ← 한 꼭짓점에서 그을 수 있는 대각선의 개수

↑ 한 대각선이 2번씩 세어졌으므로 2로 나눔

대표문제

57 어떤 다각형의 한 꼭짓점에서 그을 수 있는 대각선의
0547 개수가 7개일 때, 이 다각형의 대각선의 개수를 구하시오.

58 십이각형의 한 꼭짓점에서 그을 수 있는 대각선의 개
0548 수를 a개, 대각선의 개수를 b개라 할 때, $b-a$의 값은?

① 41   ② 42   ③ 43

④ 44   ⑤ 45

59 다음 중 다각형과 그 다각형의 대각선의 개수를 구한
0549 것으로 옳지 <u>않은</u> 것은?

① 오각형, 5개   ② 칠각형, 14개

③ 팔각형, 20개   ④ 구각형, 28개

⑤ 십일각형, 44개

서술형

60 어떤 다각형의 내부의 한 점과 각 꼭짓점을 잇는 선
0550 분을 모두 그었더니 13개의 삼각형이 생겼다. 이 다각형의 대각선의 개수를 구하시오.

창의+융합

61 오른쪽 그림과 같이 어느 국제
0551 회의에 참가한 8명의 정상급 대표가 원 모양의 탁자에 둘러앉아 있다. 자신과 이웃하여 앉은 두 사람을 제외한 모든 사람과 서로 한 번씩 악수를 하려고 할 때, 악수는 모두 몇 번을 하게 되는지 구하시오.

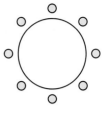

유형 22 대각선의 개수가 주어진 다각형 | 개념 10-3

❶ 구하는 다각형을 n각형이라 한다.
❷ 주어진 대각선의 개수를 이용하여 n의 값을 구한다.

대표문제

62 대각선의 개수가 27개인 다각형은?
0552

① 오각형   ② 육각형   ③ 칠각형

④ 팔각형   ⑤ 구각형

63 다음 조건을 모두 만족하는 다각형은?
0553

> ㈎ 대각선의 개수가 54개이다.
> ㈏ 모든 변의 길이가 같고 모든 내각의 크기가 같다.

① 십각형   ② 십일각형   ③ 십이각형

④ 정십이각형   ⑤ 정십삼각형

서술형

64 대각선의 개수가 35개인 다각형이 있다. 이 다각형
0554 의 한 꼭짓점에서 대각선을 모두 그었을 때 생기는 삼각형의 개수를 구하시오.

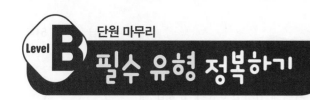

01 다음 중 다각형의 개수를 구하시오.

0555

> 마름모, 원기둥, 육각뿔, 정육각형,
> 직육면체, 사다리꼴, 구각형, 직각삼각형

▶ 77쪽 유형 **01**

02 삼각형의 세 내각의 크기의 비가 4 : 5 : 6일 때, 두

0556 번째로 작은 외각의 크기는?

① $60°$ ② $72°$ ③ $108°$

④ $120°$ ⑤ $132°$

▶ 79쪽 유형 **04**

03 오른쪽 그림에서

0557 $∠GDC=50°$,

$∠AEB=∠BFC=∠CGD$

$=18°$

일 때, $∠x$의 크기를 구하시오.

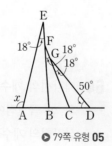

▶ 79쪽 유형 **05**

04 오른쪽 그림에서

0558 $∠a+∠b+∠c$의 크기를

구하시오.

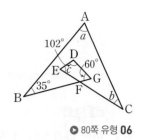

▶ 80쪽 유형 **06**

05 오른쪽 그림과 같은 △ABC

0559 에서 $∠A$와 $∠B$의 이등분선

의 교점을 F라 하자.

$∠C=48°$일 때, $∠x$의 크기

는?

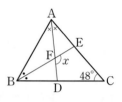

① $112°$ ② $114°$ ③ $116°$

④ $118°$ ⑤ $120°$

▶ 81쪽 유형 **07**

06 오른쪽 그림은 n각형의 내부의 한

0560 점 O에서 각 꼭짓점에 선분을 모

두 그어 삼각형을 만든 것이다. 다

음 **보기** 중 옳은 것을 모두 고른

것은?

┤ 보기 ├

ㄱ. 점 O에 모인 각의 크기의 합은 $360°$이다.

ㄴ. n각형의 내부에 생긴 모든 삼각형의 내각의
크기의 합은 $180°×n$이다.

ㄷ. n각형의 내각의 크기의 합은 $180°×n$이다.

ㄹ. $n=13$이면 내각의 크기의 합은 $1980°$이다.

① ㄱ, ㄴ   ② ㄱ, ㄷ   ③ ㄴ, ㄹ

④ ㄱ, ㄴ, ㄹ   ⑤ ㄱ, ㄷ, ㄹ

▶ 85쪽 유형 **12**

07 오른쪽 그림과 같은 사각형
ABCD에서 ∠A와 ∠C의 이
등분선의 교점을 O라 하자.
∠B=72°, ∠D=130°일 때,
∠x의 크기를 구하시오.

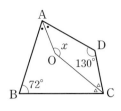

▶ 86쪽 유형 **13**

08 오른쪽 그림에서 ∠x의 크기
는?

① 70°　　② 75°
③ 80°　　④ 85°
⑤ 90°

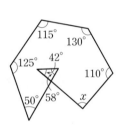

▶ 87쪽 유형 **15**

09 오른쪽 그림에서 x의 값은?

① 35　　② 40
③ 45　　④ 50
⑤ 55

▶ 87쪽 유형 **16**

10 오른쪽 그림에서 ∠a+∠b
의 크기를 구하시오.

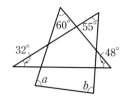

▶ 87쪽 유형 **16**

창의⊕융합

11 오른쪽 그림은 정다각형 모양의 색종이
의 일부분을 찢은 것이다. 찢기 전의 색
종이의 모양은?

① 정팔각형　　② 정구각형
③ 정십각형　　④ 정십일각형
⑤ 정십이각형

▶ 88쪽 유형 **17**

12 오른쪽 그림과 같은 정육각형에서
∠y-∠x의 크기를 구하시오.

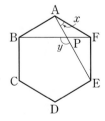

▶ 89쪽 유형 **18**

13 오른쪽 그림과 같이 한 변의 길
0567 이가 같은 정사각형과 정오각형
의 한 변이 정육각형의 한 변에
각각 붙어 있을 때, $\angle x$의 크기
를 구하시오.

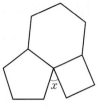

▶ 89쪽 유형 **18**

14 다음 ☐ 안에 알맞은 수들의 합을 구하시오.
0568

> (가) 칠각형의 한 꼭짓점에서 그을 수 있는 대각선의
>   개수는 ☐개이다.
> (나) 십각형의 한 꼭짓점에서 대각선을 모두 그으면
>   ☐개의 삼각형이 생긴다.
> (다) 십오각형의 내부의 한 점과 각 꼭짓점을 잇는
>   선분을 모두 그었을 때 생기는 삼각형의 개수는
>   ☐개이다.

▶ 90쪽 유형 **20**

15 한 꼭짓점에서 각 꼭짓점에 선분을 모두 그었을 때
0569 12개의 삼각형이 생기는 다각형의 변의 개수를 a개,
이 다각형의 대각선의 개수를 b개라 하자. 이때 $a+b$
의 값은?

① 89 ② 90 ③ 91
④ 92 ⑤ 93

▶ 91쪽 유형 **21**

창의+융합
16 오른쪽 그림과 같은 5개의 구
0570 역 A, B, C, D, E 중 어느
한 구역에서 원하는 구역까지
최단 거리로 길을 건널 수 있
도록 횡단보도를 설치하려고
한다. 이때 필요한 횡단보도의 개수를 구하시오.

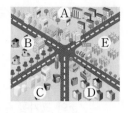

▶ 91쪽 유형 **21**

17 다음 **보기** 중 한 내각의 크기가 한 외각의 크기보다
0571 100°만큼 큰 정다각형에 대한 설명으로 옳은 것의 개
수는?

> ┤ 보기 ├
> ㄱ. 한 외각의 크기는 40°이다.
> ㄴ. 대각선의 개수는 27개이다.
> ㄷ. 내각의 크기의 합은 1080°이다.
> ㄹ. 한 꼭짓점에서 그을 수 있는 대각선의 개수는
>   6개이다.

① 0개 ② 1개 ③ 2개
④ 3개 ⑤ 4개

▶ 88쪽 유형 **17** + 91쪽 유형 **21**

18 다음 조건을 모두 만족하는 다각형의 한 내각의 크기
0572 는?

> (가) 모든 변의 길이가 같고, 모든 내각의 크기가
>   같다.
> (나) 대각선의 개수는 104개이다.

① 150° ② 152.5° ③ 155°
④ 157.5° ⑤ 160°

▶ 88쪽 유형 **17** + 91쪽 유형 **22**

서술형 문제 ✏️

19
0573
오른쪽 그림과 같은
△ABC에서 ∠A=30°,
∠ABC=40°이고
△EDC에서 ∠E=55°
이다. ∠B의 이등분선
과 ∠ACE의 이등분선의 교점을 F라 할 때, 다음
물음에 답하시오.

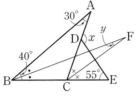

(1) ∠x의 크기를 구하시오.

(2) ∠y의 크기를 구하시오.

◐ 82쪽 유형 **09**

20
0574
다음 그림에서 $\overline{AB}=\overline{AC}=\overline{CD}=\overline{DE}$이고
∠FDE=112°일 때, ∠x의 크기를 구하시오.

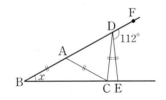

◐ 82쪽 유형 **10**

21
0575
오른쪽 그림에서 x의 값을 구하
시오.

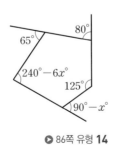

◐ 86쪽 유형 **14**

창의❀융합

22
0576
오른쪽 그림과 같이 정오각형
의 내부에 정삼각형과 정사각
형을 그렸을 때, ∠x의 크기를
구하시오.

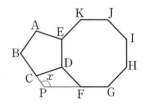

◐ 89쪽 유형 **18**

23
0577
오른쪽 그림과 같이 한 변
의 길이가 같은 정오각형
과 정팔각형의 한 변이 붙
어 있다. $\overline{BC}$와 $\overline{GF}$의 연
장선의 교점을 P라 할 때,
∠x의 크기를 구하시오.

◐ 89쪽 유형 **19**

⭐✮
24
0578
한 내각의 크기와 한 외각의 크기의 비가 9 : 1인 정
다각형의 한 꼭짓점에서 그을 수 있는 대각선의 개수
를 구하시오.

◐ 88쪽 유형 **17** + 90쪽 유형 **20**

01 오른쪽 그림에서
0579 $\overline{AB}=\overline{AE}$, $\overline{CB}=\overline{CD}$이고
$\angle DBE=28°$일 때,
$\angle ABC$의 크기는?

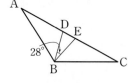

① 108°　　② 112°　　③ 116°

④ 120°　　⑤ 124°

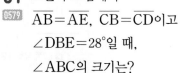
다음 그림에서 점선은 빛이 세 개의 평면거울 $\overline{AB}$,
0580 $\overline{BC}$, $\overline{CA}$에 차례대로 반사된 것을 나타낸다.
$\angle x : \angle y : \angle z = 3 : 5 : 7$일 때, $\angle C$의 크기는?
(단, 입사각과 반사각의 크기는 항상 같다.)

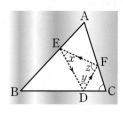

① 60°　　② 64°　　③ 68°

④ 72°　　⑤ 76°

03 오른쪽 그림과 같이
0581 $\triangle ABC$에서 $\angle B$의 삼등
분선과 $\angle C$의 외각의 삼
등분선의 교점을 각각 D,
E라 하자. $\angle BDC=44°$일 때, $\angle x+\angle y$의 크기를
구하시오.

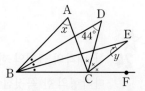

04 오른쪽 그림에서 $l /\!/ m$이고
0582 $\overline{AB} /\!/ \overline{FI}$일 때,
$\angle a+\angle b+\angle c$
$+\angle d+\angle e+\angle f$
의 크기는?

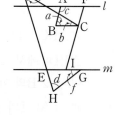

① 300°　　② 330°

③ 360°　　④ 400°

⑤ 430°

05 오른쪽 그림에서
0583 $\angle a+\angle b+\angle c+\angle d+\angle e$
$+\angle f+\angle g+\angle h+\angle i$
의 크기를 구하시오.

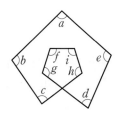

Tip
오각형이 되도록 보조선을 긋고 맞꼭지각의 크기는 서로 같음을 이용한다.

06 오른쪽 그림에서
0584 $\angle a+\angle b+\angle c+\angle d$
$+\angle e+\angle f+\angle g+\angle h$
$+\angle i+\angle j$
의 크기는?

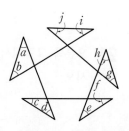

① 340°　　② 360°　　③ 380°

④ 400°　　⑤ 420°

07 어느 정다각형의 내부의 한 점과 각 꼭짓점을 잇는
선분을 모두 그었을 때 생기는 삼각형의 개수가 24개
이다. 이 정다각형의 한 내각의 크기와 한 외각의 크
기의 비를 가장 간단한 자연수의 비로 나타낸 것을
$a : b$라 하자. 이때 ab의 값을 구하시오.

창의⊕융합

08 다음 그림과 같이 정다각형의 꼭짓점 중 연속하는
4개의 점 A, B, C, D로 그은 두 대각선 AC, BD가
이루는 각 중에서 작은 각을 $\angle x$라 할 때, $\angle x$의 크
기가 40°인 정다각형의 이름을 말하시오.

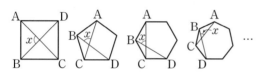

> **Tip**
> 정다각형에서 이웃하는 두 변과 한 대각선으로 이루어진 삼각형은 이등변
> 삼각형임을 이용한다.

09 어느 다각형의 꼭짓점의 개수를 a개, 그 다각형의 한
꼭짓점에서 그을 수 있는 대각선의 개수를 b개, 이때
생기는 삼각형의 개수를 c개라 하자. 이때
$a+b-c=7$을 만족하는 다각형은?

① 육각형   ② 칠각형   ③ 팔각형
④ 구각형   ⑤ 십각형

서술형 문제 🖊

10 오른쪽 그림에서
$\angle BAG = \angle GAC$,
$\angle EDH = \angle HDC$이고
$\angle ACD = 100°$,
$\angle ABD = 60°$,
$\angle AED = 28°$일 때, $\angle x$의 크기를 구하시오.

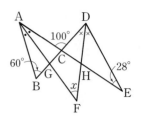

11 오른쪽 그림에서
$\angle ABC : \angle CBF = 2 : 1$,
$\angle EDC : \angle CDF = 2 : 1$
일 때, $\angle x$의 크기를 구하시오.

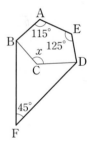

12 오른쪽 그림과 같은 정오각형
에서 $\overline{FD} = \overline{GE}$일 때, $\angle x$의
크기를 구하시오.

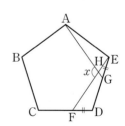

5 원과 부채꼴

Lecture 11 부채꼴의 뜻과 성질

11-1 원과 부채꼴 | 유형 01

(1) **원**: 평면 위의 한 점 O로부터 일정한 거리에 있는 모든 점으로 이루어진 도형 ➡ 원 O

(2) **호 AB**: 원 위의 두 점 A, B를 양 끝 점으로 하는 원의 일부분 ➡ $\widehat{AB}$

(3) **현 CD**: 원 위의 두 점 C, D를 이은 선분 CD ➡ $\overline{CD}$

(4) **할선**: 원 위의 두 점을 지나는 직선

(5) **부채꼴 AOB**: 원 O에서 두 반지름 OA, OB와 호 AB로 이루어진 도형

(6) **중심각**: 부채꼴 AOB에서 두 반지름 OA, OB가 이루는 각, 즉 ∠AOB를 부채꼴 AOB의 중심각 또는 호 AB에 대한 중심각이라 한다.

(7) **활꼴**: 원 O에서 현 CD와 호 CD로 이루어진 도형

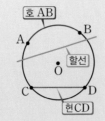

> **참고** ① 일반적으로 원에서 $\widehat{AB}$는 길이가 짧은 쪽의 호를 나타내고, 길이가 긴 쪽의 호는 그 호 위에 한 점 C를 잡아 $\widehat{ACB}$로 나타낸다.
> ② 지름은 원의 중심을 지나는 현이고 그 원에서 길이가 가장 긴 현이다.
> ③ 반원은 활꼴인 동시에 중심각의 크기가 180°인 부채꼴이다.

11-2 부채꼴의 성질 | 유형 02~09

한 원에서

(1) <mark>중심각의 크기가 같은 두 부채꼴의 호의 길이와 넓이, 두 현의 길이는 각각 같다.</mark>

(2) <mark>부채꼴의 호의 길이와 넓이는 각각 중심각의 크기에 정비례한다.</mark>

(3) 현의 길이는 중심각의 크기에 정비례하지 않는다.

∠AOB=∠COD이면
$\widehat{AB}=\widehat{CD}$, $\overline{AB}=\overline{CD}$

> **주의** 오른쪽 그림에서 ∠AOC=2∠AOB이지만 $\overline{AC}<2\overline{AB}$이므로 현의 길이는 중심각의 크기에 정비례하지 않는다. 따라서 중심각의 크기에 정비례하지 않는 것은 다음과 같다.
> ① 현의 길이
> ② 현과 두 반지름으로 이루어진 삼각형의 넓이
> ③ 활꼴의 넓이

[01~05] 오른쪽 그림의 원 O 위에 다음을 나타내시오.

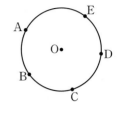

01 $\widehat{AB}$
0591

02 현 BC
0592

03 호 CD에 대한 중심각
0593

04 $\overline{OD}$, $\overline{OE}$, $\widehat{DE}$로 이루어진 부채꼴
0594

05 $\overline{AE}$, $\widehat{AE}$로 이루어진 활꼴
0595

[06~11] 다음 그림에서 x의 값을 구하시오.

06 0596

07 0597
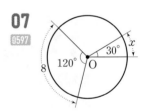

08 0598

09 0599

10 0600
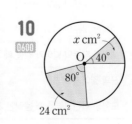

11 0601
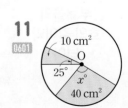

유형 01 원과 부채꼴 | 개념 11-1

대표문제

12 오른쪽 그림의 원 O에 대한 설명으로 다음 중 옳지 <u>않은</u> 것은? (단, 세 점 A, O, C는 한 직선 위에 있다.)

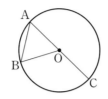

① $\overline{AB}$는 현이다.
② ∠BOC는 $\widehat{BC}$에 대한 중심각이다.
③ $\widehat{AB}$와 두 반지름 OA, OB로 이루어진 도형은 부채꼴이다.
④ $\overline{AC}$보다 길이가 긴 현이 있다.
⑤ $\overline{AB}$와 $\widehat{AB}$로 이루어진 도형은 활꼴이다.

13 한 원에서 부채꼴과 활꼴이 같아질 때의 부채꼴의 중심각의 크기는?

① 30°   ② 60°   ③ 90°
④ 120°   ⑤ 180°

14 오른쪽 그림의 원 O에서 부채꼴 AOB의 반지름의 길이와 현 AB의 길이가 같을 때, 부채꼴 AOB의 중심각의 크기를 구하시오.

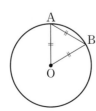

유형 02 중심각의 크기와 호의 길이 (1) | 개념 11-2

대표문제

15 오른쪽 그림의 원 O에서 x, y의 값은?

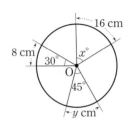

① $x=60$, $y=8$
② $x=60$, $y=12$
③ $x=60$, $y=16$
④ $x=80$, $y=8$
⑤ $x=80$, $y=12$

16 오른쪽 그림의 원 O에서 x의 값을 구하시오.

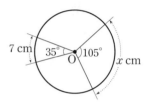

서술형

17 오른쪽 그림의 원 O에서 x의 값을 구하시오.

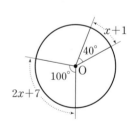

18 오른쪽 그림의 원 O에서 x의 값을 구하시오.

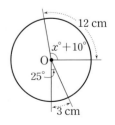

19 오른쪽 그림의 원 O에 대 하여 다음 물음에 답하시 오.

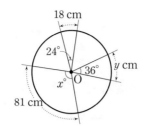

(1) x의 값을 구하시오.

(2) y의 값을 구하시오.

22 오른쪽 그림의 반원 O에서 $\widehat{AC}=10$ cm, $\widehat{BC}=2$ cm 일 때, $\angle BOC$의 크기를 구하시오.

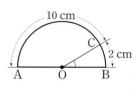

유형 03 중심각의 크기와 호의 길이 (2) | 개념 **11-2**

한 원에서 부채꼴의 호의 길이는 중심각의 크 기에 정비례하므로 오른쪽 그림에서 $\widehat{AB}:\widehat{BC}:\widehat{CA}=a:b:c$이면 $\angle AOB:\angle BOC:\angle COA=a:b:c$

➡ $\angle AOB=360°\times\dfrac{a}{a+b+c}$

$\angle BOC=360°\times\dfrac{b}{a+b+c}$

$\angle COA=360°\times\dfrac{c}{a+b+c}$

대표문제

20 오른쪽 그림의 원 O에서 $\widehat{AB}:\widehat{BC}:\widehat{CA}=3:4:5$일 때, $\angle COA$의 크기를 구하시 오.

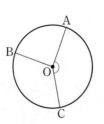

23 오른쪽 그림의 반원 O에 서 $\widehat{BC}=12$ cm, $\angle AOC=3\angle BOC$ 일 때, $\widehat{AB}$의 길이를 구하시오.

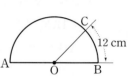

24 오른쪽 그림의 원 O에서 $\overline{AB}$ 는 지름이고 호 AC의 길이가 호 CB의 길이의 4배일 때, $\angle x$의 크기를 구하시오.

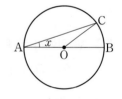

21 오른쪽 그림의 원 O에서 $\overline{AB}$ 는 지름이고 $\widehat{AB}:\widehat{AC}=5:2$ 일 때, $\angle BOC$의 크기는?

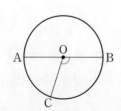

① $100°$ ② $102°$
③ $106°$ ④ $108°$
⑤ $112°$

25 오른쪽 그림의 반원 O에서 현 BC의 길이와 반지름 OC 의 길이가 같을 때, $\widehat{AB}:\widehat{BC}$ 는?

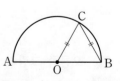

① $2:1$ ② $3:1$ ③ $3:2$
④ $4:3$ ⑤ $5:3$

유형 04 호의 길이 구하기
; 평행선의 성질과 이등변삼각형의 성질 | 개념 11-2

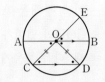

① 이등변삼각형의 두 각의 크기는
  같다.
  ➡ △OCD에서 $\overline{OC}=\overline{OD}$이므로
     ∠OCD=∠ODC
② 평행한 두 직선이 한 직선과 만날 때 생기는 동위각과 엇각의
  크기는 각각 같다.
  ➡ ∠OCD=∠EOB (동위각)
     ∠OCD=∠COA, ∠ODC=∠DOB (엇각)

대표문제

26 오른쪽 그림의 원 O에서
0616 $\overline{AO}/\!/\overline{BC}$, ∠AOB=45°,
$\widehat{AB}=6$ cm일 때, $\widehat{BC}$의 길이
를 구하시오.

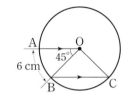

27 오른쪽 그림의 원 O에서 $\overline{AO}/\!/\overline{BC}$,
0617 ∠BOC=120°, $\widehat{AB}=5$ cm일 때,
$\widehat{BC}$의 길이를 구하시오.

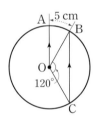

28 오른쪽 그림의 원 O에서
0618 $\overline{AB}/\!/\overline{CD}$이고, △OCD가
정삼각형일 때, $\widehat{AD}:\widehat{CB}$는?

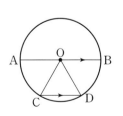

① 1 : 1   ② 1 : 2

③ 2 : 3   ④ 3 : 4

⑤ 3 : 5

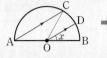 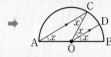

유형 05 호의 길이 구하기
; 보조선 긋기 | 개념 11-2

다음 그림의 반원 O에서 $\overline{AC}/\!/\overline{OD}$이면 보조선 $\overline{OC}$를 그어
평행선의 성질과, 이등변삼각형의 성질을 이용한다.

① ∠CAO=∠DOB=∠x (동위각)
② △AOC는 $\overline{OA}=\overline{OC}$인 이등변삼각형이므로
   ∠ACO=∠CAO=∠x
③ ∠COD=∠ACO=∠x (엇각)

대표문제

29 오른쪽 그림의 반원 O에서
0619 $\overline{AC}/\!/\overline{OD}$, $\widehat{AC}=24$ cm,
∠DOB=30°일 때, $\widehat{BD}$의
길이를 구하시오.

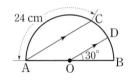

30 오른쪽 그림의 반원 O에서
0620 $\overline{AC}/\!/\overline{OD}$, ∠DOB=40°일
때, $\widehat{AC}:\widehat{CD}$는?

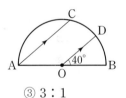

① 2 : 1   ② 5 : 2   ③ 3 : 1

④ 7 : 2   ⑤ 8 : 5

서술형

31 오른쪽 그림의 원 O에서
0621 $\overline{AB}$, $\overline{CD}$는 지름이고
$\overline{AE}/\!/\overline{CD}$, ∠DOB=20°,
$\widehat{AC}=4$ cm일 때, $\widehat{AE}$의
길이를 구하시오.

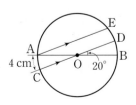

호의 길이 구하기
; 삼각형의 내각과 외각의 관계 | 개념 **11-2**

삼각형의 한 외각의 크기는 그와 이
웃하지 않는 두 내각의 크기의 합과
같으므로 오른쪽 그림에서
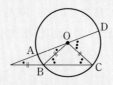
$\overparen{AB} : \overparen{CD} = \angle AOB : \angle COD$
$= 1 : 3$

대표문제

32 오른쪽 그림과 같이
원 O의 지름 AB의
연장선과 현 CD의 연
장선의 교점을 P라 하
자. $\angle APC = 15°$, $\overline{OC} = \overline{CP}$, $\overparen{BD} = 18\,cm$일 때,
$\overparen{AC}$의 길이를 구하시오.

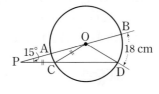

33 오른쪽 그림과 같이 원
O의 지름 AB의 연장
선과 현 CD의 연장선
의 교점을 E라 하자.
$\overline{OD} = \overline{DE}$, $\overparen{AC} = 9\,cm$일 때, $\overparen{BD}$의 길이를 구하시
오.

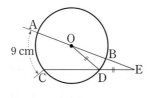

유형 **07** 중심각의 크기와 부채꼴의 넓이 | 개념 **11-2**

대표문제

34 오른쪽 그림의 원 O에서
$\overparen{AB} : \overparen{CD} = 2 : 5$이고 부채꼴
COD의 넓이가 $35\,cm^2$일 때,
부채꼴 AOB의 넓이를 구하시
오.

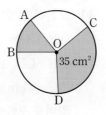

서술형

35 오른쪽 그림의 원 O에서
$\angle AOB = 40°$, $\angle EOF = 80°$
이고 부채꼴 AOB와 부채꼴
COD의 넓이가 각각 $6\,cm^2$일
때, 다음 물음에 답하시오.

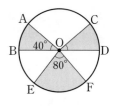

(1) $\angle COD$의 크기를 구하시오.

(2) 부채꼴 EOF의 넓이를 구하시오.

36 오른쪽 그림의 원 O에서 부채
꼴 COD의 넓이가 부채꼴
AOB의 넓이의 3배일 때, x의
값은?

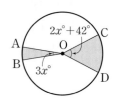

① 6   ② 7   ③ 8
④ 9   ⑤ 10

37 오른쪽 그림과 같이 넓이의 비가
$3 : 4 : 5$가 되도록 원 모양의 피
자 한 판을 세 조각으로 나누었
을 때, 중간 크기의 피자 조각의
중심각의 크기를 구하시오.

창의＋융합

38 오른쪽 그림은 어느 아파트의 하
루 동안 쓰레기 배출량을 조사하
여 나타낸 원그래프이다. 음식물
쓰레기의 양이 $96\,kg$일 때, 종이
쓰레기의 양은 몇 kg인지 구하
시오. (단, 각 항목의 넓이는 무게에 정비례한다.)

유형 08 중심각의 크기와 현의 길이 | 개념 11-2

대표문제

39 오른쪽 그림의 원 O에서
0629 $\overline{AB}=\overline{BC}$, ∠OAB=65°일 때,
∠AOC의 크기는?

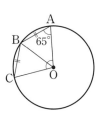

① 95° ② 100°

③ 105° ④ 110°

⑤ 115°

40 오른쪽 그림의 원 O에서
0630 반지름의 길이가 5 cm이고
$\overline{AB}$=7 cm,
∠AOB=∠COD일 때, $\overline{CD}$
의 길이는?

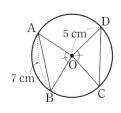

① 5 cm ② 6 cm ③ 7 cm

④ 8 cm ⑤ 9 cm

서술형

41 오른쪽 그림의 원 O에서
0631 $\overline{AB}$는 원의 지름이고
$\overline{AC}$∥$\overline{OD}$, ∠DOB=60°,
$\overline{AC}$=6 cm일 때, 사각형
ABDC의 둘레의 길이를 구하시오.

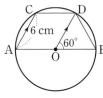

유형 09 중심각의 크기에 정비례하는 것 | 개념 11-2

한 원에서 중심각의 크기에 정비례하는 것
➡ 호의 길이, 부채꼴의 넓이

대표문제

42 오른쪽 그림의 원 O에서
0632 ∠AOB=∠COD=∠DOE
일 때, 다음 중 옳지 <u>않은</u> 것
은?

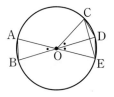

① $\overline{AB}=\overline{CD}$ ② $\widehat{AB}=\widehat{CD}$

③ $\widehat{AB}=\dfrac{1}{2}\widehat{CE}$ ④ $\overline{CE}=\overline{CD}+\overline{DE}$

⑤ △AOB≡△COD

43 오른쪽 그림의 원 O에서
0633 ∠AOB=30°, ∠COD=150°
일 때, 다음 중 옳지 <u>않은</u> 것을
모두 고르면? (정답 2개)

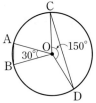

① ∠OAB=∠OBA ② ∠ODC=15°

③ $\widehat{AB}=\dfrac{1}{5}\widehat{CD}$ ④ $\overline{CD}=5\overline{AB}$

⑤ $\widehat{AC}=\widehat{BD}$

44 오른쪽 그림의 원 O에서
0634 ∠COD=2∠AOB일 때, 다
음 **보기** 중 옳은 것을 모두 고
르시오.

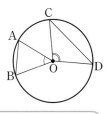

| 보기 |

ㄱ. $\widehat{CD}$=6 cm이면 $\widehat{AB}$=3 cm이다.

ㄴ. $\overline{AB}$=4 cm이면 $\overline{CD}$=8 cm이다.

ㄷ. △COD=2△AOB

ㄹ. (부채꼴 COD의 넓이)
　=2×(부채꼴 AOB의 넓이)

부채꼴의 호의 길이와 넓이

12-1 원의 둘레의 길이와 넓이 　|　유형 **10, 13, 14, 17, 18**

(1) 원의 지름의 길이에 대한 원의 둘레의 길이의 비율을 →원주
원주율이라 하고, 기호 **π(파이)**로 나타낸다.

$$(원주율)=\frac{(원의 \ 둘레의 \ 길이)}{(원의 \ 지름의 \ 길이)}$$

(2) **원의 둘레의 길이와 넓이**

반지름의 길이가 r인 원의 둘레의 길이를 l, 넓이를 S라 하면

$l=2\pi r$ ← (원의 둘레의 길이)=(지름의 길이)$\times\pi$

$S=\pi r^2$ ← (원의 넓이)=(반지름의 길이)$^2\times\pi$

예 반지름의 길이가 2 cm인 원의 둘레의 길이를 l, 넓이를 S라 하면
$l=2\pi\times2=4\pi$(cm), $S=\pi\times2^2=4\pi$(cm^2)

12-2 부채꼴의 호의 길이와 넓이 　|　유형 **11~18**

(1) **부채꼴의 호의 길이와 넓이**

반지름의 길이가 r, 중심각의 크기가 $x°$인 부채꼴의 호의 길이를 l, 넓이를 S라 하면

$$l=2\pi r\times\frac{x}{360}$$

$$S=\pi r^2\times\frac{x}{360}$$

예 반지름의 길이가 4 cm, 중심각의 크기가 90°인 부채꼴의 호의 길이를 l, 넓이를 S라 하면

$l=2\pi\times4\times\frac{90}{360}=2\pi$(cm)

$S=\pi\times4^2\times\frac{90}{360}=4\pi$(cm^2)

(2) **부채꼴의 호의 길이와 넓이 사이의 관계**

반지름의 길이가 r, 호의 길이가 l인 부채꼴의 넓이를 S라 하면

$S=\frac{1}{2}rl$ ← 부채꼴의 반지름과 호의 길이가 주어지면 중심각의 크기를 구하지 않아도 부채꼴의 넓이를 구할 수 있다.

예 반지름의 길이가 3 cm, 호의 길이가 4π cm인 부채꼴의 넓이를 S라 하면

$S=\frac{1}{2}\times3\times4\pi=6\pi$(cm^2)

참고 반지름의 길이가 r일 때 부채꼴의 넓이 S를 구하는 방법

① 중심각의 크기 $x°$를 알 때: $S=\pi r^2\times\frac{x}{360}$를 이용한다.

② 호의 길이 l을 알 때: $S=\frac{1}{2}rl$을 이용한다.

[01~04] 반지름의 길이가 다음과 같은 원의 둘레의 길이 l과 넓이 S를 각각 구하시오.

01 0635 3 cm

02 0636 4 cm

03 0637 5 cm

04 0638 6 cm

[05~06] 원의 둘레의 길이가 다음과 같은 원의 반지름의 길이를 구하시오.

05 0639 16π cm

06 0640 20π cm

[07~08] 원의 넓이가 다음과 같은 원의 반지름의 길이를 구하시오.

07 0641 49π cm^2

08 0642 81π cm^2

[09~10] 다음 그림과 같은 부채꼴의 호의 길이 l과 넓이 S를 각각 구하시오.

09 0643

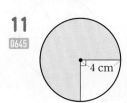

10 0644

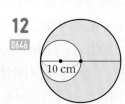

[11~12] 다음 그림에서 색칠한 부분의 둘레의 길이 l과 넓이 S를 각각 구하시오.

11 0645

12 0646

유형 **10** 원의 둘레의 길이와 넓이 | 개념 12-1

대표문제

13 오른쪽 그림과 같이 반지름의 길
0647 이가 6 cm인 원에서 색칠한 부분
의 둘레의 길이와 넓이를 차례대
로 구하시오.

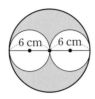

서술형

14 오른쪽 그림과 같은 원에서 색칠
0648 한 부분의 둘레의 길이와 넓이를
차례대로 구하시오.

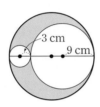

15 오른쪽 그림과 같이 지름 $\overline{AD}$
0649 의 길이가 18 cm인 원에서
$\overline{AB} = \overline{BC} = \overline{CD}$일 때, 색칠
한 부분의 둘레의 길이를 구하
시오.

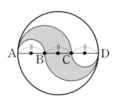

창의⊕융합

16 다음 그림과 같이 폭이 4 m로 일정한 육상 트랙이
0650 있다. 이 트랙의 넓이를 구하시오.

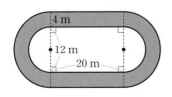

유형 **11** 부채꼴의 호의 길이와 넓이 | 개념 12-2

대표문제

17 오른쪽 그림과 같이 호의 길
0651 이가 12π cm, 중심각의 크기
가 240°인 부채꼴의 넓이를
구하시오.

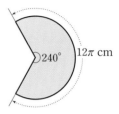

18 반지름의 길이가 12 cm, 넓이가 48π cm²인 부채꼴
0652 의 중심각의 크기를 구하시오.

19 오른쪽 그림과 같이 반지름의 길
0653 이가 4 cm인 원에서 색칠한 부분
의 넓이를 구하시오.

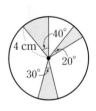

20 오른쪽 그림과 같이 반지름의 길
0654 이가 6 cm인 원에서
$\overarc{AB} : \overarc{BC} : \overarc{CA} = 8 : 3 : 7$일 때,
부채꼴 AOC의 넓이를 구하시오.

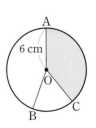

21 오른쪽 그림과 같이 한 변의 길이가 15 cm인 정오각형에서 색칠한 부채꼴의 둘레의 길이를 구하시오.

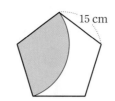
15 cm

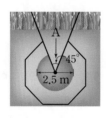

22 원반던지기는 부채꼴 모양의 구역 안에 원반을 던지는 육상 경기이다. 오른쪽 그림과 같은 원반던지기 경기장에서 어떤 선수가 지름의 길이가 2.5 m인 원 안의 중심각의 크기가 45°인 A 구역 내에서 원반을 던진다고 할 때, A 구역의 넓이를 구하시오.

유형 12 호의 길이를 이용한 부채꼴의 넓이 | 개념 12-2

대표문제

23 오른쪽 그림과 같이 반지름의 길이가 8 cm이고 넓이가 6π cm²인 부채꼴의 호의 길이는?

8 cm

① π cm   ② $\frac{3}{2}\pi$ cm   ③ 2π cm

④ $\frac{5}{2}\pi$ cm   ⑤ 3π cm

24 호의 길이가 12π cm이고, 넓이가 54π cm²인 부채꼴에 대하여 다음 물음에 답하시오.

(1) 반지름의 길이를 구하시오.

(2) 중심각의 크기를 구하시오.

유형 13 색칠한 부분의 둘레의 길이 구하기 | 개념 12-1, 2

부채꼴에서 도형의 둘레의 길이를 구할 때
➡ 원의 둘레의 길이, 호의 길이, 선분의 길이를 이용한다.

(색칠한 부분의 둘레의 길이)
= (큰 부채꼴의 호의 길이)
      ①
  + (작은 부채꼴의 호의 길이)
        ②
  + (선분의 길이)×2
      ③

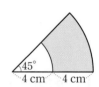

대표문제

25 오른쪽 그림과 같은 부채꼴에서 색칠한 부분의 둘레의 길이를 구하시오.

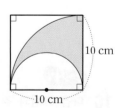
45°
4 cm   4 cm

26 오른쪽 그림과 같이 한 변의 길이가 10 cm인 정사각형에서 색칠한 부분의 둘레의 길이는?

10 cm
10 cm

① 10π cm

② $(10\pi + 6)$ cm

③ $(10\pi + 10)$ cm

④ 12π cm

⑤ $(12\pi + 10)$ cm

27 오른쪽 그림은 한 변의 길이가
6 cm인 정삼각형 ABC의 각
꼭짓점을 중심으로 하고 변의
길이를 반지름으로 하는 세 개
의 호를 그려서 만든 정폭도형
이다. 이때 색칠한 부분의 둘레의 길이를 구하시오.

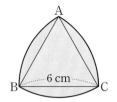

28 오른쪽 그림에서 색칠한 부분의
둘레의 길이를 구하시오.

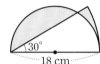

유형 14 색칠한 부분의 넓이 구하기 (1)   개념 12-1, 2

① 도형을 각각 분리하여 전체의 넓이에서 색칠하지 않은 부분
의 넓이를 뺀다.

② 색칠한 부분을 넓이를 구할 수 있는 도형으로 적당히 나눈 후
각각의 넓이를 구해 계산한다.

29 오른쪽 그림과 같이 한 변의
길이가 12 cm인 정사각형에
서 색칠한 부분의 넓이는?

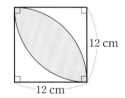

① $(36\pi - 72)$ cm²

② $(48\pi - 81)$ cm²

③ $(56\pi - 96)$ cm²

④ $(64\pi - 112)$ cm²

⑤ $(72\pi - 144)$ cm²

30 오른쪽 그림과 같이 반지름의
길이가 10 cm인 원에서 색칠한
부분의 넓이를 구하시오.

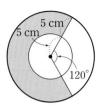

31 오른쪽 그림과 같이 한 변의
길이가 6 cm인 정사각형
ABCD에서 색칠한 부분의
넓이를 구하시오.

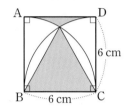

32 오른쪽 그림은 반지름의 길이
가 9 cm인 반원을 점 A를 중
심으로 40°만큼 회전한 것이다.
이때 색칠한 부분의 넓이를 구
하시오.

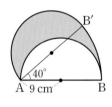

33 오른쪽 그림은 ∠A=90°인
직각삼각형 ABC의 각 변을
지름으로 하는 반원을 각각 그
린 것이다. 이때 색칠한 부분
의 넓이는?

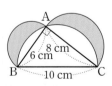

① 12 cm²   ② 18 cm²   ③ 24 cm²

④ 9π cm²   ⑤ 15π cm²

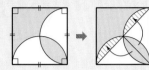

유형 15 색칠한 부분의 넓이 구하기 (2) | 개념 12-2

주어진 도형의 일부분을 적당히 이동하여 넓이를 구한다.

대표문제

34 오른쪽 그림과 같은 부채꼴
0668 에서 색칠한 부분의 넓이를
구하시오.

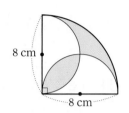

35 오른쪽 그림과 같이 한 변의
0669 길이가 6 cm인 정사각형에
서 색칠한 부분의 넓이를 구
하시오.

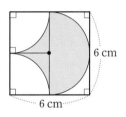

36 오른쪽 그림과 같이 한 변
0670 의 길이가 12 cm인 정사각
형에서 색칠한 부분의 넓이
를 구하시오.

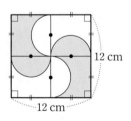

37 오른쪽 그림에서 색칠한 부
0671 분의 넓이는?

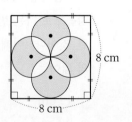

① 16 cm²   ② 20 cm²

③ 24 cm²   ④ 28 cm²

⑤ 32 cm²

창의+융합

38 오른쪽 그림은 한 변의 길이가
0672 9 cm인 정삼각형 ABC에서
세 변 AB, BC, CA를 지름
으로 하는 세 개의 반원을 그
린 것이다. 이때 색칠한 부분
의 넓이를 구하시오.

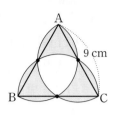

유형 16 색칠한 부분의 넓이가 같을 때 | 개념 12-2

오른쪽 그림에서 색칠한 두 부분의 넓이가 같을
때, 즉 ①=③이면 ①+②=②+③

대표문제

39 오른쪽 그림은 $\overline{AB}$=8 cm인
0673 직사각형 ABCD와 부채꼴
ABE를 겹쳐 놓은 것이다.
색칠한 두 부분의 넓이가 같
을 때, $\overline{BC}$의 길이를 구하시
오.

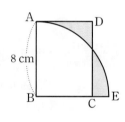

서술형

40 오른쪽 그림에서 색칠한
0674 부분의 넓이와 직사각형
ABCD의 넓이가 같을
때, 색칠한 부분의 넓이를
구하시오.

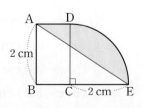

유형 17 끈의 길이 구하기 | 개념 12-1, 2

끈의 최소 길이를 구할 때
➡ 원의 둘레의 길이, 호의 길이,
선분의 길이를 이용한다.
오른쪽 그림에서

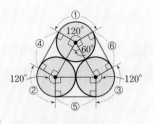

$$\underbrace{①+②+③}_{곡선\ 부분}+\underbrace{④+⑤+⑥}_{직선\ 부분}$$
$$=(원의\ 둘레의\ 길이)+④×3$$

대표문제

41 오른쪽 그림과 같이 밑면의 반지름
0675 의 길이가 6 cm인 원기둥 3개를 끈
의 길이가 최소가 되도록 묶을 때,
필요한 끈의 길이를 구하시오. (단,
끈의 두께와 매듭의 길이는 무시한다.)

42 오른쪽 그림과 같이 밑면의 반
0676 지름의 길이가 2 cm인 원기둥
모양의 음료수 캔 6개를 끈의
길이가 최소가 되도록 묶을 때,
필요한 끈의 길이는 $(a\pi+b)$ cm이다. 이때 자연수
a, b에 대하여 $a+b$의 값을 구하시오. (단, 끈의 두
께와 매듭의 길이는 무시한다.)

서술형 **창의⊕융합**

43 다음 그림과 같이 밑면의 반지름의 길이가 4 cm인
0677 원기둥 4개를 A, B 두 방법으로 묶으려고 한다. 끈
의 길이를 최소로 하려고 할 때, 방법 A와 방법 B에
서 필요한 끈의 길이는 몇 cm 차이가 나는지 구하시
오. (단, 끈의 두께와 매듭의 길이는 무시한다.)

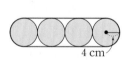

[방법 A]

[방법 B]

유형 18 도형을 회전시켰을 때 움직인 거리 | 개념 12-1, 2
구하기

① 한 점을 중심으로 도형을 회전시켰을 때의 점이 움직인 거리
를 구할 때 ➡ 호의 길이를 구한다.
② 도형이 움직인 자리의 넓이를 구할 때
➡ 부채꼴의 넓이, 직사각형의 넓이로 각각 나누어 구한다.

대표문제

44 다음 그림과 같이 $\angle A=90°$인 직각삼각형 ABC를
0678 점 C를 중심으로 점 A가 $\overline{BC}$의 연장선 위의 점 A′에
오도록 회전시켰다. $\angle BCA=60°$, $\overline{AC}=5$ cm일 때,
점 A가 움직인 거리를 구하시오.

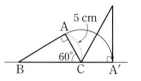

45 다음 그림과 같이 가로, 세로의 길이가 각각 6 cm,
0679 8 cm이고 대각선의 길이가 10 cm인 직사각형을 직
선 l 위에서 회전시켰을 때, 점 A가 움직인 거리를
구하시오.

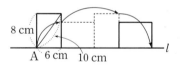

46 다음 그림과 같이 반지름의 길이가 3 cm인 원이 직
0680 사각형 ABCD의 둘레를 따라 한 바퀴 돌아서 제자
리로 왔을 때, 원이 지나간 자리의 넓이를 구하시오.

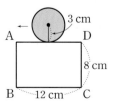

Level B
단원 마무리
필수 유형 정복하기

01 다음 중 오른쪽 그림의 원 O에
〔0681〕 대한 설명으로 옳지 <u>않은</u> 것은?
(단, 세 점 A, O, B는 한 직선
위에 있다.)

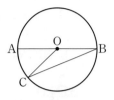

① $\overline{BC}$는 현이다.

② 현 AB는 원의 지름이다.

③ 부채꼴 AOC의 중심각은 ∠ABC이다.

④ 중심각의 크기가 180°보다 작을 때, 중심각의 크
기가 커질수록 현의 길이도 길어진다.

⑤ 중심각의 크기가 180°보다 작을 때, 중심각의 크
기가 커질수록 호의 길이도 길어진다.

▶ 101쪽 유형 **01** + 101쪽 유형 **02**

02 오른쪽 그림의 원 O에서
〔0682〕 $\overline{AE}$는 지름이고
∠AOB=15°,
∠AOC=90°,
∠COD=45°, $\overparen{AB}$=3 cm
일 때, $\overparen{BC}$+$\overparen{DE}$의 길이를 구하시오.

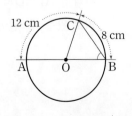

▶ 101쪽 유형 **02**

03 오른쪽 그림의 원 O에서
〔0683〕 $\overline{AB}$는 지름이고
$\overparen{AC}$=12 cm, $\overparen{BC}$=8 cm
일 때, ∠OBC의 크기를
구하시오.

▶ 102쪽 유형 **03**

04 오른쪽 그림과 같이 원
〔0684〕 O의 지름 AB의 연장
선과 현 CD의 연장선
의 교점을 P라 하자.
$\overline{DO}$=$\overline{DP}$, ∠AOC=36°, $\overparen{AC}$=6 cm일 때, $\overparen{CD}$의
길이를 구하시오.

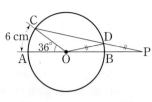

▶ 104쪽 유형 **06**

05 오른쪽 그림에서 색칠한
〔0685〕 부채꼴의 넓이가 4 cm²
일 때, 원 O의 넓이를 구
하시오.

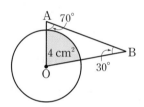

▶ 104쪽 유형 **07**

06 오른쪽 그림의 원 O에서 부
〔0686〕 채꼴 COD의 넓이는
36π cm², $\overparen{AB}$=2π cm일
때, 다음 중 옳지 <u>않은</u> 것
은?

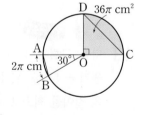

① $\overparen{CD}$=3$\overparen{AB}$

② $\overparen{CD}$<3$\overparen{AB}$

③ 부채꼴 AOB의 넓이는 12π cm²이다.

④ 원 O의 넓이는 144π cm²이다.

⑤ 원 O의 둘레의 길이는 12π cm이다.

▶ 105쪽 유형 **09**

07 오른쪽 그림과 같이 지름의 길이가 12 cm인 원에서 색칠한 부분의 둘레의 길이를 구하시오.

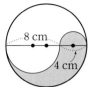

▶ 107쪽 유형 **10**

08 오른쪽 그림과 같이 반지름의 길이가 6 cm인 원 O에서 $\angle AOD = 85°$이고 $\overarc{AB} : \overarc{BCD} = 2 : 9$일 때, 부채꼴 AOB의 넓이는?

① 5π cm^2 ② 6π cm^2 ③ 7π cm^2
④ 8π cm^2 ⑤ 9π cm^2

▶ 107쪽 유형 **11**

09 오른쪽 그림과 같이 반지름의 길이가 12 cm인 원 O에서 $\angle AOB = 45°$, $\angle COD = 30°$, $\angle EOF = 60°$일 때, 색칠한 부분의 둘레의 길이는?

① $(9\pi + 36)$ cm ② $(9\pi + 60)$ cm
③ $(12\pi + 60)$ cm ④ $(9\pi + 72)$ cm
⑤ $(12\pi + 72)$ cm

▶ 107쪽 유형 **11**

10 오른쪽 그림과 같이 크기가 같은 6개의 원의 중심을 꼭짓점으로 하는 정육각형의 한 변의 길이가 14 cm일 때, 색칠한 부분의 넓이를 구하시오.

▶ 107쪽 유형 **11**

11 오른쪽 그림과 같이 원 O의 중심에 정사각형과 정삼각형 모양의 종이의 한 꼭짓점이 놓이도록 한 장씩 덮었다. 종이에 가려진 부채꼴의 넓이의 합이 40π cm^{2}일 때, 원 O의 넓이를 구하시오.

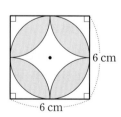

▶ 107쪽 유형 **11**

12 오른쪽 그림과 같이 한 변의 길이가 6 cm인 정사각형에서 색칠한 부분의 둘레의 길이는?

① 9π cm ② 12π cm ③ 15π cm
④ 18π cm ⑤ 21π cm

▶ 108쪽 유형 **13**

13 오른쪽 그림과 같이 한 변의
0693 길이가 12 cm인 정사각형
에서 색칠한 부분의 둘레의
길이는?

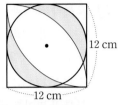

① $(12\pi+12)$ cm   ② $(12\pi+24)$ cm

③ $(18\pi+12)$ cm   ④ $(18\pi+24)$ cm

⑤ $(24\pi+24)$ cm

▶ 108쪽 유형 **13**

14 오른쪽 그림과 같이 한 변의
0694 길이가 16 cm인 정사각형
에서 색칠한 부분의 넓이를
구하시오.

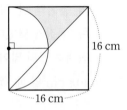

▶ 109쪽 유형 **14**

15 오른쪽 그림은 한 변의 길이
0695 가 5 cm인 정사각형과 정사
각형의 한 변을 지름으로 하
는 반원을 붙여 놓은 것이다.
이때 색칠한 부분의 넓이를
구하시오.

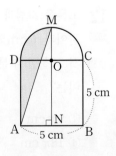

▶ 109쪽 유형 **14**

16 오른쪽 그림과 같이 지름의
0696 길이가 16 cm인 반원에서
색칠한 부분의 넓이를 구하
시오.

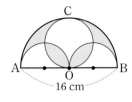

▶ 110쪽 유형 **15**

17 오른쪽 그림은 $\angle B=90°$,
0697 $\overline{AB}=6$ cm인 직각삼각형
ABC와 부채꼴 ABD를 겹
쳐 놓은 것이다. 색칠한 두
부분의 넓이가 같을 때, $\overline{BC}$
의 길이를 구하시오.

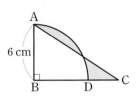

▶ 110쪽 유형 **16**

18 다음 그림과 같이 한 변의 길이가 9 cm인 정삼각형
0698 ABC를 직선 l 위에서 회전시켰다. 이때 점 A가 움
직인 거리를 구하시오.

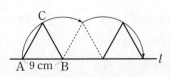

▶ 111쪽 유형 **18**

서술형 문제 ✏

19 오른쪽 그림의 원 O에서

0699 $\overarc{AB} : \overarc{BC} : \overarc{CA} = 3 : 7 : 8$이고 원 O의 둘레의 길이가 36π cm일 때, 다음 물음에 답하시오.

(1) $\overarc{BC}$에 대한 중심각의 크기를 구하시오.

(2) $\overarc{BC}$의 길이를 구하시오.

● 102쪽 유형 **03**

20 오른쪽 그림과 같이 반지름

0700 의 길이가 9 cm인 반원 O에서 $\overline{AB} /\!/ \overline{OC}$이고 $\angle COD = 30°$일 때, 부채꼴 AOB의 넓이를 구하시오.

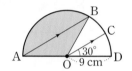

● 103쪽 유형 **04** + 107쪽 유형 **11**

21 오른쪽 그림은 한 변의 길이

0701 가 3 cm인 정육각형 모양의 블록에서 $\overline{AB}$, $\overline{AF}$, $\overline{EF}$의 길이를 연장하여 세 부채꼴 DEG, GFH, HAI를 그린 것이다. 이때 색칠한 부분의 넓이를 구하시오.

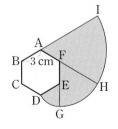

● 107쪽 유형 **11**

22 오른쪽 그림과 같이 한 변의

0702 길이가 8 cm인 정사각형에서 색칠한 부분의 둘레의 길이를 구하시오.

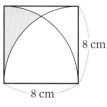

● 108쪽 유형 **13**

23 오른쪽 그림을 보고 다음 물

0703 음에 답하시오.

(1) 색칠한 부분의 둘레의 길이를 구하시오.

(2) 색칠한 부분의 넓이를 구하시오.

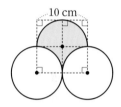

● 108쪽 유형 **13** + 110쪽 유형 **15**

24 오른쪽 그림과 같이 밑면의 반지

0704 름의 길이가 8 cm인 원기둥 모양의 통나무 6개를 끈의 길이가 최소가 되도록 묶을 때, 필요한 끈의 길이를 구하시오.

(단, 끈의 두께와 매듭의 길이는 무시한다.)

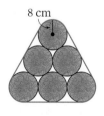

● 111쪽 유형 **17**

01
0705
오른쪽 그림의 반원 O에서 $\overline{AC}\,/\!/\,\overline{OD}$, $\angle ACO = 40°$일 때, $\overparen{AC} : \overparen{CD} : \overparen{DB}$는?

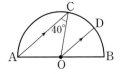

① 2 : 1 : 1   ② 3 : 2 : 1   ③ 3 : 2 : 2

④ 3 : 1 : 1   ⑤ 5 : 2 : 2

02
0706
오른쪽 그림의 원 O에서 $\overline{AB}$는 지름이고 $\overline{AC}\,/\!/\,\overline{OD}$, $\overparen{CD} = \dfrac{1}{3}\overparen{AC}$, $\overparen{BD} = 5\,cm$일 때, $\overparen{AC}$의 길이를 구하시오.

03
0707
반지름의 길이가 각각 14 cm, 21 cm인 두 부채꼴 A, B의 넓이의 비가 4 : 5일 때, 두 부채꼴 A, B의 호의 길이의 비는?

① 3 : 5   ② 4 : 3   ③ 5 : 6

④ 6 : 5   ⑤ 6 : 7

04
0708
오른쪽 그림의 사각형 ABCD는 한 변의 길이가 18 cm인 정사각형일 때, 색칠한 부분의 둘레의 길이를 구하시오.

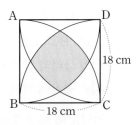

05
0709
아래 그림은 한 변의 길이가 5 cm인 정사각형 4개로 이루어진 도형에서 부채꼴을 이용하여 그린 것이다. 다음 중 옳은 것은?

  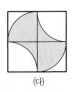

(가)   (나)   (다)

① (가)의 색칠한 부분의 넓이는 $50\pi\ cm^2$이다.

② (가)와 (다)는 색칠한 부분의 둘레의 길이가 같다.

③ (나)의 색칠한 부분의 둘레의 길이는 $(10\pi + 20)\ cm$이다.

④ (나)와 (다)는 색칠한 부분의 둘레의 길이와 넓이가 각각 같다.

⑤ (가), (나), (다)의 색칠한 부분의 넓이는 모두 같지 않다.

06
0710
오른쪽 그림의 반원 O에서 색칠한 두 부분의 넓이가 같을 때, $\angle AOB$의 크기를 구하시오.

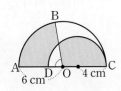

07 오른쪽 그림은 $\overline{AC}=8\ cm$,
$\overline{BC}=4\ cm$인 직각삼각형
ABC를 점 C를 중심으로
120°만큼 회전시킨 것이다.
이때 색칠한 부분의 넓이를
구하시오.

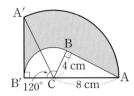

Tip

한 점을 중심으로 삼각형을 회전시킬 때, 회전하는 점이 움직인 모양은 부
채꼴의 호가 된다.

창의⊕융합

08 오른쪽 그림과 같이 폭이
일정한 모기향에서 점 O
는 $\overline{AB}$를 지름으로 하는
반원의 중심이고, 이 모기
향은 $\overline{AB}$를 10등분한 점
을 지름의 양 끝 점으로 하는 5개의 반원과 반대쪽
면에 4개의 반원으로 이루어져 있다. $\overline{AB}=10\ cm$일
때, 색칠한 부분의 넓이를 구하시오.

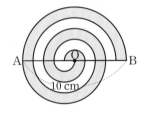

09 오른쪽 그림과 같이 반지름
의 길이가 4 cm인 원이 한
변의 길이가 12 cm인 정팔
각형의 둘레를 따라 한 바퀴
돌아서 제자리로 왔을 때, 원
의 중심이 움직인 거리를 구
하시오.

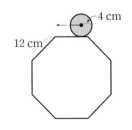

10 오른쪽 그림과 같은 부채꼴에서
색칠한 부분의 둘레의 길이를 구
하시오.

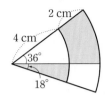

창의⊕융합

11 A, B 중학교의 위치를 오른
쪽 그림과 같이 각각 원 O,
O′의 중심이라 할 때, 반지
름의 길이가 10 km인 원 이
내의 지역에 거주하는 학생들이 입학한다고 한다. A
중학교에 입학하는 학생들이 거주하는 지역의 경계
가 점 O′을, B 중학교에 입학하는 학생들이 거주하
는 지역의 경계가 점 O를 지날 때, A, B 중학교의
입학 지역이 겹치는 곳의 둘레의 길이를 구하시오.

(단, 학교의 크기는 무시한다.)

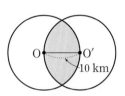

★ 12 오른쪽 그림과 같이 직
사각형 모양의 꽃밭의 P
지점에 길이가 6 m인
끈으로 양을 묶어 놓았
다. 양이 움직일 수 있는
영역의 최대 넓이를 구
하시오. (단, 양은 꽃밭 위를 지나갈 수 없고, 양의
크기, 끈의 두께, 매듭의 길이는 무시한다.)

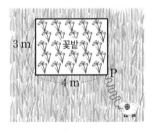

6 다면체와 회전체

학습 계획 및 성취도 체크

O 학습 계획을 세우고 적어도 두 번 반복하여 공부합니다.

O 유형 이해도에 따라 ☐ 안에 ○, △, ×를 표시합니다.

O 시험 전에 [빈출] 유형과 × 표시한 유형은 반드시 한 번 더 풀어 봅니다.

Lecture 13 다면체

13-1 다면체 | 유형 01, 07

(1) **다면체**: 다각형인 면으로만 둘러싸인 입체도형

① 면: 다면체를 둘러싸고 있는 다각형 ← 다각형은 선분이 3개 이상이다.

② 모서리: 다면체를 이루는 다각형의 변

③ 꼭짓점: 다면체를 이루는 다각형의 꼭짓점

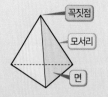

(2) 다면체는 둘러싸인 면의 개수에 따라 사면체, 오면체, 육면체, …라 한다.

주의 다각형이 아닌 원이나 곡면으로 둘러싸인 원기둥, 원뿔, 구 등은 다면체가 아니다.

13-2 각뿔대 | 유형 01, 07

(1) **각뿔대**: 각뿔을 밑면에 평행한 평면으로 자를 때 생기는 두 입체도형 중에서 각뿔이 아닌 쪽의 입체도형

① 밑면: 각뿔대에서 평행한 두 면

② 옆면: 각뿔대에서 밑면이 아닌 면

③ 높이: 각뿔대의 두 밑면에 수직인 선분의 길이

(2) 각뿔대의 밑면은 다각형이고 옆면은 모두 사다리꼴이다.

13-3 다면체의 종류 | 유형 02~07

(1)

다면체	각기둥	각뿔	각뿔대
겨냥도	밑면/옆면/밑면	높이/옆면/밑면	높이/밑면/옆면/밑면
옆면의 모양	직사각형	삼각형	사다리꼴
밑면의 개수	2개(합동)	1개	2개

(2) 다면체의 면, 모서리, 꼭짓점의 개수는 다음과 같다.

다면체	n각기둥	n각뿔	n각뿔대
면의 개수	$(n+2)$개	$(n+1)$개	$(n+2)$개
모서리의 개수	$3n$개	$2n$개	$3n$개
꼭짓점의 개수	$2n$개	$(n+1)$개	$2n$개

---

01 다음 **보기** 중 다면체를 모두 고르시오.
0717

| 보기 |

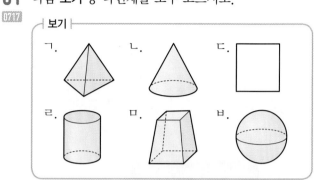

ㄱ. ㄴ. ㄷ. ㄹ. ㅁ. ㅂ.

[02~04] 다음 입체도형은 몇 면체인지 말하시오.

02 0718 **03** 0719 **04** 0720

[05~07] 다음 다면체와 그 옆면의 모양을 바르게 연결하시오.

05 오각기둥 • • ㉠ 직사각형
0721

06 칠각뿔 • • ㉡ 사다리꼴
0722

07 육각뿔대 • • ㉢ 삼각형
0723

08 다음 표를 완성하시오.
0724

다면체	육각기둥	오각뿔	사각뿔대
옆면의 모양			
꼭짓점의 개수			
면의 개수			
모서리의 개수			

유형 01 다면체 | 개념 13-1, 2

대표문제

09 다음 중 다면체가 <u>아닌</u> 것은?
0725

① 삼각뿔　　② 원뿔　　③ 정육면체

④ 사각기둥　　⑤ 삼각뿔대

10 다음 **보기** 중 다면체의 개수를 구하시오.
0726

| 보기 |
ㄱ. 칠각기둥　　ㄴ. 구　　ㄷ. 직육면체
ㄹ. 사각뿔대　　ㅁ. 팔각뿔　　ㅂ. 원기둥

유형 02 다면체의 면의 개수 | 개념 13-3

(다면체의 면의 개수)=(옆면의 개수)+(밑면의 개수)

	밑면의 개수	면의 개수
n각기둥	2개 (합동)	$(n+2)$개 ➡ $(n+2)$면체
n각뿔	1개	$(n+1)$개 ➡ $(n+1)$면체
n각뿔대	2개	$(n+2)$개 ➡ $(n+2)$면체

대표문제

11 다음 중 면의 개수가 가장 많은 다면체는?
0727

① 사각뿔대　　② 오각뿔　　③ 오각기둥

④ 육각뿔대　　⑤ 육각뿔

12 다음 중 다면체와 그 다면체가 몇 면체인지 짝 지은
0728 것으로 옳지 <u>않은</u> 것은?

① 사각뿔 — 오면체

② 오각기둥 — 칠면체

③ 오각뿔대 — 칠면체

④ 육각기둥 — 팔면체

⑤ 칠각뿔 — 구면체

13 다음 조건을 모두 만족하는 다면체의 이름을 말하시
0729 오.

(가) 팔면체이다.
(나) 옆면의 모양은 모두 사다리꼴이다.
(다) 밑면의 개수가 2개이다.

14 다음 중 오른쪽 그림과 같은 다면체
0730 와 면의 개수가 같은 것은?

① 사각기둥　　② 오각뿔

③ 육각기둥　　④ 육각뿔

⑤ 칠각뿔대

15 다음 중 면의 개수가 같은 다면체끼리 짝 지어진 것을 모두 고르면? (정답 2개)
0731

① 삼각기둥 — 오각뿔
② 사각뿔 — 삼각뿔대
③ 직육면체 — 육각기둥
④ 육각뿔 — 오각기둥
⑤ 칠각뿔대 — 육각뿔

16 다음 조건을 모두 만족하는 다면체의 면의 개수를 구하시오.
0732

(가) 밑면은 1개이고 밑면의 변의 개수는 10개이다.
(나) 옆면의 모양은 모두 삼각형이다.

서술형

17 밑면의 한 꼭짓점에서 그을 수 있는 대각선의 개수가 5개인 각뿔대는 몇 면체인지 말하시오.
0733

유형 03 다면체의 모서리의 개수 | 개념 13-3

대표문제

18 다음 중 모서리의 개수가 나머지 넷과 다른 하나는?
0734

① 정육면체 ② 사각기둥 ③ 사각뿔대
④ 오각뿔대 ⑤ 육각뿔

서술형

19 칠각뿔의 모서리의 개수를 a개, 삼각뿔대의 모서리의 개수를 b개라 할 때, $a-b$의 값을 구하시오.
0735

20 모서리의 개수가 18개인 각뿔대는 몇 면체인가?
0736

① 오면체 ② 육면체 ③ 칠면체
④ 팔면체 ⑤ 구면체

21 어떤 각뿔의 모서리의 개수가 22개일 때, 이 각뿔과 밑면의 모양이 같은 각기둥의 모서리의 개수는?
0737

① 27개 ② 30개 ③ 33개
④ 36개 ⑤ 39개

창의⊕융합

22 다음 중 네 사람이 공통적으로 말하고 있는 다면체는?
0738

민주: 두 밑면은 서로 평행하다.
승훈: 옆면의 모양은 모두 직사각형이다.
은경: 모서리의 개수는 30개이다.
경민: 두 밑면은 서로 합동이다.

① 구각뿔대 ② 구각기둥 ③ 십각뿔대
④ 십각기둥 ⑤ 십일각뿔

유형 04 다면체의 꼭짓점의 개수 | 개념 13-3

대표문제

23 다음 중 꼭짓점의 개수와 면의 개수가 같은 다면체
0739 는?

① 육각기둥 　② 오각뿔대 　③ 칠각뿔
④ 팔각기둥 　⑤ 구각뿔대

24 다음 중 꼭짓점의 개수가 가장 많은 다면체는?
0740

① 삼각기둥 　② 정육면체 　③ 오각뿔
④ 사각뿔 　⑤ 삼각뿔대

25 꼭짓점의 개수가 24개인 각기둥의 밑면의 모양은?
0741

① 팔각형 　② 구각형 　③ 십각형
④ 십일각형 　⑤ 십이각형

서술형

26 십각뿔을 밑면에 평행한 평면으로 잘라서 두 다면체
0742 를 만들었다. 두 다면체의 꼭짓점의 개수의 차를 구
하시오.

빈출

유형 05 다면체의 면, 모서리, 꼭짓점의 | 개념 13-3
개수의 활용

다면체	n각기둥	n각뿔	n각뿔대
면의 개수	$(n+2)$개	$(n+1)$개	$(n+2)$개
모서리의 개수	$3n$개	$2n$개	$3n$개
꼭짓점의 개수	$2n$개	$(n+1)$개	$2n$개

참고 각뿔은 면의 개수와 꼭짓점의 개수가 같고, n각기둥과 n각뿔대는
면, 모서리, 꼭짓점의 개수가 각각 같다.

대표문제

27 모서리의 개수가 21개인 각기둥의 면의 개수를 a개,
0743 꼭짓점의 개수를 b개라 할 때, $a+b$의 값은?

① 21 　② 22 　③ 23
④ 24 　⑤ 25

28 팔각뿔의 면의 개수를 a개, 모서리의 개수를 b개, 꼭짓
0744 점의 개수를 c개라 할 때, $a+b+c$의 값을 구하시오.

29 오른쪽 그림은 두 개의 사각뿔의 밑
0745 면이 완전히 포개어지도록 붙여 놓
은 입체도형이다. 이 입체도형의 모
서리의 개수를 a개, 꼭짓점의 개수
를 b개라 할 때, $a+b$의 값을 구하시오.

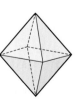

30 면의 개수가 8개인 각뿔대의 모서리의 개수를 a개, 꼭짓점의 개수를 b개라 할 때, $a-b$의 값은?

① 2 ② 4 ③ 6
④ 8 ⑤ 10

31 다음 중 오른쪽 그림과 같은 전개도로 만들어지는 입체도형의 모서리의 개수와 면의 개수가 같은 것은?

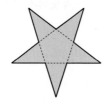

① 사각뿔 ② 오각뿔대 ③ 육각기둥
④ 칠각뿔 ⑤ 팔각기둥

32 n각뿔대의 면, 모서리, 꼭짓점의 개수를 각각 a개, b개, c개라 할 때, $a+b+c$를 n을 사용한 식으로 나타내면?

① $2n+1$ ② $4n+1$ ③ $4n+2$
④ $6n$ ⑤ $6n+2$

서술형

33 밑면의 대각선의 개수가 14개인 각기둥의 면의 개수를 a개, 모서리의 개수를 b개, 꼭짓점의 개수를 c개라 할 때, $a-b+c$의 값을 구하시오.

유형 **06** 다면체의 옆면의 모양 | 개념 13-3

옆면의 모양:	각기둥 ➡ 직사각형
	각뿔 ➡ 삼각형
	각뿔대 ➡ 사다리꼴

대표문제

34 다음 중 다면체와 그 옆면의 모양을 짝 지은 것으로 옳지 않은 것은?

① 삼각뿔 — 삼각형
② 사각기둥 — 직사각형
③ 사각뿔 — 사각형
④ 오각뿔대 — 사다리꼴
⑤ 오각기둥 — 직사각형

35 다음 중 옆면의 모양이 사각형인 다면체의 개수를 구하시오.

정육면체,	칠각뿔,	원기둥,	육각기둥,
사각뿔대,	구각기둥,	직육면체,	오각뿔대

36 다음 중 옆면의 모양이 모두 삼각형이고, 모서리의 개수가 14개인 다면체는?

① 삼각뿔대 ② 육각뿔 ③ 칠각뿔
④ 육각기둥 ⑤ 칠각뿔대

유형 07 다면체의 이해 | 개념 13-1, 2, 3 |

대표문제

37 다음 **보기** 중 육각뿔에 대한 설명으로 옳지 <u>않은</u> 것을
0753 모두 고르시오.

┌ 보기 ├─────────────────────
ㄱ. 칠면체이다.
ㄴ. 꼭짓점의 개수는 7개, 모서리의 개수는 12개
   이다.
ㄷ. 옆면과 밑면은 서로 수직이다.
ㄹ. 밑면에 평행한 평면으로 자를 때 생기는 단면
   은 삼각형이다.
└──────────────────────────

38 다음 중 오른쪽 그림과 같은 각기둥
0754 에 대한 설명으로 옳지 <u>않은</u> 것은?

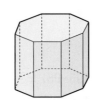

① 십면체이다.
② 두 밑면은 서로 평행하고 합동
   이다.
③ 십각기둥이다.
④ 꼭짓점의 개수는 16개이다.
⑤ 옆면의 모양은 직사각형이다.

서술형

39 밑면의 개수는 2개이고 밑면의 모양은 구각형이며,
0755 옆면의 모양은 사다리꼴인 다면체의 모서리의 개수
와 꼭짓점의 개수의 합을 구하시오.

40 다음 중 다면체에 대한 설명으로 옳지 <u>않은</u> 것을 모
0756 두 고르면? (정답 2개)

① 오각뿔대는 칠면체이다.
② 오각뿔의 옆면의 모양은 사다리꼴이다.
③ 육각기둥의 밑면의 모양은 육각형이다.
④ 오각기둥의 옆면의 모양은 직사각형이다.
⑤ 칠각뿔대의 두 밑면은 서로 합동이다.

41 다음 중 다면체에 대한 설명으로 옳지 <u>않은</u> 것은?
0757
① n각뿔의 면의 개수는 $(n+1)$개이다.
② n각기둥의 꼭짓점의 개수는 $2n$개이다.
③ n각뿔대의 모서리의 개수는 $3n$개이다.
④ n각기둥과 n각뿔대의 면의 개수는 같다.
⑤ n각뿔의 면의 개수는 꼭짓점의 개수보다 많다.

창의융합

42 다음 중 아래 조건을 모두 만족하는 입체도형과 그
0758 특징을 짝 지은 것으로 옳은 것은?

┌───────────────────────────
㉮ 십이면체이다.
㉯ 꼭짓점의 개수는 12개이다.
㉰ 모서리의 개수는 22개이다.
└───────────────────────────

① 십각기둥 − 옆면의 모양은 직사각형이다.
② 십각뿔대 − 옆면의 모양은 사다리꼴이다.
③ 십각뿔대 − 옆면은 모두 합동이다.
④ 십일각뿔 − 옆면의 모양은 삼각형이다.
⑤ 십일각뿔 − 밑면의 개수는 2개이다.

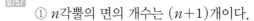

14 정다면체

Level A 개념 익히기

14-1 정다면체 | 유형 08~10, 12, 13

(1) **정다면체**: 모든 면이 합동인 정다각형이고, 각 꼭짓점에 모인 면의 개수가 같은 다면체

(2) **정다면체의 종류**: 정다면체는 다음의 5가지뿐이다.

정다면체	면의 모양	한 꼭짓점에 모인 면의 개수	면의 개수	꼭짓점의 개수	모서리의 개수
정사면체	정삼각형	3개	4개	4개	6개
정육면체	정사각형	3개	6개	8개	12개
정팔면체	정삼각형	4개	8개	6개	12개
정십이면체	정오각형	3개	12개	20개	30개
정이십면체	정삼각형	5개	20개	12개	30개

참고 정다면체가 5가지뿐인 이유: 정다면체는 입체도형이므로
① 한 꼭짓점에 모인 면의 개수가 3개 이상이어야 한다.
② 한 꼭짓점에 모인 각의 크기의 합이 360°보다 작아야 한다.
➡ 정다면체의 면이 될 수 있는 것은 정삼각형, 정사각형, 정오각형뿐이다.

14-2 정다면체의 전개도 | 유형 11

(1) **정사면체** (2) **정육면체** (3) **정팔면체**

(4) **정십이면체** (5) **정이십면체**

01 다음 **보기**의 정다면체 중 각 면의 모양이 정삼각형이 0759 아닌 것을 모두 고르시오.

| 보기 |
ㄱ. 정사면체   ㄴ. 정육면체   ㄷ. 정팔면체
ㄹ. 정십이면체   ㅁ. 정이십면체

[02~04] 다음 정다면체에 대한 설명으로 옳은 것은 ○표, 옳지 않은 것은 ×표를 하시오.

02 모든 면이 합동인 정다각형으로 이루어져 있다.
0760 ( )

03 면의 모양이 정오각형인 정다면체는 없다. ( )
0761

04 각 꼭짓점에 모인 면의 개수가 모두 같다. ( )
0762

[05~09] 오른쪽 그림과 같은 전개도로 만들어지는 정다면체에 대하여 다음을 구하시오.

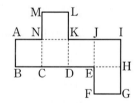

05 정다면체의 이름
0763

06 점 A와 겹치는 꼭짓점
0764

07 점 C와 겹치는 꼭짓점
0765

08 $\overline{DE}$와 겹치는 모서리
0766

09 면 ABCN과 평행한 면
0767

유형 08 정다면체의 이해 | 개념 14-1

대표문제

10 다음 중 정다면체에 대한 설명으로 옳지 <u>않은</u> 것은?
0768

① 정다면체의 각 면은 항상 합동이다.

② 정다면체는 무수히 많은 종류가 있다.

③ 정육각형으로 이루어진 정다면체는 없다.

④ 면이 가장 많은 정다면체는 정이십면체이다.

⑤ 정사면체를 제외한 모든 정다면체는 각 면에 평행한 면이 있다.

11 다음 중 정다면체와 그 면의 모양을 짝 지은 것으로
0769 옳은 것은?

① 정사면체 − 정사각형

② 정육면체 − 정육각형

③ 정팔면체 − 정사각형

④ 정십이면체 − 정오각형

⑤ 정이십면체 − 정사각형

12 다음 **보기** 중 정다면체에 대한 설명으로 옳은 것을
0770 모두 고르시오.

| 보기 |

ㄱ. 정다면체의 면이 될 수 있는 정다각형은 정삼각형, 정사각형, 정오각형뿐이다.

ㄴ. 정삼각형으로 이루어진 정다면체는 세 종류이다.

ㄷ. 정다면체 중 한 꼭짓점에 모인 면의 개수가 2개인 것도 있다.

13 오른쪽 그림과 같은 다면체는 각
0771 면의 모양이 합동인 정삼각형으로 이루어져 있다. 다음 물음에 답하시오.

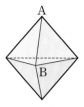

(1) 꼭짓점 A와 B에 모인 면의 개수를 각각 구하시오.

(2) 이 다면체가 정다면체가 <u>아닌</u> 이유를 설명하시오.

빈출

유형 09 정다면체의 면의 개수 | 개념 14-1

대표문제

14 모든 면이 합동인 정삼각형이고 한 꼭짓점에 모인 면
0772 의 개수가 4개인 정다면체는?

① 정사면체　　② 정육면체　　③ 정팔면체

④ 정십이면체　　⑤ 정이십면체

15 모든 면이 합동인 정오각형으로 이루어진 정다면체
0773 의 면의 개수는?

① 4개　　　② 6개　　　③ 8개

④ 12개　　　⑤ 20개

16 다음 중 한 꼭짓점에 모인 면 개수가 같은 정다면
0774 체끼리 짝 지어진 것은?

① 정사면체, 정팔면체　　② 정사면체, 정이십면체

③ 정육면체, 정팔면체　　④ 정육면체, 정십이면체

⑤ 정팔면체, 정이십면체

대표문제

17 정팔면체의 꼭짓점의 개수를 a개, 정십이면체의 모서리의 개수를 b개, 정이십면체의 한 꼭짓점에 모인 면의 개수를 c개라 할 때, $a+b-c$의 값을 구하시오.
0775

18 다음 조건을 모두 만족하는 정다면체의 꼭짓점의 개수를 구하시오.
0776

> (개) 한 꼭짓점에 모인 면의 개수는 3개이다.
> (내) 모서리의 개수가 12개이다.

서술형

19 모서리의 개수가 가장 적은 정다면체의 면의 개수와 면의 개수가 가장 많은 정다면체의 꼭짓점의 개수의 합을 구하시오.
0777

20 다음 중 정다면체에 대한 설명으로 옳은 것을 모두 고르면? (정답 2개)
0778

① 정사면체의 모서리의 개수는 8개이다.
② 정팔면체의 한 꼭짓점에 모인 면의 개수는 4개이다.
③ 꼭짓점의 개수가 가장 많은 것은 정이십면체이다.
④ 정십이면체와 정이십면체는 모서리의 개수가 같다.
⑤ 정사면체, 정팔면체, 정십이면체는 면의 모양이 모두 같다.

대표문제

21 오른쪽 그림과 같은 전개도로 만들어지는 정다면체에서 $\overline{FG}$와 겹치는 모서리를 구하시오.
0779

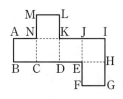

서술형

22 오른쪽 그림과 같은 전개도로 만들어지는 정다면체에 대하여 다음 물음에 답하시오.
0780

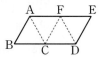

(1) 점 B와 겹치는 꼭짓점을 구하시오.

(2) $\overline{DE}$와 꼬인 위치에 있는 모서리를 구하시오.

23 다음 중 정육면체의 전개도가 될 수 없는 것은?
0781

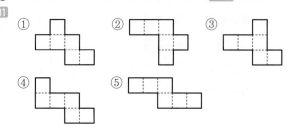

24 다음 보기 중 오른쪽 그림과 같은 전개도로 만들어지는 정다면체에 대한 설명으로 옳은 것을 모두 고르시오.
0782

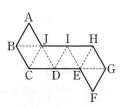

┤ 보기 ├
ㄱ. $\overline{EF}$와 평행한 모서리는 $\overline{BJ}$이다.
ㄴ. 점 F와 겹치는 꼭짓점은 점 I이다.
ㄷ. 면 BCJ와 면 DEI는 평행하다.
ㄹ. $\overline{AJ}$와 꼬인 위치에 있는 모서리는 $\overline{EG}$이다.

유형 12 정다면체의 각 면의 중심을 꼭짓점 | 개념 14-1
으로 하는 다면체

정다면체의 각 면의 중심을 꼭짓점으로 하는 다면체는 처음 정다
면체의 면의 개수만큼 꼭짓점을 갖는다.

정사면체 ➡ 정사면체   정육면체 ➡ 정팔면체

정팔면체 ➡ 정육면체   정십이면체 ➡ 정이십면체

정이십면체 ➡ 정십이면체

대표문제

25 오른쪽 그림과 같이 정육면체의 각
0783 면의 중심을 꼭짓점으로 하는 입체
도형을 만들었다. 이 입체도형의 이
름을 말하시오.

26 오른쪽 그림과 같은 전개
0784 도로 만들어지는 정다면
체의 각 면의 중심을 꼭짓
점으로 하는 입체도형은?

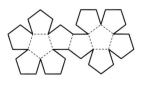

① 정사면체   ② 정육면체   ③ 정팔면체

④ 정십이면체   ⑤ 정이십면체

서술형

27 정이십면체의 각 면의 중심을 꼭짓점으로 하는 입체
0785 도형의 모서리의 개수를 구하시오.

유형 13 정다면체의 단면 | 개념 14-1

정육면체를 한 평면으로 자를 때 생기는 단면의 모양은 삼각형,
사각형, 오각형, 육각형의 4가지가 있다.

[삼각형]   [사각형]   [오각형]   [육각형]

대표문제

28 오른쪽 그림과 같은 정육면체를
0786 세 꼭짓점 B, D, H를 지나는
평면으로 자를 때 생기는 단면의
모양은?

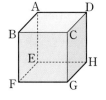

① 정삼각형   ② 직각삼각형   ③ 직사각형

④ 정오각형   ⑤ 정육각형

29 오른쪽 그림은 정육면체를 세 꼭
0787 짓점 B, F, C를 지나는 평면으
로 자르고 남은 입체도형이다.
∠BFC의 크기를 구하시오.

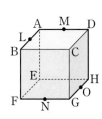

30 오른쪽 그림과 같은 정육면체에
0788 서 네 점 L, M, N, O는 각각
모서리 AB, AD, FG, GH의
중점이다. 정육면체를 네 점 L,
M, N, O를 지나는 평면으로 자
를 때 생기는 단면의 모양은?

① 직사각형   ② 사다리꼴   ③ 평행사변형

④ 오각형   ⑤ 육각형

15 회전체

15-1 회전체 | 유형 14~16, 21

(1) **회전체**: 평면도형을 한 직선을 축으로 하여 1회전 시킬 때 생기는 입체도형
 ① **회전축**: 회전 시킬 때 축으로 사용한 직선
 ② **모선**: 밑면이 있는 회전체에서 옆면을 만드는 선분

(2) **원뿔대**: 원뿔을 밑면에 평행한 평면으로 자를 때 생기는 두 입체도형 중에서 원뿔이 아닌 쪽의 입체도형

회전체	원기둥	원뿔
겨냥도	회전축, 밑면, 옆면, 모선, 밑면	회전축, 옆면, 모선, 밑면

회전체	원뿔대	구
겨냥도	회전축, 밑면, 모선, 옆면, 밑면	회전축, 중심, 반지름

15-2 회전체의 단면 | 유형 17, 18, 21

(1) 회전체를 <mark>회전축에 수직인 평면</mark>으로 자를 때 생기는 단면의 경계는 항상 <mark>원</mark>이다.

(2) 회전체를 <mark>회전축을 포함하는 평면</mark>으로 자를 때 생기는 단면은 회전축을 대칭축으로 하는 <mark>선대칭도형</mark>이며, 모두 <mark>합동</mark>이다.

15-3 회전체의 전개도 | 유형 19~21

(1) **원기둥**　(2) **원뿔**　(3) **원뿔대**

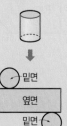　　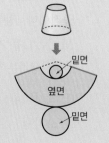

주의 구는 전개도를 그릴 수 없다.

---

01 다음 **보기** 중 회전체를 모두 고르시오.
0789

┌ 보기 ┐
ㄱ. 삼각뿔대　　ㄴ. 구　　ㄷ. 원뿔
ㄹ. 사각기둥　　ㅁ. 원뿔대　　ㅂ. 정팔면체

[02~05] 다음 그림과 같은 평면도형을 직선 *l*을 회전축으로 하여 1회전 시킬 때 생기는 회전체를 그리고, 그 회전체의 이름을 말하시오.

02
0790

03
0791

04
0792

05
0793

[06~09] 다음 회전체에 대한 설명으로 옳은 것은 ○표, 옳지 않은 것은 ×표를 하시오.

06 회전체를 회전축에 수직인 평면으로 자를 때 생기는
0794 단면의 경계는 항상 원이다. 　　　　(　)

07 회전체를 회전축에 수직인 평면으로 자를 때 생기는
0795 단면은 모두 합동이다. 　　　　(　)

08 회전체를 회전축을 포함하는 평면으로 자를 때 생기는 단면은 회전축을 대칭축으로 하는 선대칭도형이
0796 다. 　　　　(　)

09 구는 어느 평면으로 잘라도 그 단면의 모양은 항상
0797 원이다. 　　　　(　)

[10~13] 다음 회전체를 회전축을 포함하는 평면으로 자를 때 생기는 단면의 모양을 말하시오.

10
0798

11
0799

12
0800

13
0801

[14~15] 다음 그림과 같은 전개도로 만들어지는 입체도형을 그리시오.

14
0802
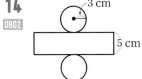

3 cm
5 cm

15
0803
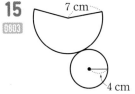

7 cm
4 cm

16 다음 그림과 같은 원뿔대와 그 전개도에서 a, b, c의
0804 값을 각각 구하시오.

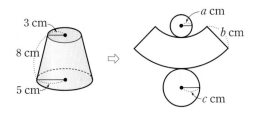

3 cm
8 cm
5 cm
a cm
b cm
c cm

유형 14 회전체 | 개념 15-1

대표문제

17 다음 중 회전체가 <u>아닌</u> 것을 모두 고르면? (정답 2개)
0805

① 원기둥 ② 정사면체 ③ 구
④ 원뿔대 ⑤ 오각뿔대

18 다음 중 회전체가 <u>아닌</u> 것은?
0806

① ② ③

④ ⑤

서술형

19 다음 **보기**의 도형에 대하여 물음에 답하시오.
0807

| 보기 |

ㄱ. 정사각형 ㄴ. 구 ㄷ. 직육면체
ㄹ. 원기둥 ㅁ. 원뿔 ㅂ. 삼각뿔대
ㅅ. 원뿔대 ㅇ. 오각기둥 ㅈ. 정팔면체

(1) 다면체를 모두 고르시오.

(2) 회전체를 모두 고르시오.

유형 15 평면도형과 회전체 | 개념 15-1

대표문제

20 다음 중 오른쪽 그림과 같은 평면도형을
0808 직선 *l*을 회전축으로 하여 1회전 시킬 때
생기는 회전체는?

21 오른쪽 그림과 같은 평행사변형을 직선 *l*
0809 을 회전축으로 하여 1회전 시킬 때 생기
는 회전체를 그리시오.

22 다음 중 평면도형과 그 평면도형을 직선 *l*을 회전축
0810 으로 하여 1회전 시킬 때 생기는 회전체로 옳지 <u>않은</u>
것은?

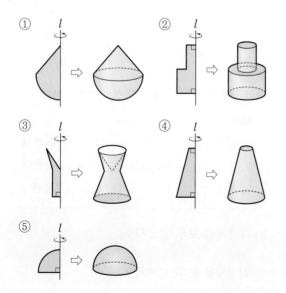

23 오른쪽 그림과 같은 회전체는 다음 중
0811 어느 평면도형을 직선 *l*을 회전축으로
하여 1회전 시킨 것인가?

유형 16 회전축 | 개념 15-1

대표문제

24 오른쪽 그림과 같은 직각삼각형을 한
0812 직선을 회전축으로 하여 1회전 시켜
원뿔을 만들려고 한다. 다음 **보기**의
직선 중 회전축이 될 수 있는 것을 모
두 고르시오.

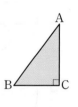

| 보기 |
ㄱ. $\overleftrightarrow{AB}$ ㄴ. $\overleftrightarrow{BC}$ ㄷ. $\overleftrightarrow{AC}$

25 오른쪽 그림과 같은 직사각형
0813 ABCD를 직선 AC를 회전축
으로 하여 1회전 시킬 때 생기
는 회전체를 그리시오.

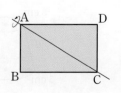

유형 17 회전체의 단면의 모양 | 개념 15-2

① 회전축에 수직인 평면으로 자를 때 생기는 단면

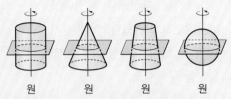

원 원 원 원

② 회전축을 포함하는 평면으로 자를 때 생기는 단면

직사각형 이등변삼각형 사다리꼴 원

대표문제

26 다음 중 회전체와 그 회전체를 회전축을 포함하는 평면으로 자를 때 생기는 단면의 모양을 짝 지은 것으로 옳지 <u>않은</u> 것은?

① 반구 – 반원 ② 원기둥 – 직사각형
③ 구 – 원 ④ 원뿔대 – 정사각형
⑤ 원뿔 – 이등변삼각형

27 다음 중 회전축에 수직인 평면으로 자를 때 생기는 단면이 항상 합동이 되는 회전체는?

① 원뿔 ② 원기둥 ③ 구
④ 원뿔대 ⑤ 반구

28 다음 중 원기둥을 한 평면으로 자를 때 생기는 단면의 모양이 될 수 <u>없는</u> 것은?

①   ②   ③
④   ⑤

29 오른쪽 그림과 같이 $\overline{AB}=\overline{AC}$인 이등변삼각형 ABC를 직선 BC를 회전축으로 하여 1회전 시켰다. 이 회전체를 회전축을 포함하는 평면으로 자를 때 생기는 단면의 모양과 회전축에 수직인 평면으로 자를 때 생기는 단면의 모양을 차례대로 나열한 것은?

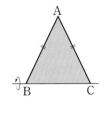

① 원, 이등변삼각형 ② 원, 마름모
③ 직사각형, 원 ④ 사다리꼴, 직사각형
⑤ 마름모, 원

30 다음 보기 중 회전체의 단면에 대한 설명으로 옳지 <u>않은</u> 것을 모두 고르시오.

| 보기 |
ㄱ. 반구를 회전축에 수직인 평면으로 자를 때 생기는 단면의 모양은 항상 원이다.
ㄴ. 원기둥을 회전축을 포함하는 평면으로 자를 때 생기는 단면은 모두 합동이다.
ㄷ. 구는 어떤 평면으로 잘라도 그 단면은 항상 합동인 원이다.
ㄹ. 원뿔을 회전축을 포함하는 평면으로 자를 때 생기는 단면의 모양은 직사각형이다.

31 다음 중 오른쪽 그림의 원뿔을 평면 ①, ②, ③, ④, ⑤로 자를 때 생기는 단면의 모양으로 옳은 것은?

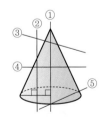

①   ②
③   ④   ⑤

유형 18 회전체의 단면의 넓이 | 개념 15-2

① 회전축에 수직인 평면으로 자를 때 생기는 단면의 넓이
➡ 원의 넓이를 구하는 공식을 이용한다.
② 회전축을 포함하는 평면으로 자를 때 생기는 단면의 넓이
➡ 회전시키기 전의 평면도형의 변의 길이를 이용한다.

대표문제

32 오른쪽 그림과 같은 사다리꼴을 직선 l을 회전축으로 하여 1회전 시킬 때 생기는 회전체를 회전축을 포함하는 평면으로 잘랐다. 이때 생기는 단면의 넓이를 구하시오.

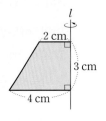

서술형

33 오른쪽 그림과 같은 평면도형을 직선 l을 회전축으로 하여 1회전 시킬 때 생기는 회전체에 대하여 다음 물음에 답하시오.

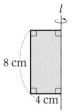

(1) 회전축에 수직인 평면으로 자를 때 생기는 단면의 넓이를 구하시오.

(2) 회전축을 포함하는 평면으로 자를 때 생기는 단면의 넓이를 구하시오.

34 오른쪽 그림과 같은 회전체를 회전축을 포함하는 평면으로 자를 때 생기는 단면의 넓이를 구하시오.

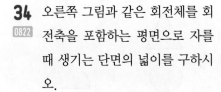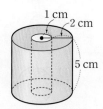

35 오른쪽 그림과 같은 평면도형을 직선 l을 회전축으로 하여 1회전 시킬 때 생기는 회전체를 회전축에 수직인 평면으로 잘랐다. 이때 생기는 단면 중 넓이가 가장 작은 단면의 넓이를 구하시오.

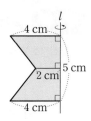

유형 19 회전체의 전개도 | 개념 15-3

대표문제

36 다음 보기 중 평면도형과 그 평면도형을 직선 l을 회전축으로 하여 1회전 시킬 때 생기는 회전체의 전개도로 옳은 것을 모두 고르시오.

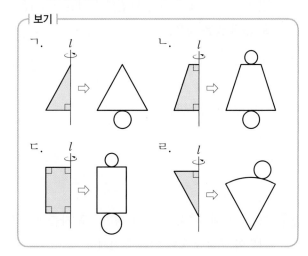

창의+융합

37 오른쪽 그림과 같이 원뿔의 밑면 위의 한 점을 지나도록 실로 이 원뿔을 한 바퀴 감을 때, 다음 중 실의 길이가 가장 짧게 되는 경로를 전개도 위에 나타낸 것은? (단, 전개도에서 밑면은 생각하지 않는다.)

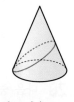

① ② ③

④ ⑤

유형 20 회전체의 전개도의 성질 | 개념 15-3

대표문제

38 다음 그림과 같은 직사각형을 직선 l을 회전축으로
하여 1회전 시킬 때 생기는 회전체의 전개도에서
xyz의 값을 구하시오.

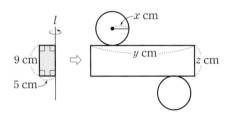

창의+융합

39 오른쪽 그림과 같은 선물을 담을 원
기둥 모양의 통의 전개도에서 옆면이
되는 직사각형의 넓이를 구하시오.

서술형

40 오른쪽 그림과 같은 직각삼각형을 직선
l을 회전축으로 하여 1회전 시킬 때 생
기는 회전체의 전개도에 대하여 다음 물
음에 답하시오.

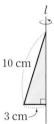

(1) 부채꼴의 호의 길이를 구하시오.

(2) 부채꼴의 넓이를 구하시오.

41 오른쪽 그림과 같은 원뿔대의
전개도에서 옆면에 해당하는 부
분의 둘레의 길이를 구하시오.

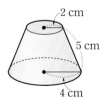

유형 21 〈빈출〉 회전체의 이해 | 개념 15-1, 2, 3

회전체는 평면도형을 한 직선을 축으로 하여 1회전 시킬 때 생기
는 입체도형으로 원뿔, 원기둥, 원뿔대, 구 등이 있다.

대표문제

42 다음 중 회전체에 대한 설명으로 옳은 것은?

① 모든 회전체의 회전축은 무수히 많다.
② 모든 회전체는 전개도를 그릴 수 있다.
③ 원뿔대의 두 밑면은 서로 평행하고 합동이다.
④ 원뿔을 회전축을 포함하는 평면으로 자르면 원뿔
   대가 생긴다.
⑤ 회전체를 회전축을 포함하는 평면으로 자를 때
   생기는 단면은 선대칭도형이다.

43 다음 **보기** 중 구에 대한 설명으로 옳은 것을 모두 고
르시오.

| 보기 |

ㄱ. 구의 회전축은 하나이다.
ㄴ. 구의 전개도는 그릴 수 없다.
ㄷ. 구의 단면이 가장 큰 경우는 구의 중심을 지나
   는 평면으로 자를 때이다.

44 다음 **보기** 중 회전체에 대한 설명으로 옳은 것을 모
두 고르시오.

| 보기 |

ㄱ. 직사각형의 한 변을 회전축으로 하여 1회전 시
   키면 원기둥을 만들 수 있다.
ㄴ. 직각삼각형의 한 변을 회전축으로 하여 1회전
   시키면 항상 원뿔을 만들 수 있다.
ㄷ. 회전체를 회전축에 수직인 평면으로 자를 때
   생기는 단면의 경계는 항상 원이다.
ㄹ. 회전체를 회전축을 포함하는 평면으로 자를 때
   생기는 단면은 모두 합동이다.

01 다음 **보기** 중 칠면체를 모두 고른 것은?
0833

> **보기**
> ㄱ. 오각뿔대　　ㄴ. 오각기둥　　ㄷ. 직육면체
> ㄹ. 육각뿔　　　ㅁ. 육각기둥　　ㅂ. 칠각뿔대

① ㄱ, ㄴ　　② ㄱ, ㄴ, ㄷ　　③ ㄱ, ㄴ, ㄹ
④ ㄴ, ㄹ, ㅁ　　⑤ ㄱ, ㄴ, ㄹ, ㅂ

● 121쪽 유형 **02**

02 다음 조건을 모두 만족하는 다면체는 몇 면체인지 말
0834 하시오.

> ㈎ 밑면의 개수는 1개이다.
> ㈏ 옆면의 모양은 모두 삼각형이다.
> ㈐ 밑면인 다각형의 대각선의 개수는 44개이다.

● 121쪽 유형 **02**

03 오른쪽 그림과 같은 입체도형의
0835 꼭짓점의 개수를 v개, 모서리의
개수를 e개, 면의 개수를 f개라
할 때, $v-e+f$의 값을 구하시오.

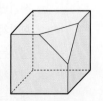

● 123쪽 유형 **05**

04 어떤 각기둥의 모서리의 개수와 꼭짓점의 개수의 합
0836 이 70개일 때, 이 각기둥의 면의 개수를 구하시오.

● 123쪽 유형 **05**

05 오른쪽 그림은 합동인 6개
0837 의 사다리꼴과 합동이 아
닌 2개의 정육각형으로 이
루어진 전개도이다. 다음
중 이 전개도로 만들어지
는 다면체에 대한 설명으로 옳지 <u>않은</u> 것은?

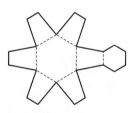

① 두 밑면은 서로 평행하다.
② 육각기둥이다.
③ 꼭짓점의 개수는 12개이다.
④ 모서리의 개수는 18개이다.
⑤ 칠각뿔과 면의 개수가 같다.

● 125쪽 유형 **07**

06 다음 중 다면체에 대한 설명으로 옳지 <u>않은</u> 것을 모
0838 두 고르면? (정답 2개)

① 각뿔의 옆면의 모양은 삼각형이다.
② 육각뿔의 모서리의 개수는 12개이다.
③ 육각뿔대와 팔각뿔의 면의 개수는 같다.
④ 오각기둥과 구각뿔의 꼭짓점의 개수는 같다.
⑤ 구각뿔대는 십면체이다.

● 125쪽 유형 **07**

07 다음은 어느 기사의 일부이다. 이 기사에서 설명하는
0839 다면체의 이름을 말하시오.

> 입술에 물집이 생기게 하는 허피스바이러스를 전
> 자 현미경으로 관찰한 결과, 각 면이 서로 합동인
> 정삼각형이고 한 꼭짓점에 모인 면의 개수가 5개로
> 일정한 다면체 구조를 하고 있다.

▶ 127쪽 유형 **09**

08 다음 중 정다면체에 대한 설명으로 옳지 <u>않은</u> 것은?
0840
① 정육면체의 면의 모양은 정사각형이다.
② 정삼각형으로 이루어진 정다면체는 3가지이다.
③ 정십이면체는 정오각형 12개로 이루어진 다면체
　이다.
④ 한 꼭짓점에 모인 면의 개수가 3개인 정다면체는
　정사면체, 정육면체뿐이다.
⑤ 정십이면체의 면의 개수와 정이십면체의 꼭짓점
　의 개수는 같다.

▶ 128쪽 유형 **10**

09 다음 중 아래 조건을 모두 만족하는 다면체와 꼭짓점
0841 의 개수가 같은 다면체는?

> (가) 두 밑면은 서로 평행하다.
> (나) 옆면의 모양은 모두 사다리꼴이다.
> (다) 밑면의 모양은 팔각형이다.

① 정팔면체　　② 구각기둥　　③ 십각뿔대
④ 십오각뿔　　⑤ 정십이면체

▶ 123쪽 유형 **04** + 128쪽 유형 **10**

10 다음 **보기** 중 오른쪽 그림과
0842 같은 전개도로 만들어지는 정
다면체에 대한 설명으로 옳은
것을 모두 고르시오.

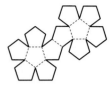

> ┤ 보기 ├
> ㄱ. 각 면은 모두 합동이다.
> ㄴ. 꼭짓점의 개수는 12개이다.
> ㄷ. 모서리의 개수는 30개이다.
> ㄹ. 한 꼭짓점에 모인 면의 개수는 5개이다.

▶ 128쪽 유형 **11**

11 오른쪽 그림과 같은 전개
0843 도로 정팔면체를 만들 때,
다음 중 $\overline{AJ}$와 꼬인 위치에
있는 모서리가 <u>아닌</u> 것을
모두 고르면? (정답 2개)

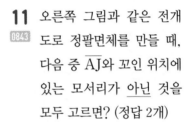

① $\overline{BD}$　　② $\overline{EF}$　　③ $\overline{EI}$
④ $\overline{DJ}$　　⑤ $\overline{FI}$

▶ 128쪽 유형 **11**

12 오른쪽 그림과 같은 정사면체의
0844 각 모서리의 중점을 연결하여
만든 입체도형은?

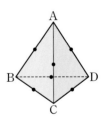

① 정사면체
② 정육면체
③ 정팔면체
④ 정십이면체
⑤ 정이십면체

▶ 129쪽 유형 **12**

13 다음 중 정사면체를 한 평면으로 자를 때 생기는 단
0845 면의 모양이 될 수 <u>없는</u> 것은?

① 이등변삼각형 ② 정삼각형
③ 직각삼각형 ④ 사다리꼴
⑤ 직사각형

○ 129쪽 유형 **13**

14 다음 중 오른쪽 그림과 같은 평면도형
0846 을 직선 *l*을 회전축으로 하여 1회전 시
킬 때 생기는 회전체는?

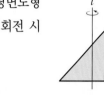

①   ②

③   ④   ⑤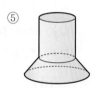

○ 132쪽 유형 **15**

창의+융합

15 아래 [그림 2]는 [그림 1]의 평면도형의 한 직선을 회전
0847 축으로 하여 1회전 시켜 생긴 회전체이다. 다음 중 회
전축이 될 수 있는 것은?

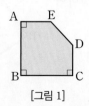 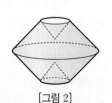

[그림 1] [그림 2]

① $\overrightarrow{AB}$ ② $\overrightarrow{BC}$ ③ $\overrightarrow{CD}$
④ $\overrightarrow{DE}$ ⑤ $\overrightarrow{AE}$

○ 132쪽 유형 **16**

16 오른쪽 그림과 같은 직각
0848 삼각형 ABC를 한 직선을
축으로 하여 1회전 시켜
원뿔을 만들려고 한다. 다
음 중 회전축이 될 수 <u>없는</u> 것을 모두 고르면?

(정답 2개)

① $\overrightarrow{AB}$ ② $\overrightarrow{AC}$ ③ $\overrightarrow{AD}$
④ $\overrightarrow{BC}$ ⑤ $\overrightarrow{DE}$

○ 132쪽 유형 **16**

17 다음 회전체를 회전축에 수직인 평면으로 자를 때 생
0849 기는 단면의 모양이 나머지 넷과 <u>다른</u> 하나는?

①   ②   ③

④   ⑤

○ 133쪽 유형 **17**

18 오른쪽 그림은 평면도형을 직선
0850 *l*을 축으로 하여 1회전 시켜 만
든 회전체이다. 이 회전체를 회
전축을 포함하는 평면으로 자를
때 생기는 단면의 넓이를 구하
시오.

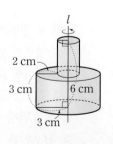

2 cm
3 cm 6 cm
3 cm

○ 134쪽 유형 **18**

서술형 문제 🖋

19 내각의 크기의 합이 900°인 다각형이 밑면인 각기둥
0851 에 대하여 다음 물음에 답하시오.

(1) 주어진 각기둥의 밑면의 모양을 나타내는 다각형
의 이름을 말하시오.

(2) 주어진 각기둥의 모서리의 개수를 구하시오.

▶ 122쪽 유형 03

20 면의 개수를 a개, 꼭짓점의 개수를 b개, 모서리의 개
0852 수를 c개라 할 때, $a+b+c=74$를 만족하는 각뿔대
의 이름을 말하시오.

▶ 123쪽 유형 05

21 한 꼭짓점에 모인 면의 개수가 가장 많은 정다면체의
0853 면의 개수를 a개, 꼭짓점의 개수가 가장 많은 정다면
체의 모서리의 개수를 b개라 할 때, $a+b$의 값을 구
하시오.

▶ 128쪽 유형 10

22 오른쪽 그림과 같이 반지름의 길이
0854 가 2 cm인 원을 직선 l을 회전축으
로 하여 1회전 시킬 때 생기는 회전
체를 원의 중심과 점 A를 지나면서
회전축에 수직인 평면으로 잘랐다.
이때 생기는 단면의 넓이를 구하시오.

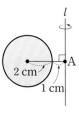

▶ 134쪽 유형 18

창의❂융합

23 오른쪽 그림과 같이 밑면인 원
0855 의 반지름의 길이가 5 cm, 모선
의 길이가 22 cm인 원기둥 모
양의 롤러에 페인트를 묻혀 세
바퀴를 멈추지 않고 굴릴 때, 페
인트가 칠해지는 부분의 넓이를 구하시오.

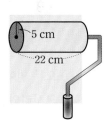

▶ 135쪽 유형 20

24 오른쪽 그림과 같은 전개도로
0856 만들어지는 원뿔대에서 두 밑
면 중 큰 원의 반지름의 길이
를 구하시오.

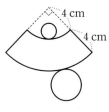

▶ 135쪽 유형 20

01 각기둥, 각뿔, 각뿔대가 모두 십면체일 때, 세 입체도
0857 형의 꼭짓점의 개수의 합은?

① 36개   ② 38개   ③ 40개

④ 42개   ⑤ 44개

02 다음 중 조건에 맞는 입체도형을 **보기**에서 모두 찾아
0858 짝 지은 것으로 옳은 것은?

| 보기 |

ㄱ. 삼각뿔   ㄴ. 정사면체   ㄷ. 오각뿔대

ㄹ. 정팔면체   ㅁ. 십각기둥   ㅂ. 정십이면체

① 모든 면이 삼각형인 다면체 ― ㄱ, ㄴ

② 모서리의 개수가 12개인 다면체 ― ㄷ, ㄹ

③ 모든 면이 정오각형인 다면체 ― ㅂ

④ 각 꼭짓점에 모인 면 개수가 3개인 다면체
　　― ㄱ, ㄴ, ㅂ

⑤ 옆면이 직사각형이 아닌 사다리꼴 모양으로 이루
　어진 다면체 ― ㄷ, ㄹ

03 다면체에서 꼭짓점의 개수를 v개, 모서리의 개수를
0859 e개, 면의 개수를 f개라 할 때, $v-e+f=2$가 성립
한다고 한다. $v : e : f = 3 : 6 : 4$를 만족하는 정다
면체는?

① 정사면체   ② 정육면체   ③ 정팔면체

④ 정십이면체   ⑤ 정이십면체

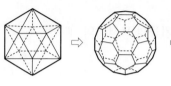

04 정이십면체의 각 꼭짓점에서 각 모서리를 삼등분하는
0860 점을 지나는 평면으로 자르면 축구공 모양의 다면체
를 얻는다. 이때 축구공 모양의 다면체에서 오각형의
개수, 육각형의 개수, 모서리의 개수의 합은?

① 92개   ② 102개   ③ 112개

④ 122개   ⑤ 132개

Tip
정이십면체의 각 꼭짓점에서 각 모서리를 삼등분하는 점을 지나는 평면으
로 자르면 꼭짓점이 있는 부분은 오각형이 되고, 면이 있는 부분은 육각형
이 된다.

05 오른쪽 그림은 각 면에 알파벳을
0861 적은 정팔면체의 전개도이다. 이
전개도로 정팔면체를 만들 때, 두
개의 면이 한 모서리에서 만나면
그 두 면은 '서로 이웃한다.'고 하
자. 이때 E의 면과 서로 이웃한
면에 적힌 알파벳을 모두 구하시오.

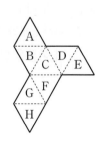

06 오른쪽 그림과 같은 정육면체에
0862 서 점 M은 모서리 AB의 중점
이다. 세 점 D, M, F를 지나는
평면으로 자를 때 생기는 단면의
모양은?

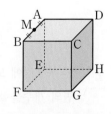

① 정사각형   ② 마름모   ③ 직사각형

④ 정삼각형   ⑤ 이등변삼각형

창의⊕융합

07 다음 중 가로와 세로의 길이의 비가 1 : 2인 직사각
0863 형을 한 직선을 회전축으로 하여 1회전 시킬 때 생기
는 회전체가 될 수 <u>없는</u> 것은?

① ② ③

④ ⑤

08 오른쪽 그림과 같은 평면도형을
0864 직선 l을 회전축으로 하여 1회전
시킬 때 생기는 회전체를 회전축
을 포함하는 평면으로 잘랐다. 이
때 생기는 단면의 둘레의 길이와
넓이를 차례대로 구하면?

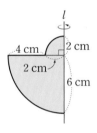

① $(4\pi+4)$ cm, 20π cm²

② $(8\pi+4)$ cm, 20π cm²

③ $(8\pi+8)$ cm, 20π cm²

④ $(4\pi+4)$ cm, 40π cm²

⑤ $(8\pi+8)$ cm, 40π cm²

Tip
회전체를 회전축을 포함하는 평면으로 자를 때 생기는 단면은 회전축을
대칭축으로 하는 선대칭도형이다.

09 오른쪽 그림과 같이 밑면의 반지름의 길
0865 이가 2 cm이고 모선의 길이가 밑면의 반
지름의 길이의 6배인 원뿔이 있다. 이 원
뿔의 밑면의 둘레 위의 한 점 A에서 출
발하여 한 바퀴 돌아 다시 점 A에 돌아
오는 가장 짧은 선의 길이를 구하시오.

서술형 문제 ✏

10 오른쪽 그림과 같은 전개도로
0866 만들어지는 정육면체를 세 점
A, B, C를 지나는 평면으로
자를 때 생기는 단면에서
∠ABC의 크기를 구하시오.

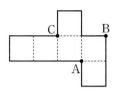

★★
11 오른쪽 그림은 직각삼각형을 직
0867 선 l을 회전축으로 하여 1회전
시킬 때 생기는 회전체이다. 이
회전체를 회전축을 포함하는 평
면으로 자를 때 생기는 단면의
넓이를 a cm², 회전축에 수직인
평면으로 자를 때 생기는 가장 큰 단면의 넓이를
$b\pi$ cm²라 할 때, $\dfrac{b}{a}$의 값을 구하시오.

(단, a, b는 서로소인 자연수)

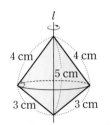

12 어떤 회전체를 회전축에 수직인 평면으로 자를 때 생
0868 기는 단면은 [그림 1], 회전축을 포함하는 평면으로 자
를 때 생기는 단면은 [그림 2]와 같다. 이 회전체의 전
개도에서 옆면인 부채꼴의 중심각의 크기와 넓이를
차례대로 구하시오.

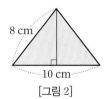

[그림 1]　　　　　　[그림 2]

7 입체도형의 부피와 겉넓이

학습 계획 및 성취도 체크

○ 학습 계획을 세우고 적어도 두 번 반복하여 공부합니다.

○ 유형 이해도에 따라 ☐ 안에 ○, △, ×를 표시합니다.

○ 시험 전에 [빈출] 유형과 × 표시한 유형은 반드시 한 번 더 풀어 봅니다.

기둥의 부피와 겉넓이

16-1 기둥의 부피

| 유형 01, 02, 05~08

(1) **각기둥의 부피**: 밑넓이가 S, 높이가 h인 각기둥의 부피 V는

$$V=(밑넓이)\times(높이)$$
$$=Sh$$

(2) **원기둥의 부피**: 밑면의 반지름의 길이가 r, 높이가 h인 원기둥의 부피 V는

$$V=(밑넓이)\times(높이)$$
$$=\pi r^2 h \quad \longrightarrow (원의 넓이)=\pi r^2$$

16-2 기둥의 겉넓이

| 유형 03~08

(1) **각기둥의 겉넓이**: 전개도를 이용하여 두 밑넓이와 옆넓이의 합으로 구한다.

$$(각기둥의 겉넓이)=(밑넓이)\times 2+(옆넓이)$$
→ 기둥의 밑면은 2개이고 서로 합동이다.

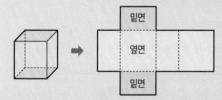

(2) **원기둥의 겉넓이**: 밑면의 반지름의 길이가 r, 높이가 h인 원기둥의 겉넓이 S는

$$S=(밑넓이)\times 2+(옆넓이)$$
$$=2\pi r^2+2\pi rh$$

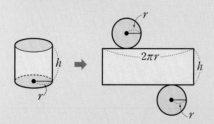

참고 기둥의 옆넓이는 전개도에서 직사각형의 넓이와 같다.
(직사각형의 가로의 길이)=(밑면의 둘레의 길이)
(직사각형의 세로의 길이)=(기둥의 높이)
∴ (기둥의 옆넓이)=(밑면의 둘레의 길이)×(기둥의 높이)

주의 부피와 겉넓이를 구할 때는 단위에 주의해야 한다.
① 길이 ➡ cm, m
② 넓이 ➡ cm², m²
③ 부피 ➡ cm³, m³

[01~02] 다음 그림과 같은 기둥의 부피를 구하시오.

01
0869
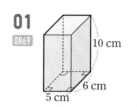

02
0870

[03~06] 아래 그림과 같은 각기둥과 그 전개도에 대하여 다음 물음에 답하시오.

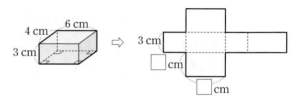

03 □ 안에 알맞은 수를 써넣으시오.
0871

04 밑넓이를 구하시오.
0872

05 옆넓이를 구하시오.
0873

06 겉넓이를 구하시오.
0874

07 다음 그림과 같은 원기둥과 그 전개도에서 □ 안에
0875 알맞은 수를 써넣고, 겉넓이를 구하시오.

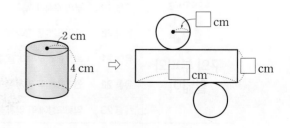

유형 01 각기둥의 부피 | 개념 16-1

대표문제

08 오른쪽 그림과 같이 밑면
0876 이 사다리꼴인 사각기둥
의 부피를 구하시오.

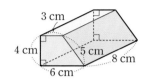

09 오른쪽 그림과 같은 사각기둥
0877 의 부피가 144 cm³일 때, h의
값을 구하시오.

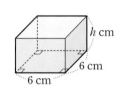

10 오른쪽 그림은 밑면이 정
0878 사각형인 사각기둥의 전
개도이다. 이 전개도로 만
들어지는 사각기둥의 부
피는?

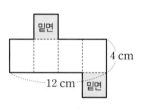

① 20 cm³ ② 24 cm³ ③ 28 cm³

④ 32 cm³ ⑤ 36 cm³

11 오른쪽 그림과 같은 사각형을 밑
0879 면으로 하는 사각기둥의 높이가
4 cm일 때, 이 사각기둥의 부피
를 구하시오.

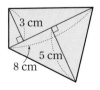

창의♥융합

12 오른쪽 그림과 같이 정육면체
0880 모양의 버터를 한 모서리의 길
이가 각각 a cm, b cm, c cm
인 직육면체가 되도록 평행한
두 평면으로 잘라 세 조각으로
만들었다. 세 조각의 버터의 부피가 각각 8 cm³,
12 cm³, 20 cm³일 때, $a : b : c$를 가장 간단한 자연
수의 비로 나타내시오.

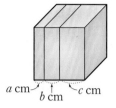

빈출

유형 02 원기둥의 부피 | 개념 16-1

대표문제

13 오른쪽 그림과 같은 원기둥의 부
0881 피는?

① 276π cm³ ② 280π cm³

③ 284π cm³ ④ 288π cm³

⑤ 292π cm³

14 부피가 196π cm³인 원기둥의 높이가 4 cm일 때, 밑
0882 면의 반지름의 길이를 구하시오.

서술형

15 수민이는 공예 수업에서 다음 그림과 같은 원기둥 모
0883 양의 도자기 A, B를 만들었다. 두 도자기의 부피가
같을 때, x의 값을 구하시오.

(단, 도자기의 두께는 무시한다.)

[도자기 A] [도자기 B]

대표문제

16
0884 오른쪽 그림과 같은 삼각기둥의 겉넓이는?

① 328 cm² ② 332 cm²

③ 336 cm² ④ 340 cm²

⑤ 344 cm²

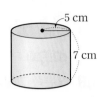

17
0885 겉넓이가 384 cm²인 정육면체의 한 모서리의 길이는?

① 5 cm ② 6 cm ③ 7 cm

④ 8 cm ⑤ 9 cm

서술형

18
0886 오른쪽 그림과 같은 전개도로 만들어지는 삼각기둥의 부피가 48 cm³일 때, 이 삼각기둥의 겉넓이를 구하시오.

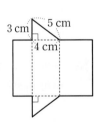

19
0887 오른쪽 그림은 한 모서리의 길이가 20 cm인 정육면체 3개를 붙여서 만든 입체도형이다. 이 입체도형의 겉넓이를 구하시오.

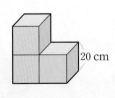

대표문제

20
0888 오른쪽 그림과 같은 원기둥의 겉넓이를 구하시오.

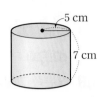

21
0889 오른쪽 그림과 같은 원기둥의 겉넓이가 96π cm²일 때, h의 값을 구하시오.

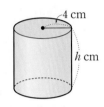

서술형 **창의+융합**

22
0890 오른쪽 그림과 같은 원기둥 모양의 한지 조명등을 만들려고 한다. 원기둥 모양의 옆면에만 한지를 사용하려고 할 때, 필요한 한지의 넓이를 구하시오.

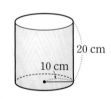

유형 05 밑면이 부채꼴인 기둥의 부피와 겉넓이 | 개념 16-1, 2

① (밑면이 부채꼴인 기둥의 부피)
　=(밑넓이)×(높이)
　=(부채꼴의 넓이)×(높이)
② (밑면이 부채꼴인 기둥의 겉넓이)
　=(밑넓이)×2＋(옆넓이)
　=(부채꼴의 넓이)×2＋(부채꼴의 둘레의 길이)×(높이)

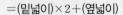

대표문제

23
0891 오른쪽 그림과 같이 밑면이 부채꼴인 기둥의 겉넓이를 구하시오.

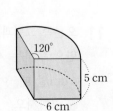

창의⊕융합

24 오른쪽 그림과 같이 원기둥을
0892 이등분한 모양의 비닐하우스
의 부피를 구하시오.

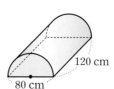

120 cm
80 cm

빈출

유형 06 구멍이 뚫린 기둥의 부피와 겉넓이 | 개념 16-1, 2

① (구멍이 뚫린 기둥의 부피)
= (큰 기둥의 부피) − (작은 기둥의 부피)
② (구멍이 뚫린 기둥의 겉넓이)
= {(큰 기둥의 밑넓이) − (작은 기둥의 밑넓이)} × 2
+ (큰 기둥의 옆넓이) + (작은 기둥의 옆넓이)
└──────→ 옆넓이

대표문제

25 오른쪽 그림과 같이 가운데에
0893 구멍이 뚫린 사각기둥 모양의
입체도형에 대하여 다음을 구
하시오.

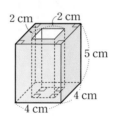

2 cm   2 cm
5 cm
4 cm
4 cm

(1) 부피

(2) 겉넓이

26 오른쪽 그림과 같이 가운데에 구
0894 멍이 뚫린 원기둥 모양의 입체도
형에 대하여 다음을 구하시오.

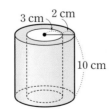

3 cm 2 cm
10 cm

(1) 부피

(2) 겉넓이

유형 07 기둥의 일부를 잘라 낸 입체도형의 | 개념 16-1, 2
부피와 겉넓이

① (기둥의 일부를 잘라 낸 입체도형의 부피)
= (큰 기둥의 부피) − (잘라 낸 기둥의 부피)
② (기둥의 일부를 잘라 낸 입체도형의 겉넓이)
= (두 밑넓이의 합) + (옆넓이)
└──────→ 잘린 부분의 면을 이동하여 생각한다.

대표문제

27 오른쪽 그림은 직육면체에
0895 서 작은 직육면체를 잘라
내고 남은 입체도형이다.
이 입체도형의 겉넓이를 구
하시오.

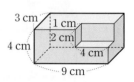

3 cm 1 cm
2 cm
4 cm
4 cm
9 cm

28 오른쪽 그림은 원기둥의 일부
0896 를 어떤 평면으로 잘라 만든
입체도형이다. 이 입체도형의
부피를 구하시오.

12 cm
8 cm
4 cm

유형 08 회전체의 부피와 겉넓이; 원기둥 | 개념 16-1, 2

대표문제

29 오른쪽 그림과 같은 직사각형을 직선 l
0897 을 회전축으로 하여 1회전 시킬 때 생기
는 회전체의 부피와 겉넓이를 각각 구하
시오.

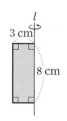

l
3 cm
8 cm

30 오른쪽 그림과 같은 직사각형을
0898 직선 l을 회전축으로 하여 1회전
시킬 때 생기는 회전체의 겉넓이
를 구하시오.

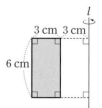

l
3 cm 3 cm
6 cm

7

입체도형의 부피와 겉넓이

뿔의 부피와 겉넓이

17-1 뿔의 부피 | 유형 09~11, 17

(1) **각뿔의 부피**: 밑넓이가 S, 높이가 h인 각뿔의 부피 V는

$$V = \frac{1}{3} \times (\text{각기둥의 부피})$$

$$= \frac{1}{3}Sh$$

(2) **원뿔의 부피**: 밑면의 반지름의 길이가 r, 높이가 h인 원뿔의 부피 V는

$$V = \frac{1}{3} \times (\text{원기둥의 부피})$$

$$= \frac{1}{3}\pi r^2 h$$

17-2 뿔의 겉넓이 | 유형 12~14, 17

(1) **각뿔의 겉넓이**: 전개도를 이용하여 밑넓이와 옆넓이의 합으로 구한다.

$$(\text{각뿔의 겉넓이}) = (\text{밑넓이}) + (\text{옆넓이})$$
→ 뿔의 밑면은 1개이다.

 ➡

(2) **원뿔의 겉넓이**: 밑면의 반지름의 길이가 r, 모선의 길이가 l인 원뿔의 겉넓이 S는

$$S = (\text{밑넓이}) + (\text{옆넓이})$$
$$= (\text{원의 넓이}) + (\text{부채꼴의 넓이})$$
$$= \pi r^2 + \pi r l$$
$$\xrightarrow{\frac{1}{2} \times l \times 2\pi r = \pi r l}$$

 ➡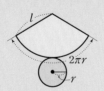

17-3 뿔대의 부피와 겉넓이 | 유형 15~17

(1) $(\text{뿔대의 부피}) = (\text{큰 뿔의 부피}) - (\text{작은 뿔의 부피})$

 = −

(2) $(\text{뿔대의 겉넓이}) = (\text{두 밑넓이의 합}) + (\text{옆넓이})$

[01~02] 다음 그림과 같은 뿔의 부피를 구하시오.

01 0899
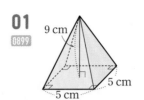

02 0900

[03~04] 다음 그림과 같은 뿔과 그 전개도에서 □ 안에 알맞은 수를 써넣고, 겉넓이를 구하시오.

03 0901
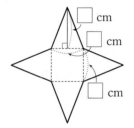

04 0902
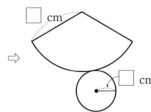

[05~06] 다음 그림과 같은 뿔대의 부피를 구하시오.

05 0903
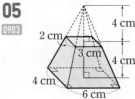

06 0904
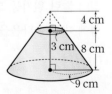

유형 09 각뿔의 부피 　|개념 **17-1**

대표문제

07
0905
오른쪽 그림과 같은 사각뿔의 부피는?

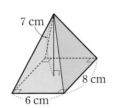

① 108 cm³　② 112 cm³

③ 116 cm³　④ 120 cm³

⑤ 124 cm³

08
0906
오른쪽 그림과 같이 밑면이 직각 삼각형인 삼각뿔의 부피가 120 cm³일 때, 이 삼각뿔의 높이를 구하시오.

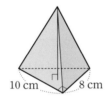

창의⊕융합

09
0907
다음 그림과 같이 밑면이 합동이고 높이가 6 cm로 같은 사각뿔과 사각기둥 모양의 그릇이 있다. 사각뿔 모양의 그릇에 모래를 가득 채워 사각기둥 모양의 그릇에 부었을 때, 모래의 높이를 구하시오.

(단, 그릇의 두께는 무시한다.)

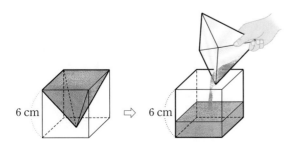

서술형

10
0908
오른쪽 그림과 같이 한 변의 길이가 12 cm인 정사각형을 점선을 따라 접어 삼각뿔을 만들었을 때, 이 삼각뿔의 부피를 구하시오.

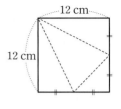

11
0909
밑넓이의 비가 2 : 3인 각기둥과 각뿔이 있다. 두 입체도형의 부피가 같을 때, 각기둥과 각뿔의 높이의 비는?

① 1 : 1　　② 1 : 2　　③ 1 : 3

④ 1 : 4　　⑤ 2 : 3

유형 10 직육면체에서 잘라 낸 각뿔의 부피 　|개념 **17-1**

오른쪽 그림과 같이 직육면체를 세 꼭짓점 A, F, C를 지나는 평면으로 자를 때 생기는 삼각뿔 B−AFC에서 △ABC를 밑면으로 생각하면 높이는 $\overline{BF}$이다.

➡ (삼각뿔 B−AFC의 부피)

$$= \frac{1}{3} \times \triangle ABC \times \overline{BF}$$

대표문제

12
0910
오른쪽 그림과 같이 한 모서리의 길이가 12 cm인 정육면체를 세 꼭짓점 B, G, D를 지나는 평면으로 자를 때 생기는 삼각뿔 C−BGD의 부피를 구하시오.

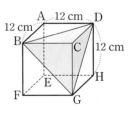

13 오른쪽 그림은 한 모서리의 길이가 10 cm인 정육면체에서 삼각뿔을 잘라 내고 남은 입체도형이다. 이 입체도형의 부피는?

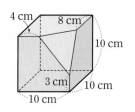

① 936 cm³ ② 944 cm³ ③ 968 cm³

④ 986 cm³ ⑤ 1000 cm³

---

14 다음 그림과 같은 직육면체 모양의 두 그릇 A, B에 같은 양의 물이 들어 있다. 이때 x의 값을 구하시오.
(단, 그릇의 두께는 무시한다.)

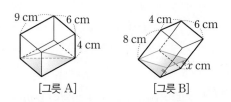

[그릇 A]   [그릇 B]

---

15 오른쪽 그림과 같이 한 모서리의 길이가 6 cm인 정육면체의 내부에 있는 삼각뿔 C-AFH의 부피를 구하시오.

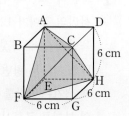

유형 11 원뿔의 부피 | 개념 17-1

대표문제

16 오른쪽 그림과 같은 원뿔의 부피를 구하시오.

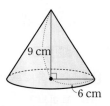

---

17 밑면의 반지름의 길이가 4 cm, 부피가 64π cm³인 원뿔의 높이를 구하시오.

---

18 오른쪽 그림과 같은 입체도형의 부피는?

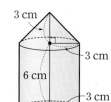

① 54π cm³ ② 57π cm³

③ 60π cm³ ④ 63π cm³

⑤ 66π cm³

---

19 다음 그림과 같이 밑면의 반지름의 길이와 높이가 각각 같은 원뿔과 원기둥 모양의 그릇이 있다. 원뿔 모양의 그릇에 물을 가득 채워서 비어 있는 원기둥 모양의 그릇에 옮겼을 때, 물의 높이를 구하시오.
(단, 그릇의 두께는 무시한다.)

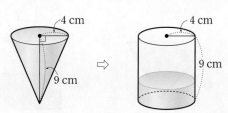

---

20 밑면의 반지름의 길이가 5 cm이고 높이가 12 cm인
0918 원뿔 모양의 아이스크림의 가격이 700원이다. 이 아이스크림의 가격은 아이스크림의 부피에 정비례한다고 할 때, 밑면의 반지름의 길이가 10 cm이고 높이가 18 cm인 원뿔 모양의 아이스크림의 가격을 구하시오.

21 오른쪽 그림과 같은 원뿔 모양
0919 의 그릇에 1분에 12π cm³씩
물을 넣으면 빈 그릇을 가득
채우는 데 80분이 걸린다. 이
때 h의 값을 구하시오.
(단, 그릇의 두께는 무시한다.)

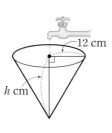

유형 12 각뿔의 겉넓이 | 개념 17-2

대표문제

22 오른쪽 그림과 같이 밑면이
0920 정사각형인 사각뿔의 겉넓이
를 구하시오.

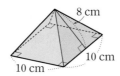

23 오른쪽 그림과 같은 전개도로
0921 만들어지는 입체도형의 겉넓
이는?

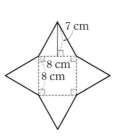

① 176 cm² ② 178 cm²
③ 180 cm² ④ 182 cm²
⑤ 184 cm²

24 오른쪽 그림과 같이 밑면이 정
0922 사각형인 사각뿔의 겉넓이가
96 cm²일 때, x의 값을 구하
시오.

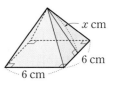

25 다음 그림은 어떤 입체도형의 밑면의 모양과 옆면의
0923 모양을 각각 나타낸 것이다. 이 입체도형의 겉넓이를
구하시오.

   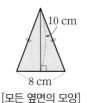

[밑면의 모양]   [모든 옆면의 모양]

유형 13 원뿔의 겉넓이 | 개념 17-2

빈출

대표문제

26 오른쪽 그림과 같은 원뿔의 겉
0924 넓이는?

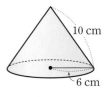

① 80π cm²   ② 84π cm²
③ 88π cm²   ④ 92π cm²
⑤ 96π cm²

27 오른쪽 그림과 같은 원뿔의 겉
0925 넓이가 24π cm²일 때, 이 원뿔
의 모선의 길이를 구하시오.

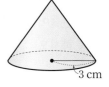

28 오른쪽 그림과 같은 원뿔의 옆넓이가 45π cm²일 때, 이 원뿔의 겉넓이를 구하시오.

0926

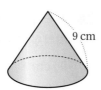
9 cm

31 오른쪽 그림과 같은 전개도로 만들어지는 원뿔의 옆넓이가 15π cm²일 때 x의 값은?

0929

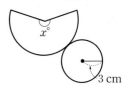
$x°$
3 cm

① 192　　② 196　　③ 208

④ 216　　⑤ 224

29 윤수가 동생에게 오른쪽 그림과 같은 원뿔 모양의 고깔모자를 만들어 선물하려고 한다. 모선의 길이는 30 cm, 밑면의 둘레의 길이는 12π cm가 되도록 만들 때, 필요한 종이의 넓이를 구하시오.

(단, 종이를 겹쳐 붙이는 부분의 넓이는 무시한다.)

0927

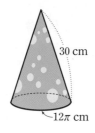
30 cm
12π cm

32 오른쪽 그림과 같은 부채꼴을 옆면으로 하는 원뿔의 부피가 128π cm³일 때, 이 원뿔의 높이를 구하시오.

0930

10 cm
288°

유형 14 원뿔의 전개도　　| 개념 **17-2**

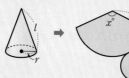
l
$x°$　l
r
r

① (부채꼴의 호의 길이)=(밑면인 원의 둘레의 길이)

➡ $2\pi \times l \times \dfrac{x}{360} = 2\pi r$

② (원뿔의 겉넓이)=(원의 넓이)+(부채꼴의 넓이)
　　　　　　　　 (밑넓이)　　　 (옆넓이)

　　　　　$= \pi r^2 + \pi r l$

　　　　　$= \pi r^2 + \pi l^2 \times \dfrac{x}{360}$

대표문제

30 오른쪽 그림과 같은 전개도로 만들어지는 원뿔의 겉넓이를 구하시오.

0928

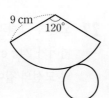
9 cm
120°

유형 15 뿔대의 부피　　| 개념 **17-3**

대표문제

33 오른쪽 그림과 같이 밑면이 정사각형인 사각뿔대의 부피를 구하시오.

0931

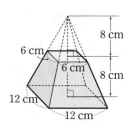
8 cm
6 cm
6 cm
8 cm
12 cm
12 cm

34 오른쪽 그림과 같은 원뿔대의 부피는?

0932

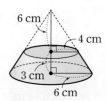
6 cm
4 cm
3 cm
6 cm

① 86π cm³　　② 82π cm³

③ 80π cm³　　④ 76π cm³

⑤ 72π cm³

35 오른쪽 그림과 같이 사각뿔을 밑면에 평행한 평면으로 자를 때 생기는 사각뿔과 사각뿔대의 부피의 비를 가장 간단한 자연수의 비로 나타내시오.

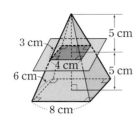

유형 16 뿔대의 겉넓이 | 개념 17-3

대표문제

36 오른쪽 그림과 같은 원뿔대의 겉넓이를 구하시오.

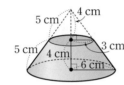

37 오른쪽 그림과 같이 밑면이 정사각형인 사각뿔대의 겉넓이를 구하시오.
(단, 옆면은 모두 합동이다.)

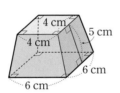

38 오른쪽 그림과 같은 입체도형의 겉넓이를 구하시오.

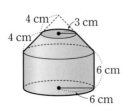

유형 17 회전체의 부피와 겉넓이 ; 원뿔, 원뿔대 | 개념 17-1, 2, 3

직각삼각형을 직선 l을 회전축으로 하여 1회전 시킬 때 생기는 회전체는 원뿔이다.
➡ 직각삼각형의 밑변의 길이는 원뿔의 밑면의 반지름의 길이가 되고, 직각삼각형의 높이는 원뿔의 높이가 된다.

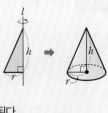

대표문제

39 오른쪽 그림과 같은 직각삼각형을 직선 l을 회전축으로 하여 1회전 시킬 때 생기는 회전체의 겉넓이를 구하시오.

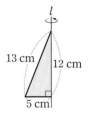

40 오른쪽 그림과 같은 사다리꼴을 직선 l을 회전축으로 하여 1회전 시킬 때 생기는 회전체의 부피를 구하시오.

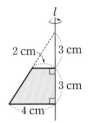

41 오른쪽 그림과 같은 평면도형을 직선 l을 회전축으로 하여 1회전 시킬 때 생기는 회전체의 부피를 구하시오.

42 오른쪽 그림과 같은 $\triangle ABC$를 직선 AC를 회전축으로 하여 1회전 시킬 때 생기는 회전체의 겉넓이를 구하시오.

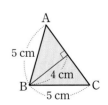

Lecture 18 구의 부피와 겉넓이

18-1 구의 부피 | 유형 18, 20~23

반지름의 길이가 r인 구의 부피 V는

$$V = \frac{2}{3} \times (\text{원기둥의 부피})$$

$$= \frac{2}{3} \times \pi r^2 \times 2r = \frac{4}{3}\pi r^3$$

참고 밑면의 반지름의 길이가 r이고 높이가 $2r$인 원기둥 모양의 그릇에 물을 가득 채우고 반지름의 길이가 r인 구가 완전히 잠기도록 물속에 넣었다가 빼면 흘러 나간 물의 양은 구의 부피와 같다.

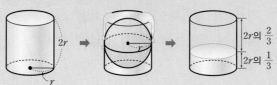

18-2 구의 겉넓이 | 유형 19~23

반지름의 길이가 r인 구의 겉넓이 S는

$$S = \pi \times (2r)^2 = 4\pi r^2$$

참고 반지름의 길이가 r인 구의 겉면을 노끈으로 감은 후 그 끈을 평면 위에 감아 원을 만들면 반지름의 길이가 $2r$가 된다.

실전특강 구의 부피와 겉넓이 사이의 관계 | 유형 18~23

오른쪽 그림과 같이 구의 겉면을 무수히 많은 다각형으로 나누고 이 다각형을 밑면으로 하고 구의 반지름을 높이로 하는 각뿔로 구를 나누면

(구의 부피)

= (모든 각뿔들의 부피의 합)

$= \frac{1}{3} \times (\text{각뿔의 밑넓이의 합}) \times (\text{각뿔의 높이})$

$= \frac{1}{3} \times (\text{구의 겉넓이}) \times (\text{구의 반지름의 길이})$

따라서 반지름의 길이가 r인 구의 겉넓이를 S라 하면

$\frac{4}{3}\pi r^3 = \frac{1}{3}Sr$이므로 $S = 4\pi r^2$

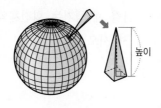

[01~02] 다음 구의 부피와 겉넓이를 차례대로 구하시오.

01 반지름의 길이가 6 cm인 구
0941

02 지름의 길이가 8 cm인 구
0942

[03~04] 아래 그림과 같은 구에 대하여 다음을 구하시오.

03 0943

3 cm

(1) 부피
(2) 겉넓이

04 0944

10 cm

(1) 부피
(2) 겉넓이

[05~07] 오른쪽 그림과 같이 밑면의 반지름의 길이가 r인 원기둥에 원뿔과 구가 꼭 맞게 들어 있다. 다음 물음에 답하시오.

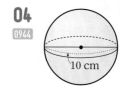

05 원뿔, 구, 원기둥의 부피를 각각 r를 사용하여 나타
0945 내시오.

06 원뿔, 구, 원기둥의 부피의 비를 가장 간단한 자연수
0946 의 비로 나타내시오.

07 원뿔의 부피가 2π cm³일 때, 구와 원기둥의 부피를
0947 각각 구하시오.

유형 18 구의 부피 | 개념 18-1

반지름의 길이가 r인

① (구의 부피)$=\dfrac{4}{3}\pi r^3$ ② (반구의 부피)$=\dfrac{4}{3}\pi r^3\times\dfrac{1}{2}$

대표문제

08 오른쪽 그림과 같은 입체도형의 부피를 구하시오.

0948

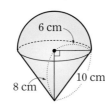
6 cm
8 cm
10 cm

09 구의 반지름의 길이가 2배가 되면 구의 부피는 몇 배가 되는지 구하시오.

0949

10 오른쪽 그림은 반지름의 길이가 각각 4 cm, 8 cm인 두 반구를 붙인 모양의 입체도형이다. 이 입체도형의 부피를 구하시오.

0950

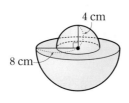
4 cm
8 cm

창의⊕융합

11 오른쪽 그림과 같이 반지름의 길이가 2 cm인 쇠구슬 3개가 들어 있는 원기둥 모양의 그릇에 물을 가득 담은 후 쇠구슬을 모두 꺼냈을 때, 그릇에 남아 있는 물의 높이를 구하시오.

0951

(단, 그릇의 두께는 무시한다.)

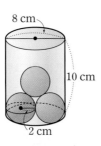
8 cm
10 cm
2 cm

12 다음 그림과 같이 반지름의 길이가 3 cm인 쇠구슬을 녹여서 반지름의 길이가 1 cm인 쇠구슬을 만들려고 할 때, 최대 몇 개를 만들 수 있는지 구하시오.

0952

3 cm ⇨ 1 cm ...

유형 19 구의 겉넓이 | 개념 18-2

빈출

반지름의 길이가 r인

① (구의 겉넓이)$=4\pi r^2$

② (반구의 겉넓이)$=$(구의 겉넓이)$\times\dfrac{1}{2}+$(원의 넓이)
└→ 단면의 넓이

$=4\pi r^2\times\dfrac{1}{2}+\pi r^2$

대표문제

13 오른쪽 그림과 같이 지름의 길이가 6 cm인 반구의 겉넓이를 구하시오.

0953

6 cm

14 오른쪽 그림과 같은 입체도형의 겉넓이는?

0954

① 30π cm^2 ② 32π cm^2
③ 34π cm^2 ④ 36π cm^2
⑤ 38π cm^2

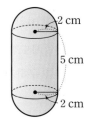
2 cm
5 cm
2 cm

15 구의 중심을 지나는 평면으로 자를 때 생기는 단면의 넓이가 144π cm^{2}인 구가 있다. 이 구의 겉넓이를 구하시오.

0955

16 다음 그림과 같은 원뿔과 반구의 겉넓이가 서로 같을
0956 때, x의 값을 구하시오.

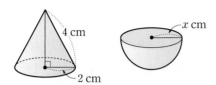

유형 20 구의 일부를 잘라 낸 입체도형의 | 개념 18-1, 2
부피와 겉넓이

대표문제

17 오른쪽 그림은 반지름의 길이가
0957 5 cm인 구의 $\frac{1}{4}$을 잘라 내고 남은
입체도형이다. 이 입체도형의 겉넓
이는?

① 100π cm²   ② 112π cm²   ③ 124π cm²

④ 148π cm²   ⑤ 172π cm²

18 오른쪽 그림은 반지름의 길이가
0958 3 cm인 구의 $\frac{1}{8}$을 잘라 내고 남은
입체도형이다. 이 입체도형의 부피
를 구하시오.

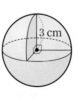

19 오른쪽 그림과 같이 반지름의 길이
0959 가 6 cm인 구를 8등분하여 만든 입
체도형의 겉넓이를 구하시오.

유형 21 회전체의 부피와 겉넓이; 구 | 개념 18-1, 2

대표문제

20 오른쪽 그림과 같은 평면도형을 직
0960 선 l을 회전축으로 하여 1회전 시킬
때 생기는 회전체의 부피와 겉넓이
를 각각 구하시오.

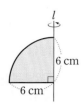

21 오른쪽 그림과 같은 평면도형을 직선 l
0961 을 회전축으로 하여 1회전 시킬 때 생
기는 회전체의 겉넓이는?

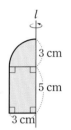

① 18π cm²   ② 30π cm²

③ 48π cm²   ④ 57π cm²

⑤ 64π cm²

22 오른쪽 그림의 색칠한 부분을 직선
0962 l을 회전축으로 하여 1회전 시킬 때
생기는 회전체의 부피를 구하시오.
(단, 풀이 과정에 회전체의 겨냥도
를 그리시오.)

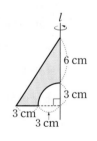

23 오른쪽 그림의 색칠한 부분을 직선 l을
0963 회전축으로 하여 1회전 시킬 때 생기
는 회전체의 부피가 252π cm³일 때,
x의 값을 구하시오.

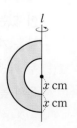

유형 22 원기둥에 꼭 맞게 들어가는
원뿔과 구 | 개념 18-1, 2

오른쪽 그림과 같이 원기둥에 원뿔과 구가 꼭
맞게 들어갈 때

$(원뿔의 부피)=\dfrac{2}{3}\pi r^3$, $(구의 부피)=\dfrac{4}{3}\pi r^3$

$(원기둥의 부피)=2\pi r^3$

➡ (원뿔의 부피) : (구의 부피) : (원기둥의 부피)$=1:2:3$

대표문제

24
0964

오른쪽 그림과 같이 원기둥에 꼭 맞
게 들어가는 원뿔과 구가 있다. 구의
부피가 32π cm³일 때, 원뿔과 원기
둥의 부피를 각각 구하시오.

25
0965

오른쪽 그림과 같이 원기둥에 꼭 맞게
들어가는 원뿔과 구가 있을 때, 원기
둥과 원뿔의 부피의 합은 구의 부피의
몇 배인지 구하시오.

서술형

26
0966

오른쪽 그림과 같이 부피가 108π cm³
인 원기둥에 반지름의 길이가 r cm인
구 모양의 공 2개가 꼭 맞게 들어 있다.
이때 공 한 개의 부피를 구하시오.

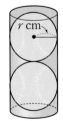

창의⊕융합

27
0967

오른쪽 그림과 같이 물이
가득 채워진 원기둥 모양
의 그릇에 꼭 맞는 쇠공
을 넣었다가 꺼냈다. 이
때 원기둥 모양의 그릇에
남아 있는 물의 높이를 구하시오.

(단, 그릇의 두께는 무시한다.)

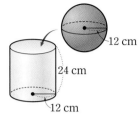

유형 23 입체도형에 꼭 맞게 들어가는
입체도형 | 개념 18-1, 2

❶ 주어진 입체도형의 모서리, 반지름 등의 길이를 이용하여 입
체도형에 꼭 맞게 들어가는 입체도형의 모서리, 반지름 등의
길이를 구한다.
❷ 입체도형의 부피 또는 겉넓이 구하는 공식을 이용한다.

대표문제

28
0968

오른쪽 그림과 같이 반지름의 길
이가 3 cm인 반구에 원뿔이 꼭
맞게 들어 있을 때, 반구와 원뿔
의 부피의 비는?

① 2 : 1 ② 2 : 3 ③ 3 : 2
④ 3 : 4 ⑤ 4 : 3

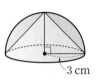

29
0969

오른쪽 그림과 같이 정육면체에
꼭 맞게 들어가는 구의 겉넓이가
100π cm²일 때, 정육면체의 겉넓
이를 구하시오.

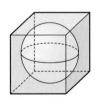

30
0970

오른쪽 그림과 같이 반지름의
길이가 6 cm인 구에 정팔면체
가 꼭 맞게 들어 있다. 이 정팔
면체의 부피를 구하시오.

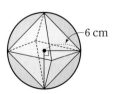

01 0971 오른쪽 그림과 같이 가로의 길이가 16 cm, 세로의 길이가 14 cm인 직사각형 모양의 종이의 네 귀퉁이에서 한 변의 길이가 2 cm인 정사각형을 잘라 내고 접어서 뚜껑이 없는 직육면체 모양의 상자를 만들었다. 이 상자의 부피를 구하시오.

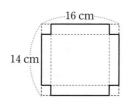

> 145쪽 유형 **01**

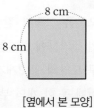
(의합)

02 0972 다음 그림과 같이 간격이 2.5 m로 일정한 4개의 레인으로 되어 있는 수영장에 물이 가득 채워져 있을 때, 물의 부피를 구하시오. (단, 레인은 일직선이 되도록 묶여 있고, 레일과 수영장 벽면의 두께는 무시한다.)

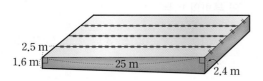

> 145쪽 유형 **01**

03 0973 오른쪽 그림과 같이 한 모서리의 길이가 1 cm인 정육면체를 쌓아 만든 입체도형의 겉넓이는?

① 68 cm² ② 74 cm²
③ 78 cm² ④ 84 cm²
⑤ 90 cm²

> 146쪽 유형 **03**

04 0974 오른쪽 그림과 같은 원기둥 모양의 옥수수 캔의 옆면 전체를 포장지로 감싸려고 한다. 이때 필요한 포장지의 넓이는? (단, 포장지가 겹쳐지는 부분은 없다.)

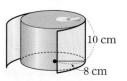

① 60π cm² ② 100π cm² ③ 120π cm²
④ 160π cm² ⑤ 200π cm²

> 146쪽 유형 **04**

05 0975 오른쪽 그림과 같이 가운데에 구멍 뚫린 원기둥 모양의 쉬폰 케이크를 5명이 똑같이 나누어 남김없이 먹을 때, 한 사람이 먹는 케이크의 양은?

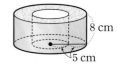

① 40π cm³ ② 60π cm³ ③ 80π cm³
④ 100π cm³ ⑤ 120π cm³

> 147쪽 유형 **06**

(의합)

06 0976 다음 그림은 직육면체에서 밑면이 반원인 기둥을 잘라 내고 남은 입체도형을 위에서 본 모양과 옆에서 본 모양을 각각 나타낸 것이다. 이 입체도형의 부피를 구하시오.

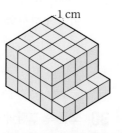 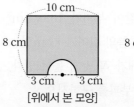

[위에서 본 모양] [옆에서 본 모양]

> 147쪽 유형 **07**

07 오른쪽 그림은 직육면체에서 작은 직육면체를 잘라 내고 남은 입체도형이다. 이 입체도형의 겉넓이를 구하시오.

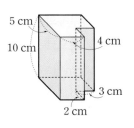

▶ 147쪽 유형 **07**

 08 밑면의 지름의 길이가 6 cm, 높이가 20 cm인 원뿔 모양의 아이스크림 콘과 밑면의 지름의 길이가 14 cm, 높이가 5 cm인 원기둥 모양의 아이스크림 통에 아이스크림이 가득 차 있다. 아이스크림 콘 4개와 아이스크림 통 1개의 가격이 같을 때, 같은 가격으로 더 많은 아이스크림을 먹으려면 아이스크림 콘 4개와 아이스크림 통 1개 중 어느 것을 사야 하는지 구하시오. (단, 아이스크림 콘과 통의 두께는 무시한다.)

▶ 145쪽 유형 **02** + 150쪽 유형 **11**

09 모선의 길이가 밑면의 반지름의 길이의 3배인 원뿔이 있다. 이 원뿔의 겉넓이가 144π cm²일 때, 밑면의 반지름의 길이를 구하시오.

▶ 151쪽 유형 **13**

10 오른쪽 그림과 같이 모선의 길이가 6 cm인 원뿔을 꼭짓점 O를 중심으로 3바퀴 굴렸더니 원래의 자리로 돌아왔다. 이 원뿔의 겉넓이는?

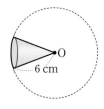

① 10π cm² ② 12π cm² ③ 14π cm²
④ 16π cm² ⑤ 18π cm²

▶ 151쪽 유형 **13**

11 오른쪽 그림과 같이 원뿔의 밑면의 둘레 위의 한 점 A에서 출발하여 원뿔의 옆면을 따라 한 바퀴 돌아 다시 점 A로 돌아오는 가장 짧은 선을 그렸다. 원뿔의 모선의 길이가 12 cm, 밑면의 반지름의 길이가 3 cm일 때, 옆면에서 색칠한 부분의 넓이를 구하시오.

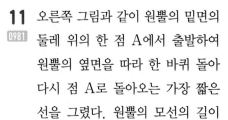

▶ 152쪽 유형 **14**

12 오른쪽 그림과 같은 원뿔 모양의 수족관에 4 m의 높이까지 물을 채우는 데 3시간이 걸렸다. 이때 이 수족관에 물을 가득 채우려면 앞으로 몇 시간 동안 물을 더 넣어야 하는지 구하시오. (단, 시간당 채워지는 물의 양은 일정하고 수족관의 두께는 무시한다.)

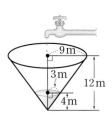

▶ 152쪽 유형 **15**

13 오른쪽 그림과 같은 사다리꼴을
[0983] 직선 *l*을 회전축으로 하여 1회전
시킬 때 생기는 회전체의 부피는?

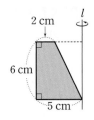
2 cm
l
6 cm
5 cm

① 128π cm³   ② 132π cm³

③ 136π cm³   ④ 140π cm³

⑤ 144π cm³

● 153쪽 유형 **17**

14 오른쪽 그림과 같은 직각삼각형
[0984] ABC를 직선 BC, AC를 회전축
으로 하여 1회전 시킬 때 생기는
회전체의 겉넓이를 각각 S_1, S_2라
할 때, $S_1 : S_2$는?

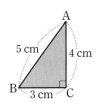
A
5 cm
4 cm
B
3 cm
C

① 1 : 1   ② 1 : 2   ③ 2 : 1

④ 3 : 2   ⑤ 4 : 3

● 153쪽 유형 **17**

15 다음 그림과 같이 원기둥 모양의 그릇 A와 반구 모
[0985] 양의 그릇 B가 있다. 그릇 B에 물을 담아 그릇 A에
물을 부어 가득 채우려면 물을 최소 몇 번 부어야 하
는지 구하시오. (단, 그릇의 두께는 무시한다.)

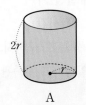
2r
r
r
A
B

● 145쪽 유형 **02** + 155쪽 유형 **18**

16 야구공의 겉면이 다음 그림과 같이 합동인 두 조각의
[0986] 가죽으로 이루어져 있다. 이 야구공을 지름의 길이가
8 cm인 구라 생각할 때, 가죽 한 조각의 넓이를 구
하시오. (단, 가죽이 겹쳐지는 부분은 없다.)

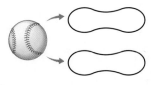

● 155쪽 유형 **19**

17 오른쪽 그림과 같이 원기둥 모양의 투명
[0987] 용기에 지름의 길이가 12 cm인 공 세 개
를 넣었더니 꼭 맞게 들어갔다. 이때 공 한
개의 부피와 빈 공간의 부피의 비는?
(단, 용기의 두께는 무시한다.)

12 cm

① 1 : 3   ② 2 : 3

③ 2 : 7   ④ 2 : 9

⑤ 3 : 10

● 157쪽 유형 **22**

창의+융합

18 혜진이는 친구의 생일 선물로 준비한
[0988] 농구공을 포장하기 위해 농구공이 꼭
맞게 들어가는 원기둥 모양의 상자를
만들었다. 이 상자의 겉넓이가
2400π cm²일 때, 농구공의 겉넓이를 구하시오.
(단, 상자의 겹쳐지는 부분은 없다.)

● 157쪽 유형 **22**

서술형 문제 ✏

창의♥융합

19
[0989] 오른쪽 그림과 같은 원기둥 모양의 캔 A, B를 제작하려고 한다. 제작 비용은 겉넓이에 정비례할 때, 캔 A, B 의 겉넓이를 각각 구하고, 캔 A, B 중 제작 비용이 적게 드는 것은 어느 것인지 구하시오.
(단, 캔의 두께는 무시한다.)

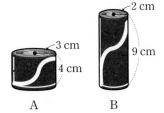

▶ 146쪽 유형 **04**

20
[0990] 오른쪽 그림과 같은 입체 도형의 부피와 겉넓이를 각각 구하시오.

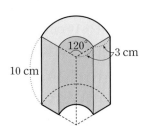

▶ 146쪽 유형 **05** + 147쪽 유형 **07**

21
[0991] 오른쪽 그림은 한 모서리의 길이가 6 cm인 정육면체에서 삼각뿔을 잘라 내고 남은 입체도형이다. 다음 물음에 답하시오.

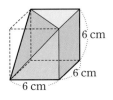

(1) 처음 정육면체의 부피를 구하시오.

(2) 잘라 낸 삼각뿔의 부피를 구하시오.

(3) 처음 정육면체와 잘라 낸 삼각뿔의 부피의 비를 가장 간단한 자연수의 비로 나타내시오.

▶ 149쪽 유형 **10**

22
[0992] 오른쪽 그림은 원뿔을 꼭짓점과 밑면의 중심을 지나는 평면으로 자른 것이다. 이 입체도형의 부피와 겉넓이를 각각 구하시오.

▶ 150쪽 유형 **11** + 151쪽 유형 **13**

23
[0993] 다음 그림과 같은 원뿔, 반구, 원기둥 모양의 컵 A, B, C가 있다. 세 컵 A, B, C에 같은 종류의 음료수가 가득 들어 있을 때, 컵 A, B, C 중 음료수가 가장 많이 들어 있는 컵은 어느 것인지 구하시오.
(단, 컵의 두께는 무시한다.)

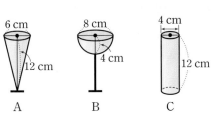

▶ 155쪽 유형 **18**

24
[0994] 오른쪽 그림은 $\overline{AB}$ 위에 3개의 반원을 그린 것이다. 색칠한 부분을 직선 AB를 회전축으로 하여 1회전 시킬 때 생기는 입체도형의 부피를 구하시오.

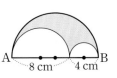

▶ 156쪽 유형 **21**

7
입체도형의 부피와 겉넓이

01
0995
오른쪽 그림과 같이 정육면체 모양의 수조 안에 직육면체 모양의 작은 수조가 설치되어 있다. 두 수조에 각각 4 m, 8 m 높이로 물이 들어 있을 때, 큰 수조와 작은 수조 사이의 문을 열어 두 수조의 물을 합치면 물의 높이는 몇 m가 되는지 구하시오.

(단, 수조의 무게와 두께는 무시한다.)

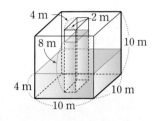

02
0996
오른쪽 그림과 같이 한 변의 길이가 10 cm인 정사각형 안에 원기둥의 전개도가 꼭 맞게 그려져 있다. 이 전개도로 만들어지는 원기둥의 겉넓이를 구하시오.

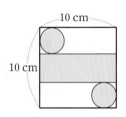

03
0997
밑면의 지름의 길이가 6 cm, 높이가 10 cm인 원기둥 모양의 통조림 캔 8개를 오른쪽 그림과 같이 쌓은 후 이것을 담을 가장 작은 직육면체 모양의 종이 상자를 만들려고 한다. 이 종이 상자의 겉넓이를 구하시오.

04
0998
창의⊕융합

오른쪽 그림과 같이 한 모서리의 길이가 5 cm인 정육면체의 각 면의 중앙에서 한 변의 길이가 2 cm인 정사각형 모양의 구멍을 뚫어 만든 입체도형의 부피를 구하시오.

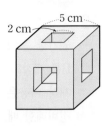

05
0999
창의⊕융합

오른쪽 그림은 지름의 길이가 10 cm인 원기둥 모양의 파이프 양 옆을 잘라서 가운데 부분과 각각 수직이 되도록 도형을 붙여서 만든 입체도형이다. 이 입체도형의 부피를 구하시오. (단, 양옆에서 자른 두 입체도형은 서로 모양과 크기가 같다.)

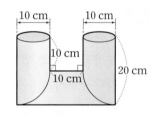

06
1000
오른쪽 그림과 같이 한 모서리의 길이가 12 cm인 정육면체의 한 밑면의 대각선의 교점을 O, 다른 한 밑면의 네 모서리의 중점을 각각 A, B, C, D라 할 때, 사각뿔 O−ABCD의 부피를 구하시오.

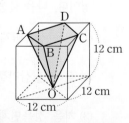

07 오른쪽 그림과 같이 정육면체의
[1001] 각 면의 중심을 연결하여 만든 정
팔면체의 부피가 $\dfrac{32}{3}$ cm³일 때,
정육면체의 한 모서리의 길이를
구하시오.

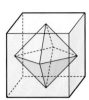

10 오른쪽 그림과 같이 세 개
[1004] 의 사각기둥이 연결된 입체
도형의 옆면 전체에 타일을
붙이려고 한다. 1 m²를 채
우는 데 타일 6개가 필요할 때, 필요한 타일의 개수
를 구하시오. (단, 타일의 모양과 타일과 타일 사이의
간격은 무시한다.)

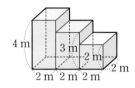

08 오른쪽 그림의 색칠한 부분을
[1002] 직선 l을 회전축으로 하여 180°
만큼 회전시킬 때 생기는 입체
도형의 부피를 구하시오.

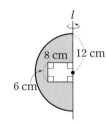

Tip
구멍이 뚫린 입체도형의 부피는
(큰 입체도형의 부피)-(작은 입체도형의 부피)임을 이용한다.

창의융합
11 아래 그림과 같이 원기둥과 원뿔대가 붙어 있는 모양
[1005] 의 요구르트 통에 높이가 10 cm가 되도록 요구르트
를 채웠다. 이 요구르트 통을 거꾸로 세웠더니 비어
있는 부분의 높이가 4 cm가 되었을 때, 다음 물음에
답하시오. (단, 요구르트 통의 두께는 무시한다.)

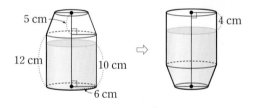

(1) 통에 들어 있는 요구르트의 부피를 구하시오.

(2) 통에서 원뿔대 부분의 부피를 구하시오.

09 오른쪽 그림과 같이 한 모서
[1003] 리의 길이가 6 cm인 정육면
체에 꼭 맞는 구와 사각뿔이
있다. 이때 정육면체, 구, 사
각뿔의 부피의 비는?

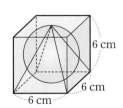

① 3 : π : 1   ② 3 : π : 2   ③ 6 : π : 1

④ 6 : π : 2   ⑤ 6 : 2π : 1

12 반지름의 길이가 4 cm인 구 모양의 밀가루 반죽을
[1006] 8등분하여 크기가 같은 8개의 구 모양의 반죽을 만
들었다. 작은 반죽 8개의 겉넓이의 합은 큰 반죽의
겉넓이의 몇 배인지 구하시오.

8 자료의 정리와 해석

IV. 통계

학습 계획 및 성취도 체크

o 학습 계획을 세우고 적어도 두 번 반복하여 공부합니다.

o 유형 이해도에 따라 ☐ 안에 ○, △, ×를 표시합니다.

o 시험 전에 [빈출] 유형과 × 표시한 유형은 반드시 한 번 더 풀어 봅니다.

8. 자료의 정리와 해석

줄기와 잎 그림, 도수분포표

Level A 개념 익히기

19-1 줄기와 잎 그림 | 유형 01

(1) **변량**: 키, 성적 등의 자료를 수량으로 나타낸 것

(2) **줄기와 잎 그림**: 자료를 줄기와 잎을 이용하여 나타낸 그림

① 줄기: 세로선의 **왼쪽**에 있는 숫자

② 잎: 세로선의 **오른쪽**에 있는 숫자

예

〈자료〉 (단위: 분)

16	4	23	17
10	24	16	8
9	28	25	13

〈줄기와 잎 그림〉 (0|4는 4분)

줄기	잎				
0	4	8	9		
1	0	3	6	6	7
2	3	4	5	8	

잎에는 중복되는 수를 모두 쓴다.

참고 잎의 총개수는 변량의 개수와 같다.

19-2 도수분포표 | 유형 02, 03

(1) **계급**: 변량을 **일정한 간격**으로 나눈 구간

① 계급의 크기: 구간의 너비, 즉 계급의 양 끝 값의 차

② 계급의 개수: 변량을 나눈 구간의 수

(2) **도수**: 각 계급에 속하는 변량의 개수

(3) **도수분포표**: 주어진 자료를 몇 개의 계급으로 나누고 각 계급의 도수를 조사하여 나타낸 표

(4) **도수분포표를 만드는 방법**

❶ 주어진 자료에서 가장 작은 변량과 가장 큰 변량을 각각 찾는다.

❷ 계급의 개수가 5개~15개 정도가 되도록 계급의 크기를 정한다.

❸ 각 계급에 속하는 변량의 개수를 세어 계급의 도수를 구한다.

예
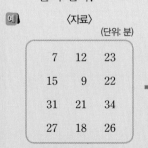

〈자료〉 (단위: 분)

7	12	23
15	9	22
31	21	34
27	18	26

〈도수분포표〉

시간(분)	도수(명)	
0 이상 ~ 10 미만	T	2
10 ~ 20	下	3
20 ~ 30	正	5
30 ~ 40	T	2
합계		12

변량의 개수를 셀 때는 正 또는 ////를 사용하면 편리하다.

① 계급의 크기: 10−0=10(분)

② 계급의 개수: 4개

참고 계급을 대표하는 값으로 그 계급의 가운데 값을 계급값이라 한다.

➡ (계급값)= (계급의 양 끝 값의 합)/2

[01~03] 아래 자료는 지현이네 반 학생들의 통학 시간을 조사하여 나타낸 것이다. 다음 물음에 답하시오.

통학 시간 (단위: 분)

| 16 | 10 | 13 | 8 | 23 | 5 | 2 | 12 | 38 |
| 12 | 22 | 7 | 25 | 19 | 24 | 35 | 27 | 30 |

01 다음 줄기와 잎 그림을 완성하시오.
1007

통학 시간 (0|2는 2분)

줄기	잎
0	2

02 잎이 가장 적은 줄기를 구하시오.
1008

03 줄기가 2인 잎을 모두 구하시오.
1009

[04~08] 다음은 은비네 반 학생들의 국어 성적을 조사하여 나타낸 줄기와 잎 그림이다. □ 안에 알맞은 수를 써넣으시오.

국어 성적 (6|3은 63점)

줄기	잎									
6	3	6	7	7	8					
7	2	2	3	5	5	6	6	8	9	9	9
8	0	1	3	5	7	9				
9	1	4	6							

04 줄기가 8인 잎은 모두 □개이다.
1010

05 잎이 가장 많은 줄기는 □이다.
1011

06 국어 성적이 가장 낮은 학생의 점수는 □점이다.
1012

07 국어 성적이 가장 높은 학생의 점수는 □점이다.
1013

08 은비네 반 전체 학생 수는 □명이다.
1014

[09~12] 아래 자료는 성민이네 반 학생들의 1분 동안의 맥박 수를 조사하여 나타낸 것이다. 다음 물음에 답하시오.

맥박 수 (단위: 회)

77	75	87	79
72	90	84	81
86	82	89	85
86	88	94	84

⇨

맥박 수 (회)	도수 (명)
$70^{이상}$ ~ $75^{미만}$	
	3
80 ~ 85	
	6
90 ~ 95	2
합계	

09 계급의 개수를 구하시오.
1015

10 위의 도수분포표를 완성하시오.
1016

11 도수가 가장 큰 계급을 구하시오.
1017

12 맥박 수가 80회 이상 90회 미만인 학생 수를 구하시오.
1018

[13~16] 오른쪽 표는 수지네 반 학생들의 음악 성적을 조사하여 나타낸 도수분포표이다. 다음을 구하시오.

음악 성적 (점)	도수 (명)
$50^{이상}$ ~ $60^{미만}$	2
60 ~ 70	4
70 ~ 80	12
80 ~ 90	9
90 ~ 100	3
합계	

13 전체 학생 수
1019

14 음악 성적이 60점 이상 70점 미만인 학생 수
1020

15 도수가 가장 작은 계급
1021

16 음악 성적이 84점인 학생이 속하는 계급의 도수
1022

유형 **01** 줄기와 잎 그림 | 개념 19-1

대표문제

17 아래 그림은 한 시간 동안 어느 도서관을 이용한 사람들의 나이를 조사하여 나타낸 줄기와 잎 그림이다. 다음 중 옳은 것은?
1023

나이 (0 | 9는 9세)

줄기	잎					
0	9					
1	0	1	4	6	8	
2	1	3	4	5	6	7
3	0	0	4	6		

① 줄기가 1인 잎의 개수는 4개이다.

② 잎이 가장 많은 줄기는 3이다.

③ 나이가 23세 미만인 사람 수는 7명이다.

④ 조사한 전체 사람 수는 15명이다.

⑤ 나이가 가장 적은 사람과 나이가 가장 많은 사람의 나이의 합은 43세이다.

서술형

18 아래 그림은 어느 동호회 회원들의 몸무게를 조사하여 나타낸 줄기와 잎 그림이다. 다음 물음에 답하시오.
1024

몸무게 (2 | 3은 23 kg)

줄기	잎							
2	3	4	9					
3	0	2	3	5	6	8		
4	0	1	2	3	4	4	5	6	7
5	2							

(1) 전체 회원 수를 구하시오.

(2) 몸무게가 42 kg 이상인 회원은 전체의 몇 %인지 구하시오.

(3) 규리의 몸무게는 35 kg이다. 규리보다 가벼운 회원은 몇 명인지 구하시오.

8

자료의 정리와 해석

19 1025 다음 그림은 현수네 반 학생들의 수학 성적을 조사하여 나타낸 줄기와 잎 그림이다. 수학 성적이 여학생 중 4번째로 좋은 학생과 남학생 중 4번째로 좋은 학생의 성적의 차를 구하시오.

수학 성적 (6|0은 60점)

잎(여학생)	줄기	잎(남학생)
7 5 3 0	6	0 1 4 6
7 2 1 0	7	0 0 4 6 8
9 9 8 4 2	8	5 5 9
8 7 6 1	9	2 3 6

창의⊕융합

20 1026 다음 그림은 어느 동물원에 있는 동물들의 평균 수명을 조사하여 나타낸 줄기와 잎 그림이다. 잎이 가장 많은 줄기에 있는 변량들의 합이 잎이 가장 적은 줄기에 있는 변량들의 합보다 51만큼 클 때, A의 값을 구하시오.

평균 수명 (0|6은 6년)

줄기	잎
0	6 8 8
1	0 0 2 2 A 5 5 6 7 8
2	0 1 1 3 5 5 5 6
3	0 5 7
4	1 7

21 1027 오른쪽 그림은 지혜네 반 학생들의 팔굽혀펴기 횟수를 조사하여 나타낸 줄기와 잎 그림의 일부이다. 줄기가 2인 학생 수가 전체 학생 수의 $\frac{2}{7}$배일 때, 변량이 보이지 않는 부분에 적힌 학생 수를 구하시오.

팔굽혀펴기 횟수 (1|0은 10회)

줄기	잎
1	0 2 3 4
2	1 3 4 5 7 8

빈출

유형 02 도수분포표

| 개념 19-2

대표문제

22 1028 오른쪽 표는 예원이네 반 학생들의 음악 성적을 조사하여 나타낸 도수분포표이다. 다음 중 옳지 않은 것은?

음악 성적(점)	도수(명)
50이상 ~ 60미만	2
60 ~ 70	5
70 ~ 80	9
80 ~ 90	A
90 ~ 100	6
합계	30

① 계급의 크기는 10점이다.
② 계급의 개수는 5개이다.
③ A의 값은 8이다.
④ 음악 성적이 70점 미만인 학생 수는 5명이다.
⑤ 도수가 가장 큰 계급은 70점 이상 80점 미만이다.

23 1029 오른쪽 표는 어느 동호회 회원들의 일주일 동안의 라디오 청취 시간을 조사하여 나타낸 도수분포표이다. 청취 시간이 120분 이상 150분 미만인 회원 수는?

청취 시간(분)	도수(명)
30이상 ~ 60미만	4
60 ~ 90	7
90 ~ 120	11
120 ~ 150	
150 ~ 180	8
합계	40

① 8명 ② 9명 ③ 10명
④ 11명 ⑤ 12명

24 1030 오른쪽 표는 포환던지기 선수 35명의 기록을 조사하여 나타낸 도수분포표이다. (가), (나)에 알맞은 수를 구하시오.

기록(m)	도수(명)
14이상 ~ 16미만	5
16 ~ 18	9
18 ~ 20	10
20 ~ 22	
22 ~ 24	4
합계	35

• 계급의 크기는 (가) m이다.
• 기록이 20 m 이상인 선수 수는 (나) 명이다.

25 다음 보기 중 도수분포표에 대한 설명으로 옳은 것을
1031 모두 고르시오.

┤ 보기 ├

ㄱ. 변량을 일정한 간격으로 나눈 구간을 계급이라
한다.
ㄴ. 각 계급에 속하는 변량의 개수를 계급의 개수
라 한다.
ㄷ. 계급의 양 끝 값의 차를 계급의 크기라 한다.
ㄹ. 도수의 총합은 항상 일정하다.

유형 03 도수분포표에서 특정 계급의 백분율 | 개념 19-2

빈출

$$(백분율) = \frac{(그\ 계급의\ 도수)}{(도수의\ 총합)} \times 100 (\%)$$

➡ $(각\ 계급의\ 도수) = (도수의\ 총합) \times \dfrac{(백분율)}{100}$

$(도수의\ 총합) = (그\ 계급의\ 도수) \times \dfrac{100}{(백분율)}$

대표문제

28 오른쪽 표는 어느 상자
1034 에 들어 있는 토마토의
무게를 조사하여 나타
낸 도수분포표이다. 무
게가 250 g 이상인 토
마토가 전체의 24 %일
때, 무게가 240 g 이상 250 g 미만인 토마토의 개수
를 구하시오.

무게(g)	도수(개)
$220^{이상} \sim 230^{미만}$	7
230 ~ 240	12
240 ~ 250	
250 ~ 260	10
260 ~ 270	2
합계	

26 오른쪽 표는 민경이네
1032 반 학생들이 1년 동안
읽은 책의 수를 조사하
여 나타낸 도수분포표
이다. 읽은 책의 수가
10번째로 많은 학생이
속하는 계급의 도수를
구하시오.

책의 수 (권)	도수 (명)
$0^{이상} \sim 3^{미만}$	4
3 ~ 6	6
6 ~ 9	10
9 ~ 12	7
12 ~ 15	
합계	32

29 오른쪽 표는 영어 인증
1035 시험 응시자들의 성적
을 조사하여 나타낸 도
수분포표이다. 시험의
통과 기준이 70점 이상
일 때, 영어 인증 시험
을 통과한 응시자는 전
체의 몇 %인지 구하시오.

성적 (점)	도수 (명)
$40^{이상} \sim 50^{미만}$	5
50 ~ 60	32
60 ~ 70	12
70 ~ 80	26
80 ~ 90	
90 ~ 100	8
합계	100

27 오른쪽 표는 어느 영화
1033 제에 출품된 50편의 영
화의 상영 시간을 조사
하여 나타낸 도수분포표
이다. 20분 이상 30분
미만인 계급의 도수가
50분 이상 60분 미만인
계급의 도수의 3배일 때, 상영 시간이 22분인 영화가
속하는 계급의 도수를 구하시오.

창의·융합

상영 시간 (분)	도수 (편)
$10^{이상} \sim 20^{미만}$	8
20 ~ 30	
30 ~ 40	12
40 ~ 50	9
50 ~ 60	
60 ~ 70	1
합계	50

30 오른쪽 표는 슬기네 반
1036 학생들의 멀리뛰기 기
록을 조사하여 나타낸
도수분포표이다. 멀리
뛰기 기록이 200 cm
미만인 학생이 전체의
30 %일 때, $B-A$의 값을 구하시오.

서술형

기록 (cm)	도수 (명)
$180^{이상} \sim 190^{미만}$	4
190 ~ 200	A
200 ~ 210	10
210 ~ 220	B
220 ~ 230	8
합계	40

자료의 정리와 해석

히스토그램, 도수분포다각형

20-1 히스토그램 | 유형 04~06

(1) **히스토그램:** 가로축에 각 계급의 양 끝 값을, 세로축에 도수를 표시하여 직사각형으로 그린 그래프

〈도수분포표〉

통학 시간(분)	도수(명)
$5^{이상} \sim 10^{미만}$	6
10 ~ 15	7
15 ~ 20	5
20 ~ 25	2
합계	20

➡

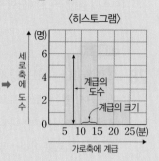

〈히스토그램〉

(2) **히스토그램의 특징**

① 자료의 분포 상태를 쉽게 알아볼 수 있다.

② (직사각형의 가로의 길이)=(계급의 크기)

(직사각형의 세로의 길이)=(계급의 도수)이므로

(직사각형의 넓이)

=(각 계급의 크기)×(그 계급의 도수)

➡ 계급의 크기가 모두 같으므로 각 직사각형의 넓이는 각 계급의 도수에 정비례한다.

③ (직사각형의 넓이의 합)

=(계급의 크기)×(도수의 총합)

20-2 도수분포다각형 | 유형 07~10

(1) **도수분포다각형:** 히스토그램의 각 직사각형에서 윗변의 중앙에 찍은 점을 선분으로 연결하여 그린 그래프

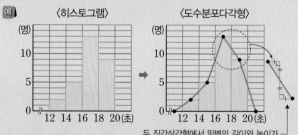

〈히스토그램〉 ➡ 〈도수분포다각형〉

두 직각삼각형에서 밑변의 길이와 높이가 각각 같으므로 그 넓이는 같다.

(2) **도수분포다각형의 특징**

① 자료의 분포 상태를 연속적으로 관찰할 수 있다.

② (도수분포다각형과 가로축으로 둘러싸인 부분의 넓이)

=(히스토그램의 직사각형의 넓이의 합)

참고 도수분포다각형은 두 개 이상의 자료의 분포 상태를 동시에 나타내어 비교하는 데 편리하다.

[01~03] 아래 표는 민지네 반 학생 30명의 일주일 동안의 게임 시간을 조사하여 나타낸 도수분포표이다. 다음 물음에 답하시오.

시간(시간)	도수(명)
$1^{이상} \sim 2^{미만}$	3
2 ~ 3	7
3 ~ 4	11
4 ~ 5	5
5 ~ 6	4
합계	30

⇨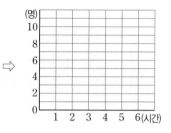

01 도수분포표를 히스토그램으로 나타내시오.

1037

02 계급의 크기를 구하시오.

1038

03 히스토그램의 모든 직사각형의 넓이의 합을 구하시오.

1039

[04~08] 오른쪽 그림은 지윤이네 반 학생들의 몸무게를 조사하여 나타낸 히스토그램이다. 다음을 구하시오.

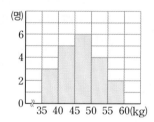

04 계급의 크기

1040

05 계급의 개수

1041

06 지윤이네 반 전체 학생 수

1042

07 도수가 가장 큰 계급

1043

08 도수가 가장 작은 계급의 직사각형의 넓이

1044

[09~11] 아래는 연재네 반 학생들의 영어 성적을 조사하여 나타낸 도수분포표와 도수분포다각형이다. 다음 물음에 답하시오.

영어 성적(점)	도수(명)
$50^{이상} \sim 60^{미만}$	2
60 ~ 70	
70 ~ 80	
80 ~ 90	
90 ~ 100	
합계	

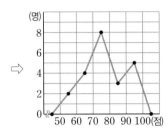

09 도수분포다각형을 보고 도수분포표를 완성하시오.
1045

10 도수가 가장 큰 계급의 도수를 구하시오.
1046

11 도수가 가장 작은 계급을 구하시오.
1047

[12~16] 오른쪽 그림은 선민이네 반 학생들의 일주일 동안의 독서 시간을 조사하여 나타낸 도수분포다각형이다. 다음을 구하시오.

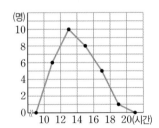

12 계급의 크기
1048

13 계급의 개수
1049

14 선민이네 반 전체 학생 수
1050

15 도수가 가장 작은 계급의 도수
1051

16 독서 시간이 17시간인 학생이 속하는 계급의 도수
1052

유형 04 히스토그램 | 개념 20-1

대표문제

17 오른쪽 그림은 우진이네 반 학생들이 한 달 동안 작성한 식물 관찰일지의 개수를 조사하여 나타낸 히스토그램이다. 다음 중 옳지 않은 것은?
1053

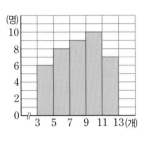

① 계급의 개수는 5개이다.
② 계급의 크기는 2개이다.
③ 전체 학생 수는 40명이다.
④ 도수가 가장 큰 계급의 도수는 10명이다.
⑤ 관찰일지를 7번째로 적게 작성한 학생이 속하는 계급은 11개 이상 13개 미만이다.

18 오른쪽 그림은 준희네 반 학생들이 점심 시간에 마신 물의 양을 조사하여 나타낸 히스토그램이다. 계급의 개수를 a개, 전체 학생 수를 b명이라 할 때, $a+b$의 값을 구하시오.
1054

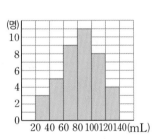

서술형

19 오른쪽 그림은 지선이네 반 학생들의 키를 조사하여 나타낸 히스토그램이다. 키가 150 cm 이상 160 cm 미만인 학생은 전체의 몇 %인지 구하시오.
1055

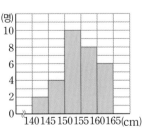

20 오른쪽 그림은 선미네 반 학생들의 윗몸 일으키기 기록을 조사하여 나타낸 히스토그램이다. 다음 **보기** 중 옳은 것을 모두 고른 것은?

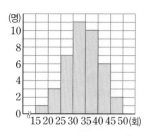

┌─ 보기 ─────────────────────────┐
ㄱ. 기록이 33회인 학생이 속하는 계급의 도수는 11명이다.
ㄴ. 기록이 가장 좋은 학생의 기록은 50회이다.
ㄷ. 기록이 35회 이상인 학생은 전체의 45 %이다.
ㄹ. 기록이 8번째로 낮은 학생이 속하는 계급은 40회 이상 45회 미만이다.
└───────────────────────────────┘

① ㄱ, ㄴ   ② ㄱ, ㄷ   ③ ㄴ, ㄷ
④ ㄴ, ㄹ   ⑤ ㄷ, ㄹ

21 오른쪽 그림은 민수네 반 학생들의 방학 동안의 봉사 활동 시간을 조사하여 나타낸 히스토그램이다. 봉사 활동 시간이 하위 20 %에 속하

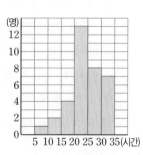

는 학생들은 개학 날 학교 화단 청소를 했다고 할 때, 민수가 개학 날 화단 청소를 하지 않았다면 방학 동안 봉사 활동을 최소 몇 시간 했는가?

① 15시간   ② 18시간   ③ 20시간
④ 22시간   ⑤ 25시간

유형 05 히스토그램의 직사각형의 넓이 | 개념 **20 – 1**

[22~23] 오른쪽 그림은 경미네 반 학생들의 공던지기 기록을 조사하여 나타낸 히스토그램이다. 다음 물음에 답하시오.

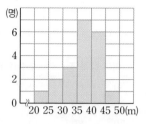

대표문제

22 모든 직사각형의 넓이의 합은?

① 100   ② 150   ③ 200
④ 250   ⑤ 300

23 40 m 이상 45 m 미만인 계급의 직사각형의 넓이는 30 m 이상 35 m 미만인 계급의 직사각형의 넓이의 몇 배인가?

① $\frac{1}{3}$배   ② $\frac{1}{2}$배   ③ 2배
④ 3배   ⑤ 4배

24 오른쪽 그림은 균상이네 반 학생들의 하교 후 하루 공부 시간을 조사하여 나타낸 히스토그램이다. 도수가 가장 작은 계급과 도수가 가장 큰 계급의 직사각형의 넓이의 합을 구하시오.

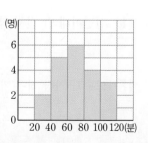

25 아래 그림은 어느 상자에 들어 있는 과일들의 100 g당 열량을 조사하여 나타낸 히스토그램이다. 두 직사각형 A, B의 넓이의 비가 1 : 3일 때, 다음 물음에 답하시오.

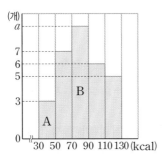

(1) a의 값을 구하시오.

(2) 전체 과일의 개수를 구하시오.

유형 06 일부가 보이지 않는 히스토그램 | 개념 20-1

① 도수의 총합이 주어진 경우
➡ (보이지 않는 계급의 도수)
   ＝(도수의 총합)－(나머지 계급의 도수의 합)
② 도수의 총합이 주어지지 않은 경우
➡ 도수의 총합을 x로 놓고, 주어진 조건을 이용하여 x의 값과 보이지 않는 계급의 도수를 구한다.

대표문제

26 오른쪽 그림은 종욱이네 반 학생들이 미술 작품을 완성하는 데 걸린 시간을 조사하여 나타낸 히스토그램인데 일부가 찢어져 보이지 않는다.

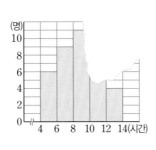

작품을 완성하는 데 걸린 시간이 10시간 미만인 학생이 전체의 65 %일 때, 걸린 시간이 10시간 이상 12시간 미만인 학생 수를 구하시오.

27 오른쪽 그림은 다빈이네 반 학생 40명의 일주일 동안의 독서 시간을 조사하여 나타낸 히스토그램인데 일부가 찢어져 보이지 않는다. 독서 시간이 10시간 이상 12시간 미만인 학생 수를 구하시오.

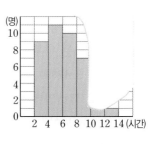

28 오른쪽 그림은 연우네 반 학생 25명의 하루 동안의 수면 시간을 조사하여 나타낸 히스토그램인데 일부가 찢어져 보이지 않는다. 수면 시간이 7시간 이상 8시간 미만인 학생은 전체의 몇 %인가?

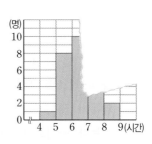

① 16 %   ② 18 %   ③ 20 %
④ 22 %   ⑤ 24 %

29 오른쪽 그림은 어느 날 우리나라 지역 30곳의 소음도를 조사하여 나타낸 히스토그램인데 일부가 찢어져 보이지 않는다. 도수가 가장 큰 계급의 도수를 a곳, 소음도가 11번째로 높은 지역이 속하는 계급의 도수를 b곳이라 할 때, $a+b$의 값은?

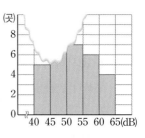

① 9   ② 13   ③ 14
④ 15   ⑤ 16

30 오른쪽 그림은 어느 공원에 있는 나무들의 높이를 조사하여 나타낸 히스토그램인데 일부가 찢어져 보이지 않는다. 높이가 2.4 m 미만인 나무 수와 2.4 m 이상 2.8 m 미만인 나무 수의 비가 4 : 5일 때, 높이가 2.4 m 이상 2.6 m 미만인 나무 수를 구하시오.

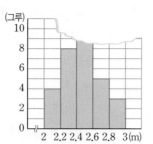

31 오른쪽 그림은 민지네 반 학생 30명이 일주일 동안 스마트폰을 사용한 시간을 조사하여 나타낸 히스토그램인데 일부가 찢어져 보이지 않는다. 스마트폰 사용 시간이 8시간 이상인 학생 수가 8시간 미만인 학생 수보다 6명이 많을 때, 사용 시간이 7시간인 학생이 속하는 계급의 도수를 구하시오.

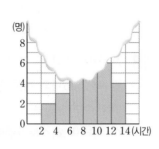

유형 07 도수분포다각형 | 개념 20-2

대표문제

32 오른쪽 그림은 예주네 반 학생들의 한 달 동안의 학교 홈페이지 방문 횟수를 조사하여 나타낸 도수분포다각형이다. 다음 **보기** 중 옳지 <u>않은</u> 것을 모두 고르시오.

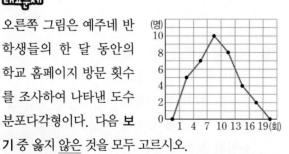

┤ 보기 ├
ㄱ. 전체 학생 수는 36명이다.
ㄴ. 방문 횟수가 7회 미만인 학생 수는 7명이다.
ㄷ. 방문 횟수가 5번째로 많은 학생이 속하는 계급의 도수는 4명이다.

33 오른쪽 그림은 혜리네 반 학생들이 만든 모형 비행기의 비행 시간을 조사하여 나타낸 도수분포다각형이다. 다음 물음에 답하시오.

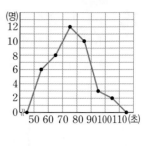

(1) 도수가 가장 큰 계급의 도수와 도수가 가장 작은 계급의 도수의 차를 구하시오.

(2) 모형 비행기의 비행 시간이 92초인 학생이 속하는 계급의 도수를 구하시오.

34 아래 그림 (가), (나)는 우주네 반 학생들이 수영장에서 잠수하는 시간을 조사하여 두 가지 방법으로 나타낸 그래프이다. 다음 **보기** 중 옳은 것을 모두 고른 것은?

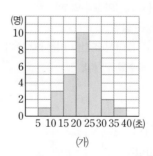 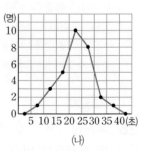

(가)　　　　　　(나)

┤ 보기 ├
ㄱ. (가)는 도수분포다각형, (나)는 히스토그램이다.
ㄴ. 우주네 반 전체 학생 수는 30명이다.
ㄷ. 계급의 크기는 두 그래프 모두 10초이다.
ㄹ. 기록이 25초 이상인 학생 수는 11명이다.

① ㄱ, ㄴ　　　② ㄱ, ㄹ　　　③ ㄴ, ㄷ
④ ㄴ, ㄹ　　　⑤ ㄷ, ㄹ

35 오른쪽 그림은 수찬이네
반 학생들이 1년 동안 여
행을 다녀온 횟수를 조사
하여 나타낸 도수분포다
각형이다. 여행을 다녀온
횟수가 10번째로 많은
학생이 속하는 계급을 구하시오.

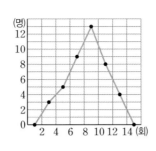

1071

서술형

36 오른쪽 그림은 효준이네
반 학생들이 점심 식사를
하는 데 걸리는 시간을
조사하여 나타낸 도수분
포다각형이다. 식사 시간
이 20분 이상인 학생은 전
체의 몇 %인지 구하시오.

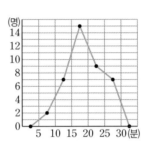

1072

37 오른쪽 그림은 어느 반
학생들의 음악 실기 성적
을 조사하여 나타낸 도수
분포다각형이다. 성적이
하위 10 %에 속하는 학
생들은 보충 수업을 받아
야 할 때, 보충 수업을 받지 않으려면 적어도 몇 점
이상이어야 하는지 구하시오.

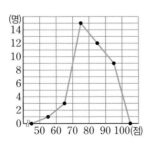

1073

유형 08 도수분포다각형의 넓이   개념 20-2

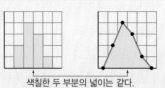

색칠한 두 부분의 넓이는 같다.

도수분포다각형과 가로축으로 둘러싸인 부분의 넓이는 히스토그
램의 직사각형의 넓이의 합과 같다.

➡ (도수분포다각형과 가로축으로 둘러싸인 부분의 넓이)
= (히스토그램의 직사각형의 넓이의 합)
= (계급의 크기)×(도수의 총합)

대표문제

38 오른쪽 그림은 다윤이네
반 학생들의 일주일 동안
의 편의점 이용 횟수를
조사하여 나타낸 도수분
포다각형이다. 도수분포
다각형과 가로축으로 둘
러싸인 부분의 넓이는?

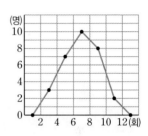

① 40   ② 60   ③ 75
④ 80   ⑤ 90

1074

39 오른쪽 그림은 은영이
네 반 학생들이 1년 동
안 자란 키를 조사하여
나타낸 도수분포다각형
이다. 색칠한 6개의 삼
각형 A, B, C, D, E,
F 중에서 넓이가 서로 같은 것끼리 짝 지은 것으로
옳은 것은?

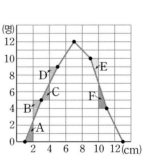

① A와 E   ② A와 F   ③ B와 C
④ B와 F   ⑤ C와 D

1075

40 오른쪽 그림은 어느 여행 동호회 회원들의 나이를 조사하여 나타낸 도수분포다각형이다. 도수분포다각형과 가로축으로 둘러싸인 부분의 넓이가 185일 때, $a+b+c+d+e$ 의 값을 구하시오.

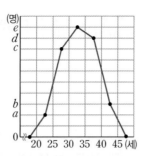

빈출

유형 09 일부가 보이지 않는 도수분포다각형 | 개념 20-2

① 도수의 총합이 주어진 경우
➡ (보이지 않는 계급의 도수)
＝(도수의 총합)−(나머지 계급의 도수의 합)
② 도수의 총합이 주어지지 않은 경우
➡ 도수의 총합을 x로 놓고, 주어진 조건을 이용하여 x의 값과 보이지 않는 계급의 도수를 구한다.

대표문제

41 오른쪽 그림은 유미네 반 학생들의 100 m 달리기 기록을 조사하여 나타낸 도수분포다각형인데 일부가 찢어져 보이지 않는다. 기록이 21초 이상인 학생이 전체의 10 %일 때, 기록이 17초 이상 19초 미만인 학생 수는?

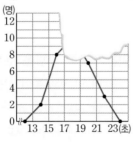

① 8명　　　　② 9명　　　　③ 10명
④ 11명　　　⑤ 12명

42 오른쪽 그림은 승호네 반 학생들의 영어 단어 시험 성적을 조사하여 나타낸 도수분포다각형인데 일부가 찢어져 보이지 않는다. 다음 조건을 모두 만족할 때, 성적이 80점 이상인 학생 수는?

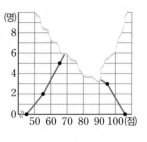

(가) 전체 학생 수는 22명이다.
(나) 성적이 75점인 학생이 속하는 계급의 도수는 성적이 82점인 학생이 속하는 계급의 도수의 2배이다.

① 4명　　　　② 5명　　　　③ 6명
④ 7명　　　　⑤ 8명

서술형

43 오른쪽 그림은 수빈이네 반 학생 40명의 1분 동안의 윗몸 일으키기 횟수를 조사하여 나타낸 도수분포다각형인데 일부가 찢어져 보이지 않는다. 20회 이상 25회 미만인 계급의 도수가 30회 이상 35회 미만인 계급의 도수보다 6명이 많을 때, 다음 물음에 답하시오.

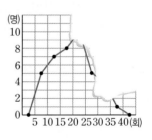

(1) 윗몸 일으키기 횟수가 20회 이상 25회 미만인 학생 수를 구하시오.

(2) 윗몸 일으키기 횟수가 30회 이상 35회 미만인 학생 수를 구하시오.

44
¹⁰⁸⁰ 오른쪽 그림은 야구 선수 20명이 한 시즌에서 친 홈런 개수를 조사하여 나타낸 도수분포다각형인데 일부가 찢어져 보이지 않는다. 홈런 개수가 30개 이상인 선수가 전체의 25 %일 때, 홈런 개수가 25개 이상 30개 미만인 선수는 전체의 몇 %인가?

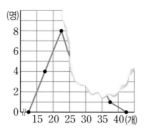

① 15 %　　　② 18 %　　　③ 20 %

④ 24 %　　　⑤ 28 %

46
¹⁰⁸² 오른쪽 그림은 A, B 두 상자에 들어 있는 귤의 무게를 조사하여 나타낸 도수분포다각형이다. 다음 물음에 답하시오.

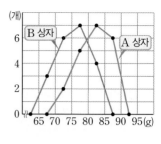

⑴ A 상자에서 5번째로 가벼운 귤이 속하는 계급의 도수를 구하시오.

⑵ A, B 두 상자에 각각 들어 있는 귤 중에서 무게가 75 g 이상인 귤 개수의 차를 구하시오.

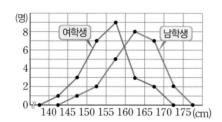

유형 10 **두 도수분포다각형의 비교**　　| 개념 20-2

두 도수분포다각형을 동시에 나타내면 두 자료의 분포 상태를 파악하는 데 편리하다.

대표문제

45
¹⁰⁸¹ 아래 그림은 어느 중학교 1학년 남학생과 여학생의 키를 조사하여 나타낸 도수분포다각형이다. 다음 **보기** 중 옳은 것을 모두 고른 것은?

보기
ㄱ. 여학생 수가 남학생 수보다 많다.
ㄴ. 남학생이 여학생보다 키가 큰 편이다.
ㄷ. 남학생과 여학생 중 가장 큰 학생의 키는 각각 175 cm, 170 cm이다.

① ㄱ　　　② ㄴ　　　③ ㄱ, ㄴ

④ ㄴ, ㄷ　　　⑤ ㄱ, ㄴ, ㄷ

47
¹⁰⁸³ 아래 그림은 어느 중학교 1학년 1반과 2반 학생들의 일주일 동안의 TV 시청 시간을 조사하여 나타낸 도수분포다각형이다. 다음 중 옳지 <u>않은</u> 것은?

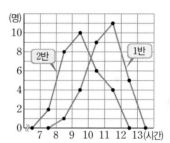

① 1반과 2반의 학생 수는 같다.
② 2반 학생 중 시청 시간이 10시간 미만인 학생 수는 20명이다.
③ 시청 시간이 10시간 이상 11시간 미만인 학생 수는 1반이 2반보다 더 많다.
④ 2반 학생들의 시청 시간이 1반 학생들의 시청 시간보다 많은 편이다.
⑤ 각각의 도수분포다각형과 가로축으로 둘러싸인 부분의 넓이는 서로 같다.

Lecture 21 상대도수와 그 그래프

21-1 상대도수 | 유형 11~15

(1) **상대도수**: 전체 도수에 대한 각 계급의 도수의 비율

➡ $(계급의\ 상대도수) = \dfrac{(계급의\ 도수)}{(도수의\ 총합)}$

(2) **상대도수의 특징**

① 각 계급의 상대도수의 합은 1이다.

② 상대도수는 0 이상 1 이하의 수이다.

③ 각 계급의 상대도수는 그 계급의 도수에 정비례한다.

> 참고 도수의 총합이 다른 두 집단의 분포 상태를 비교할 때, 상대도수를 이용하면 편리하다.

(3) **상대도수, 도수, 도수의 총합의 관계**

① (계급의 도수)

$= (도수의\ 총합) \times (계급의\ 상대도수)$

② $(도수의\ 총합) = \dfrac{(계급의\ 도수)}{(계급의\ 상대도수)}$

(4) **상대도수의 분포표**: 각 계급의 상대도수를 나타낸 표

예

수학 성적(점)	도수(명)	상대도수	
$70^{이상} \sim 80^{미만}$	2	$\dfrac{2}{10} = 0.2$	← (계급의 도수) (도수의 총합)
$80 \sim 90$	5	$\dfrac{5}{10} = 0.5$	
$90 \sim 100$	3	$\dfrac{3}{10} = 0.3$	
합계	10	1	← 상대도수의 총합

21-2 상대도수의 분포를 나타낸 그래프 | 유형 16~18

상대도수의 분포를 나타낸 그래프를 그리는 방법은 다음과 같다.

❶ 가로축에 각 계급의 양 끝 값을 적는다.

❷ 세로축에 상대도수를 적는다.

❸ 히스토그램 또는 도수분포다각형과 같은 방법으로 그린다.

예

횟수(회)	도수(명)	상대도수
$1^{이상} \sim 2^{미만}$	3	0.1
$2 \sim 3$	9	0.3
$3 \sim 4$	12	0.4
$4 \sim 5$	6	0.2
합계	30	1

➡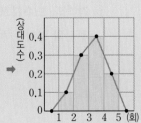

[01~02] 아래 표는 승현이네 반 학생들의 일주일 동안의 공부 시간을 조사하여 나타낸 상대도수의 분포표이다. 다음 물음에 답하시오.

공부 시간(시간)	도수(명)	상대도수
$0^{이상} \sim 5^{미만}$	5	
$5 \sim 10$	6	
$10 \sim 15$	7	
$15 \sim 20$	4	
$20 \sim 25$	3	
합계		

01 전체 학생 수를 구하시오.
1084

02 위의 표를 완성하시오.
1085

[03~06] 다음 표는 어느 미술 동아리 학생들의 일주일 동안의 동아리실 방문 횟수를 조사하여 나타낸 상대도수의 분포표이다. ☐ 안에 알맞은 수를 써넣으시오.

방문 횟수(회)	도수(명)	상대도수
$0^{이상} \sim 4^{미만}$	4	0.08
$4 \sim 8$	A	0.32
$8 \sim 12$	17	B
$12 \sim 16$		C
$16 \sim 20$	3	0.06
합계		1

03 동아리 전체 학생 수는 ☐명이다.
1086

04 $A = (도수의\ 총합) \times (계급의\ 상대도수)$
1087
$= \boxed{} \times \boxed{} = \boxed{}$

05 $B = \dfrac{(계급의\ 도수)}{(도수의\ 총합)} = \dfrac{\boxed{}}{\boxed{}} = \boxed{}$
1088

06 $C = 1 - (0.08 + 0.32 + \boxed{} + \boxed{})$
1089
$= \boxed{}$

[07~08] 아래 표는 어느 농구 동호회의 경기별 득점을 조사하여 나타낸 상대도수의 분포표이다. 다음 물음에 답하시오.

득점 (점)	도수 (경기)	상대도수
35^{이상} ~ 40^{미만}	2	
40 ~ 45	5	
45 ~ 50		0.3
50 ~ 55		0.2
55 ~ 60	3	
합계	20	

07 위의 표를 완성하시오.
1090

08 위의 표를 보고 상대도수의 분포를 도수분포다각형
1091 모양의 그래프로 나타내시오.

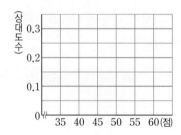

[09~12] 오른쪽 그림은 소영이네 반 학생 30명의 1년 동안의 영화 관람 횟수에 대한 상대도수의 분포를 그래프로 나타낸 것이다. 다음을 구하시오.

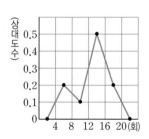

09 계급의 크기
1092

10 계급의 개수
1093

11 상대도수가 가장 큰 계급
1094

12 4회 이상 8회 미만인 계급의 도수
1095

유형 11 상대도수 | 개념 21-1

대표문제

13 오른쪽 표는 현빈이네
1096 반 학생들의 일주일 동안의 인터넷 강의 시청 시간을 조사하여 나타낸 도수분포표이다. 도수가 가장 큰 계급의 상대도수는?

시청 시간 (시간)	도수 (명)
2^{이상} ~ 3^{미만}	8
3 ~ 4	9
4 ~ 5	4
5 ~ 6	7
6 ~ 7	5
합계	40

① 0.225   ② 0.25   ③ 0.275
④ 0.3   ⑤ 0.325

14 오른쪽 그림은 준우네 반
1097 학생들의 과학 성적을 조사하여 나타낸 히스토그램이다. 과학 성적이 82점인 학생이 속하는 계급의 상대도수를 구하시오.

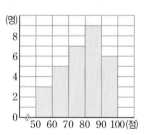

서술형

15 오른쪽 그림은 가희네
1098 반 학생들의 1학기 동안의 동아리 활동 시간을 조사하여 나타낸 도수분포다각형이다. 도수가 가장 작은 계급의 상대도수를 구하시오.

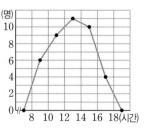

대표문제

16 시현이네 반 학생들의 시력을 조사하였더니 시력이
[1099] 1.0 이상 1.2 미만인 계급의 도수가 6명이고 상대도
수가 0.2이었다. 전체 학생 수를 구하시오.

17 어느 댄스 동호회 회원 20명의 키를 조사하였더니
[1100] 145 cm 이상 155 cm 미만인 계급의 상대도수가
0.15이었다. 이때 키가 145 cm 이상 155 cm 미만
인 회원 수를 구하시오.

18 어느 도수분포표에서 상대도수가 0.05인 계급의 도
[1101] 수가 2명일 때, 도수가 10명인 계급의 상대도수는 a
이고, 도수가 b명인 계급의 상대도수는 0.4이다. 이
때 $a+b$의 값을 구하시오.

19 다음 중 상대도수에 대한 설명으로 옳지 <u>않은</u> 것은?
[1102]
① 상대도수는 각 계급의 도수를 도수의 총합으로
나눈 값이다.
② 도수의 총합은 어떤 계급의 도수를 그 계급의 상
대도수로 나눈 값이다.
③ 각 계급의 상대도수는 그 계급의 도수에 정비례
한다.
④ 상대도수의 총합은 도수의 총합에 따라 달라진다.
⑤ 어떤 계급의 도수는 도수의 총합과 그 계급의 상
대도수를 곱한 값이다.

대표문제

20 다음 표는 어느 학교 퀴즈 대회에서 학생들이 맞힌
[1103] 문제 개수를 조사하여 나타낸 상대도수의 분포표이
다. $A+B$의 값을 구하시오.

문제 개수 (개)		도수 (명)	상대도수
$0^{이상}\sim$	$10^{미만}$		
10	~ 20	A	0.16
20	~ 30	10	0.2
30	~ 40	13	B
합계			

서술형

21 아래 표는 어느 체육부 선수들의 제자리멀리뛰기 기
[1104] 록을 조사하여 나타낸 상대도수의 분포표이다. 다음
물음에 답하시오.

기록 (cm)		도수 (명)	상대도수
$200^{이상}\sim$	$220^{미만}$	7	0.35
220	~ 240	6	B
240	~ 260	4	0.2
260	~ 280	A	C
280	~ 300	D	0.05
합계		E	1

(1) $A\sim E$의 값을 각각 구하시오.
(2) 기록이 5번째로 좋은 선수가 속하는 계급의 상대
도수를 구하시오.

22 오른쪽 표는 희림이네
[1105] 반 학생들이 1년 동안
콘서트를 관람한 횟수
를 조사하여 나타낸 상
대도수의 분포표이다.
관람 횟수가 6회 이상인
학생은 전체의 몇 %인지 구하시오.

관람 횟수 (회)		상대도수
$0^{이상}\sim$	$2^{미만}$	0.1
2	~ 4	0.25
4	~ 6	0.3
6	~ 8	
8	~10	0.15
합계		

23 1106 오른쪽 표는 어느 학교 교사들의 콜레스테롤 수치를 조사하여 나타낸 상대도수의 분포표이다. 상대도수가 A인 계급의 도수가 12명일 때, 다음 **보기** 중 옳은 것을 모두 고른 것은?

수치 (mg/dl)	상대도수
195^이상^ ~ 200^미만^	0.05
200 ~ 205	A
205 ~ 210	0.2
210 ~ 215	0.35
215 ~ 220	0.2
220 ~ 225	0.05
합계	

보기

ㄱ. 전체 교사 수는 80명이다.
ㄴ. 수치가 220 mg/dl 이상인 교사 수는 2명이다.
ㄷ. 도수가 가장 큰 계급의 도수는 28명이다.

① ㄱ ② ㄱ, ㄴ ③ ㄱ, ㄷ
④ ㄴ, ㄷ ⑤ ㄱ, ㄴ, ㄷ

유형 14 일부가 보이지 않는 상대도수의 분포표

| 개념 21-1

보이지 않는 계급의 도수 또는 상대도수를 구할 때

➡ $(\text{도수의 총합})=\dfrac{(\text{계급의 도수})}{(\text{계급의 상대도수})}$ 임을 이용한다.

대표문제

24 1107 다음은 혜란이네 학교 학생들이 일주일 동안 받은 메일 개수를 조사하여 나타낸 상대도수의 분포표인데 일부가 찢어져 보이지 않는다. 받은 메일 개수가 10개 이상 20개 미만인 학생 수는?

메일 개수 (개)	도수 (명)	상대도수
0^이상^ ~ 10^미만^	12	0.08
10 ~ 20		0.2
20 ~ 30		

① 30명 ② 32명 ③ 34명
④ 36명 ⑤ 38명

서술형

25 1108 아래는 지원이네 반 학생들의 줄넘기 횟수를 조사하여 나타낸 상대도수의 분포표인데 일부가 찢어져 보이지 않는다. 다음 물음에 답하시오.

횟수 (회)	도수 (명)	상대도수
10^이상^ ~ 20^미만^	3	0.06
20 ~ 30	8	
30 ~ 40		

(1) 전체 학생 수를 구하시오.

(2) 20회 이상 30회 미만인 계급의 상대도수를 구하시오.

26 1109 다음은 선아네 반 학생들의 한 달 용돈을 조사하여 나타낸 상대도수의 분포표인데 일부가 찢어져 보이지 않는다. 용돈이 3만 원 이상인 학생이 전체의 70 %일 때, 용돈이 2만 원 이상 3만 원 미만인 학생 수를 구하시오.

용돈 (만 원)	도수 (명)	상대도수
1^이상^ ~ 2^미만^	5	0.125
2 ~ 3		
3 ~ 4		
합계		

유형 15 도수의 총합이 다른 두 집단의 상대도수

| 개념 21-1

대표문제

27 1110 다음 표는 어느 중학교 남학생과 여학생의 혈액형을 조사하여 나타낸 것이다. 여학생이 남학생보다 상대적으로 많은 혈액형을 구하시오.

혈액형	학생 수 (명)	
	남학생	여학생
A	12	19
B	6	10
AB	3	6
O	9	15
합계	30	50

28 오른쪽 표는 어느 중학교 남학생 30명과 여학생 20명이 좋아하는 운동 종목을 조사하여 나타낸 상대도수의 분포표의 일부이다. 남학생과 여학생을 합한 전체 학생 중 축구를 좋아하는 학생의 상대도수를 구하시오.

운동 종목	상대도수	
	남학생	여학생
축구	0.4	0.35

29 어느 중학교 1학년 1반과 2반의 전체 학생 수의 비는 4 : 3이고 안경을 낀 학생 수의 비는 3 : 2일 때, 1반과 2반에서 안경을 낀 학생의 상대도수의 비를 가장 간단한 자연수의 비로 나타내시오.

30 A 중학교의 전체 학생 수는 B 중학교의 전체 학생 수의 3배이고, A 중학교의 여학생 수는 B 중학교의 여학생 수의 2배일 때, 두 중학교 A, B에서 여학생의 상대도수의 비를 가장 간단한 자연수의 비로 나타내시오.

창의○융합

31 다음 표는 어느 중학교 학생 회장 선거에서 1학년 1반과 1학년 전체 학생들의 후보별 지지도를 조사하여 나타낸 것이다. 1학년 1반과 1학년 전체에서 지지도에 대한 상대도수가 같은 후보를 구하시오.

후보	학생 수(명)	
	1학년 1반	1학년 전체
A	11	58
B	13	52
C	10	50
D	6	40
합계	40	200

빈출
유형 16 상대도수의 분포를 나타낸 그래프 | 개념 21-2

대표문제

32 오른쪽 그림은 지원이네 반 학생들의 1분 동안의 윗몸 일으키기 횟수에 대한 상대도수의 분포를 그래프로 나타낸 것이다. 상대도수가 가장 큰 계급의 도수가 6명일 때, 윗몸 일으키기 횟수가 35회 이상인 학생 수를 구하시오.

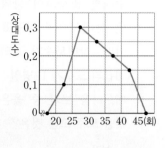

33 오른쪽 그림은 어느 공연장에 입장한 관객 300명의 입장 대기 시간에 대한 상대도수의 분포를 그래프로 나타낸 것이다. 입장 대기 시간이 40분 미만인 관객 수를 구하시오.

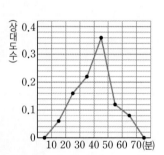

서술형

34 오른쪽 그림은 가온이네 학교 학생 50명의 사회 성적에 대한 상대도수의 분포를 그래프로 나타낸 것이다. 다음 물음에 답하시오.

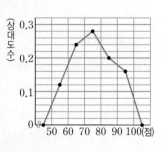

(1) 성적이 60점 이상 80점 미만인 학생은 전체의 몇 %인지 구하시오.

(2) 성적이 10번째로 좋은 학생이 속하는 계급의 도수를 구하시오.

유형 17 일부가 보이지 않는 상대도수의 분포를 나타낸 그래프 | 개념 21-2

계급의 상대도수가 보이지 않는 경우 다음을 이용한다.
① 각 계급의 상대도수의 합은 1이다.
② (도수의 총합) = $\dfrac{(계급의 도수)}{(계급의 상대도수)}$
③ (계급의 도수) = (도수의 총합) × (계급의 상대도수)

대표문제

35 다음 그림은 어느 중학교 학생 50명의 하루 동안 물
1118 을 마시는 횟수에 대한 상대도수의 분포를 그래프로
나타낸 것인데 일부가 찢어져 보이지 않는다. 물을
마시는 횟수가 18회 이상인 학생 수가 6명일 때, 14회
이상 18회 미만인 계급의 상대도수는?

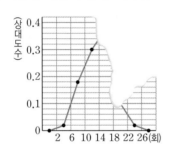

① 0.32   ② 0.34   ③ 0.36
④ 0.38   ⑤ 0.4

서술형

36 아래 그림은 은정이네 반 학생들의 몸무게에 대한 상
1119 대도수의 분포를 그래프로 나타낸 것인데 일부가 찢
어져 보이지 않는다. 몸무게가 35 kg 이상 40 kg 미
만인 학생 수가 8명일 때, 다음 물음에 답하시오.

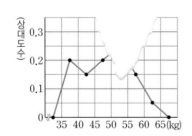

(1) 전체 학생 수를 구하시오.

(2) 몸무게가 50 kg 이상 55 kg 미만인 학생 수를 구
하시오.

유형 18 도수의 총합이 다른 두 집단의 비교 | 개념 21-2

도수의 총합이 다른 두 집단의 자료를 비교할 때
➡ 두 집단의 상대도수의 분포를 나타낸 그래프를 동시에 나타
내어 비교하면 편리하다.

대표문제

37 아래 그림은 어느 중학교 남학생과 여학생의 키에 대
1120 한 상대도수의 분포를 그래프로 나타낸 것이다. 다음
보기 중 옳은 것을 모두 고르시오.

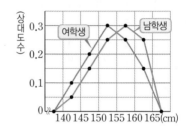

┤ 보기 ├
ㄱ. 남학생이 여학생보다 키가 큰 편이다.
ㄴ. 키가 150 cm 미만인 남학생은 남학생 전체의
   30 %이다.
ㄷ. 각각의 그래프와 가로축으로 둘러싸인 부분의
   넓이는 서로 같다.

서술형

38 아래 그림은 어느 중학교 1학년 학생 50명과 2학년
1121 학생 100명의 50 m 달리기 기록에 대한 상대도수의
분포를 그래프로 나타낸 것이다. 다음 물음에 답하시오.

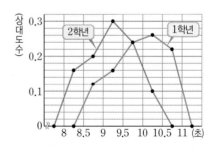

(1) 1학년과 2학년 중 어느 학년의 기록이 더 좋은
편인지 말하시오.

(2) 1학년과 2학년 각각에서 도수가 가장 큰 계급의
도수의 차를 구하시오.

Level B 필수 유형 정복하기

01 아래 그림은 조선 시대의 왕들의 수명을 조사하여 나
₁₁₂₂ 타낸 줄기와 잎 그림이다. 다음 중 옳은 것은?

조선 시대의 왕들의 수명 (1|7은 17세)

줄기	잎
1	7
2	0 3
3	1 1 3 4 4 7 8 9
4	1 5 9
5	2 3 4 5 6 7 7
6	0 3 7 8
7	4
8	3

① 수명이 20세 미만인 왕은 3명이다.

② 잎이 가장 많은 줄기는 8이다.

③ 수명이 가장 짧은 왕은 17세까지 살았다.

④ 조사한 조선 시대의 왕은 모두 25명이다.

⑤ 줄기가 3인 잎은 1, 3, 4, 7, 8, 9의 6개이다.

▶ 167쪽 유형 **01**

창의◆융합

02 다음 그림은 재욱이네 반 학생들의 미술 실기 성적을
₁₁₂₃ 조사하여 나타낸 줄기와 잎 그림이다. 여학생 중 성
적이 상위 20 % 이내에 드는 학생의 성적은 남학생
중 상위 몇 % 이내에 드는 성적인지 구하시오.

미술 실기 성적 (0|4는 4점)

잎 (남학생)	줄기	잎 (여학생)
9 8	0	4 5 7
8 7 5 3	1	2 2 3 4 5
7 3 0	2	0 2 5
8 6 5 5 4 2	3	0 2 3 6

▶ 167쪽 유형 **01**

03 오른쪽 표는 하정이네
₁₁₂₄ 반 학생들의 여행 횟수
를 조사하여 나타낸 도
수분포표이다. 다음 조
건을 모두 만족할 때,
$B-A+C$의 값은?

여행 횟수 (회)	도수 (명)
0 이상 ~ 2 미만	1
2 ~ 4	5
4 ~ 6	A
6 ~ 8	B
8 ~ 10	C
10 ~ 12	4
합계	27

(개) 4회 이상 6회 미만인 계급의 도수는 6회 이상 8회 미만인 계급의 도수의 $\frac{1}{4}$배이다.

(내) 8회 이상 10회 미만인 계급의 도수는 6회 이상 8회 미만인 계급의 도수보다 1만큼 작다.

① 9   ② 11   ③ 13

④ 15   ⑤ 17

▶ 168쪽 유형 **02**

★✦
04 오른쪽 표는 한 상자에
₁₁₂₅ 들어 있는 사과의 무게
를 조사하여 나타낸 도
수분포표이다. 다음 중
옳은 것은?

무게 (g)	도수 (개)
160 이상 ~ 180 미만	2
180 ~ 200	A
200 ~ 220	10
220 ~ 240	12
240 ~ 260	7
260 ~ 280	3
합계	40

① A의 값은 4이다.

② 계급의 개수는 5개
이다.

③ 무게가 250 g인 사과가 속하는 계급의 도수는 3개이다.

④ 도수가 가장 큰 계급은 200 g 이상 220 g 미만이다.

⑤ 무게가 220 g 미만인 사과는 전체의 45 %이다.

▶ 168쪽 유형 **02** + 169쪽 유형 **03**

창의+융합

05
1126
다음은 영찬이네 반 학생 15명이 일주일 동안 받은 메일의 개수를 조사하여 나타낸 자료와 히스토그램이다. 변량 a, b가 각각 속하는 계급의 도수의 합을 구하시오. (단, $a<b$)

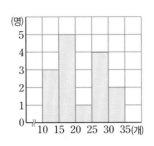

메일의 개수 (단위: 개)

31	a	16
22	28	10
26	13	b
11	18	28
15	27	17

▶ 171쪽 유형 **04**

06
1127
오른쪽 그림은 어느 항공사 승무원들의 한 달 동안의 비행 시간을 조사하여 나타낸 히스토그램이다. 다음 **보기** 중 옳은 것을 모두 고른 것은?

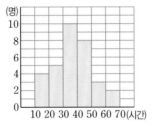

| 보기 |

ㄱ. 도수가 가장 작은 계급은 60시간 이상 70시간 미만이다.

ㄴ. 비행 시간이 가장 많은 승무원의 비행 시간은 70시간이다.

ㄷ. 비행 시간이 30시간 이상 40시간 미만인 승무원 수는 비행 시간이 50시간 이상인 승무원 수의 2배이다.

① ㄱ ② ㄱ, ㄴ ③ ㄱ, ㄷ
④ ㄴ, ㄷ ⑤ ㄱ, ㄴ, ㄷ

▶ 171쪽 유형 **04**

07
1128
오른쪽 그림은 어느 동아리 학생 17명의 영어 듣기 평가 성적을 조사하여 나타낸 히스토그램인데 잉크가 번져서 일부가 보이지 않는다. 성적이 4점 이상 8점 미만인 학생 수가 8점 이상 12점 미만인 학생 수의 $\frac{2}{5}$배일 때, 성적이 5번째로 낮은 학생이 속하는 계급의 도수를 구하시오.

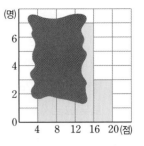

▶ 173쪽 유형 **06**

08
1129
오른쪽 그림은 어느 공원에 있는 나무들이 1년 동안 자란 키를 조사하여 나타낸 도수분포다각형이다. 키가 24 cm 이상 자란 나무를 a그루, 키가 24 cm 미만 자란 나무를 b그루라 할 때, $a-b$의 값을 구하시오.

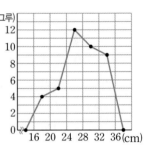

▶ 174쪽 유형 **07**

09
1130
오른쪽 그림은 어느 해 발생한 태풍의 최대 풍속을 조사하여 나타낸 도수분포다각형인데 일부가 찢어져 보이지 않는다. 최대 풍속이 30 m/s 미만인 태풍이 전체의 15 % 일 때, 찢어지기 전의 도수분포다각형과 가로축으로 둘러싸인 부분의 넓이를 구하시오.

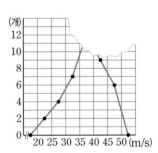

▶ 175쪽 유형 **08** + 176쪽 유형 **09**

10 아래 그림은 어느 중학교 수영부 학생들이 자유형 50 m 기록 향상을 위해 특별 훈련을 하고, 훈련 전과 훈련 후의 기록을 조사하여 나타낸 도수분포다각형이다. 다음 노트에 정리된 내용 중 옳지 <u>않은</u> 것을 모두 고르시오.

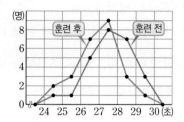

ㄱ. 계급의 개수는 8개이고, 계급의 크기는 6초이다.

ㄴ. 훈련 후 학생들의 기록이 좋아진 편이다.

ㄷ. 기록이 28초 이상인 학생 수는 훈련 전보다 훈련 후에 4명이 줄었다.

ㄹ. 훈련 후의 도수분포다각형과 가로축으로 둘러싸인 부분의 넓이는 훈련 전의 도수분포다각형과 가로축으로 둘러싸인 부분의 넓이와 같다.

▶ 177쪽 유형 **10**

★

11 아래 표는 어느 학교 학생들이 하루 동안 마시는 우유의 양을 조사하여 나타낸 상대도수의 분포표이다. 다음 중 $A \sim E$의 값으로 옳지 <u>않은</u> 것은?

우유의 양(mL)	도수(명)	상대도수
0^{이상} ~ 200^{미만}	8	A
200 ~ 400	B	0.2
400 ~ 600	24	C
600 ~ 800	D	0.25
800 ~ 1000	12	0.15
합계	E	1

① $A=0.1$ ② $B=16$ ③ $C=0.4$
④ $D=20$ ⑤ $E=80$

▶ 180쪽 유형 **13**

12 다음 표는 탁구반과 축구반 학생들의 체육 성적을 조사하여 나타낸 상대도수의 분포표이다. 성적이 60점 이상 70점 미만인 학생 수가 탁구반은 14명, 축구반은 16명일 때, 탁구반에서 체육 성적이 11등인 학생이 축구반으로 옮긴다면 적어도 몇 등이 되는지 구하시오. (단, 학생들의 성적은 모두 다르다.)

체육 성적(점)	탁구반	축구반
50^{이상} ~ 60^{미만}	0.2	0.22
60 ~ 70	0.28	0.32
70 ~ 80	0.3	0.28
80 ~ 90	0.18	0.14
90 ~ 100	0.04	0.04
합계		

▶ 180쪽 유형 **13**

13 학생 수가 1반은 40명, 2반은 30명이고, 1반과 2반에서 동아리 활동으로 요가반을 신청한 학생의 상대도수가 각각 a, b이다. 두 반을 합쳤을 때, 요가반을 신청한 학생의 상대도수를 a, b를 사용한 식으로 나타내면?

① $\dfrac{4a+3b}{7}$ ② $\dfrac{3a+4b}{7}$ ③ $\dfrac{a+b}{4a+3b}$

④ $\dfrac{3a+4b}{a+b}$ ⑤ $a+b$

▶ 181쪽 유형 **15**

14 오른쪽 그림은 어느 해 9월에 아시아 지역들의 여행자 수에 대한 상대도수의 분포를 그래프로 나타낸 것이다. 여행자 수가 30명 미만인 지역의 수가 19곳일 때, 여행자 수가 40명 이상인 지역의 수를 구하시오.

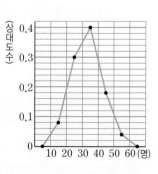

▶ 182쪽 유형 **16**

서술형 문제 ✏️

15 오른쪽 표는 다미네 반
[1136] 학생들의 1년 동안의
박물관 방문 횟수를 조
사하여 나타낸 도수분
포표이다. 방문 횟수가
10회 이상 15회 미만인

방문 횟수(회)	도수(명)
0이상 ~ 5미만	3
5 ~ 10	5
10 ~ 15	A
15 ~ 20	10
20 ~ 25	B
합계	40

학생 수와 방문 횟수가 10회 이상인 학생 수의 비가
1 : 2일 때, $A-B$의 값을 구하시오.

▶ 168쪽 유형 **02**

16 오른쪽 그림은 지수네
[1137] 반 학생들의 1분 동안의
맥박 수를 조사하여 나
타낸 히스토그램이다.
맥박 수가 70회 미만인
학생 수를 a명, 맥박 수
가 많은 쪽에서 5번째인 학생이 속하는 계급의 도수
를 b명이라 할 때, $a+b$의 값을 구하시오.

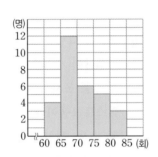

▶ 171쪽 유형 **04**

17 오른쪽 그림은 어느 중
[1138] 학교 학생 50명의 몸무
게를 조사하여 나타낸
히스토그램인데 일부가
찢어져 보이지 않는다.
몸무게가 46 kg 이상인
학생이 전체의 24 %일 때, 다음 물음에 답하시오.

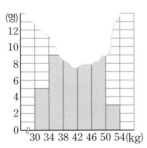

(1) 몸무게가 46 kg 이상인 학생 수를 구하시오.
(2) 몸무게가 38 kg 이상 46 kg 미만인 학생 수를 구
하시오.

▶ 173쪽 유형 **06**

창의·융합

18 오른쪽 그림은 국제 로
[1139] 봇 대회에 출전할 후보
로봇들의 미로찾기 기록
을 조사하여 나타낸 도
수분포다각형이다. 대회
에 대표로 출전할 4개의

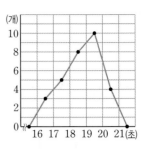

로봇을 기록이 빠른 순서로 뽑으려고 할 때, 로봇들
의 기록을 정확히 조사해야 하는 계급을 구하시오.

▶ 174쪽 유형 **07**

19 A, B 두 학교의 전체 학생 수는 각각 300명, 500명
[1140] 이다. 두 학교에서 문화 행사에 참여한 학생의 상대
도수가 각각 0.16, 0.2라 할 때, A 학교와 B 학교의
전체 학생 중 문화 행사에 참여한 학생의 상대도수를
구하시오.

▶ 181쪽 유형 **15**

20 오른쪽 그림은 어느
[1141] 놀이기구 탑승자들의
대기 시간에 대한 상
대도수의 분포를 그
래프로 나타낸 것인
데 일부가 찢어져 보
이지 않는다. 대기 시간이 30분 이상 40분 미만인 탑
승자가 대기 시간이 50분 이상 60분 미만인 탑승자
보다 9명이 더 많을 때, 전체 탑승자 수를 구하시오.

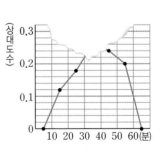

▶ 183쪽 유형 **17**

01 다음은 백일장에 참가한 사람들의 나이를 조사하여
[1142] 나타낸 줄기와 잎 그림인데 일부가 훼손되어 보이지 않는다. 줄기가 1인 잎의 개수가 줄기가 3인 잎의 개수보다 3개가 적을 때, 나이가 27세 이하인 사람은 전체의 몇 %인지 구하시오.

나이   (0|5는 5세)

줄기	잎
0	5 7 9
1	
2	0 0 3 6 7 7 8
3	0 2 2 3 3 4 5 5 5
4	0 2 2 5 3

02 아래 표는 윤경이네 반 학생들의 1년 동안의 직업 체
[1143] 험 횟수를 조사하여 나타낸 도수분포표이다. 체험 횟수가 12회 미만인 학생 수가 12회 이상인 학생 수의 3배일 때, 다음 중 옳은 것을 모두 고르면? (정답 2개)

직업 체험 횟수 (회)	도수 (명)
0^{이상} ~ 4^{미만}	1
4 ~ 8	1
8 ~ 12	$4x$
12 ~ 16	x
16 ~ 20	3
합계	y

① $x=8$, $y=45$이다.

② 계급의 크기는 3회이다.

③ 도수가 가장 큰 계급은 8회 이상 12회 미만이다.

④ 체험 횟수가 12회 이상인 학생은 전체의 25 %이다.

⑤ 체험 횟수가 11번째로 많은 학생이 속하는 계급의 도수는 7명이다.

03 다음 표는 예원이네 반 학생들의 과학 성적을 조사하
[1144] 여 나타낸 것이다. 문제는 모두 3문제이고 배점은 각각 10점, 20점, 40점이다. 성적이 50점 이상인 학생이 전체의 30 %일 때, 2문제만 맞힌 학생 수를 구하시오.

성적(점)	0	10	20	30	40	50	60	70	합계
도수(명)	2	3		8	11		5	1	40

04 오른쪽 그림은 민기네 반
[1145] 학생들이 가지고 있는 공책 수를 조사하여 나타낸 히스토그램이다. 직사각형 A와 직사각형 B의 넓이의 비가 3 : 2일 때, 공책을 8권 미만으로 가지고 있는 학생은 전체의 몇 %인지 구하시오.

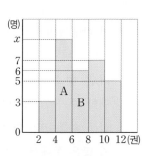

05 오른쪽 그림은 어느 중학
[1146] 교 1학년 학생들의 수학 성적을 조사하여 나타낸 도수분포다각형이다. 색칠한 두 삼각형의 넓이 S_1과 S_2의 합이 20일 때, 수학 성적이 80점 이상인 학생 수는?

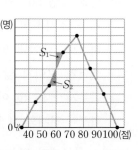

① 20명 　　② 21명 　　③ 22명

④ 23명 　　⑤ 24명

06 다음 표는 어느 중학교 학생들의 앉은키를 조사하여
나타낸 상대도수의 분포표이다. 이 학교의 전체 학생
수가 세 자리 자연수일 때, 전체 학생 수를 구하시오.
(단, 전체 학생 수는 140명 이하이다.)

앉은키(cm)	상대도수
$60^{\text{이상}} \sim 65^{\text{미만}}$	$\dfrac{1}{8}$
$65 \sim 70$	$\dfrac{1}{6}$
$70 \sim 75$	
$75 \sim 80$	$\dfrac{1}{4}$
$80 \sim 85$	$\dfrac{1}{8}$

07 다음 그림은 어느 아파트의 가구별 전력 사용량에 대
한 상대도수의 분포를 그래프로 나타낸 것이다. 도수
가 가장 큰 계급의 가구 수가 192가구라 할 때, 전체
가구 수는 a가구, 전력 사용량이 100 kWh 이상
150 kWh 미만인 가구 수는 b가구이다. 또, 전력 사
용량이 100 kWh 미만인 가구는 전체의 c %일 때,
$a+b-c$의 값을 구하시오.

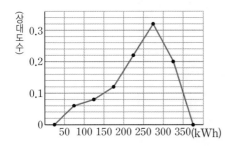

Tip
각 계급의 상대도수는 그 계급의 도수에 정비례한다는 것을 이용하여 도
수가 가장 큰 계급의 상대도수를 구한다.

서술형 문제

08 오른쪽 그림은 보라네
반 학생들이 9월 동안
보낸 문자 메시지 수를
조사하여 나타낸 히스
토그램인데 일부가 찢
어져 보이지 않는다. 문
자 메시지 수가 150건 이상 170건 미만인 학생 수가
170건 이상 190건 미만인 학생 수의 2배이고, 110건
미만인 학생은 전체의 12 %일 때, 150건 이상 170
건 미만인 계급의 상대도수를 구하시오.

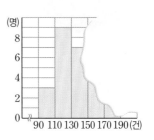

창의·융합

09 다음은 A 지역 주민 1000명과 B 지역 주민 600명의
나이에 대한 상대도수의 분포를 그래프로 나타낸 것
을 보고 신문 기사를 작성한 것이다. ㉠~㉣ 중 틀린
문장을 모두 찾고, 바르게 고치시오.

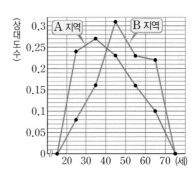

A 지역과 B 지역의 인구조사 결과, ㉠20대의 비율
은 A 지역이 24 %로 B 지역의 8 %보다 훨씬 높
다. 반면 ㉡60대의 비율은 B 지역의 비율이 A 지
역의 비율의 2배이다.
또, ㉢40대의 인구 수는 B 지역이 A 지역보다 많
고, ㉣50대 이상의 인구 수는 B 지역이 A 지역보다
10명 더 많다.

글 / 그림 우쿠쥐

친구

새 학년 새 학기가 되면 모두가 갖는 걱정.

새 친구를 어떻게 사귄담···

모두가 무안도···

그러다 어느새, 하나 둘씩

우리는 서로 친구가 되어 있다.

근데··· 우리가 어떻게 친해졌더라···?

어··· 그러게. 어쩌다 친해졌지?

계기가 뭐였지?

기억 안 남ㅋ

기억 안 나면 뭐 어때 ㅋㅋㅋ

지금 곁에서 함께 하고 있는 사람, 친구 ☺

memo

memo

중등 도서목록

비주얼 개념서

룩

이미지 연상으로 필수 개념을 쉽게 익히는 비주얼 개념서

국어 문학, 독서, 문법
영어 품사, 문법, 구문
수학 1(상), 1(하), 2(상), 2(하), 3(상), 3(하)
사회 ①, ②
역사 ①, ②
과학 1, 2, 3

필수 개념서

올리드

자세하고 쉬운 개념,
시험을 대비하는 특별한 비법이 한가득!

국어 1-1, 1-2, 2-1, 2-2, 3-1, 3-2
영어 1-1, 1-2, 2-1, 2-2, 3-1, 3-2
수학 1(상), 1(하), 2(상), 2(하), 3(상), 3(하)
사회 ①-1, ①-2, ②-1, ②-2
역사 ①-1, ①-2, ②-1, ②-2
과학 1-1, 1-2, 2-1, 2-2, 3-1, 3-2

* 국어, 영어는 미래엔 교과서 관련 도서입니다.

수학 필수 유형서

올리드 유형완성

체계적인 유형별 학습으로 실전에서 더욱 강력하게!

수학 1(상), 1(하), 2(상), 2(하), 3(상), 3(하)

내신 대비 문제집

올리드 시험직보 문제집

내신 만점을 위한 시험 직전에 보는 문제집

국어 1-1, 1-2, 2-1, 2-2, 3-1, 3-2
영어 1-1, 1-2, 2-1, 2-2, 3-1, 3-2

* 미래엔 교과서 관련 도서입니다.

1학년 총정리

올리드 자유학년제 30일에 끝내기

자유학년제로 인한 학습 결손을 보충하는
중학교 1학년 전 과목 총정리

1학년(국어, 영어, 수학, 사회, 과학)

올리드 유형완성

실전에서 강력한 필수 유형서

바른답·알찬풀이

중등 수학 1(하)

Mirae N 에듀

바른답·알찬풀이

바른답
알찬풀이

1. 기본 도형

Lecture 01 점, 선, 면
08~13쪽

01 ×	02 ○	03 ×	04 ○	05 5개, 8개
06 점 A	07 점 C	08 모서리 AD	09 8개	
10 12개	11 $\overline{PQ}$	12 $\overrightarrow{QP}$	13 $\overrightarrow{PQ}$	14 $\overleftrightarrow{PQ}$
15 =	16 ≠	17 =	18 ≠	19 5 cm
20 4 cm	21 4, 4	22 5, 10, 10	23 38	24 재희, 기훈
25 ⑤	26 2개	27 ④	28 ①, ③	29 ③, ⑤
30 3개, 6개, 3개	31 6개	32 30	33 ⑤	
34 4개	35 18개, 10개	36 8개	37 ㄴ, ㄹ	
38 ㄱ, ㄹ	39 ⑤	40 ④	41 7 cm	42 18 cm
43 ②	44 (1) 10 cm (2) 2 cm	45 ③		
46 (1) 18 cm (2) 6 cm	47 6 cm	48 ①	49 $\frac{5}{2}$ km	

Lecture 02 각
14~19쪽

01 예각	02 평각	03 예각	04 둔각	05 직각
06 둔각	07 70°	08 30°	09 $\angle x=50°$, $\angle y=130°$	
10 $\angle x=80°$, $\angle y=80°$	11 $\angle x=50°$, $\angle y=40°$			
12 $\angle x=45°$, $\angle y=70°$	13 $\overline{AB}$	14 4 cm	15 20	
16 29	17 $\angle x=58°$, $\angle y=58°$	18 ③	19 33°	
20 45	21 ③	22 5°	23 90°	24 ③
25 45°	26 75°	27 24°	28 72°	29 ③
30 ④	31 107.5°	32 ①	33 ①	
34 $\angle x=70°$, $\angle y=10°$	35 20°	36 ③		
37 $\angle x=40°$, $\angle y=40°$	38 ⑤	39 25		
40 $\angle x=65°$, $\angle y=35°$	41 70°	42 ③	43 105	
44 6쌍	45 ④	46 ㄱ, ㄹ	47 6.4	
48 점 D, 점 A	49 ⑤			

Level B 필수 유형 정복하기
20~23쪽

01 25	02 ③, ④	03 ④	04 14개	05 ㄱ, ㄴ
06 2 cm	07 20 cm	08 5 cm	09 ①	10 110
11 ④	12 ③	13 ④	14 ⑤	15 10
16 20쌍	17 ㄴ, ㄷ	18 24		
19 (1) 15개 (2) 30개 (3) 15개	20 105 m	21 $\frac{2}{3}$배		
22 100°	23 130	24 $\frac{60}{7}$ cm		

Level C 발전 유형 정복하기
24~25쪽

01 ②	02 45개	03 ①, ③	04 ④	05 36°
06 ④	07 ③	08 108°	09 ③	10 16개
11 3 cm	12 54°			

2. 위치 관계

Lecture 03 위치 관계 (1)
28~33쪽

01 점 A, 점 C	02 점 B, 점 D
03 점 B, 점 C, 점 D	04 점 A, 점 E
05 $\overline{AD}$, $\overline{CD}$, $\overline{DH}$	06 점 A, 점 E
07 점 B, 점 F, 점 G, 점 C	08 $\overline{FC}$, $\overline{ED}$
09 $\overline{AB}$, $\overline{FC}$, $\overline{ED}$	10 점 F 11 평행하다.

12 한 점에서 만난다.	13 한 점에서 만난다.

14 $\overline{AC}$, $\overline{BC}$, $\overline{AD}$, $\overline{BE}$	15 $\overline{DE}$	16 $\overline{CF}$, $\overline{DF}$, $\overline{EF}$	
17 4개	18 3개	19 4개	20 ㄴ, ㄹ 21 ②
22 ④	23 ⑤	24 3	25 ②, ⑤ 26 ③
27 $l \perp n$	28 4개	29 ④	30 ③ 31 ②, ⑤
32 1개	33 ③	34 7개	35 ③ 36 ②
37 ③, ⑤	38 ⑤	39 ④	40 ㄴ 41 ②
42 ②, ③	43 1개	44 1	45 12 46 6개

Lecture 04 위치 관계 (2)
34~39쪽

01 $\overline{AB}$, $\overline{BC}$, $\overline{CD}$, $\overline{DA}$	02 면 BFGC, 면 BFEA
03 $\overline{AB}$, $\overline{BC}$, $\overline{CD}$, $\overline{DA}$	04 면 ABCD, 면 BFGC 05 3개

06 2개	07 3개	08 3개	09 2개 10 3 cm

11 6 cm	12 면 ABED, 면 ADFC, 면 ABC, 면 DEF
13 면 ABED, 면 BEFC, 면 ADFC	14 면 DEF 15 $\overline{DE}$
16 면 ABED, 면 BEFC	17 4개 18 1개 19 4개

20 //	21 ⊥	22 ③	23 ②, ⑤ 24 ⑤
25 8	26 점 I	27 ①, ③	28 5 cm

29 (1) 20 cm (2) 12 cm (3) 20 cm	30 ①, ②	31 ④

32 ④	33 ㄴ, ㄷ	34 ⑤

35 면 EFGH, 면 DHGC, 면 IEFJ	36 (1) 5개 (2) 2개

37 ②	38 8	39 ④	40 ② 41 9

42 2	43 (1) $\overline{BC}$, $\overline{CD}$ (2) $\overline{JH}$, $\overline{BC}$, $\overline{CD}$, $\overline{JC}$ (3) $\overline{HE}$

44 ②	45 $P \perp R$	46 ②	47 ㄹ 48 ③, ④

Lecture 05 평행선의 성질 40~45쪽

01 ∠e 02 ∠e 03 ∠d 04 ∠d
05 ∠x=65°, ∠y=65° 06 ∠x=72°, ∠y=70° 07 ○
08 ○ 09 × 10 ○ 11 ② 12 190°
13 (1) ∠AHG, ∠GIB (2) ∠IGH 14 235° 15 170°
16 ∠a, ∠e, ∠g 17 30° 18 440° 19 11
20 ⑤ 21 ②, ③ 22 ③, ④ 23 ③ 24 60°
25 80° 26 20° 27 40 28 ③ 29 120°
30 60° 31 55 32 ⑤ 33 100 34 ⑤
35 70° 36 ③ 37 ④ 38 25° 39 125°
40 75° 41 180° 42 56° 43 ④ 44 ⑤
45 (1) 68° (2) 56°

Level B 필수 유형 정복하기 46~49쪽

01 ㄱ, ㄷ 02 ③ 03 ③, ⑤ 04 ③ 05 $\overleftrightarrow{DF}$
06 18 cm 07 3 08 성민 09 ④ 10 85°
11 ②, ③ 12 120° 13 35° 14 ② 15 62°
16 10° 17 ② 18 ③ 19 14 20 13
21 (1)

(2) 6개
22 (1) ∠e=60°, ∠g=65°
(2) ∠d=120°, ∠i=115°
23 22 24 50°

Level C 발전 유형 정복하기 50~51쪽

01 10개 02 ㄴ, ㄷ, ㅁ 03 ③, ⑤ 04 ⑤ 05 110°
06 60° 07 31° 08 ② 09 100° 10 24
11 48 12 38°

3. 작도와 합동

Lecture 06 간단한 도형의 작도 54~57쪽

01 눈금 없는 자, 컴퍼스 02 ⓒ, ⊙, ⑩
03 $\overline{OB}, \overline{O'B'}, \overline{A'B'}$ 04 ∠A'O'B'
05 ⓔ, ⊙, ⑩, ⓛ 06 $\overline{AC}, \overline{PR}, \overline{QR}$
07 ∠QPR, $\overrightarrow{PR}$ 08 ㄷ, ㄹ
09 ③ 10 ②, ④ 11 ②

12 ⓛ→⊙→ⓒ 13 (개) $\overline{AB}$ (내) $\overline{AB}$ (대) 정삼각형
14 ④ 15 ③ 16 승우, 수민
17 ④ 18 ④ 19 ③ 20 ②
21 (1) ⓔ→ⓗ→ⓛ→⊙→⑩→ⓒ (2) $\overline{QD}, \overline{PA}, \overline{PB}$
(3) 서로 다른 두 직선이 한 직선과 만날 때, 엇각의 크기가 같으면 두 직선은 평행하다.

Lecture 07 삼각형의 작도 58~61쪽

01 ∠C 02 $\overline{AC}$ 03 × 04 ○ 05 ○
06 × 07 × 08 ○ 09 × 10 ○
11 × 12 ④ 13 ㄷ, ㄹ 14 3개 15 ④
16 ①, ② 17 9개 18 ③ 19 ③ 20 ④
21 ② 22 ㄱ, ㄷ 23 ①, ⑤ 24 ①, ④ 25 ④
26 3개 27 (1) 풀이 참조 (2) 풀이 참조

Lecture 08 삼각형의 합동 62~67쪽

01 × 02 ○ 03 점 E 04 $\overline{FG}$ 05 ∠H
06 x=6, y=5, ∠a=60°, ∠b=50° 07 ○ 08 ○
09 × 10 ⑤ 11 ①, ⑤ 12 ㄴ, ㄹ 13 73
14 ②, ④ 15 115 16 12 cm
17 ㄴ과 ㅂ, SAS 합동 / ㄷ과 ㅁ, ASA 합동
18 (1) △ABC와 △EFD에서
$\overline{AC}=\overline{ED}$, ∠A=∠E, ∠C=∠D
∴ △ABC≡△EFD
(2) ASA 합동
19 ④ 20 ①, ④ 21 ② 22 ④, ⑤ 23 ②
24 (개) $\overline{AC}$ (내) SSS 25 ①, ⑤
26 (개) ∠COD (내) 맞꼭지각 (대) SAS
27 ③ 28 ④ 29 1.4 km
30 (개) ∠ECD (내) ∠DEC (대) ASA
31 ㄷ, ㄹ, ㅁ 32 △ABC≡△DEF, ASA 합동
33 ③ 34 ⑤ 35 △CAE≡△BAD, SAS 합동
36 60° 37 ④ 38 10 cm 39 66°

Level B 필수 유형 정복하기 68~71쪽

01 ① 02 9개 03 ⑤ 04 ④ 05 ④
06 $\overline{DE}$, ∠B, ∠F 07 ⑤ 08 ③ 09 ②

10 ①, ③　　**11** ㄷ, ㄹ　　**12** ②　　**13** 14 cm　　**14** ㄱ, ㄷ

15 ⑤　　**16** ③　　**17** 5 cm　　**18** 16 cm²

19 재희

　은주: ∠B의 크기를 구할 수 있으므로 △ABC는 하나로 정해진다.

　성민: 두 변의 길이와 그 끼인각이 아닌 다른 한 각의 크기가 주어졌으

　　　　므로 △ABC는 하나로 정해지지 않는다.

20 △ABO≡△DCO, SAS 합동 / △ABC≡△DCB, SSS 합동

　/ △ABD≡△DCA, SSS 합동

21 90°　　　　**22** 6 cm

23 (1) △ABE≡△BCF≡△CAD이므로 $\overline{AE}=\overline{BF}=\overline{CD}$

　(2) △BEQ≡△CFR≡△ADP이므로

　　$\overline{AP}=\overline{BQ}=\overline{CR}$, $\overline{EQ}=\overline{FR}=\overline{DP}$ ⇨ $\overline{PQ}=\overline{QR}=\overline{RP}$

　(3) 60°

24 (1) △ABE≡△CBE, SAS 합동　(2) 56°

Level C 발전 유형 정복하기　　　　72~73쪽

01 7개　　**02** 1　　**03** ④　　**04** ㄴ, ㄷ, ㅁ　**05** ②

06 6 cm　**07** ⑤　　**08** 90°　**09** 20°　　**10** 2개

11 30°　　**12** 45°

4. 다각형

Lecture 09 다각형 (1)　　　　76~83쪽

01 ㄱ, ㄹ　**02** ○　　**03** ×　　**04** ○　　**05** 120°

06 105°　**07** 125°　**08** 100°

09 $\overline{BC}$, 엇각, ∠DAB, 180°　　　**10** 40°　　**11** 35°

12 15°　　**13** 20°　　**14** 120°　**15** 65°　　**16** 55°

17 120°　**18** ㄱ, ㄷ, ㅂ　　**19** ②, ③　**20** ㄴ, ㄷ

21 ④　　**22** ④　　**23** 65°, 100°　**24** ①, ③

25 정십각형　**26** ④, ⑤　**27** ⑤　　**28** 27　**29** 30°

30 (1) 33° (2) 69°　**31** 40°　　**32** ②　　**33** ⑤

34 50　**35** ∠x=95°, ∠y=50°　**36** ④　　**37** 206°

38 95°　**39** 140°　**40** ②　　**41** ③　　**42** 130°

43 (1) 60° (2) 60°　**44** 114°　**45** ③　　**46** ②

47 ④　　**48** 35°　　**49** 48°　**50** 90°　**51** 38°

52 ③　　**53** 30°　　**54** 104°　**55** ②

56 (1) 80° (2) 100°　**57** ③　　**58** ③

Lecture 10 다각형 (2)　　　　84~91쪽

01 900°　　**02** 1620°　　**03** 720°, 4, 6, 육각형　**04** 540°

05 130°　　**06** 360°　　**07** 360°　　**08** 110°　　**09** 90°

10 120°, 60°　**11** 135°, 45°　**12** 140°, 40°　**13** 156°, 24°　**14** 1개

15 3개　　**16** 35개　　**17** 65개　　**18** ④　　**19** ④

20 정십삼각형　　　　**21** 1080°　　**22** ④　　**23** 60°

24 75°　　**25** 120°　　**26** 100°　　**27** ②　　**28** 35

29 360°　　**30** ④　　**31** ④　　**32** 45°　　**33** 360°

34 ③　　**35** 720°　　**36** 385°　　**37** 360°　　**38** ③, ⑤

39 198　　**40** ⑤　　**41** 정팔각형　**42** 정십각형　**43** ④

44 72°　　**45** ②　　**46** ④　　**47** ②

48 ∠x=30°, ∠y=75°　**49** ②　　**50** 36°　　**51** 84°

52 17　　**53** ⑤　　**54** 11개　　**55** 3

56 (가) 5　(나) 900°　**57** 35개　　**58** ⑤　　**59** ④

60 65개　　**61** 20번　　**62** ⑤　　**63** ④　　**64** 8개

Level B 필수 유형 정복하기　　　　92~95쪽

01 5개　　**02** ④　　**03** 104°　**04** 163°　　**05** ②

06 ④　　**07** 151°　**08** ⑤　　**09** ③　　**10** 165°

11 ③　　**12** 90°　　**13** 42°　　**14** 27　　　**15** ③

16 10개　**17** ④　　**18** ④　　**19** (1) 125° (2) 15°

20 28°　**21** 26　　**22** 84°　**23** 126°　　**24** 17개

Level C 발전 유형 정복하기　　　　96~97쪽

01 ⑤　　**02** ④　　**03** 88°　**04** ③　　**05** 900°

06 ②　　**07** 11　**08** 정구각형　**09** ③　　**10** 44°

11 130°　**12** 108°

5. 원과 부채꼴

Lecture 11 부채꼴의 뜻과 성질　　　　100~105쪽

01~05
　　　　　　　　06 35　**07** 2　　**08** 4

　　　　　　　　09 60　**10** 12　**11** 100

　　　　　　　　12 ④　**13** ⑤　**14** 60°

　　　　　　　　15 ②　**16** 21　**17** 9

18 90　　**19** (1) 108 (2) 27　**20** 150°　**21** ④

22 30°　**23** 48 cm　**24** 18°　**25** ②　　**26** 12 cm

27 20 cm   **28** ①   **29** 6 cm   **30** ②   **31** 28 cm

32 6 cm   **33** 3 cm   **34** 14 cm²   **35** (1) 40°   (2) 12 cm²

36 ①   **37** 120°   **38** 54 kg   **39** ②   **40** ③

41 30 cm   **42** ④   **43** ④, ⑤   **44** ㄱ, ㄹ

Lecture 12 부채꼴의 호의 길이와 넓이 (106~111쪽)

01 $l=6\pi$ cm, $S=9\pi$ cm²   **02** $l=8\pi$ cm, $S=16\pi$ cm²

03 $l=10\pi$ cm, $S=25\pi$ cm²   **04** $l=12\pi$ cm, $S=36\pi$ cm²

05 8 cm   **06** 10 cm   **07** 7 cm   **08** 9 cm

09 $l=2\pi$ cm, $S=6\pi$ cm²   **10** $l=2\pi$ cm, $S=3\pi$ cm²

11 $l=(6\pi+8)$ cm, $S=12\pi$ cm²   **12** $l=30\pi$ cm, $S=75\pi$ cm²

13 24π cm, 18π cm²   **14** 48π cm, 54π cm²   **15** 18π cm

16 $(64\pi+160)$ m²   **17** 54π cm²   **18** 120°   **19** 4π cm²

20 14π cm²   **21** $(9\pi+30)$ cm   **22** $\dfrac{25}{128}\pi$ m²

23 ②   **24** (1) 9 cm   (2) 240°   **25** $(3\pi+8)$ cm

26 ③   **27** 6π cm   **28** $(12\pi+18)$ cm   **29** ⑤

30 50π cm²   **31** $(36-6\pi)$ cm²   **32** 36π cm²

33 ③   **34** $(16\pi-32)$ cm²   **35** 18 cm²   **36** 72 cm²

37 ⑤   **38** $\dfrac{81}{8}\pi$ cm²   **39** 2π cm

40 $(2\pi-4)$ cm²   **41** $(12\pi+36)$ cm   **42** 28

43 16 cm   **44** $\dfrac{10}{3}\pi$ cm   **45** 12π cm   **46** $(36\pi+240)$ cm²

Level B 필수 유형 정복하기 (112~115쪽)

01 ③   **02** 24 cm   **03** 54°   **04** 22 cm   **05** 18 cm²

06 ⑤   **07** 12π cm   **08** ①   **09** ④   **10** 98π cm²

11 96π cm²   **12** ②   **13** ④   **14** $(96-16\pi)$ cm²

15 $\left(\dfrac{25}{16}\pi+\dfrac{25}{8}\right)$ cm²   **16** $(32\pi-64)$ cm²

17 3π cm   **18** 12π cm   **19** (1) 140°   (2) 14π cm

20 27π cm²   **21** 21π cm²   **22** $(4\pi+8)$ cm

23 (1) 10π cm   (2) 50 cm²   **24** $(16\pi+96)$ cm

Level C 발전 유형 정복하기 (116~117쪽)

01 ⑤   **02** 15 cm   **03** ④   **04** 12π cm   **05** ④

06 80°   **07** 16π cm²   **08** $\dfrac{25}{2}\pi$ cm²   **09** $(8\pi+96)$ cm

10 $\left(\dfrac{12}{5}\pi+12\right)$ cm   **11** $\dfrac{40}{3}\pi$ km   **12** $\dfrac{121}{4}\pi$ m²

6. 다면체와 회전체

Lecture 13 다면체 (120~125쪽)

01 ㄱ, ㅁ   **02** 육면체   **03** 오면체   **04** 팔면체   **05** ㄱ

06 ㉢   **07** ㉡

08

직사각형	삼각형	사다리꼴
12개	6개	8개
8개	6개	6개
18개	10개	12개

   09 ②   **10** 4개   **11** ④   **12** ⑤

13 육각뿔대   **14** ④

15 ②, ④   **16** 11개   **17** 십면체   **18** ④   **19** 5

20 ④   **21** ③   **22** ④   **23** ③   **24** ②

25 ⑤   **26** 9개   **27** ⑤   **28** 34   **29** 18

30 ③   **31** ⑤   **32** ⑤   **33** 2   **34** ③

35 6개   **36** ③   **37** ㄷ, ㄹ   **38** ③   **39** 45개

40 ②, ⑤   **41** ⑤   **42** ④

Lecture 14 정다면체 (126~129쪽)

01 ㄴ, ㄹ   **02** ○   **03** ×   **04** ○   **05** 정육면체

06 점 M, 점 I   **07** 점 G   **08** $\overline{\text{FE}}$ **09** 면 KDEJ

10 ②   **11** ④   **12** ㄱ, ㄴ

13 (1) 꼭짓점 A: 3개, 꼭짓점 B: 4개   (2) 풀이 참조

14 ③   **15** ④   **16** ④   **17** 31   **18** 8개

19 16개   **20** ②, ④   **21** $\overline{\text{CD}}$ **22** (1) 점 D   (2) $\overline{\text{CF}}$

23 ②   **24** ㄱ, ㄷ   **25** 정팔면체   **26** ⑤   **27** 30개

28 ③   **29** 60°   **30** ⑤

Lecture 15 회전체 (130~135쪽)

01 ㄴ, ㄷ, ㅁ

02 원기둥   **03** 원뿔   **04** 원뿔대   **05** 구

06 ○   **07** ×   **08** ○   **09** ○   **10** 직사각형

11 이등변삼각형   **12** 원   **13** 사다리꼴

14

16 $a=3$, $b=8$, $c=5$ **17** ②, ⑤   **18** ②

19 (1) ㄷ, ㅂ, ㅇ, ㅈ (2) ㄴ, ㄹ, ㅁ, ㅅ **20** ②

21

22 ③

23 ③

24 ㄴ, ㄷ

25

26 ④ **27** ② **28** ④

29 ⑤ **30** ㄷ, ㄹ **31** ⑤

32 18 cm²

33 (1) 16π cm² (2) 64 cm²

34 20 cm² **35** 4π cm² **36** ㄹ **37** ④ **38** 450π

39 28π cm² **40** (1) 6π cm (2) 30π cm²

41 (12π+10) cm **42** ⑤ **43** ㄴ, ㄷ **44** ㄱ, ㄷ, ㄹ

Level B 필수 유형 정복하기 136~139쪽

01 ③ **02** 십이면체 **03** 2 **04** 16개 **05** ②

06 ③, ⑤ **07** 정이십면체 **08** ④ **09** ④

10 ㄱ, ㄷ **11** ②, ④ **12** ③ **13** ③ **14** ④

15 ④ **16** ④, ⑤ **17** ③ **18** 24 cm²

19 (1) 칠각형 (2) 21개 **20** 십이각뿔대 **21** 50

22 24π cm² **23** 660π cm² **24** 2 cm

Level C 발전 유형 정복하기 140~141쪽

01 ④ **02** ③ **03** ③ **04** ④ **05** D, F, H

06 ② **07** ③ **08** ③ **09** 12 cm **10** 60°

11 $\dfrac{12}{25}$ **12** 225°, 40π cm²

---

7. 입체도형의 부피와 겉넓이

Lecture 16 기둥의 부피와 겉넓이 144~147쪽

01 300 cm³ **02** 63π cm³ **03** 4, 6 **04** 24 cm² **05** 60 cm²

06 108 cm² **07** 2, 4π, 4 / 24π cm² **08** 144 cm³ **09** 4

10 ⑤ **11** 128 cm³ **12** 2 : 3 : 5 **13** ④ **14** 7 cm

15 4 **16** ③ **17** ④ **18** 108 cm² **19** 5600 cm²

20 120π cm² **21** 8 **22** 400π cm²

23 (60+44π) cm² **24** 96000π cm³

---

25 (1) 60 cm³ (2) 144 cm²

26 (1) 160π cm³ (2) 192π cm² **27** 150 cm² **28** 160π cm³

29 부피: 72π cm³, 겉넓이: 66π cm² **30** 162π cm²

Lecture 17 뿔의 부피와 겉넓이 148~153쪽

01 75 cm³ **02** 96π cm³ **03** 5, 4, 4 / 56 cm²

04 6, 2 / 16π cm² **05** 56 cm³ **06** 312π cm³ **07** ②

08 9 cm **09** 2 cm **10** 72 cm³ **11** ② **12** 288 cm³

13 ④ **14** 3 **15** 72 cm³ **16** 108π cm³

17 12 cm **18** ④ **19** 3 cm **20** 4200원 **21** 20

22 260 cm² **23** ① **24** 5 **25** 224 cm² **26** ⑤

27 5 cm **28** 70π cm² **29** 180π cm²

30 36π cm² **31** ④ **32** 6 cm **33** 672 cm³

34 ④ **35** 1 : 7 **36** 90π cm² **37** 152 cm² **38** 153π cm²

39 90π cm² **40** 28π cm³ **41** 42π cm³ **42** 40π cm²

Lecture 18 구의 부피와 겉넓이 154~157쪽

01 288π cm³, 144π cm² **02** $\dfrac{256}{3}$π cm³, 64π cm²

03 (1) 36π cm³ (2) 36π cm² **04** (1) $\dfrac{500}{3}$π cm³ (2) 100π cm²

05 원뿔의 부피: $\dfrac{2}{3}$πr^3, 구의 부피: $\dfrac{4}{3}$πr^3, 원기둥의 부피: 2πr^3

06 1 : 2 : 3 **07** 구의 부피: 4π cm³, 원기둥의 부피: 6π cm³

08 240π cm³ **09** 8배 **10** 384π cm³ **11** 8 cm **12** 27개

13 27π cm² **14** ④ **15** 576π cm² **16** 2 **17** ①

18 $\dfrac{63}{2}$π cm³ **19** 45π cm² **20** 부피: 144π cm³, 겉넓이: 108π cm²

21 ④ **22** 90π cm³ **23** 3

24 원뿔의 부피: 16π cm³, 원기둥의 부피: 48π cm³ **25** 2배

26 36π cm³ **27** 8 cm **28** ① **29** 600 cm² **30** 288π cm³

Level B 필수 유형 정복하기 158~161쪽

01 240 cm³ **02** 500 m³ **03** ⑤ **04** ④ **05** ⑤

06 (640−16π) cm³ **07** 298 cm² **08** 아이스크림 통 1개

09 6 cm **10** ④ **11** (36π−72) cm² **12** 78시간

13 ② **14** ④ **15** 3번 **16** 32π cm² **17** ②

18 1600π cm²

19 캔 A의 겉넓이: 42π cm², 캔 B의 겉넓이: 44π cm² / 캔 A

20 부피: 90π cm³, 겉넓이: $(78\pi+60)$ cm²

21 (1) 216 cm³ (2) 36 cm³ (3) 6 : 1

22 부피: 6π cm³, 겉넓이: $(12\pi+12)$ cm² **23** 컵 C

24 192π cm³

Level C 발전 유형 정복하기
162~163쪽

01 4.32 m **02** $\left(100-\dfrac{150}{\pi}\right)$ cm² **03** 1248 cm²

04 81 cm³ **05** 1250π cm³ **06** 288 cm³ **07** 4 cm

08 960π cm³ **09** ④ **10** 312개

11 (1) 360π cm³ (2) 72π cm³ **12** 2배

8. 자료의 정리와 해석

Lecture 19 줄기와 잎 그림, 도수분포표
166~169쪽

01

통학 시간 (0|2는 2분)

줄기	잎
0	2 5 7 8
1	0 2 2 3 6 9
2	2 3 4 5 7
3	0 5 8

02 3 **03** 2, 3, 4, 5, 7 **04** 6 **05** 7

06 63 **07** 96 **08** 25 **09** 5개

10

맥박 수(회)	도수(명)
70이상~75미만	1
75 ~ 80	3
80 ~ 85	4
85 ~ 90	6
90 ~ 95	2
합계	16

11 85회 이상 90회 미만 **12** 10명

13 30명 **14** 4명

15 50점 이상 60점 미만 **16** 9명

17 ③

18 (1) 20명 (2) 40 % (3) 6명

19 2점 **20** 4 **21** 11명 **22** ④ **23** ③

24 (가) 2 (나) 11 **25** ㄱ, ㄷ **26** 7명 **27** 15편

28 19개 **29** 51 % **30** 2

Lecture 20 히스토그램, 도수분포다각형
170~177쪽

01 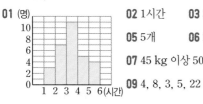 **02** 1시간 **03** 30 **04** 5 kg

05 5개 **06** 20명

07 45 kg 이상 50 kg 미만 **08** 10

09 4, 8, 3, 5, 22 **10** 8명

11 50점 이상 60점 미만 **12** 2시간 **13** 5개

14 30명 **15** 1명 **16** 5명 **17** ⑤ **18** 46

19 60 % **20** ② **21** ③ **22** ① **23** ③

24 160 **25** (1) 9 (2) 30개 **26** 10명 **27** 2명

28 ① **29** ④ **30** 10그루 **31** 7명 **32** ㄴ

33 (1) 10명 (2) 3명 **34** ④ **35** 10회 이상 12회 미만

36 40 % **37** 70점 **38** ② **39** ⑤ **40** 37

41 ③ **42** ④ **43** (1) 10명 (2) 4명 **44** ①

45 ② **46** (1) 5개 (2) 7개 **47** ④

Lecture 21 상대도수와 그 그래프
178~183쪽

01 25명 **02** 0.2, 0.24, 0.28, 0.16, 0.12, 25, 1

03 50 **04** 50, 0.32, 16 **05** 17, 50, 0.34

06 0.34, 0.06, 0.2 **07** 0.1, 0.25, 6, 4, 0.15, 1

08 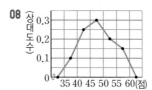 **09** 4회 **10** 4개

11 12회 이상 16회 미만

12 6명 **13** ③

14 0.3 **15** 0.1

16 30명 **17** 3명 **18** 16.25 **19** ④ **20** 8.26

21 (1) $A=2$, $B=0.3$, $C=0.1$, $D=1$, $E=20$ (2) 0.2

22 35 % **23** ③ **24** ① **25** (1) 50명 (2) 0.16

26 7명 **27** AB형 **28** 0.38 **29** 9 : 8 **30** 2 : 3

31 C **32** 7명 **33** 132명 **34** (1) 52 % (2) 10명

35 ④ **36** (1) 40명 (2) 10명 **37** ㄱ, ㄷ

38 (1) 2학년 (2) 17명

Level B 필수 유형 정복하기
184~187쪽

01 ③ **02** 40 % **03** ③ **04** ⑤ **05** 7명

06 ③ **07** 5명 **08** 22 **09** 200 **10** ㄱ, ㄷ

11 ③ **12** 10등 **13** ① **14** 11곳 **15** 10

16 21 **17** (1) 12명 (2) 24명 **18** 17초 이상 18초 미만

19 0.185 **20** 150명

Level C 발전 유형 정복하기
188~189쪽

01 50 % **02** ③, ④ **03** 19명 **04** 60 % **05** ③

06 120명 **07** 642 **08** 0.16 **09** ㄴ, ㄷ / 풀이 참조

Lecture 01 점, 선, 면

Level A 개념 익히기 8~9쪽

01 점이 움직인 자리는 곡선이 될 수도 있다. 답 ×

02 답 ○

03 교선은 면과 면이 만나서 생기는 선이다. 답 ×

04 답 ○

05 답 5개, 8개

06 답 점 A **07** 답 점 C

08 답 모서리 AD **09** 답 8개

10 답 12개

11 답 $\overline{PQ}$ **12** 답 $\overrightarrow{QP}$

13 답 $\overrightarrow{PQ}$ **14** 답 $\overleftarrow{PQ}$

15 답 = **16** 답 ≠

17 답 = **18** 답 ≠

19 답 5 cm **20** 답 4 cm

21 $\overline{AM}=\overline{MB}=\dfrac{1}{2}\times 8=4(cm)$ 답 4, 4

22 $\overline{AM}=\dfrac{1}{3}\times 15=5(cm)$

$\therefore \overline{AN}=\overline{MB}$

$=\dfrac{2}{3}\times 15=10(cm)$ 답 5, 10, 10

Level B 유형 공략하기 9~13쪽

하 23 육각기둥에서 교점의 개수는 12개, 교선의 개수는 18개, 면의
개수는 8개이므로
$a=12,\ b=18,\ c=8$
$\therefore a+b+c=12+18+8=38$ 답 38

> **개념 보충 학습**
>
> 평면으로 둘러싸인 입체도형에서
> ① (교점의 개수)=(꼭짓점의 개수)
> ② (교선의 개수)=(모서리의 개수)

중 24 승우: 오각뿔에서 모서리의 개수는 10개이므로 교선의 개수는
10개이다.
나연: 사각기둥에서 꼭짓점의 개수는 8개이므로 교점의 개수는
8개이다.
답 재희, 기훈

중 25 ⑤ 오른쪽 그림과 같은 직육면체에서 꼭짓점
의 개수가 8개이므로 교점의 개수는 8개이
고, 모서리의 개수가 12개이므로 교선의
개수는 12개이다. 답 ⑤

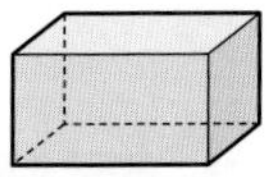

하 26 반직선은 시작점과 뻗어 나가는 방향이 모두 같아야 서로 같은
반직선이므로 $\overrightarrow{AC}=\overrightarrow{AB}=\overrightarrow{AD}$이다.
따라서 $\overrightarrow{AC}$와 같은 것은 2개이다. 답 2개

> **공략 비법**
>
> 두 반직선이 서로 같을 조건
> ➡ 시작점과 뻗어 나가는 방향이 모두 같다.

중 27 ④ $\overrightarrow{AC}$와 $\overrightarrow{CA}$는 시작점과 뻗어 나가는 방향이 모두 다르므로
서로 다른 반직선이다. 답 ④

중 28 $\overrightarrow{CD}$는 점 C를 시작점으로 하여 점 D의 방향으로 한없이 뻗은
반직선이므로 $\overrightarrow{CD}$를 포함하는 것은 ① $\overrightarrow{AB}$, ③ $\overrightarrow{AC}$이다.
답 ①, ③

중 29 ① 한 점을 지나는 직선은 무수히 많다.
② 시작점은 같지만 뻗어 나가는 방향이 다른 반직선은 무수히
많다.
④ 두 반직선이 서로 같으려면 시작점과 뻗어 나가는 방향이 모
두 같아야 한다. 답 ③, ⑤

중 30 직선은 $\overrightarrow{AB}$, $\overrightarrow{AC}$, $\overrightarrow{BC}$의 3개이고,
반직선은 $\overrightarrow{AB}$, $\overrightarrow{AC}$, $\overrightarrow{BA}$, $\overrightarrow{BC}$, $\overrightarrow{CA}$, $\overrightarrow{CB}$의 6개이다.
또, 선분은 $\overline{AB}$, $\overline{AC}$, $\overline{BC}$의 3개이다.
답 3개, 6개, 3개

> **개념 보충 학습**
>
> 어느 세 점도 한 직선 위에 있지 않은 n개$(n\geq 2)$의 점 중에서 두
> 점을 지나는 서로 다른
> ① (직선의 개수)$=\dfrac{n(n-1)}{2}$ (개)
> ② (반직선의 개수)=(직선의 개수)$\times 2=n(n-1)$(개)
> ③ (선분의 개수)=(직선의 개수)$=\dfrac{n(n-1)}{2}$ (개)
> **주의** 어느 세 점도 한 직선 위에 있지 않은 경우에만 위의 공식을
> 이용할 수 있다.

중 31 선분은 $\overline{AB}$, $\overline{AC}$, $\overline{AD}$, $\overline{BC}$, $\overline{BD}$, $\overline{CD}$의 6개이다.
답 6개

32 직선은

$\overleftrightarrow{AB}$, $\overleftrightarrow{AC}$, $\overleftrightarrow{AD}$, $\overleftrightarrow{AE}$, $\overleftrightarrow{BC}$, $\overleftrightarrow{BD}$, $\overleftrightarrow{BE}$, $\overleftrightarrow{CD}$, $\overleftrightarrow{CE}$, $\overleftrightarrow{DE}$

의 10개이므로 $a=10$ ...... ㉮

반직선은

$\overrightarrow{AB}$, $\overrightarrow{BA}$, $\overrightarrow{AC}$, $\overrightarrow{CA}$, $\overrightarrow{AD}$, $\overrightarrow{DA}$, $\overrightarrow{AE}$, $\overrightarrow{EA}$, $\overrightarrow{BC}$, $\overrightarrow{CB}$, $\overrightarrow{BD}$,
$\overrightarrow{DB}$, $\overrightarrow{BE}$, $\overrightarrow{EB}$, $\overrightarrow{CD}$, $\overrightarrow{DC}$, $\overrightarrow{CE}$, $\overrightarrow{EC}$, $\overrightarrow{DE}$, $\overrightarrow{ED}$

의 20개이므로 $b=20$ ...... ㉯

$\therefore a+b=10+20=30$ ...... ㉰

답 30

채점 기준	
㉮ a의 값 구하기	40 %
㉯ b의 값 구하기	40 %
㉰ $a+b$의 값 구하기	20 %

다른 풀이 5개의 점 중 어느 세 점도 한 직선 위에 있지 않으므로

$(\text{직선의 개수})=\dfrac{5\times(5-1)}{2}=10(\text{개})$

$\therefore a=10$

$(\text{반직선의 개수})=(\text{직선의 개수})\times2=20(\text{개})$

$\therefore b=20$

$\therefore a+b=10+20=30$

33 반직선은 $\overrightarrow{AD}$, $\overrightarrow{BD}$, $\overrightarrow{CD}$, $\overrightarrow{BA}$, $\overrightarrow{CA}$, $\overrightarrow{DA}$의 6개이고,
선분은 $\overline{AB}$, $\overline{AC}$, $\overline{AD}$, $\overline{BC}$, $\overline{BD}$, $\overline{CD}$의 6개이다.

답 ⑤

34 직선은 $\overleftrightarrow{AC}$, $\overleftrightarrow{AD}$, $\overleftrightarrow{BD}$, $\overleftrightarrow{CD}$의 4개이다. 답 4개

35 반직선은

$\overrightarrow{AC}$, $\overrightarrow{AD}$, $\overrightarrow{AE}$, $\overrightarrow{BA}$, $\overrightarrow{BC}$, $\overrightarrow{BD}$, $\overrightarrow{BE}$, $\overrightarrow{CA}$, $\overrightarrow{CD}$, $\overrightarrow{CE}$, $\overrightarrow{DA}$,
$\overrightarrow{DB}$, $\overrightarrow{DC}$, $\overrightarrow{DE}$, $\overrightarrow{EA}$, $\overrightarrow{EB}$, $\overrightarrow{EC}$, $\overrightarrow{ED}$

의 18개이다. ...... ㉮

또, 선분은

$\overline{AB}$, $\overline{AC}$, $\overline{AD}$, $\overline{AE}$, $\overline{BC}$, $\overline{BD}$, $\overline{BE}$, $\overline{CD}$, $\overline{CE}$, $\overline{DE}$

의 10개이다. ...... ㉯

답 18개, 10개

채점 기준	
㉮ 반직선의 개수 구하기	50 %
㉯ 선분의 개수 구하기	50 %

36 직선은 $\overleftrightarrow{AC}$, $\overleftrightarrow{AD}$, $\overleftrightarrow{AE}$, $\overleftrightarrow{BD}$, $\overleftrightarrow{BE}$, $\overleftrightarrow{CD}$, $\overleftrightarrow{CE}$, $\overleftrightarrow{DE}$의 8개이다.

답 8개

다른 풀이 어느 세 점도 한 직선 위에 있지 않은 5개의 점 중 두 점을 이어서 만들 수 있는 직선의 개수는

$\dfrac{5\times(5-1)}{2}=10(\text{개})$

이때 세 점 A, B, C이 한 직선 위에 있으므로 이들 세 점으로 만들 수 있는 $\overleftrightarrow{AB}$, $\overleftrightarrow{AC}$, $\overleftrightarrow{BC}$는 서로 같은 직선이다.

따라서 구하는 직선의 개수는

$10-2=8(\text{개})$

37 ㄱ, ㄴ. $\overline{AM}=\overline{BM}=\dfrac{1}{2}\overline{AB}$

ㄷ. $\overline{MN}=\dfrac{1}{2}\overline{BM}=\dfrac{1}{2}\overline{AM}$

ㄹ. $\overline{MN}+\overline{BN}=\overline{BM}=\overline{AM}$

이상에서 옳은 것은 ㄴ, ㄹ이다. 답 ㄴ, ㄹ

38 ㄱ. 점 M은 $\overline{AB}$의 중점이므로 $\overline{AM}=\overline{BM}$

ㄹ. 점 N은 $\overline{BC}$의 중점이므로 $\overline{BN}=\overline{CN}$

이상에서 길이가 서로 같은 선분끼리 짝 지어진 것은 ㄱ, ㄹ이다. 답 ㄱ, ㄹ

39 ⑤ $\overline{BM}=\overline{MN}+\overline{BN}$

$\phantom{⑤ \overline{BM}}=2\times\dfrac{1}{3}\overline{AB}=\dfrac{2}{3}\overline{AB}$ 답 ⑤

40 ① $\overline{AB}=3\overline{MN}=3\times2\overline{PM}=6\overline{PM}$

② $\overline{PB}=\overline{PN}+\overline{NB}=\dfrac{1}{2}\overline{MN}+\overline{NB}$

$\phantom{② \overline{PB}}=\dfrac{1}{2}\times\dfrac{1}{3}\overline{AB}+\dfrac{1}{3}\overline{AB}=\dfrac{1}{2}\overline{AB}$

④ $\overline{AN}=2\overline{MN}=2\times2\overline{PN}=4\overline{PN}$ 답 ④

41 $\overline{MC}=\dfrac{1}{2}\overline{AC}$, $\overline{CN}=\dfrac{1}{2}\overline{BC}$이므로

$\overline{MN}=\overline{MC}+\overline{CN}=\dfrac{1}{2}(\overline{AC}+\overline{BC})$

$\phantom{\overline{MN}}=\dfrac{1}{2}\overline{AB}=\dfrac{1}{2}\times14=7(\text{cm})$ 답 7 cm

42 $\overline{AB}=\overline{AC}+\overline{BC}=2(\overline{MC}+\overline{CN})$

$\phantom{\overline{AB}}=2\overline{MN}=2\times9=18(\text{cm})$ 답 18 cm

43 $\overline{AB}=\overline{BC}=\overline{CD}$에서 $\overline{AD}=3\overline{CD}$이므로 $a=3$

$\overline{BD}=\overline{AC}=18$ cm이므로 $b=18$

$\therefore a+b=3+18=21$ 답 ②

44 (1) 두 점 L, M이 각각 $\overline{AB}$, $\overline{BC}$의 중점이므로

$\overline{LB}=\dfrac{1}{2}\overline{AB}=\dfrac{1}{2}\times24=12(\text{cm})$

$\overline{BM}=\dfrac{1}{2}\overline{BC}=\dfrac{1}{2}\times16=8(\text{cm})$

$\therefore \overline{LM}=\overline{LB}+\overline{BM}=12+8=20(\text{cm})$ ...... ㉮

이때 점 N이 $\overline{LM}$의 중점이므로

$\overline{LN}=\dfrac{1}{2}\overline{LM}=\dfrac{1}{2}\times20=10(\text{cm})$ ...... ㉯

(2) $\overline{NB}=\overline{LB}-\overline{LN}=12-10=2(\text{cm})$ ...... ㉰

답 (1) 10 cm (2) 2 cm

채점 기준		
(1)	㉮ $\overline{LM}$의 길이 구하기	40 %
	㉯ $\overline{LN}$의 길이 구하기	30 %
(2)	㉰ $\overline{NB}$의 길이 구하기	30 %

⑤45 $\overline{AC}=\overline{AB}+\overline{BC}=2(\overline{MB}+\overline{BN})$
　　　$=2\overline{MN}=2\times10=20(cm)$

$3\overline{AB}=\overline{BC}$에서 $\overline{AB}=\dfrac{1}{3}\overline{BC}$이므로

$\overline{AC}=\overline{AB}+\overline{BC}=\dfrac{1}{3}\overline{BC}+\overline{BC}=\dfrac{4}{3}\overline{BC}$

$\therefore \overline{BC}=\dfrac{3}{4}\overline{AC}=\dfrac{3}{4}\times20=15(cm)$　　　🖳 ③

다른 풀이 $\overline{AB}:\overline{BC}=1:3$이므로

$\overline{BC}=\dfrac{3}{1+3}\overline{AC}=\dfrac{3}{4}\times20=15(cm)$

공략 비법

선분의 길이의 비를 이용하여 두 점 사이의 거리 구하기
$\overline{AB}:\overline{BC}=a:b$이면

$$\overline{AB}=\dfrac{a}{a+b}\times\overline{AC},\ \overline{BC}=\dfrac{b}{a+b}\times\overline{AC}$$

A　　　B　C

---

⑤46 (1) $\overline{AC}=2\overline{CD}$에서 $\overline{CD}=\dfrac{1}{2}\overline{AC}$이므로

　　$\overline{AD}=\overline{AC}+\overline{CD}=\overline{AC}+\dfrac{1}{2}\overline{AC}=\dfrac{3}{2}\overline{AC}$

　　$\therefore \overline{AC}=\dfrac{2}{3}\overline{AD}=\dfrac{2}{3}\times27=18(cm)$ …… ㉮

(2) $\overline{AB}=2\overline{BC}$이므로

　　$\overline{AC}=\overline{AB}+\overline{BC}=2\overline{BC}+\overline{BC}=3\overline{BC}$

　　$\therefore \overline{BC}=\dfrac{1}{3}\overline{AC}=\dfrac{1}{3}\times18=6(cm)$ …… ㉯

🖳 (1) 18 cm　(2) 6 cm

채점 기준		
(1)	㉮ $\overline{AC}$의 길이 구하기	50 %
(2)	㉯ $\overline{BC}$의 길이 구하기	50 %

---

⑥47 $\overline{AM}:\overline{MO}=1:2$에서 $\overline{MO}=2\overline{AM}$이므로

$\overline{AO}=\overline{AM}+\overline{MO}$
　　$=\overline{AM}+2\overline{AM}=3\overline{AM}=3\times8=24(cm)$

$\overline{AO}:\overline{OB}=2:3$에서 $2\overline{OB}=3\overline{AO}$이므로

$\overline{OB}=\dfrac{3}{2}\overline{AO}=\dfrac{3}{2}\times24=36(cm)$

$\overline{ON}:\overline{NB}=5:1$에서 $\overline{ON}=5\overline{NB}$이므로

$\overline{OB}=\overline{ON}+\overline{NB}$
　　$=5\overline{NB}+\overline{NB}=6\overline{NB}$

$\therefore \overline{NB}=\dfrac{1}{6}\overline{OB}=\dfrac{1}{6}\times36=6(cm)$　　🖳 6 cm

---

⑥48 점 D는 $\overline{AB}$의 중점이므로 $\overline{AD}=\overline{DB}$
점 E는 $\overline{DC}$의 중점이므로 $\overline{DE}=\overline{EC}$
이때 $\overline{DE}=\overline{DB}+\overline{BE}=\overline{DB}+3=\overline{AD}+3$이므로
$\overline{AC}=\overline{AD}+\overline{DE}+\overline{EC}$
　　$=\overline{AD}+\overline{AD}+3+\overline{AD}+3$
　　$=3\overline{AD}+6=3\times\dfrac{2}{7}\overline{AC}+6=\dfrac{6}{7}\overline{AC}+6$

$7\overline{AC}=6\overline{AC}+42$
$\therefore \overline{AC}=42(cm)$　　🖳 ①

---

⑥49 $\overline{AB}=4\overline{AD}$에서

$\overline{AD}=\dfrac{1}{4}\overline{AB}=\dfrac{1}{4}\times12=3(km)$

$\overline{AD}=3\overline{CD}$에서

$\overline{CD}=\dfrac{1}{3}\overline{AD}=\dfrac{1}{3}\times3=1(km)$

이때 $\overline{BD}=\overline{AB}-\overline{AD}=12-3=9(km)$이므로

$\overline{DE}=\dfrac{1}{6}\overline{BD}=\dfrac{1}{6}\times9=\dfrac{3}{2}(km)$

$\therefore \overline{CE}=\overline{CD}+\overline{DE}=1+\dfrac{3}{2}=\dfrac{5}{2}(km)$

따라서 서점과 공원 사이의 거리는 $\dfrac{5}{2}$ km이다.

🖳 $\dfrac{5}{2}$ km

Lecture 02 각

Level A 개념 익히기　　14쪽

01 🖳 예각　　　**02** 🖳 평각

03 🖳 예각　　　**04** 🖳 둔각

05 🖳 직각　　　**06** 🖳 둔각

07 $\angle x=180°-110°=70°$　　🖳 70°

08 $\angle x=180°-(90°+60°)=30°$　　🖳 30°

09 $\angle x=50°$ (맞꼭지각)
$\angle y=180°-50°=130°$

🖳 $\angle x=50°$, $\angle y=130°$

10 $\angle x=180°-100°=80°$
$\angle y=\angle x=80°$ (맞꼭지각)

🖳 $\angle x=80°$, $\angle y=80°$

11 $\angle y=40°$ (맞꼭지각)
$\angle x=180°-(90°+40°)=50°$

🖳 $\angle x=50°$, $\angle y=40°$

12 $\angle x=45°$ (맞꼭지각)
$\angle y=180°-(65°+45°)=70°$

🖳 $\angle x=45°$, $\angle y=70°$

13 🖳 $\overline{AB}$　　　**14** 🖳 4 cm

채점 기준	
㉮ $\angle a$의 크기 구하기	40%
㉯ $\angle b$의 크기 구하기	50%
㉰ $\angle b - \angle a$의 크기 구하기	10%

⑮ 15 $(x+40)+(2x-10)=90$

$3x=60$ $\therefore x=20$ 답 20

⑯ 16 $x+(3x-26)=90$

$4x-26=90,\ 4x=116$

$\therefore x=29$ 답 29

⑰ 17 $\angle x+32°=90°$ $\therefore \angle x=58°$ ······ ㉮

$\angle y+32°=90°$ $\therefore \angle y=58°$ ······ ㉯

답 $\angle x=58°,\ \angle y=58°$

채점 기준	
㉮ $\angle x$의 크기 구하기	50%
㉯ $\angle y$의 크기 구하기	50%

⑱ 18 $\angle AOB+\angle BOC=90°,\ \angle BOC+\angle COD=90°$이므로

위의 두 식을 변끼리 더하면

$\angle AOB+\angle COD+2\angle BOC=180°$

$70°+2\angle BOC=180°,\ 2\angle BOC=110°$

$\therefore \angle BOC=55°$ 답 ③

다른 풀이 $\angle AOB+\angle BOC=90°,\ \angle BOC+\angle COD=90°$

이므로 $\angle AOB=\angle COD=\dfrac{1}{2}\times70°=35°$

$\therefore \angle BOC=90°-35°=55°$

공략 비법

오른쪽 그림에서 $\angle AOC=\angle BOD$이면

$\angle AOB=\angle AOC-\angle BOC$

$\qquad\quad =\angle BOD-\angle BOC$

$\qquad\quad =\angle COD$

⑲ 19 $60°+\angle x+(3\angle x-12°)=180°$

$4\angle x+48°=180°,\ 4\angle x=132°$

$\therefore \angle x=33°$ 답 $33°$

⑳ 20 $50+2x+(x-5)=180$

$3x+45=180,\ 3x=135$

$\therefore x=45$ 답 45

㉑ 21 $(2\angle x+13°)+(2\angle x+2°)+(\angle x-10°)=180°$

$5\angle x+5°=180°,\ 5\angle x=175°$

$\therefore \angle x=35°$

$\therefore \angle BOD=\angle x-10°=35°-10°=25°$ 답 ③

㉒ 22 $\angle a+90°=120°$이므로 $\angle a=30°$ ······ ㉮

$25°+\angle b+120°=180°$이므로

$\angle b+145°=180°$ $\therefore \angle b=35°$ ······ ㉯

$\therefore \angle b-\angle a=35°-30°=5°$ ······ ㉰

답 $5°$

㉓ 23 $\angle AOB=180°$이므로

$\angle AOC+\angle COD+\angle DOE+\angle EOB=180°$

$\angle AOC=\angle COD,\ \angle DOE=\angle EOB$이므로

$2(\angle COD+\angle DOE)=180°,\ 2\angle COE=180°$

$\therefore \angle COE=90°$ 답 $90°$

㉔ 24 $\angle AOD+\angle DOB=6\angle COD+6\angle DOE$

$\qquad\qquad\qquad\quad =6(\angle COD+\angle DOE)=180°$

이므로 $\angle COD+\angle DOE=30°$

$\therefore \angle COE=30°$ 답 ③

㉕ 25 $\angle POQ=\angle x$라 하면

$\angle POQ=\dfrac{1}{4}\angle AOQ$에서 $\angle AOQ=4\angle POQ=4\angle x$

$\angle AOQ=90°+\angle x$이므로 $90°+\angle x=4\angle x$

$3\angle x=90°$ $\therefore \angle x=30°$ ······ ㉮

$\angle QOR=\angle y$라 하면

$\angle QOR=\dfrac{1}{3}\angle BOR$에서 $\angle BOR=3\angle QOR=3\angle y$

$\angle BOQ=\angle QOR+\angle BOR=4\angle y$

이때 $\angle BOQ=180°-(90°+30°)=60°$이므로

$4\angle y=60°$ $\therefore \angle y=15°$ ······ ㉯

$\therefore \angle POR=\angle POQ+\angle QOR$

$\qquad\qquad =\angle x+\angle y=30°+15°=45°$ ······ ㉰

답 $45°$

채점 기준	
㉮ $\angle POQ$의 크기 구하기	30%
㉯ $\angle QOR$의 크기 구하기	40%
㉰ $\angle POR$의 크기 구하기	30%

공략 비법

조건에 따라 각의 크기를 $\angle x$, $\angle y$ 등으로 나타내거나 ●, × 등으로 표시하여 풀면 편리하다.

㉖ 26 $\angle AOE=180°$이므로

$\angle AOB+\angle BOD+\angle DOE=180°$

$60°+3\angle DOE+\angle DOE=180°$

$4\angle DOE=120°$ $\therefore \angle DOE=30°$

따라서 $\angle COD=\dfrac{1}{2}\angle DOE=\dfrac{1}{2}\times30°=15°$이므로

$\angle BOC=180°-(60°+15°+30°)=75°$ 답 $75°$

다른 풀이 $\angle BOC=\angle BOD-\angle COD$

$\qquad\qquad\quad =3\angle DOE-\dfrac{1}{2}\angle DOE$

$\qquad\qquad\quad =\dfrac{5}{2}\angle DOE=\dfrac{5}{2}\times30°=75°$

27 $\angle x + \angle y + \angle z = 180°$이고

$\angle x : \angle y : \angle z = 2 : 6 : 7$이므로

$$\angle x = 180° \times \frac{2}{2+6+7}$$
$$= 180° \times \frac{2}{15} = 24°$$

答 $24°$

28 $\angle AOC = 90°$이고 $\angle AOB : \angle BOC = 4 : 1$이므로

$$\angle AOB = 90° \times \frac{4}{4+1} = 90° \times \frac{4}{5} = 72°$$

答 $72°$

29 $\angle x : \angle y : \angle z = 2 : 4 : 3$이므로

$$\angle y = 180° \times \frac{4}{2+4+3} = 180° \times \frac{4}{9} = 80°$$
$$\angle z = 180° \times \frac{3}{2+4+3} = 180° \times \frac{3}{9} = 60°$$
$$\therefore \angle y - \angle z = 80° - 60° = 20°$$

答 ③

30 시침이 시계의 12를 가리킬 때부터 5시간 10분 동안 움직인 각도는

$$30° \times 5 + 0.5° \times 10 = 155°$$

또, 분침이 시계의 12를 가리킬 때부터 10분 동안 움직인 각도는

$$6° \times 10 = 60°$$

따라서 구하는 각의 크기는

$$155° - 60° = 95°$$

答 ④

31 시침이 시계의 12를 가리킬 때부터 1시간 25분 동안 움직인 각도는

$$30° \times 1 + 0.5° \times 25 = 42.5°$$

또, 분침이 시계의 12를 가리킬 때부터 25분 동안 움직인 각도는

$$6° \times 25 = 150°$$

따라서 구하는 각의 크기는

$$150° - 42.5° = 107.5°$$

答 $107.5°$

32 맞꼭지각의 크기는 서로 같으므로

$$2\angle x + 60° = 4\angle x + 20°, \quad 2\angle x = 40°$$
$$\therefore \angle x = 20°$$
$$\therefore \angle AOD = 2\angle x + 60°$$
$$= 2 \times 20° + 60° = 100°$$

答 ①

33 맞꼭지각의 크기는 서로 같으므로

$$\angle x = 45°$$
$$45° + (2\angle y + 15°) = 180°$$이므로
$$2\angle y = 120° \qquad \therefore \angle y = 60°$$
$$\therefore \angle y - \angle x = 60° - 45° = 15°$$

答 ①

34 맞꼭지각의 크기는 서로 같으므로

$$\angle x + 30° = 2\angle x - 40° \qquad \therefore \angle x = 70°$$
$$(\angle x + 30°) + (90° - \angle y) = 180°$$이므로
$$190° - \angle y = 180° \qquad \therefore \angle y = 10°$$

答 $\angle x = 70°$, $\angle y = 10°$

35 $(3\angle a - 50°) + 90° + (\angle a - 20°) = 180°$이므로

$$4\angle a + 20° = 180°, \quad 4\angle a = 160°$$
$$\therefore \angle a = 40° \qquad \cdots\cdots ㉮$$

이때 맞꼭지각의 크기는 서로 같으므로

$$\angle x = \angle a - 20°$$
$$= 40° - 20° = 20° \qquad \cdots\cdots ㉯$$

答 $20°$

<table>
<tr><td colspan="2">채점 기준</td></tr>
<tr><td>㉮ $\angle a$의 크기 구하기</td><td>60 %</td></tr>
<tr><td>㉯ $\angle x$의 크기 구하기</td><td>40 %</td></tr>
</table>

36 맞꼭지각의 크기는 서로 같으므로

오른쪽 그림과 같이 나타낼 수 있다.

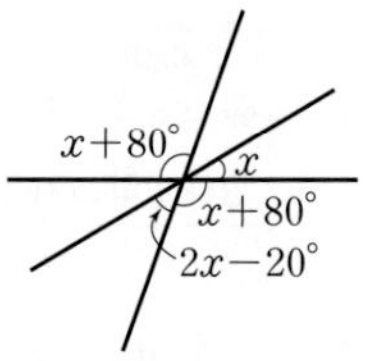

$$(2\angle x - 20°) + (\angle x + 80°) + \angle x$$
$$= 180°$$

이므로 $4\angle x + 60° = 180°$

$$4\angle x = 120°$$
$$\therefore \angle x = 30°$$

答 ③

37 맞꼭지각의 크기는 서로 같으므로

$$\angle x = 40°$$
$$60° + \angle x + 2\angle y = 180°$$이므로
$$60° + 40° + 2\angle y = 180°, \quad 100° + 2\angle y = 180°$$
$$2\angle y = 80° \qquad \therefore \angle y = 40°$$

答 $\angle x = 40°$, $\angle y = 40°$

38 맞꼭지각의 크기는 서로 같으므로

오른쪽 그림과 같이 나타낼 수 있다.

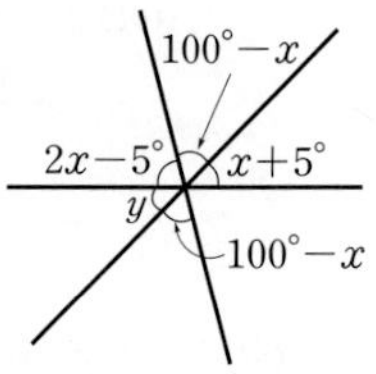

$$(2\angle x - 5°) + (100° - \angle x)$$
$$+ (\angle x + 5°)$$
$$= 180°$$

이므로 $2\angle x + 100° = 180°$

$$2\angle x = 80° \qquad \therefore \angle x = 40°$$
$$\therefore \angle y = \angle x + 5° = 40° + 5° = 45°$$

答 ⑤

39 맞꼭지각의 크기는 서로 같으므로

오른쪽 그림과 같이 나타낼 수 있다.

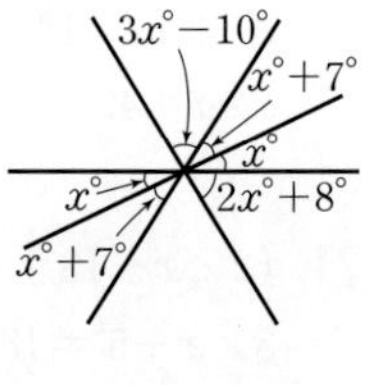

$$(3x - 10) + (x + 7) + x + (2x + 8)$$
$$= 180$$

이므로 $7x + 5 = 180$

$$7x = 175 \qquad \therefore x = 25$$

答 25

40 맞꼭지각의 크기는 서로 같으므로

$$2\angle x + 15° = 55° + 90°, \quad 2\angle x = 130°$$
$$\therefore \angle x = 65°$$
$$55° + 90° + \angle y = 180°$$이므로
$$145° + \angle y = 180° \qquad \therefore \angle y = 35°$$

答 $\angle x = 65°$, $\angle y = 35°$

(하) **41** 맞꼭지각의 크기는 서로 같으므로

$\angle x = 70° + \angle y$

$\therefore \angle x - \angle y = 70°$

탭 70°

(하) **42** 맞꼭지각의 크기는 서로 같으므로

$2x + 25 = (x - 15) + 90$

$\therefore x = 50$

탭 ③

(중) **43** $(3x + 10) + 50 = 180$이므로

$3x + 60 = 180, \ 3x = 120$

$\therefore x = 40$ ⋯⋯ ㉮

맞꼭지각의 크기는 서로 같으므로

$3x + 10 = 90 + (y - 25)$

$130 = 65 + y$

$\therefore y = 65$ ⋯⋯ ㉯

$\therefore x + y = 40 + 65 = 105$ ⋯⋯ ㉰

탭 105

채점 기준	
㉮ x의 값 구하기	40 %
㉯ y의 값 구하기	50 %
㉰ $x + y$의 값 구하기	10 %

(중) **44** 직선 AB와 CD, 직선 AB와 EF, 직선 CD와 EF가 만날 때 생기는 맞꼭지각이 각각 2쌍이므로

$2 × 3 = 6$(쌍)

탭 6쌍

참고 서로 다른 n개의 직선이 한 점에서 만날 때 생기는 맞꼭지각의 쌍의 개수는 $\dfrac{n(n-1)}{2} × 2 = n(n-1)$(쌍)이다.

(중) **45** 오른쪽 그림과 같이 네 직선을 각각 a, b, c, d라 하자.

직선 a와 b, 직선 a와 c, 직선 a와 d, 직선 b와 c, 직선 b와 d, 직선 c와 d가 만날 때 생기는 맞꼭지각이 각각 2쌍이므로

$2 × 6 = 12$(쌍)

탭 ④

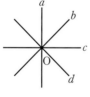

다른 풀이 서로 다른 4개의 직선이 한 점에서 만날 때 생기는 맞꼭지각의 쌍의 개수는

$4 × (4 - 1) = 12$(쌍)

(중) **46** ㄴ. 점 D에서 $\overline{BC}$에 내린 수선의 발은 점 C이다.

ㄷ. 점 B와 $\overline{CD}$ 사이의 거리는 $\overline{BC}$의 길이와 같으므로 8 cm이다.

ㄹ. 점 A와 $\overline{BC}$ 사이의 거리는 $\overline{CD}$의 길이와 같으므로 6 cm이다.

이상에서 옳은 것은 ㄱ, ㄹ이다.

탭 ㄱ, ㄹ

(하) **47** 점 A와 $\overline{BC}$ 사이의 거리는 $\overline{AD}$의 길이와 같으므로 2.4 cm이다.

$\therefore a = 2.4$ ⋯⋯ ㉮

점 B와 $\overline{AC}$ 사이의 거리는 $\overline{AB}$의 길이와 같으므로 4 cm이다.

$\therefore b = 4$ ⋯⋯ ㉯

$\therefore a + b = 2.4 + 4 = 6.4$ ⋯⋯ ㉰

탭 6.4

채점 기준	
㉮ a의 값 구하기	40 %
㉯ b의 값 구하기	40 %
㉰ $a + b$의 값 구하기	20 %

(중) **48** 한 눈금의 길이는 1이므로 점 A, B, C, D, E와 x축과의 거리는 각각 2, 5, 4, 6, 1이다. 이때 x축과의 거리가 가장 먼 점은 점 D이다.

또, 점 A, B, C, D, E와 y축과의 거리는 각각 2, 3, 4, 5, 6이다. 이때 y축과의 거리가 가장 가까운 점은 점 A이다.

탭 점 D, 점 A

(중) **49** ② $\angle AOC = \angle AOD = 90°$

⑤ 점 A에서 $\overleftrightarrow{CD}$에 내린 수선의 발은 점 O이므로 점 A와 $\overleftrightarrow{CD}$ 사이의 거리는 $\overline{AO}$의 길이이다.

탭 ⑤

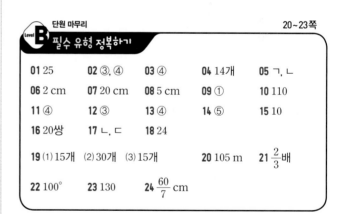

단원 마무리 20~23쪽

(Level B) **필수 유형 정복하기**

01 25	**02** ③, ④	**03** ④	**04** 14개	**05** ㄱ, ㄴ
06 2 cm	**07** 20 cm	**08** 5 cm	**09** ①	**10** 110
11 ④	**12** ③	**13** ④	**14** ⑤	**15** 10
16 20쌍	**17** ㄴ, ㄷ	**18** 24		
19 (1) 15개 (2) 30개 (3) 15개			**20** 105 m	**21** $\dfrac{2}{3}$배
22 100°	**23** 130	**24** $\dfrac{60}{7}$ cm		

01 **전략** 입체도형에서 교점의 개수와 교선의 개수를 각각 구한다.

주어진 입체도형에서

교점의 개수는 10개이므로 $a = 10$

교선의 개수는 15개이므로 $b = 15$

$\therefore a + b = 10 + 15 = 25$

02 **전략** 직선, 반직선, 선분의 뜻을 생각해 본다.

③ 반직선은 시작점과 뻗어 나가는 방향이 모두 같아야 서로 같은 반직선이다.

④ 직선과 반직선은 길이를 생각할 수 없다.

03 전략 주어진 반직선의 시작점과 방향이 모두 같은지 살펴본다.

① $\overrightarrow{AB}$와 $\overrightarrow{AD}$는 시작점은 같지만 뻗어 나가는 방향이 다르므로 서로 다른 반직선이다.

② $\overrightarrow{AB}$와 $\overrightarrow{AE}$는 시작점은 같지만 뻗어 나가는 방향이 다르므로 서로 다른 반직선이다.

③ $\overrightarrow{AC}$와 $\overrightarrow{AD}$는 시작점은 같지만 뻗어 나가는 방향이 다르므로 서로 다른 반직선이다.

④ $\overrightarrow{CA}$와 $\overrightarrow{CB}$는 시작점과 뻗어 나가는 방향이 모두 같으므로 서로 같은 반직선이다.

⑤ $\overrightarrow{DA}$와 $\overrightarrow{EA}$는 뻗어 나가는 방향은 같지만 시작점이 다르므로 서로 다른 반직선이다.

따라서 서로 같은 반직선끼리 짝 지어진 것은 ④이다.

04 전략 주어진 점 중 두 점을 이어서 반직선을 만들어 본다.

네 점 B, C, D, E 중 두 점을 이어서 만들 수 있는 반직선은 $\overrightarrow{BE}$, $\overrightarrow{CE}$, $\overrightarrow{DE}$, $\overrightarrow{CB}$, $\overrightarrow{DB}$, $\overrightarrow{EB}$의 6개이고,

네 점 B, C, D, E 중 한 점과 점 A를 이어서 만들 수 있는 반직선은 $\overrightarrow{AB}$, $\overrightarrow{BA}$, $\overrightarrow{AC}$, $\overrightarrow{CA}$, $\overrightarrow{AD}$, $\overrightarrow{DA}$, $\overrightarrow{AE}$, $\overrightarrow{EA}$의 8개이다.

따라서 만들 수 있는 서로 다른 반직선의 개수는 $6+8=14$(개)이다.

05 전략 $\overline{AM}=\overline{MB}=\dfrac{1}{2}\overline{AB}$이면 점 M이 $\overline{AB}$의 중점임을 이용한다.

ㄱ. $\overline{AD}=\overline{DB}$이므로 점 D는 $\overline{AB}$의 중점이다.

ㄴ. $\overline{AC}=\overline{CD}$이므로 점 C는 $\overline{AD}$의 중점이다.

ㄷ. $\overline{CB}:\overline{DB}=3:2$이므로 $2\overline{CB}=3\overline{DB}$이다.

ㄹ. $\overrightarrow{BD}$와 $\overrightarrow{ED}$는 뻗어 나가는 방향은 같지만 시작점이 다르므로 서로 다른 반직선이다.

이상에서 옳은 것은 ㄱ, ㄴ이다.

06 전략 선분의 중점은 선분의 길이를 이등분함을 이용한다.

$\overline{AC}=\overline{BC}=\dfrac{1}{2}\overline{AB}=\dfrac{1}{2}\times16=8$(cm)이므로

$\overline{DC}=\dfrac{1}{2}\overline{AC}=\dfrac{1}{2}\times8=4$(cm)

$\overline{DE}=\dfrac{1}{2}\overline{DB}=\dfrac{1}{2}(\overline{DC}+\overline{BC})=\dfrac{1}{2}\times(4+8)=6$(cm)

$\therefore\ \overline{CE}=\overline{DE}-\overline{DC}=6-4=2$(cm)

07 전략 네 점 O, P, Q, R를 선분 AB 위에 나타낸다.

㈎~㈐에 의하여 네 점 O, P, Q, R를 선분 AB 위에 나타내면 다음 그림과 같다.

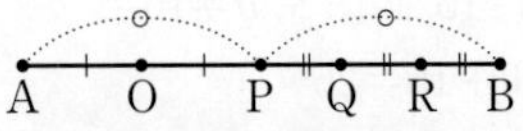

$\overline{OP}=\dfrac{1}{2}\overline{AP}=\dfrac{1}{2}\times\dfrac{1}{2}\overline{AB}=\dfrac{1}{4}\overline{AB}=\dfrac{1}{4}\times48=12$(cm)

$\overline{PQ}=\dfrac{1}{3}\overline{PB}=\dfrac{1}{3}\times\dfrac{1}{2}\overline{AB}=\dfrac{1}{6}\overline{AB}=\dfrac{1}{6}\times48=8$(cm)

$\therefore\ \overline{OQ}=\overline{OP}+\overline{PQ}=12+8=20$(cm)

08 전략 주어진 조건을 이용하여 $\overline{AC}$의 길이를 구한 후, $\overline{BC}$의 길이를 구한다.

$\overline{CD}=\dfrac{1}{2}\overline{AC}$이므로

$\overline{AD}=\overline{AC}+\overline{CD}$

$\quad\ =\overline{AC}+\dfrac{1}{2}\overline{AC}=\dfrac{3}{2}\overline{AC}$

$\therefore\ \overline{AC}=\dfrac{2}{3}\overline{AD}=\dfrac{2}{3}\times30=20$(cm)

$\overline{BC}=\dfrac{1}{3}\overline{AB}$에서 $\overline{AB}=3\overline{BC}$이므로

$\overline{AC}=\overline{AB}+\overline{BC}$

$\quad\ =3\overline{BC}+\overline{BC}=4\overline{BC}$

$\therefore\ \overline{BC}=\dfrac{1}{4}\overline{AC}=\dfrac{1}{4}\times20=5$(cm)

다른 풀이 $\overline{BC}=x$ cm라 하면 $\overline{AB}=3x$ cm이고

$\overline{AC}=\overline{AB}+\overline{BC}=3x+x=4x$(cm)이므로

$\overline{CD}=\dfrac{1}{2}\overline{AC}=\dfrac{1}{2}\times4x=2x$(cm)

$\overline{AD}=\overline{AB}+\overline{BC}+\overline{CD}$이므로

$30=3x+x+2x$, $6x=30$ $\therefore\ x=5$

따라서 $\overline{BC}$의 길이는 5 cm이다.

09 전략 $\overline{AB}=2k$, $\overline{BC}=3k(k>0)$로 놓고 $\overline{MN}$의 길이를 k를 사용한 식으로 나타낸다.

$\overline{AB}:\overline{BC}=2:3$이므로 $\overline{AB}=2k$, $\overline{BC}=3k(k>0)$로 놓자.

$\overline{MB}=\dfrac{1}{2}\overline{AB}=k$, $\overline{BN}=\dfrac{1}{2}\overline{BC}=\dfrac{3}{2}k$이므로

$\overline{MN}=\overline{MB}+\overline{BN}=k+\dfrac{3}{2}k=\dfrac{5}{2}k$

$\therefore\ \overline{MN}:\overline{BC}=\dfrac{5}{2}k:3k=5:6$

10 전략 평각의 크기는 $180°$임을 이용한다.

$(y+50)+40+(x-20)=180$이므로

$x+y=110$

11 전략 $\angle EOB=90°$임을 이용하여 $\angle AOC$, $\angle COD$, $\angle DOE$의 크기를 구한다.

① $\angle AOE=180°-\angle EOB$

$\quad\ =180°-90°=90°$

② $\angle AOE=\angle AOC+\angle COD+\angle DOE=90°$이므로

$\angle AOC=\angle COD=\angle DOE=30°$

③ $\angle COB=\angle COE+\angle EOB$

$\quad\ =30°\times2+90°=150°$

④ $3\angle AOD=3\times60°=180°$

$\angle BOD=\angle DOE+\angle EOB$

$\quad\ =30°+90°=120°$

$\therefore\ 3\angle AOD\neq\angle BOD$

⑤ $\dfrac{1}{4}\angle BOD=\dfrac{1}{4}\times120°=30°$이고 $\angle AOC=30°$이므로

$\angle AOC=\dfrac{1}{4}\angle BOD$

12 전략 180°를 5등분했을 때 생기는 한 각의 크기를 구한 다음 예각의 개수를 찾아본다.

180°를 5등분했을 때 한 각의 크기는 $180° \times \dfrac{1}{5} = 36°$

크기가 36°인 각은 $\angle AOC$, $\angle COD$, $\angle DOE$, $\angle EOF$, $\angle FOB$의 5개이고, 크기가 72°인 각은 $\angle AOD$, $\angle COE$, $\angle DOF$, $\angle EOB$의 4개이다.

따라서 예각의 개수는 $5+4=9$(개)이다.

13 전략 $\angle AOE$는 평각이고 $\angle AOC=90°$임을 이용하여 각의 크기를 구한다.

$\angle COE = \angle AOC = 90°$이므로

$\angle COD = 90° \times \dfrac{2}{3+2} = 90° \times \dfrac{2}{5} = 36°$

이때 $\angle AOD = \angle AOC + \angle COD = 90° + 36° = 126°$

이므로

$\angle BOC = \dfrac{2}{9} \angle AOD = \dfrac{2}{9} \times 126° = 28°$

$\therefore \angle AOB = \angle AOC - \angle BOC$
$\qquad = 90° - 28° = 62°$

14 전략 $\angle a$와 $\angle b$가 맞꼭지각임을 이용한다.

$\angle a$와 $\angle b$가 맞꼭지각이므로 $\angle a = \angle b$

$\angle a + \angle b = 200°$에서 $2\angle a = 200°$

$\therefore \angle a = 100°$

$\therefore \angle x = 180° - \angle a$
$\qquad = 180° - 100° = 80°$

15 전략 평각의 크기는 180°이고 맞꼭지각의 성질을 이용한다.

$(4x-5) + (x+20) + 90 = 180$이므로

$5x + 105 = 180$, $5x = 75$

$\therefore x = 15$

맞꼭지각의 크기는 서로 같으므로

$(x+20) + 90 = 5y$, $5y = 125$

$\therefore y = 25$

$\therefore y - x = 25 - 15 = 10$

16 전략 서로 다른 두 직선이 한 점에서 만날 때 2쌍의 맞꼭지각이 생긴다는 것을 이용한다.

오른쪽 그림과 같이 5개의 직선을 각각 a, b, c, d, e라 하자.

직선 a와 b, 직선 a와 c, 직선 a와 d, 직선 a와 e, 직선 b와 c, 직선 b와 d, 직선 b와 e, 직선 c와 d, 직선 c와 e, 직선 d와 e가 만날 때 생기는 맞꼭지각 이 각각 2쌍이므로

$2 \times 10 = 20$(쌍)

다른 풀이 서로 다른 5개의 직선이 한 점에서 만날 때 생기는 맞꼭지각의 쌍의 개수는

$5 \times (5-1) = 20$(쌍)

17 전략 점에서 직선에 내린 수선의 발을 이용하여 점과 직선 사이의 거리를 구한다.

ㄱ. 점 A와 $\overline{BC}$ 사이의 거리는 $\overline{AC}$의 길이와 같으므로 $6-4=2$(cm)이다.

ㄴ. 점 B에서 $\overline{AE}$에 내린 수선의 발은 점 C이다.

ㄷ. 점 B와 $\overline{DE}$ 사이의 거리는 $\overline{CE}$의 길이와 같으므로 4 cm이다.

이상에서 옳지 않은 것은 ㄴ, ㄷ이다.

18 전략 점 (a, b)에서 x축, y축에 내린 수선의 발의 좌표는 각각 $(a, 0)$, $(0, b)$이다.

두 점 P, Q에서 각각 x축과 y축에 수선의 발을 내리면 오른쪽 그림과 같다.

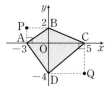

따라서 사각형 ABCD의 넓이는

(삼각형 ABC의 넓이)
$\qquad$ +(삼각형 ADC의 넓이)

$= \dfrac{1}{2} \times 8 \times 2 + \dfrac{1}{2} \times 8 \times 4 = 8 + 16 = 24$

19 전략 어느 세 점도 한 직선 위에 있지 않은 6개의 점 중 두 점을 지나는 서로 다른 직선, 반직선, 선분의 개수를 각각 구한다.

(1) 직선은
$\overleftrightarrow{AB}$, $\overleftrightarrow{AC}$, $\overleftrightarrow{AD}$, $\overleftrightarrow{AE}$, $\overleftrightarrow{AF}$, $\overleftrightarrow{BC}$, $\overleftrightarrow{BD}$, $\overleftrightarrow{BE}$, $\overleftrightarrow{BF}$, $\overleftrightarrow{CD}$, $\overleftrightarrow{CE}$, $\overleftrightarrow{CF}$, $\overleftrightarrow{DE}$, $\overleftrightarrow{DF}$, $\overleftrightarrow{EF}$의 15개이다. $\cdots\cdots$ ㉮

(2) (반직선의 개수)=(직선의 개수)$\times 2$
$\qquad\qquad\qquad\quad = 15 \times 2 = 30$(개) $\cdots\cdots$ ㉯

(3) (선분의 개수)=(직선의 개수)=15(개) $\cdots\cdots$ ㉰

채점 기준		
(1) ㉮ 직선의 개수 구하기		40%
(2) ㉯ 반직선의 개수 구하기		30%
(3) ㉰ 선분의 개수 구하기		30%

20 전략 주어진 조건을 이용하여 각 점 사이의 거리를 구한다.

$\overline{AB} = \overline{BC} = \dfrac{1}{2}\overline{AC} = \dfrac{1}{2} \times 180 = 90$(m)

$\therefore \overline{PB} = \dfrac{1}{2}\overline{AB} = \dfrac{1}{2} \times 90 = 45$(m) $\cdots\cdots$ ㉮

$\overline{BC} = \overline{BQ} + \overline{QC} = 2\overline{QC} + \overline{QC} = 3\overline{QC}$

이고 $\overline{BC} = 90$ m이므로

$3\overline{QC} = 90$ $\qquad \therefore \overline{QC} = 30$(m)

$\therefore \overline{BQ} = 2\overline{QC} = 2 \times 30 = 60$(m) $\cdots\cdots$ ㉯

따라서 문구점에서 나래네 집까지의 거리는 $\overline{PQ}$의 길이와 같으므로

$\overline{PQ} = \overline{PB} + \overline{BQ} = 45 + 60 = 105$(m) $\cdots\cdots$ ㉰

채점 기준	
㉮ $\overline{PB}$의 길이 구하기	30%
㉯ $\overline{BQ}$의 길이 구하기	50%
㉰ 문구점에서 나래네 집까지의 거리 구하기	20%

21 전략 $\overline{BC}$와 $\overline{AC}$, $\overline{CD}$와 $\overline{CE}$의 길이 사이의 관계를 파악한다.

$$\overline{BC}=\overline{AC}-\overline{AB}=\overline{AC}-\frac{1}{3}\overline{AC}=\frac{2}{3}\overline{AC}$$ ……㉮

$$\overline{CE}=\overline{CD}+\overline{DE}=\overline{CD}+\frac{1}{2}\overline{CD}=\frac{3}{2}\overline{CD}$$

이므로 $\overline{CD}=\frac{2}{3}\overline{CE}$ ……㉯

$$\therefore \overline{BD}=\overline{BC}+\overline{CD}$$
$$=\frac{2}{3}(\overline{AC}+\overline{CE})=\frac{2}{3}\overline{AE}$$

따라서 $\overline{BD}$의 길이는 $\overline{AE}$의 길이의 $\frac{2}{3}$배이다. ……㉰

채점 기준	
㉮ $\overline{BC}$의 길이를 $\overline{AC}$를 사용한 식으로 나타내기	30 %
㉯ $\overline{CD}$의 길이를 $\overline{CE}$를 사용한 식으로 나타내기	30 %
㉰ $\overline{BD}$의 길이는 $\overline{AE}$의 길이의 몇 배인지 구하기	40 %

22 전략 $\angle AOC$와 $\angle COD$, $\angle DOE$와 $\angle EOB$의 크기 사이의 관계를 파악한다.

$\angle AOC : \angle COD = 4:5$이므로

$\angle AOC = \frac{4}{5}\angle COD$ ……㉮

$\angle EOB : \angle DOB = 4:9$이므로

$\angle EOB : \angle DOE = 4:5$

$\therefore \angle EOB = \frac{4}{5}\angle DOE$ ……㉯

이때 $\angle AOC + \angle COD + \angle DOE + \angle EOB = 180°$이므로

$$\frac{4}{5}\angle COD + \angle COD + \angle DOE + \frac{4}{5}\angle DOE = 180°$$

$$\frac{9}{5}(\angle COD + \angle DOE) = 180°$$

$$\therefore \angle COD + \angle DOE = 100°$$

$$\therefore \angle COE = 100°$$ ……㉰

채점 기준	
㉮ $\angle AOC$의 크기를 $\angle COD$를 사용한 식으로 나타내기	30 %
㉯ $\angle EOB$의 크기를 $\angle DOE$를 사용한 식으로 나타내기	30 %
㉰ $\angle COE$의 크기 구하기	40 %

23 전략 맞꼭지각의 성질을 이용하여 x, y의 값을 각각 구한다.

맞꼭지각의 크기는 서로 같으므로
오른쪽 그림과 같이 나타낼 수 있다.

$(3x°+10)+(2x°-30)+(80-x)$
$=180$

이므로 $4x+60=180$

$4x=120$ $\therefore x=30$ ……㉮

$\therefore y=3x+10=3\times30+10=100$ ……㉯

$\therefore x+y=30+100=130$ ……㉰

채점 기준	
㉮ x의 값 구하기	50 %
㉯ y의 값 구하기	40 %
㉰ $x+y$의 값 구하기	10 %

24 전략 두 삼각형의 넓이가 같음을 이용하여 점과 직선 사이의 거리를 구한다.

오른쪽 그림과 같이 점 A에서 $\overline{BC}$에 내린 수선의 발을 H라 하면 점 A와 $\overline{BC}$ 사이의 거리는 $\overline{AH}$의 길이와 같다. ……㉮

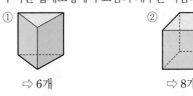

(삼각형 ABC의 넓이)
$\qquad$ =(삼각형 ACD의 넓이)

이므로 $\frac{1}{2}\times14\times\overline{AH}=\frac{1}{2}\times10\times12$

$7\overline{AH}=60$ $\therefore \overline{AH}=\frac{60}{7}$(cm)

따라서 점 A와 $\overline{BC}$ 사이의 거리는 $\frac{60}{7}$ cm이다. ……㉯

채점 기준	
㉮ 점 A와 $\overline{BC}$ 사이의 거리와 길이가 같은 선분 구하기	30 %
㉯ 점 A와 $\overline{BC}$ 사이의 거리 구하기	70 %

참고 평행사변형에서 한 대각선을 그을 때 생기는 두 삼각형의 넓이는 서로 같다.

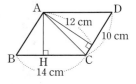

단원 마무리 24~25쪽

Level C 발전 유형 정복하기

01 ②	**02** 45개	**03** ①, ③	**04** ④	**05** 36°
06 ④	**07** ③	**08** 108°	**09** ③	**10** 16개
11 3 cm	**12** 54°			

01 전략 각기둥과 각뿔에서 교점의 개수는 꼭짓점의 개수와 같다.

주어진 입체도형에서 교점의 개수는 다음과 같다.

①
⇨ 6개

②
⇨ 8개

③
⇨ 5개

④
⇨ 6개

⑤

⇨ 7개

02 전략 한 직선 위에 있는 서로 다른 10개의 점으로 만들 수 있는 선분을 찾는다.

다음 그림과 같이 한 직선 위에 있는 서로 다른 10개의 점을 A_1, A_2, $\cdots$, A_{10}이라 하자.

A_1 A_2 A_3 A_4 A_5 A_6 A_7 A_8 A_9 A_{10}

이때 만들 수 있는 서로 다른 선분의 개수는

$\overline{A_1A_2}$, $\overline{A_1A_3}$, $\cdots$, $\overline{A_1A_{10}}$의 9개

$\overline{A_2A_3}$, $\overline{A_2A_4}$, $\cdots$, $\overline{A_2A_{10}}$의 8개

$\overline{A_3A_4}$, $\overline{A_3A_5}$, $\cdots$, $\overline{A_3A_{10}}$의 7개

$\overline{A_4A_5}$, $\overline{A_4A_6}$, $\cdots$, $\overline{A_4A_{10}}$의 6개

$\overline{A_5A_6}$, $\overline{A_5A_7}$, $\cdots$, $\overline{A_5A_{10}}$의 5개

$\overline{A_6A_7}$, $\overline{A_6A_8}$, $\overline{A_6A_9}$, $\overline{A_6A_{10}}$의 4개

$\overline{A_7A_8}$, $\overline{A_7A_9}$, $\overline{A_7A_{10}}$의 3개

$\overline{A_8A_9}$, $\overline{A_8A_{10}}$의 2개

$\overline{A_9A_{10}}$의 1개

따라서 구하는 선분의 개수는

$9+8+7+6+5+4+3+2+1=45$(개)

다른 풀이 $\dfrac{10\times(10-1)}{2}=45$(개)

공략 비법

한 직선 위에 있는 n개의 점 중 두 점을 이어서 만들 수 있는 서로 다른

① (직선의 개수)$=1$(개)

② (반직선의 개수)$=2(n-1)$(개)

③ (선분의 개수)$=\dfrac{n(n-1)}{2}$(개)

03 **전략** $\overline{AD}=\dfrac{1}{2}\overline{AB}$, $\overline{AD}=\overline{BE}$임을 이용하여 두 점 D, E를 직선 위에 나타낸다.

㈎, ㈏, ㈐에 의하여 5개의 점을 한 직선 위에 나타내면 다음과 같다.

(ⅰ) 점 D가 점 A의 왼쪽에 있을 경우

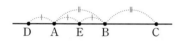

$\therefore \overline{AE}=\dfrac{1}{2}\overline{AB}=\dfrac{1}{2}\times8=4(cm)$

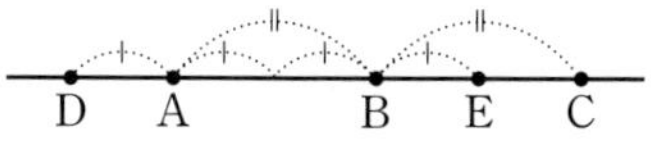

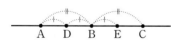

$\therefore \overline{AE}=\overline{AB}+\overline{BE}=8+4=12(cm)$

(ⅱ) 점 D가 점 A의 오른쪽에 있을 경우

$\therefore \overline{AE}=\overline{AB}+\overline{BE}=8+4=12(cm)$

(ⅰ), (ⅱ)에서 $\overline{AE}$의 길이가 될 수 있는 것은 4 cm, 12 cm이다.

참고 $\overline{AB}=\overline{BC}=8$ cm

$\overline{BE}=\overline{AD}=\dfrac{1}{2}\overline{AB}=\dfrac{1}{2}\times8=4(cm)$

04 **전략** $2\overline{AC}=3\overline{CB}$이므로 $\overline{AC}$, $\overline{CB}$의 길이를 각각 $3k$, $2k(k>0)$로 놓는다.

$2\overline{AC}=3\overline{CB}$에서 $\overline{AC}:\overline{CB}=3:2$이므로

$\overline{AC}=3k$, $\overline{CB}=2k(k>0)$로 놓자.

① $\overline{AM}=\dfrac{1}{2}\overline{AC}=\dfrac{3}{2}k$이므로 $\overline{AM}\neq\overline{CB}$

② $\overline{NB}=\dfrac{1}{2}\overline{CB}=k$, $\overline{MC}=\dfrac{1}{2}\overline{AC}=\dfrac{3}{2}k$이므로

$\overline{NB}=\dfrac{2}{3}\overline{MC}$

③ $\overline{MN}=\overline{MC}+\overline{CN}=\dfrac{3}{2}k+k=\dfrac{5}{2}k$이고

$\overline{AB}=\overline{AC}+\overline{CB}=3k+2k=5k$이므로

$\overline{MN}=\dfrac{1}{2}\overline{AB}$

④ $\overline{AN}=\overline{AC}+\overline{CN}=3k+k=4k$이므로

$\overline{AN}:\overline{NB}=4k:k=4:1$

⑤ $\overline{AM}:\overline{CN}=\dfrac{3}{2}k:k=3:2$

05 **전략** $\angle DOF=\angle DOE+\angle EOF$임을 이용한다.

$\angle COB=\angle COE+\angle EOF+\angle BOF$

$\quad\quad =3\angle DOE+\angle EOF+2\angle EOF$

$\quad\quad =3\angle DOE+3\angle EOF=3(\angle DOE+\angle EOF)$

$\quad\quad =3\angle DOF$

이므로 $\angle DOF=\dfrac{1}{3}\angle COB$

이때 $\angle COB=180°-72°=108°$이므로

$\angle DOF=\dfrac{1}{3}\angle COB=\dfrac{1}{3}\times108°=36°$

06 **전략** 시침과 분침이 x분 동안 움직이는 각의 크기를 각각 구한다.

시침은 1시간에 30°씩, 1분에 0.5°씩 움직이고, 분침은 1분에 6°씩 움직인다.

7시와 8시 사이에서 시계의 시침과 분침이 완전히 포개어질 때의 시각을 7시 x분이라 하자.

시침이 시계의 12를 가리킬 때부터 7시간 x분 동안 움직인 각의 크기는 $30°\times7+0.5°\times x$

분침이 시계의 12를 가리킬 때부터 x분 동안 움직인 각의 크기는 $6°\times x$

시침과 분침이 완전히 포개어지므로

$210°+0.5°\times x=6°\times x$, $5.5°\times x=210°$

$\therefore x=\dfrac{210}{5.5}=\dfrac{420}{11}$

따라서 구하는 시각은 7시 $\dfrac{420}{11}$분이다.

07 **전략** 삼각형의 세 각의 크기의 합이 180°인 것과 맞꼭지각의 크기는 서로 같음을 이용한다.

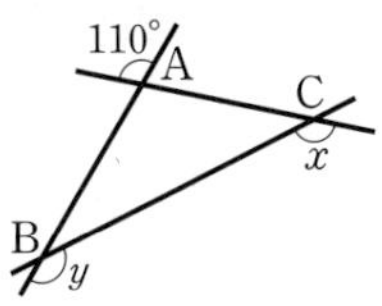

오른쪽 그림에서

$\angle BAC=110°$ (맞꼭지각)

$\angle ABC=180°-\angle y$

$\angle ACB=180°-\angle x$

삼각형 ABC에서

$\angle BAC+\angle ABC+\angle ACB=180°$

$110°+(180°-\angle y)+(180°-\angle x)=180°$

$\therefore \angle x+\angle y=290°$

08 전략 맞꼭지각의 크기는 서로 같음을 이용한다.

$$\angle AOB + \angle BOC + \angle COP + \angle DOP$$
$$= \angle AOB + \angle BOC + \frac{2}{3}\angle AOB + \frac{2}{3}\angle BOC$$
$$= \frac{5}{3}(\angle AOB + \angle BOC)$$
$$= \frac{5}{3}\angle AOC$$
$$= 180°$$
$$\therefore \angle AOC = 180° \times \frac{3}{5} = 108°$$

이때 맞꼭지각의 크기는 서로 같으므로
$$\angle DOF = \angle AOC = 108°$$

09 전략 점 C에서 $\overline{AB}$에 내린 수선의 발을 H라 놓고 $\overline{CH}$의 길이를 구한다.

점 A와 $\overline{BC}$ 사이의 거리는 $\overline{AC}$의 길이와 같으므로
$a = 12$
점 B와 $\overline{AC}$ 사이의 거리는 $\overline{BC}$의 길이와 같으므로
$b = 5$
오른쪽 그림과 같이 점 C에서 $\overline{AB}$에 내린 수선의 발을 H라 하면 점 C와 $\overline{AB}$ 사이의 거리는 $\overline{CH}$의 길이와 같다.

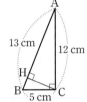

직각삼각형 ABC의 넓이를 이용하면
$$\frac{1}{2} \times 5 \times 12 = \frac{1}{2} \times 13 \times \overline{CH}$$
$$\therefore \overline{CH} = \frac{60}{13}(cm) \qquad \therefore c = \frac{60}{13}$$
$$\therefore \frac{ab}{c} = 12 \times 5 \div \frac{60}{13} = 12 \times 5 \times \frac{13}{60} = 13$$

공략 비법
직각삼각형 ABC의 점 C에서 $\overline{AB}$에 내린 수선의 발을 H라 하면 삼각형 ABC의 넓이는 $\frac{1}{2} \times \overline{BC} \times \overline{AC}$ 또는 $\frac{1}{2} \times \overline{AB} \times \overline{CH}$로 구할 수 있다.

10 전략 직선을 3개, 4개, 5개 그을 때 추가로 생기는 평면의 수에 대한 규칙성을 찾는다.

직선 3개를 그을 때,
두 직선과 각각 한 점에서 만나도록 세 번째 직선을 그으면 평면이 최대 3개 더 생기므로 평면은 최대 4+3=7(개)로 나누어진다. ······ ㉮

직선 4개를 그을 때,
세 직선과 각각 한 점에서 만나도록 네 번째 직선을 그으면 평면이 최대 4개 더 생기므로 평면은 최대 7+4=11(개)로 나누어진다. ······ ㉯

직선 5개를 그을 때,
네 직선과 각각 한 점에서 만나도록 다섯 번째 직선을 그으면 평면이 최대 5개 더 생기므로 평면은 최대 11+5=16(개)로 나누어진다. ······ ㉰

채점 기준	
㉮ 직선 3개를 그을 때 나누어지는 최대 평면의 수 구하기	30%
㉯ 직선 4개를 그을 때 나누어지는 최대 평면의 수 구하기	30%
㉰ 직선 5개를 그을 때 나누어지는 최대 평면의 수 구하기	40%

참고 오른쪽 그림에서 직선 5개를 그을 때 평면이 최대 16개로 나누어지는 것을 알 수 있다.

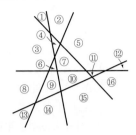

11 전략 주어진 길이의 비를 이용하여 $\overline{BD}$의 길이를 구한다.

$\overline{AD} : \overline{BD} = 4 : 1$이므로 $\overline{AD} = 4\overline{BD}$
$$\therefore \overline{AB} = \overline{AD} + \overline{BD} = 4\overline{BD} + \overline{BD} = 5\overline{BD} \qquad \cdots\cdots ㉮$$
또, $\overline{BC} = \overline{BD} + \overline{CD} = \overline{BD} + 7 \qquad \cdots\cdots ㉯$
이때 $\overline{AB} = \frac{3}{2}\overline{BC}$이므로 $5\overline{BD} = \frac{3}{2}(\overline{BD} + 7)$
$7\overline{BD} = 21$
$$\therefore \overline{BD} = 3(cm) \qquad \cdots\cdots ㉰$$

채점 기준	
㉮ $\overline{AB}$의 길이를 $\overline{BD}$를 사용하여 나타내기	30%
㉯ $\overline{BC}$의 길이를 $\overline{BD}$를 사용하여 나타내기	30%
㉰ $\overline{BD}$의 길이 구하기	40%

12 전략 주어진 두 각의 크기 사이의 비를 이용하여 네 각의 크기 사이의 비를 구한다.

$$\angle BOC : \angle COD : \angle DOE : \angle EOG = 1 : 2 : 3 : 4$$
이므로 ······ ㉮
$\angle BOC = \angle k$, $\angle COD = 2\angle k$, $\angle DOE = 3\angle k$, $\angle EOG = 4\angle k$
로 놓으면
$$\angle BOG = \angle k + 2\angle k + 3\angle k + 4\angle k = 180°$$
$$10\angle k = 180°$$
$$\therefore \angle k = 18° \qquad \cdots\cdots ㉯$$
또, 맞꼭지각의 크기는 서로 같으므로
$\angle FOG = \angle AOB$
$$\therefore \angle BOC + \angle FOG = \angle BOC + \angle AOB$$
$$= \angle AOD - \angle COD$$
$$= 90° - 2 \times 18° = 54° \qquad \cdots\cdots ㉰$$

채점 기준	
㉮ $\angle BOC$, $\angle COD$, $\angle DOE$, $\angle EOG$의 크기 사이의 비 구하기	30%
㉯ $\angle BOC$의 크기 구하기	30%
㉰ $\angle BOC + \angle FOG$의 크기 구하기	40%

공략 비법
$A : B = p : q$, $B : C = r : s$이면
$A : B : C = pr : qr : qs$ (단, q, r는 서로소)

2. 위치 관계

 **03 위치 관계 (1)**

Level A 개념 익히기 28~29쪽

01 답 점 A, 점 C

02 답 점 B, 점 D

03 답 점 B, 점 C, 점 D

04 답 점 A, 점 E

05 답 $\overline{AD}$, $\overline{CD}$, $\overline{DH}$

06 답 점 A, 점 E

07 답 점 B, 점 F, 점 G, 점 C

08 답 $\overline{FC}$, $\overline{ED}$

09 답 $\overline{AB}$, $\overline{FC}$, $\overline{ED}$

10 답 점 F

11 답 평행하다.

12 답 한 점에서 만난다.

13 답 한 점에서 만난다.

14 답 $\overline{AC}$, $\overline{BC}$, $\overline{AD}$, $\overline{BE}$

15 답 $\overline{DE}$

16 답 $\overline{CF}$, $\overline{DF}$, $\overline{EF}$

17 모서리 AB와 만나는 모서리는 $\overline{AD}$, $\overline{BC}$, $\overline{AE}$, $\overline{BF}$의 4개이다. 답 4개

18 모서리 AB와 평행한 모서리는 $\overline{DC}$, $\overline{EF}$, $\overline{HG}$의 3개이다. 답 3개

19 모서리 AB와 꼬인 위치에 있는 모서리는 $\overline{CG}$, $\overline{DH}$, $\overline{EH}$, $\overline{FG}$의 4개이다. 답 4개

Level B 유형 공략하기 29~33쪽

20 ㄱ. 점 Q는 직선 l 위에 있다. 즉, 직선 l은 점 Q를 지난다.
ㄷ. 세 점 P, Q, R는 한 직선 위에 있지 않다.
이상에서 옳은 것은 ㄴ, ㄹ이다. 답 ㄴ, ㄹ

21 직선 l 위에 있는 점은 점 B와 점 C이고, 이 중 직선 m 위에 있지 않은 점은 점 B이다. 답 ②

22 ④ 점 D는 직선 m 위에 있지 않다. 답 ④

23 ① 직선 l은 점 A를 지나지 않는다.
② 점 A는 평면 P 위에 있지 않다.
③ 점 C는 평면 P 위에 있다.
④ 직선 l 위에 있지 않은 점은 점 A와 점 B의 2개이다. 답 ⑤

24 모서리 AB 위에 있는 꼭짓점은 점 A, 점 B의 2개이므로
$a=2$ ……… ㉮
면 BCDE 위에 있지 않은 꼭짓점은 점 A의 1개이므로
$b=1$ ……… ㉯
$\therefore a+b=2+1=3$ ……… ㉰
답 3

채점 기준	
㉮ a의 값 구하기	40%
㉯ b의 값 구하기	40%
㉰ $a+b$의 값 구하기	20%

25 ① 오른쪽 그림과 같이 $\overleftrightarrow{AB}$와 $\overleftrightarrow{CD}$는 한 점에서 만나므로 평행하지 않다.
② $\overleftrightarrow{AD}$와 $\overleftrightarrow{BC}$는 평행하다. 즉, 만나지 않는다.
③ $\overleftrightarrow{AD}$와 $\overleftrightarrow{CD}$는 수직으로 만나지 않는다.
④ $\overleftrightarrow{AB}$와 $\overleftrightarrow{BC}$의 교점은 점 B이다.
⑤ $\overleftrightarrow{AD}$와 $\overleftrightarrow{AB}$는 점 A에서 만난다.
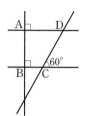
답 ②, ⑤

26 ③ 꼬인 위치는 공간에서 두 직선의 위치 관계이다. 답 ③

27 오른쪽 그림에서 $l /\!/ m$, $m \perp n$이면 $l \perp n$이다.

답 $l \perp n$

28 오른쪽 그림에서 $\overleftrightarrow{AB}$와 한 점에서 만나는 직선은 $\overleftrightarrow{BC}$, $\overleftrightarrow{CD}$, $\overleftrightarrow{EF}$, $\overleftrightarrow{AF}$의 4개이다. 답 4개
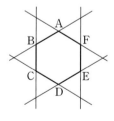
다른 풀이 $\overleftrightarrow{AB} /\!/ \overleftrightarrow{DE}$이므로 $\overleftrightarrow{DE}$를 제외한 나머지 모든 직선이 $\overleftrightarrow{AB}$와 한 점에서 만난다.
따라서 $\overleftrightarrow{AB}$는 4개의 직선과 한 점에서 만난다.

29 ④ 점 C와 $\overleftrightarrow{BD}$ 사이의 거리는 $\overline{CF}$의 길이와 같으므로 그 거리는 알 수 없다. 답 ④

30 ㄴ. 오른쪽 그림에서 $l \perp m$, $m /\!/ n$이면 $l \perp n$이다.

ㄷ. 오른쪽 그림에서 $l \perp m$, $m \perp n$이면 $l /\!/ n$이다.

이상에서 옳지 않은 것은 ㄴ, ㄷ이다. 답 ③

31 ② 일치하는 두 직선은 하나의 직선이 된다. 이때 오른쪽 그림과 같이 한 직선을 지나는 평면은 무수히 많다.
⑤ 꼬인 위치에 있는 두 직선은 한 평면 위에 있지 않으므로 평면이 정해지지 않는다. **답** ②, ⑤

32 한 직선과 그 직선 밖의 한 점이 주어진 경우와 같으므로 평면이 하나로 정해진다. **답** 1개

33 한 직선 위에 있지 않은 서로 다른 세 점에 의해 평면이 하나로 정해지므로 평면 ABC, 평면 ABD, 평면 ACD, 평면 BCD의 4개이다. **답** ③

34 (i) 네 점 A, B, C, D 중 세 점으로 정해지는 평면은 평면 P의 1개이다. ······ ㉮
(ii) 네 점 A, B, C, D 중 두 점과 점 E로 정해지는 평면은 직선 AB와 점 E, 직선 CD와 점 E, 세 점 A, C, E, 세 점 A, D, E, 세 점 B, C, E, 세 점 B, D, E로 정해지는 평면이므로 6개이다. ······ ㉯
(i), (ii)에서 구하는 서로 다른 평면의 개수는
$1+6=7$(개) ······ ㉰
답 7개

채점 기준	
㉮ 점 E를 포함하지 않는 평면의 개수 구하기	30 %
㉯ 점 E를 포함하는 평면의 개수 구하기	50 %
㉰ 서로 다른 평면의 개수 구하기	20 %

참고 평면 ABC, 평면 ABD, 평면 ACD, 평면 BCD는 모두 같은 평면 P이다.

35 ① $\overline{AE}$와 $\overline{CG}$는 평행하다.
② $\overline{DH}$와 $\overline{FG}$는 꼬인 위치에 있다.
③ $\overline{AB}$와 $\overline{HG}$는 평행하므로 만나지 않는다.
④ $\overline{CD}$와 $\overline{EF}$는 평행하다.
⑤ $\overline{EF}$와 $\overline{EH}$는 한 점에서 만난다. **답** ③

36 모서리 AD와 평행한 모서리는 $\overline{BE}$, $\overline{CF}$의 2개이다. **답** ②

37 $\overline{CF}$와 수직으로 만나는 모서리는 $\overline{CD}$, $\overline{EF}$이다. **답** ③, ⑤

38 직선 AB와 ① $\overleftrightarrow{AD}$, ② $\overleftrightarrow{BC}$, ③ $\overleftrightarrow{BF}$, ④ $\overleftrightarrow{CD}$는 한 점에서 만나고, ⑤ $\overleftrightarrow{EF}$는 평행하다. **답** ⑤

39 ① 모서리 AB와 수직으로 만나는 모서리는 $\overline{AF}$, $\overline{BG}$의 2개이다.
③ 모서리 CH와 평행한 모서리는 $\overline{BG}$, $\overline{AF}$, $\overline{EJ}$, $\overline{DI}$의 4개이다.
④ 모서리 DI와 수직으로 만나는 모서리는 $\overline{CD}$, $\overline{DE}$, $\overline{HI}$, $\overline{IJ}$의 4개이다. **답** ④

40 ㄴ. 서로 만나지 않는 두 직선은 평행하거나 꼬인 위치에 있다.
ㄷ. 한 직선에 평행한 서로 다른 두 직선은 평행하므로 만나시 않는다.
이상에서 옳지 않은 것은 ㄴ뿐이다. **답** ㄴ

41 $\overline{BD}$와 꼬인 위치에 있는 모서리는 $\overline{AE}$, $\overline{CG}$, $\overline{EH}$, $\overline{EF}$, $\overline{FG}$, $\overline{GH}$이다.
② $\overline{BF}$는 $\overline{BD}$와 한 점에서 만난다. **답** ②

42 서로 만나지도 않고 평행하지도 않은 모서리는 꼬인 위치에 있으므로 꼬인 위치에 있는 모서리끼리 짝 지은 것은
② $\overline{AC}$, $\overline{BD}$와 ③ $\overline{AD}$, $\overline{BC}$이다. **답** ②, ③

43 모서리 EF와 한 점에서 만나는 모서리는 $\overline{AE}$, $\overline{BF}$, $\overline{EH}$, $\overline{FG}$이고, 이 중 모서리 DH와 꼬인 위치에 있는 모서리는 $\overline{FG}$의 1개이다. **답** 1개

44 모서리 BC와 수직으로 만나는 모서리는 $\overline{BE}$, $\overline{CD}$의 2개이므로 $a=2$
모서리 BC와 평행한 모서리는 $\overline{DE}$의 1개이므로 $b=1$
모서리 BC와 꼬인 위치에 있는 모서리는 $\overline{AD}$, $\overline{AE}$의 2개이므로 $c=2$
$\therefore a+b-c=2+1-2=1$ **답** 1

45 직선 CI와 한 점에서 만나는 직선은
$\overleftrightarrow{BC}$, $\overleftrightarrow{CD}$, $\overleftrightarrow{HI}$, $\overleftrightarrow{IJ}$
의 4개이므로 $a=4$ ······ ㉮
직선 DE와 꼬인 위치에 있는 직선은
$\overleftrightarrow{FL}$, $\overleftrightarrow{AG}$, $\overleftrightarrow{BH}$, $\overleftrightarrow{CI}$, $\overleftrightarrow{HI}$, $\overleftrightarrow{IJ}$, $\overleftrightarrow{GL}$, $\overleftrightarrow{LK}$
의 8개이므로 $b=8$ ······ ㉯
$\therefore a+b=4+8=12$ ······ ㉰
답 12

채점 기준	
㉮ a의 값 구하기	40 %
㉯ b의 값 구하기	40 %
㉰ $a+b$의 값 구하기	20 %

주의 $\overleftrightarrow{AF}$와 $\overleftrightarrow{BC}$는 $\overleftrightarrow{DE}$와 한 평면 위에 있으므로 꼬인 위치가 될 수 없다. 또, $\overleftrightarrow{HG} /\!/ \overleftrightarrow{JK}$이고 $\overleftrightarrow{DE} /\!/ \overleftrightarrow{JK}$이므로 $\overleftrightarrow{HG} /\!/ \overleftrightarrow{DE}$이다.

46 직선 BF와 꼬인 위치에 있는 직선은 $\overleftrightarrow{OA}$, $\overleftrightarrow{OC}$, $\overleftrightarrow{AD}$, $\overleftrightarrow{CD}$, $\overleftrightarrow{EH}$, $\overleftrightarrow{GH}$의 6개이다. **답** 6개

개념 보충 학습

공간에서 직선의 위치 관계를 구할 때는 선분을 직선으로 연장하여 위치 관계를 구한다. 오른쪽 그림에서 $\overline{BF}$와 $\overline{OD}$는 꼬인 위치에 있는 것처럼 보이지만 직선으로 연장하면 $\overleftrightarrow{BF}$와 $\overleftrightarrow{OD}$는 한 점에서 만난다는 것을 알 수 있다.

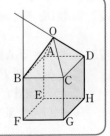

Lecture 04 위치 관계 (2)

Level A 개념 익히기   34~35쪽

01 답 $\overline{AB}$, $\overline{BC}$, $\overline{CD}$, $\overline{DA}$

02 답 면 BFGC, 면 BFEA

03 답 $\overline{AB}$, $\overline{BC}$, $\overline{CD}$, $\overline{DA}$

04 답 면 ABCD, 면 BFGC

05 $\overline{DE}$, $\overline{EF}$, $\overline{FD}$의 3개이다.   답 3개

06 면 ABC, 면 ADFC의 2개이다.   답 2개

07 $\overline{AD}$, $\overline{BE}$, $\overline{CF}$의 3개이다.   답 3개

08 $\overline{AB}$, $\overline{BC}$, $\overline{CA}$의 3개이다.   답 3개

09 면 ABC, 면 DEF의 2개이다.   답 2개

10 답 3 cm   **11** 답 6 cm

12 답 면 ABED, 면 ADFC, 면 ABC, 면 DEF

13 답 면 ABED, 면 BEFC, 면 ADFC

14 답 면 DEF   **15** 답 $\overline{DE}$

16 답 면 ABED, 면 BEFC

17 면 ABCD, 면 ABFE, 면 EFGH, 면 CGHD의 4개이다.   답 4개

18 면 AEHD의 1개이다.   답 1개

19 면 ABCD, 면 ABFE, 면 EFGH, 면 CGHD의 4개이다.   답 4개

20 답 //

21 답 ⊥

Level B 유형 공략하기   35~39쪽

중 22 ① $\overline{BD}$와 꼬인 위치에 있는 모서리는 $\overline{AE}$, $\overline{CG}$, $\overline{EF}$, $\overline{EH}$, $\overline{FG}$, $\overline{GH}$이다.
② $\overline{BD}$는 면 ABCD와 면 BFHD에 포함된다.
③ $\overline{BD}$와 평행한 면은 면 EFGH의 1개이다.
④ $\overline{FG}$와 수직인 면은 면 ABFE, 면 CGHD이다.
⑤ $\overline{FH}$와 평행한 면은 면 ABCD이다.   답 ③

하 23 모서리 CD와 평행한 면은 면 ABFE, 면 EFGH이다.   답 ②, ⑤

중 24 면 ADEB와 수직인 모서리는 $\overline{BC}$, $\overline{EF}$이고, 이 중 면 DEF에 포함되는 모서리는 $\overline{EF}$이다.   답 ⑤

중 25 $\overline{AD}$를 포함하는 면은
면 ABCD, 면 AEHD
의 2개이므로 $a=2$ ······ ㉮
$\overline{CG}$와 수직인 면은
면 ABCD, 면 EFGH
의 2개이므로 $b=2$ ······ ㉯
면 ABCD와 평행한 모서리는
$\overline{EF}$, $\overline{FG}$, $\overline{GH}$, $\overline{HE}$
의 4개이므로 $c=4$ ······ ㉰
∴ $a+b+c=2+2+4=8$ ······ ㉱
답 8

채점 기준	
㉮ a의 값 구하기	30 %
㉯ b의 값 구하기	30 %
㉰ c의 값 구하기	30 %
㉱ $a+b+c$의 값 구하기	10 %

상 26 ㉮에서 꼭짓점 A를 지나면서 모서리 DE와 평행한 모서리는 $\overline{AB}$이므로 $\overline{AB}$를 따라 꼭짓점 B로 이동한다.
㉯에서 꼭짓점 B를 지나면서 면 GHIJKL과 수직인 모서리는 $\overline{BH}$이므로 $\overline{BH}$를 따라 꼭짓점 H로 이동한다.
㉰에서 꼭짓점 H를 지나면서 모서리 CI와 수직인 모서리는 $\overline{HI}$이므로 $\overline{HI}$를 따라 꼭짓점 I로 이동한다.
따라서 개미가 마지막에 도착하는 꼭짓점은 점 I이다.   답 점 I

중 27 점 E와 면 ADFC 사이의 거리는 점 E에서 면 ADFC에 내린 수선의 발 D까지의 거리와 같으므로 $\overline{DE}$, $\overline{AB}$이다.   답 ①, ③

하 28 점 B와 면 AEHD 사이의 거리는 점 B에서 면 AEHD에 내린 수선의 발 A까지의 거리와 같으므로
$\overline{BA}=\overline{GH}=5$ cm   답 5 cm

중 29 (1) 점 A와 면 DEF 사이의 거리는 $\overline{AD}$의 길이와 같으므로
$\overline{AD}=\overline{CF}=20$ cm   ······ ㉮
(2) 점 B와 면 ADFC 사이의 거리는 $\overline{BH}$의 길이와 같으므로
$\overline{BH}=12$ cm   ······ ㉯
(3) 점 C와 면 ADEB 사이의 거리는 $\overline{BC}$의 길이와 같으므로
$\overline{BC}=\overline{EF}=20$ cm   ······ ㉰
답 (1) 20 cm   (2) 12 cm   (3) 20 cm

(1)	⑦ 점 A와 면 DEF 사이의 거리 구하기	30%
(2)	⑭ 점 B와 면 ADFC 사이의 거리 구하기	40%
(3)	⑮ 점 C와 면 ADEB 사이의 거리 구하기	30%

중 30 면 BFHD와 수직인 면은 면 ABCD, 면 EFGH, 면 AEGC
이다. 　　　　　　　　　　　　　　　　　　**답** ①, ②

하 31 ④ 꼬인 위치는 공간에서 두 직선의 위치 관계이다.
　　　　　　　　　　　　　　　　　　　　　　답 ④

> **개념 보충 학습**
> ① 서로 다른 두 평면이 평행하지 않으면 어느 한 직선에서 반드시 만난다.
> ② 직선과 평면이 평행하지 않으면 어느 한 점에서 반드시 만난다.

중 32 ③ 면 ABFE와 수직인 면은 면 ABCD, 면 BFGC, 면 EFGH,
면 AEHD의 4개이다.
④ 면 EFGH와 평행한 면은 면 ABCD의 1개이다.
　　　　　　　　　　　　　　　　　　　　　　답 ④

상 33 ㄱ. 서로 평행한 두 면은 면 ABC와 면 DEF, 면 ACD와
면 BEF, 면 AED와 면 BCF, 면 ABE와 면 CDF의 4쌍
이다.
ㄴ. 면 BCDE와 한 모서리에서 만나는 면은 면 ABC,
면 ACD, 면 AED, 면 ABE, 면 BCF, 면 CDF,
면 DEF, 면 BEF의 8개이다.
ㄷ. 면 ACD와 면 CDF는 $\overline{CD}$에서 만난다.
이상에서 옳은 것은 ㄴ, ㄷ이다.　　　　**답** ㄴ, ㄷ

중 34 ① 모서리 GH와 평행한 면은 면 ABCD, 면 ABFE의 2개이
다.
② 면 EFGH와 수직인 모서리는 $\overline{AE}$, $\overline{BF}$의 2개이다.
③ 면 EFGH와 수직인 면은 면 ABFE, 면 AEHD,
면 BFGC의 3개이다.
④ 면 BFGC와 평행한 모서리는 $\overline{AE}$, $\overline{EH}$, $\overline{DH}$, $\overline{AD}$의 4개
이다.
⑤ 직선 AE와 꼬인 위치에 있는 직선은 $\overleftrightarrow{BC}$, $\overleftrightarrow{CD}$, $\overleftrightarrow{CG}$, $\overleftrightarrow{FG}$,
$\overleftrightarrow{GH}$의 5개이다.　　　　　　　　　　　**답** ⑤

> **주의** 각 모서리를 연장한 직선을 그으면 $\overleftrightarrow{AE}$와 $\overleftrightarrow{DH}$는 한 점에서 만나
> 므로 꼬인 위치에 있지 않다.

중 35 모서리 AB와 평행한 면은 면 EFGH, 면 DHGC, 면 IEFJ이
다.　　　**답** 면 EFGH, 면 DHGC, 면 IEFJ

중 36 (1) 모서리 BC와 꼬인 위치에 있는 모서리는 $\overline{AD}$, $\overline{DE}$, $\overline{DG}$,
$\overline{EF}$, $\overline{FG}$의 5개이다.　　　　　　…… ⑦
(2) 모서리 CG를 포함하는 면은 면 ADGC, 면 CFG의 2개이
다.　　　　　　　　　　　　　　　…… ⑭
　　　　　　　　　　　답 (1) 5개　(2) 2개

| (1) | ⑦ 모서리 BC와 꼬인 위치에 있는 모서리의 개수 구하기 | 50% |
| (2) | ⑭ 모서리 CG를 포함하는 면의 개수 구하기 | 50% |

중 37 면 DIJE와 수직인 면은 면 AFJE, 면 CHID, 면 ABCDE,
면 FGHIJ이다.　　　　　　　　　　　　　　**답** ②

상 38 면 ABLK와 평행한 면은 면 EJIMNF, 면 CHGD
의 2개이므로 $a=2$　　　　　　　　　…… ⑦
면 GHIJ와 수직인 면은 면 CHGD, 면 DGJE, 면 ABLK,
면 BLMIHC, 면 EJIMNF, 면 AKNF
의 6개이므로 $b=6$　　　　　　　　　…… ⑭
∴ $a+b=2+6=8$　　　　　　　　　…… ⑮
　　　　　　　　　　　　　　　　　　답 8

⑦ a의 값 구하기	30%
⑭ b의 값 구하기	50%
⑮ $a+b$의 값 구하기	20%

중 39 주어진 전개도로 만들어지는 정
육면체는 오른쪽 그림과 같다.
따라서 면 LEHK와 평행하지
않은 모서리는 ④ $\overline{MN}$이다.

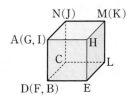

　　　　　　　　　　　　　　　　　　답 ④

> **참고** 면 LEHK와 $\overline{MN}$은 수직이다.

중 40 주어진 전개도로 만들어지는 삼각뿔은 오
른쪽 그림과 같다.
이때 ② $\overline{DF}$는 모서리 AB와 꼬인 위치
에 있으므로 만나지 않는다.

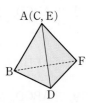

　　　　　　　　　　　　　　　　　　답 ②

상 41 주어진 전개도로 만들어지는 오각기둥은
오른쪽 그림과 같다.　　　　　…… ⑦
모서리 BK와 평행한 면은
면 CJID, 면 DIHE, 면 EHGF
의 3개이므로 $a=3$
모서리 DI와 꼬인 위치에 있는 모서리는
$\overline{AB}$, $\overline{BC}$, $\overline{FE}$, $\overline{KL}$, $\overline{KJ}$, $\overline{GH}$
의 6개이므로 $b=6$　　　　　　　　…… ⑭
∴ $a+b=3+6=9$　　　　　　　　…… ⑮
　　　　　　　　　　　　　　　　　　답 9

⑦ 주어진 전개도로 만들어지는 오각기둥의 겨냥도 그리기	30%
⑭ a, b의 값 각각 구하기	60%
⑮ $a+b$의 값 구하기	10%

상42 주어진 전개도로 만들어지는 주사위는 오른쪽 그림과 같다.

눈의 수가 a인 면과 평행한 면의 눈의 수는 c

이므로 $a+c=7$

눈의 수가 b인 면과 평행한 면의 눈의 수는 2

이므로 $b+2=7$ $\quad \therefore b=5$

$\therefore a-b+c=(a+c)-b=7-5=2$ **답 2**

상43 주어진 전개도로 만들어지는 삼각기둥은 오른쪽 그림과 같다.

(1) 모서리 IJ와 평행한 모서리에 해당하는 선분은 $\overline{BC}$, $\overline{CD}$이다.

(2) 선분 GE와 꼬인 위치에 있는 모서리에 해당하는 선분은 $\overline{JH}$, $\overline{BC}$, $\overline{CD}$, $\overline{JC}$이다.

(3) 면 ABCJ와 평행한 모서리에 해당하는 선분은 $\overline{HE}$이다.

답 (1) $\overline{BC}$, $\overline{CD}$ (2) $\overline{JH}$, $\overline{BC}$, $\overline{CD}$, $\overline{JC}$ (3) $\overline{HE}$

상44 ①, ② $l\perp P$, $m\perp P$이면 오른쪽 그림과 같이 두 직선 l과 m은 평행하므로

$l /\!/ m$

평행하다.

③ $l /\!/ P$, $m /\!/ P$이면 두 직선 l과 m은 다음 그림과 같이 한 점에서 만나거나 평행하거나 꼬인 위치에 있을 수 있다.

한 점에서 만난다. 평행하다. 꼬인 위치에 있다.

④, ⑤ $l\perp P$, $m /\!/ P$이면 두 직선 l과 m은 다음 그림과 같이 한 점에서 만나거나 꼬인 위치에 있을 수 있다.

한 점에서 만난다. 꼬인 위치에 있다.

답 ②

하45 오른쪽 그림에서 $P\perp Q$이고 $Q /\!/ R$이면 두 평면 P와 R는 수직이므로

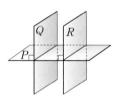

$P\perp R$

답 $P\perp R$

중46 $l\perp P$, $l\perp m$이면 오른쪽 그림과 같이 직선 m과 평면 P는 평행하다.

답 ②

상47 ㄱ. $l\perp m$이고 $l\perp n$이면 $m /\!/ n$일 수도 있지만 다음 그림과 같이 두 직선 m, n은 한 점에서 만나거나 꼬인 위치에 있을 수도 있다.

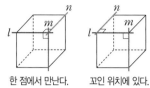

한 점에서 만난다. 꼬인 위치에 있다.

ㄴ. $l /\!/ n$이고 $l /\!/ P$이면 $n /\!/ P$일 수도 있지만 오른쪽 그림과 같이 직선 n은 평면 P에 포함될 수도 있다.

ㄷ. $l /\!/ P$이고 $l /\!/ Q$이면 $P /\!/ Q$일 수도 있지만 오른쪽 그림과 같이 두 평면 P, Q는 한 직선에서 만날 수도 있다.

ㄹ. $P /\!/ Q$이고 $P\perp R$이면 오른쪽 그림과 같이 $Q\perp R$이다.

이상에서 옳은 것은 ㄹ뿐이다. **답 ㄹ**

상48 ① 한 직선을 포함한 서로 다른 두 평면은 오른쪽 그림과 같이 그 직선에서 만난다.

② 한 직선과 평행한 서로 다른 두 평면은 오른쪽 그림과 같이 다른 한 직선에서 만날 수도 있다.

③ 한 직선과 수직인 서로 다른 두 평면은 오른쪽 그림과 같이 평행하다.

④ 한 평면과 평행한 서로 다른 두 평면은 오른쪽 그림과 같이 평행하다.

⑤ 한 평면과 수직인 서로 다른 두 평면은 오른쪽 그림과 같이 한 직선에서 만날 수도 있다.

답 ③, ④

개념 보충 학습

항상 평행한 위치 관계는 다음과 같다.

① 한 직선과 평행한 서로 다른 두 직선

② 한 평면과 수직인 서로 다른 두 직선

③ 한 평면과 평행한 서로 다른 두 평면

④ 한 직선과 수직인 서로 다른 두 평면

01 답 $\angle e$ **02** 답 $\angle e$

03 답 $\angle d$ **04** 답 $\angle d$

05 $l /\!/ m$이므로 $\angle x=65°$ (동위각), $\angle y=65°$ (엇각)

답 $\angle x=65°$, $\angle y=65°$

06 $l /\!/ m$이므로 $\angle x=72°$ (동위각)
또, 오른쪽 그림에서 $\angle y$의 동위각은
$\angle a$이고, $\angle a+110°=180°$이므로
$\angle a=70°$
$\therefore \angle y=70°$

답 $\angle x=72°$, $\angle y=70°$

07 동위각의 크기가 같으므로 $l /\!/ m$이다. 답 ○

08 엇각의 크기가 같으므로 $l /\!/ m$이다. 답 ○

09 크기가 45°인 각의 동위각의 크기가 $180°-130°=50°$이므로
두 직선 l, m은 평행하지 않다. 답 ×

10 크기가 20°인 각의 동위각의 크기가 $180°-160°=20°$이므로
$l /\!/ m$이다. 답 ○

11 ① $\angle a$의 동위각은 $\angle e$이고 $\angle e=180°-85°=95°$
② $\angle b$의 엇각은 $\angle e$이고 $\angle e=95°$
④ $\angle d$의 엇각은 $\angle c$이고 $\angle c=130°$ (맞꼭지각)
⑤ $\angle f$의 동위각은 $\angle b$이고 $\angle b=180°-130°=50°$

답 ②

12 $\angle a$의 동위각의 크기는 120°이다.
또, 크기가 70°인 각의 맞꼭지각의 크기는 70°이므로 $\angle b$의 엇
각의 크기는 70°이다.
따라서 구하는 두 각의 크기의 합은
$120°+70°=190°$ 답 190°

13 (1) 두 직선 AB, CD가 직선 EF와 만나는 경우 $\angle$CGF의 동
위각은 $\angle$AHG이고,
두 직선 EF, AB가 직선 CD와 만나는 경우 $\angle$CGF의 동
위각은 $\angle$GIB이다. ⋯⋯ ㉮
(2) 두 직선 AB, CD가 직선 EF와 만나는 경우 $\angle$AHG의 엇
각은 $\angle$IGH이다. ⋯⋯ ㉯

답 (1) $\angle$AHG, $\angle$GIB   (2) $\angle$IGH

채점 기준		
(1)	㉮ $\angle$CGF의 동위각 구하기	50%
(2)	㉯ $\angle$AHG의 엇각 구하기	50%

14 오른쪽 그림에서 $\angle x$의 동위각은
$\angle a$, $\angle b$이다.
$\angle a+80°=180°$에서 $\angle a=100°$
$\angle b+45°=180°$에서 $\angle b=135°$
$\therefore \angle a+\angle b=100°+135°=235°$

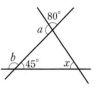

답 235°

15 오른쪽 그림에서 $l /\!/ m$이므로
$\angle y+110°=180°$
$\therefore \angle y=70°$
$\angle x=\angle y+30°$ (동위각)
$=70°+30°=100°$
$\therefore \angle x+\angle y=100°+70°=170°$

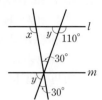

답 170°

16 $\angle c=\angle a$ (맞꼭지각)
$l /\!/ m$이므로
$\angle c=\angle g$ (동위각), $\angle c=\angle e$ (엇각)

답 $\angle a$, $\angle e$, $\angle g$

17 오른쪽 그림에서 $m /\!/ n$이므로
$\angle x+105°=180°$
$\therefore \angle x=75°$
$l /\!/ n$이므로 $\angle y=105°$ (엇각)
$\therefore \angle y-\angle x=105°-75°=30°$

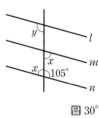

답 30°

18 오른쪽 그림에서
$\angle a+50°=180°$이므로 $\angle a=130°$
$\angle b=\angle a=130°$ (엇각)
$\angle c=50°$ (동위각)
$\angle d=\angle a=130°$ (동위각)
$\therefore \angle a+\angle b+\angle c+\angle d=130°+130°+50°+130°$
$=440°$ 답 440°

19 $m /\!/ n$이므로 $y+5=68$
$\therefore y=63$ ⋯⋯ ㉮
오른쪽 그림에서 $l /\!/ m$이므로
$(x-10)+70+(y+5)=180$
$\therefore x=52$ ⋯⋯ ㉯
$\therefore y-x=63-52=11$ ⋯⋯ ㉰

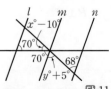

답 11

채점 기준	
㉮ y의 값 구하기	40%
㉯ x의 값 구하기	40%
㉰ $y-x$의 값 구하기	20%

20 ⑤ 오른쪽 그림과 같이 크기가 105°인 각
의 동위각의 크기가
$$180°-65°=115°$$
이므로 두 직선 l, m은 평행하지 않다.

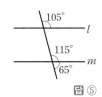

답 ⑤

21 두 직선 l, m이 평행하려면 동위각의 크기가 같거나 엇각의 크
기가 같아야 한다. 즉, $\angle a=\angle c=55°$, $\angle b=\angle d=125°$일
때, 두 직선 l, m이 평행하다. **답** ②, ③

22 오른쪽 그림에서
$$\angle x=180°-91°=89°$$
$$\angle y=180°-91°=89°$$
이므로 두 직선 a, e와 두 직선 b,
d가 각각 직선 l과 만나서 생기는
동위각의 크기가 같다.
$$\therefore a /\!/ e, b /\!/ d$$

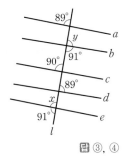

답 ③, ④

23 오른쪽 그림에서 두 직선 m, n이 직선
l과 만나서 생기는 동위각의 크기가 65°
로 같으므로
$$m /\!/ n$$
$$\angle x+115°=180°$$이므로
$$\angle x=65°$$

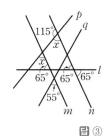

답 ③

24 오른쪽 그림에서 $l /\!/ m$이고 삼각형
의 세 각의 크기의 합은 180°이므로
$$48°+(\angle x+12°)+\angle x=180°$$
$$2\angle x=120°$$
$$\therefore \angle x=60°$$

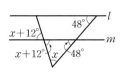

답 60°

25 오른쪽 그림에서 $l /\!/ m$이고 삼각형
의 세 각의 크기의 합은 180°이므로
$$\angle x+35°+65°=180°$$
$$\therefore \angle x=80°$$

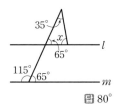

답 80°

26 오른쪽 그림에서 $l /\!/ m$이므로
$$\angle x+60°=180°$$
$$\therefore \angle x=120° \quad\cdots\cdots ㉮$$
삼각형의 세 각의 크기의 합은 180°이
므로
$$40°+60°+\angle a=180°$$
$$\therefore \angle a=80°$$
$$\therefore \angle y=180°-\angle a=180°-80°=100° \quad\cdots\cdots ㉯$$
$$\therefore \angle x-\angle y=120°-100°=20° \quad\cdots\cdots ㉰$$

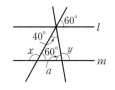

답 20°

27 오른쪽 그림에서 $l /\!/ m$이고 삼각형
의 세 각의 크기의 합은 180°이므로
$$45+(2x+15)+x=180$$
$$3x+60=180$$
$$3x=120$$
$$\therefore x=40$$

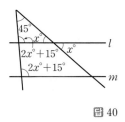

답 40

28 오른쪽 그림과 같이 크기가 105°인 각
의 꼭짓점을 지나고 두 직선 l, m에 평
행한 직선 n을 그으면
$$\angle x+(\angle x+15°)=105°$$
$$2\angle x=90° \qquad \therefore \angle x=45°$$

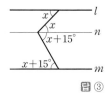

답 ③

29 오른쪽 그림과 같이 $\angle x$의 꼭짓점을
지나고 두 직선 l, m에 평행한 직선
n을 그으면
$$\angle x=45°+75°=120°$$

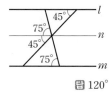

답 120°

다른 풀이 오른쪽 그림에서 삼각형의
세 각의 크기의 합은 180°이므로
$$75°+45°+(180°-\angle x)=180°$$
$$\therefore \angle x=120°$$

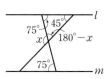

30 오른쪽 그림과 같이 크기가 120°인 각
의 꼭짓점을 지나고 두 직선 l, m에
평행한 직선 n을 그으면 $\cdots\cdots ㉮$
$m /\!/ n$이므로 $\angle a=110°$ (동위각)
$$\angle b=360°-(120°+110°)$$
$$=130°$$
$l /\!/ n$이므로 $70°+\angle x=130°$ (엇각)
$$\therefore \angle x=60° \qquad\qquad\cdots\cdots ㉯$$

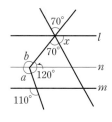

답 60°

31 오른쪽 그림과 같이 크기가 80°인 각
의 꼭짓점을 지나고 두 직선 l, m에
평행한 직선 n을 긋는다.
이때 삼각형의 세 각의 크기의 합은
180°이므로
$$55+60+(x+10)=180$$
$$125+x=180 \qquad \therefore x=55$$

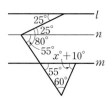

답 55

중 **32** 오른쪽 그림과 같이 크기가 90°, 70°인 각의 꼭짓점을 각각 지나고 두 직선 l, m에 평행한 직선 p, q를 그으면

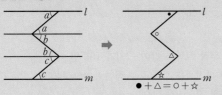

$\angle x + 45° = 90°$

$\therefore \angle x = 45°$

답 ⑤

공략 비법

보조선을 2개 긋는 경우 각의 크기 구하기

① $l /\!/ m$일 때, 다음 그림과 같이 꺾인 경우 평행선에서 엇각의 크기가 같음을 이용한다.

$\bullet + \triangle = \circ + \star$

② $l /\!/ m$일 때, 다음 그림과 같이 꺾인 경우 평행선에서 크기의 합이 180°인 두 각을 찾는다.

$\Rightarrow \angle c + \angle d = 180°$

중 **33** 오른쪽 그림과 같이 크기가 140°, $x°$인 각의 꼭짓점을 각각 지나고 두 직선 l, m에 평행한 직선 p, q를 그으면

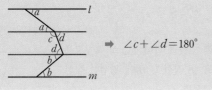

$115 + (x - 35) = 180$

$x + 80 = 180$

$\therefore x = 100$

답 100

중 **34** 오른쪽 그림과 같이 $\angle a$, $\angle b$의 꼭짓점을 각각 지나고 두 직선 l, m에 평행한 직선 p, q를 그으면

$(\angle a - 20°) + (\angle b - 30°)$

$= 180°$

$\therefore \angle a + \angle b = 230°$

답 ⑤

상 **35** 오른쪽 그림과 같이 $\angle x - 10°$, $\angle x + 20°$의 꼭짓점을 각각 지나고 두 직선 l, m에 평행한 직선 p, q를 그으면

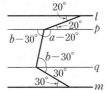

$(\angle x - 30°) + 2\angle x = 180°$

$3\angle x - 30° = 180°$

$3\angle x = 210°$

$\therefore \angle x = 70°$

답 70°

중 **36** 오른쪽 그림과 같이 점 B를 지나고 두 직선 l, m에 평행한 직선 n을 긋는다.

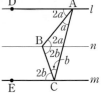

$\angle BAC = \angle a$, $\angle ACB = \angle b$라 하면 $\angle DAC = 3\angle a$,

$\angle ACE = 3\angle b$이므로

$\angle DAB = 2\angle a$, $\angle BCE = 2\angle b$

이때 삼각형 ABC의 세 각의 크기의 합은 180°이므로

$3\angle a + 3\angle b = 180°$ $\therefore \angle a + \angle b = 60°$

$\therefore \angle x = 2\angle a + 2\angle b = 2(\angle a + \angle b)$

$= 2 \times 60° = 120°$

답 ③

중 **37** 오른쪽 그림과 같이 점 O를 지나고 두 직선 l, m에 평행한 직선 n을 긋는다.

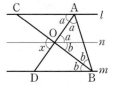

$\angle OAB = \angle a$, $\angle OBA = \angle b$라 하면

$\angle OAC = \angle OAB = \angle a$, $\angle OBD = \angle OBA = \angle b$

이때 삼각형 OAB의 세 각의 크기의 합은 180°이므로

$2\angle a + 2\angle b = 180°$ $\therefore \angle a + \angle b = 90°$

$\therefore \angle x = \angle a + \angle b$ (맞꼭지각)

$= 90°$

답 ④

상 **38** 오른쪽 그림과 같이 점 O를 지나고 두 직선 l, m에 평행한 직선 n을 그으면

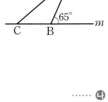

$\angle AOB = 10° + 65° = 75°$ …… ㉮

$\angle AOB = 3\angle BOC$이므로

$\angle BOC = \dfrac{1}{3}\angle AOB$

$= \dfrac{1}{3} \times 75° = 25°$ …… ㉯

답 25°

채점 기준		
㉮	$\angle AOB$의 크기 구하기	60 %
㉯	$\angle BOC$의 크기 구하기	40 %

중 **39** 오른쪽 그림과 같이 크기가 45°인 각과 $\angle x$의 꼭짓점을 각각 지나고 두 직선 l, m에 평행한 직선 p, q를 그으면

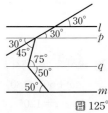

$\angle x = 75° + 50°$

$= 125°$

답 125°

중 **40** 오른쪽 그림과 같이 두 점 B, C를 각각 지나고 두 직선 l, m에 평행한 직선 p, q를 그으면

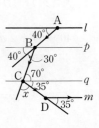

$\angle x + 70° + 35° = 180°$

$\therefore \angle x = 75°$

답 75°

상 **41** 오른쪽 그림과 같이 $\angle b$, $\angle c$, $\angle d$의 꼭짓점을 각각 지나고 두 직선 l, m에 평행한 직선 n, p, q를 그으면

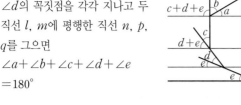

$\angle a + \angle b + \angle c + \angle d + \angle e$
$= 180°$

답 180°

중 **42** 오른쪽 그림에서 접은 각의 크기가 같고 직사각형의 두 변이 서로 평행 하므로

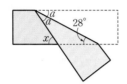

$\angle a = 28°$ (엇각)

$\therefore \angle x = 2\angle a$
$\qquad = 2 \times 28° = 56°$ (엇각)

답 56°

중 **43** 오른쪽 그림에서 직사각형의 두 변이 서로 평행하므로 엇각의 크기는 같다.

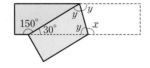

또, 삼각형의 세 각의 크기의 합은 180°이므로

$30° + 2\angle y = 180°$

$\therefore \angle y = 75°$

$\angle x + \angle y = 180°$에서 $\angle x + 75° = 180°$

$\therefore \angle x = 105°$

$\therefore \angle x - \angle y = 105° - 75° = 30°$

답 ④

중 **44** 오른쪽 그림에서 접은 각의 크기는 같으므로

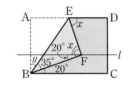

$\angle y = \angle EBF = 35°$

$\therefore \angle FBC = 90° - (35° + 35°)$
$\qquad\qquad = 20°$

이때 점 F를 지나고 $\overline{AD}$, $\overline{BC}$에 평행한 직선 l을 그으면

$\angle x + 20° = 90°$ $\quad \therefore \angle x = 70°$

$\therefore \angle x + \angle y = 70° + 35° = 105°$

답 ⑤

다른 풀이 오른쪽 그림에서 접은 각의 크기는 같으므로

$\angle y = \angle EBF = 35°$

$\angle EFB = 90°$이고 삼각형의 세 각의 크기의 합은 180°이므로

$\angle FEB = 180° - (35° + 90°) = 55°$

접은 각의 크기는 같으므로

$\angle AEB = \angle FEB = 55°$

$\therefore \angle x = 180° - (55° + 55°) = 70°$

$\therefore \angle x + \angle y = 70° + 35° = 105°$

상 **45** (1) 삼각형의 세 각의 크기의 합은 180°이므로

$\angle CBF + 42° + 70° = 180°$ $\quad \therefore \angle CBF = 68°$ ······ ㉮

(2) 오른쪽 그림에서 접은 각의 크 기가 같으므로

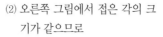

$\angle ABE = \angle EBF$

이때

$\angle ABE + \angle EBF + \angle CBF$
$= 180°$

이므로

$2\angle ABE + 68° = 180°$ $\quad \therefore \angle ABE = 56°$

또, 직사각형의 두 변이 서로 평행하므로

$\angle BEF = \angle ABE = 56°$ (엇각) ······ ㉯

답 (1) 68° (2) 56°

채점 기준		
(1) ㉮ $\angle CBF$의 크기 구하기		40%
(2) ㉯ $\angle BEF$의 크기 구하기		60%

단원 마무리 46~49쪽

Level B 필수 유형 정복하기

01 ㄱ, ㄷ	02 ③	03 ③, ⑤	04 ③	05 $\overrightarrow{DF}$
06 18 cm	07 3	08 성민	09 ④	10 85°
11 ②, ③	12 120°	13 35°	14 ②	15 62°
16 10°	17 ②	18 ③	19 14	20 13
21 (1) 풀이 참조 (2) 6개				
22 (1) $\angle e = 60°$, $\angle g = 65°$ (2) $\angle d = 120°$, $\angle i = 115°$				
23 22	24 50°			

01 전략 평면에서 두 직선의 위치 관계를 생각해 본다.

ㄱ. $\overleftrightarrow{AB}$와 $\overleftrightarrow{FG}$는 한 점에서 만난다.

ㄷ. $\overleftrightarrow{DO}$와 $\overleftrightarrow{HO}$는 일치한다.

이상에서 옳지 않은 것은 ㄱ, ㄷ이다.

02 전략 $l /\!/ m /\!/ n$이고, $l \perp p$, $m \perp q$가 되도록 5개의 직선을 그려 본다.

오른쪽 그림과 같이 $l /\!/ m /\!/ n$, $l \perp p$, $m \perp q$이면 다음이 성립한다.

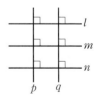

$p /\!/ q$, $p \perp m$, $p \perp n$, $q \perp l$, $q \perp n$

03 전략 점과 직선, 평면이 하나로 정해지는 조건을 생각해 본다.

③ 점 R는 직선 l 위에 있지 않다.

⑤ 세 점 P, Q, R는 한 직선 위에 있지 않은 서로 다른 세 점이 므로 하나의 평면이 정해진다. 즉, 이 세 점을 포함하는 평면 은 하나뿐이다.

04 전략 공간에서 두 직선의 위치 관계를 생각해 본다.

① 모서리 BC와 모서리 BD는 점 B에서 만난다.

② 모서리 AB와 모서리 CD는 꼬인 위치에 있다.

④ 점 A와 모서리 BD 사이의 거리는 4 cm이다.

⑤ 점 C에서 모서리 AB에 내린 수선의 발은 점 B이다.

05 전략 $\overrightarrow{BC}$, $\overrightarrow{AE}$와 만나지도 않고 평행하지도 않은 직선을 찾는다.

직선 BC와 꼬인 위치에 있는 직선은 $\overrightarrow{AE}$, $\overrightarrow{AD}$, $\overrightarrow{EF}$, $\overrightarrow{DF}$이고,
이 중 직선 AE와 꼬인 위치에 있는 직선은 $\overrightarrow{DF}$이다.

06 전략 뚜껑을 닫아서 생각하지 않도록 주의하며 뚜껑이 열린 모양에서 주어진 조건을 만족하는 면을 찾는다.

㈎를 만족하는 면은 면 ABFE, 면 DCGH이고, 이 중 ㈏를 만족하는 면은 면 ABFE이다.

따라서 면 ABFE와 점 H 사이의 거리는 $\overline{EH}$의 길이와 같으므로 18 cm이다.

07 전략 주어진 입체도형은 직육면체의 일부를 잘라 내고 남은 입체도형이므로 잘라 내기 전의 입체도형에서의 두 평면, 두 직선의 위치 관계를 생각해 본다.

면 BFGC와 수직인 면은 면 ABCD, 면 CGHD, 면 EFGH의 3개이므로 $x=3$

모서리 AB와 평행한 모서리는 $\overline{CD}$, $\overline{EF}$, $\overline{GH}$의 3개이므로
$y=3$

$\therefore 2x-y=2\times3-3=3$

08 전략 정육면체를 이용하여 공간에서 세 평면, 세 직선의 위치 관계를 생각해 본다.

슬비: $l\perp m$, $m\perp n$이면 두 직선 l과 n은 다음 그림과 같이 한 점에서 만나거나 평행하거나 꼬인 위치에 있을 수 있다.

한 점에서 만난다.　　평행하다.　　꼬인 위치에 있다.

지혜: $l\text{//}m$, $m\perp n$이면 두 직선 l과 n은 다음 그림과 같이 한 점에서 만나거나 꼬인 위치에 있을 수 있다.

한 점에서 만난다.　　꼬인 위치에 있다.

진우: $l\perp P$, $m\text{//}P$이면 두 직선 l과 m은 다음 그림과 같이 한 점에서 만나거나 꼬인 위치에 있을 수 있다.

한 점에서 만난다.　　꼬인 위치에 있다.

성민: $P\text{//}Q$, $Q\perp R$이면 오른쪽 그림과 같이 두 평면 P, R는 수직, 즉 $P\perp R$이다.

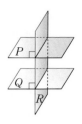

이상에서 바르게 말한 사람은 성민뿐이다.

09 전략 평행한 두 직선이 다른 한 직선과 만날 때, 동위각의 크기가 같음을 이용한다.

오른쪽 그림에서 $l\text{//}m$이므로
$(2x+30)+(x-15)=180$
$3x=165$
$\therefore x=55$

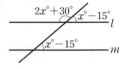

10 전략 평행선의 성질과 평각의 크기가 $180°$임을 이용한다.

오른쪽 그림에서 $l\text{//}m$, $p\text{//}q$
이므로
$\angle a+\angle x+\angle b=180°$
이때 $\angle a+130°=180°$이므로
$\angle a=50°$
$\angle b+135°=180°$이므로 $\angle b=45°$
$\therefore \angle x=180°-(\angle a+\angle b)$
$\quad=180°-(50°+45°)$
$\quad=85°$

다른 풀이 위의 그림에서
$\angle a+130°=180°$이므로 $\angle a=50°$
$l\text{//}m$, $p\text{//}q$이므로
$\angle a+\angle x=135°$ (동위각)
$\therefore \angle x=135°-\angle a$
$\quad=135°-50°=85°$

11 전략 평행한 두 직선이 다른 한 직선과 만날 때, 동위각과 엇각의 크기는 각각 같음을 이용한다.

② $l\text{//}m$이면 동위각의 크기가 같으므로 $\angle b=\angle f$
또, 엇각의 크기가 같으므로 $\angle b=\angle h$
한편, $\angle b=90°$일 때 $\angle b=\angle e$이다.

③ $l\text{//}m$이면 엇각의 크기가 같으므로 $\angle b=\angle h$
한편, $\angle b=90°$일 때만 $\angle b+\angle h=180°$이다.

12 전략 평행한 두 직선이 다른 한 직선과 만날 때, 동위각과 엇각의 크기는 각각 같고 삼각형의 세 각의 크기의 합이 $180°$임을 이용한다.

오른쪽 그림에서 $l\text{//}n$이므로
$\angle a=120°$ (동위각)
$120°+\angle y=180°$이므로
$\angle y=60°$
또, $110°+\angle b=180°$이므로
$\angle b=70°$

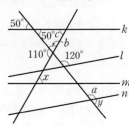

삼각형의 세 각의 크기의 합은 180°이므로

$50° + 70° + \angle c = 180°$

$\therefore \angle c = 60°$

이때 $k /\!/ m$이므로

$\angle x = \angle c = 60°$ (엇각)

$\therefore \angle x + \angle y = 60° + 60° = 120°$

---

13 전략 크기가 95°인 각의 꼭짓점을 지나고 두 직선 l, m에 평행한 직선을 긋는다.

오른쪽 그림과 같이 크기가 95°인 각의 꼭짓점을 지나고 두 직선 l, m에 평행한 직선 n을 긋는다.
삼각형의 세 각의 크기의 합은 180°이므로

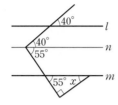

$55° + 90° + \angle x = 180°$

$\therefore \angle x = 35°$

---

14 전략 점 O를 지나고 두 직선에 l, m에 평행한 직선을 긋는다.

오른쪽 그림과 같이 점 O를 지나고 두 직선 l, m에 평행한 직선을 그으면

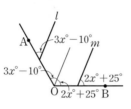

$(3x - 10) + (2x + 25) = 120$

$5x + 15 = 120$, $5x = 105$

$\therefore x = 21$

---

15 전략 $\angle x$, $\angle x + 12°$인 각의 꼭짓점을 각각 지나고 두 직선 l, m에 평행한 직선을 긋는다.

오른쪽 그림과 같이 $\angle x$, $\angle x + 12°$의 꼭짓점을 각각 지나고 두 직선 l, m에 평행한 직선 p, q를 그으면

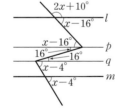

$(2\angle x + 10°) + (\angle x - 16°)$
$= 180°$

$3\angle x - 6° = 180°$, $3\angle x = 186°$

$\therefore \angle x = 62°$

---

16 전략 삼각형의 세 각의 크기의 합이 180°임을 이용한다.

오른쪽 그림에서 $l /\!/ m$이므로

$\angle x + 20° \times 2 = 90°$ (엇각)

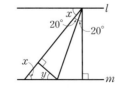

$\therefore \angle x = 50°$

삼각형의 세 각의 크기의 합은 180°이므로

$\angle x + \angle y + 90° = 180°$

$50° + \angle y + 90° = 180°$

$\therefore \angle y = 40°$

$\therefore \angle x - \angle y = 50° - 40° = 10°$

---

17 전략 두 점 C, D를 각각 지나고 $\overleftrightarrow{AB}$, $\overleftrightarrow{EF}$에 평행한 직선을 긋는다.

오른쪽 그림과 같이 두 점 C, D를 각각 지나고 $\overleftrightarrow{AB}$, $\overleftrightarrow{EF}$에 평행한 직선 l, m을 그으면

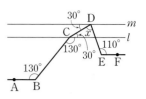

$\angle x + 30° = 110°$ (엇각)

$\therefore \angle x = 80°$

---

18 전략 직사각형 모양의 종이를 접었을 때, 접은 각과 평행선에서 엇각의 크기가 각각 같음을 이용한다.

오른쪽 그림에서 접은 각의 크기가 같고 직사각형의 두 변이 서로 평행하므로 엇각의 크기는 같다.

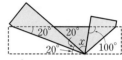

$20° \times 2 + \angle x = 100°$ $\therefore \angle x = 60°$

---

19 전략 공간에서 두 직선, 직선과 평면의 위치 관계를 생각해 본다.

면 ABGF와 평행한 모서리는 $\overline{CH}$, $\overline{DI}$, $\overline{EJ}$의 3개이므로

$a = 3$ ⋯⋯ ㉮

선분 BE와 꼬인 위치에 있는 모서리는 $\overline{AF}$, $\overline{CH}$, $\overline{DI}$, $\overline{FG}$, $\overline{GH}$, $\overline{IJ}$, $\overline{FJ}$의 7개이므로 $b = 7$ ⋯⋯ ㉯

모서리 DI와 수직으로 만나는 모서리는 $\overline{CD}$, $\overline{DE}$, $\overline{HI}$, $\overline{IJ}$의 4개이므로 $c = 4$ ⋯⋯ ㉰

$\therefore a + b + c = 3 + 7 + 4 = 14$ ⋯⋯ ㉱

채점 기준	
㉮ a의 값 구하기	30 %
㉯ b의 값 구하기	30 %
㉰ c의 값 구하기	30 %
㉱ $a + b + c$의 값 구하기	10 %

---

20 전략 잘라 내기 전의 입체도형에서의 두 직선, 직선과 평면의 위치 관계를 생각해 본다.

$\overleftrightarrow{JK}$와 꼬인 위치에 있는 직선은
$\overleftrightarrow{AB}$, $\overleftrightarrow{BC}$, $\overleftrightarrow{CD}$, $\overleftrightarrow{AD}$, $\overleftrightarrow{EF}$, $\overleftrightarrow{FG}$, $\overleftrightarrow{EH}$, $\overleftrightarrow{AE}$, $\overleftrightarrow{BF}$, $\overleftrightarrow{DI}$
의 10개이므로 $x = 10$ ⋯⋯ ㉮

$\overleftrightarrow{IK}$와 평행한 평면은 평면 ABCD, 평면 EFGH, 평면 BFGC의 3개이므로 $y = 3$ ⋯⋯ ㉯

$\therefore x + y = 10 + 3 = 13$ ⋯⋯ ㉰

채점 기준	
㉮ x의 값 구하기	40 %
㉯ y의 값 구하기	40 %
㉰ $x + y$의 값 구하기	20 %

---

21 전략 주어진 전개도로 만들어지는 입체도형을 그려 본다.

(1) 주어진 전개도로 만들어지는 선물 상자는 오른쪽 그림과 같다. ⋯⋯ ㉮

(2) 모서리 EK와 꼬인 위치에 있는 모서리는 $\overline{AB}$, $\overline{BC}$, $\overline{CD}$, $\overline{GH}$, $\overline{HI}$, $\overline{IJ}$의 6개이다. ⋯⋯ ㉯

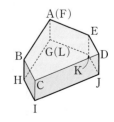

채점 기준	
(1) ㉮ 선물 상자의 겨냥도 그리기	50 %
(2) ㉯ 모서리 EK와 꼬인 위치에 있는 모서리의 개수 구하기	50 %

22 [전략] 두 직선이 한 직선과 만날 때 생기는 교각 중 동위각과 엇각을 찾아본다.

(1) 두 직선 l, n이 직선 m과 만날 때
$(\angle a$의 동위각$)=\angle e=180°-120°=60°$
두 직선 m, n이 직선 l과 만날 때
$(\angle a$의 동위각$)=\angle g=65°$ (맞꼭지각) …… ㉮

(2) 두 직선 l, n이 직선 m과 만날 때
$(\angle b$의 엇각$)=\angle d=120°$ (맞꼭지각)
두 직선 m, n이 직선 l과 만날 때
$(\angle b$의 엇각$)=\angle i=180°-65°=115°$ …… ㉯

채점 기준	
(1) ㉮ $\angle a$의 동위각을 찾고, 그 크기 구하기	50 %
(2) ㉯ $\angle b$의 엇각을 찾고, 그 크기 구하기	50 %

23 [전략] 점 B를 지나고 두 직선 l, m에 평행한 직선을 긋는다.

오른쪽 그림과 같이 점 B를 지나고
두 직선 l, m에 평행한 직선 n을 긋
는다. …… ㉮

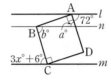

$l // n$이므로 $a=72$
정사각형 ABCD에서
$\overline{AD} // \overline{BC}$이므로 $b=72$
이때 $n // m$이므로 $3x+6=72$
$3x=66$ ∴ $x=22$ …… ㉯

채점 기준	
㉮ 평행한 직선 긋기	30 %
㉯ x의 값 구하기	70 %

24 [전략] 직사각형 모양의 종이를 접었을 때, 접은 각과 평행선에서 엇각의 크기가 각각 같음을 이용한다.

오른쪽 그림에서 접은 각의 크기
가 같고 종이의 두 변이 서로 평
행하므로 엇각의 크기는 같다.

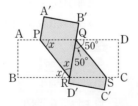

$\angle BRP=\angle QPR=\angle x$ (엇각)
$\angle QRP=\angle BRP$
$\quad\quad\quad=\angle x$ (접은 각)
$\angle DQS=\angle SQR=50°$ (접은 각) …… ㉮
$\angle x+\angle x=50°+50°$ (엇각)
$2\angle x=100°$ ∴ $\angle x=50°$ …… ㉯

채점 기준	
㉮ 접은 각과 엇각을 각각 찾아 크기가 같음을 이용하기	60 %
㉯ $\angle x$의 크기 구하기	40 %

[참고] 두 직선 QS, PR가 직선 QR와 만날 때 $\angle QRP=\angle SQR=50°$
이므로 엇각의 크기가 같다. 따라서 두 직선 QS와 PR는 평행하다.

30 바른답·알찬풀이

단원 마무리 50~51쪽

Level C 발전 유형 정복하기

01 10개	**02** ㄴ, ㄷ, ㅁ	**03** ③, ⑤	**04** ⑤	**05** 110°
06 60°	**07** 31°	**08** ②	**09** 100°	**10** 24
11 48	**12** 38°			

01 [전략] 한 직선 위에 있지 않은 서로 다른 세 점에 의해 평면이 하나로 정해짐을 이용한다.

한 직선 위에 있지 않은 서로 다른 세 점에 의해 평면이 하나로 정해지므로 구하는 평면의 개수는
평면 ABC, 평면 ABD, 평면 ABE, 평면 ACD, 평면 ACE, 평면 ADE, 평면 BCD, 평면 BCE, 평면 BDE, 평면 CDE 의 10개이다.

[주의] 평면의 개수를 구할 때, 세 점 A, B, C로 정해지는 평면 P를 빠뜨리지 않도록 주의한다.

02 [전략] 공간에서 세 직선의 위치 관계를 생각해 본다.

오른쪽 그림과 같이 공간에
서 $l // m$, $m \perp n$이면 두
직선 l과 n은 한 점에서 수
직으로 만나거나 꼬인 위치
에 있다.

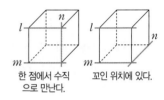

한 점에서 수직 꼬인 위치에 있다.
으로 만난다.

03 [전략] 어떤 직선이 한 평면 위에 있는 두 직선과 수직이면 이 직선은 그 평면에 수직임을 이용한다.

평면 P와 $\overleftrightarrow{CD}$가 수직이려면 평면 P와 $\overleftrightarrow{CD}$의 교점 C를 지나고 평면 P 위에 있는 서로 다른 두 직선이 $\overleftrightarrow{CD}$와 각각 수직이어야 한다.
따라서 $\overleftrightarrow{CD}\perp\overleftrightarrow{BC}$, $\overleftrightarrow{CD}\perp\overleftrightarrow{CE}$이면 평면 P와 $\overleftrightarrow{CD}$가 수직이다.

04 [전략] $\overline{EF}$가 면 BFGC에 수직임을 보인다.

면 BFGC에 포함되는 $\overline{BF}$와 $\overline{FG}$에 대하여 $\overline{BF}$와 $\overline{EF}$는 수직이고, $\overline{FG}$와 $\overline{EF}$는 수직이므로 면 BFGC와 $\overline{EF}$는 수직이다.
이때 $\overline{EF}$가 면 BFGC에 수직이므로 면 BFGC에 속하고 점 F를 지나는 모든 직선은 $\overline{EF}$와 수직으로 만난다.
따라서 $\overline{FC}$와 $\overline{EF}$는 수직이므로
$\angle CFE=90°$

05 [전략] 점 Q를 지나고 $\overline{AP}$에 평행한 직선을 긋는다.

입사각과 반사각의 크기가 같으므로
$\angle SPA=\angle QPT=35°$
∴ $\angle APQ=180°-(35°+35°)$
$\quad\quad\quad=110°$

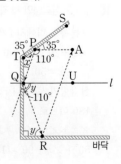

오른쪽 그림과 같이 점 Q를 지나고
$\overline{AP}$에 평행한 직선 l을 그으면
$\angle PQU=180°-110°$
$\quad\quad\quad=70°$
이때 직선 l과 바닥이 평행하므로
$\angle TQU=90°$ (동위각)

$$\therefore \angle x = 90° - \angle PQU$$
$$= 90° - 70° = 20°$$

또, $\angle RQU = \angle y$ (엇각)이고, 입사각과 반사각의 크기가 같으므로

$$\angle y = \angle PQU = 70°$$

$$\therefore 2\angle x + \angle y = 2 \times 20° + 70° = 110°$$

다른 풀이 점 R에서 $\overline{AP}$에 내린 수선의 발을 H라 하고 입사각과 반사각의 크기가 같음을 이용하여 같은 크기의 각을 찾으면 오른쪽 그림과 같다.

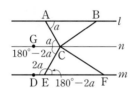

사각형의 네 각의 크기의 합은 360°이므로 사각형 HPQR에서

$$(180° - 2\angle x) + (90° - \angle y) + 90° + 110°$$
$$= 360°$$
$$470° - 2\angle x - \angle y = 360°$$
$$\therefore 2\angle x + \angle y = 110°$$

06 **전략** 점 C를 지나고 두 직선 l, m에 평행한 직선을 긋는다.

오른쪽 그림과 같이 점 C를 지나고 두 직선 l, m에 평행한 직선 n을 긋는다.

$\angle BAC = \angle a$라 하면

$\angle ACG = \angle a$ (엇각),

$\angle CED = 2\angle BAC = 2\angle a$

$$\therefore \angle GCE = \angle CEF = 180° - 2\angle a \ (엇각)$$

이때 $\angle BAC + \angle ECF = 150°$이므로

$$\angle ECF = 150° - \angle BAC = 150° - \angle a$$

또, $3\angle ACF = 5\angle ECF$이므로

$$\angle ACF = \frac{5}{3}\angle ECF = \frac{5}{3} \times (150° - \angle a)$$

이때 $\angle ACG + \angle GCE + \angle ECF + \angle ACF = 360°$이므로

$$\angle a + (180° - 2\angle a) + (150° - \angle a) + \frac{5}{3} \times (150° - \angle a)$$
$$= 360°$$
$$\frac{11}{3}\angle a = 220° \qquad \therefore \angle a = 60°$$
$$\therefore \angle BAC = \angle a = 60°$$

07 **전략** 점 B를 지나고 두 직선 l, m에 평행한 직선을 긋는다.

오른쪽 그림과 같이 점 B를 지나고 두 직선 l, m에 평행한 직선 n을 긋는다.

이때 정사각형의 한 각의 크기가 90°이므로

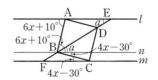

$$(6\angle x + 10°) + (4\angle x - 30°) = 90°$$
$$10\angle x - 20° = 90° \qquad \therefore \angle x = 11°$$

그런데 $\overline{BD}$는 정사각형의 대각선이므로

$$\angle ABD = 45°$$
$$\therefore \angle a = (6\angle x + 10°) - 45° = 76° - 45° = 31°$$
$$\therefore \angle AEB = \angle a = 31°$$

공략 비법

보조선은 꺾인 점을 지나고 주어진 직선에 평행한 직선을 그으면 된다. 하지만 모든 꺾인 점에서 보조선을 긋는다고 각의 크기를 구할 수 있는 것은 아니다. 주어진 각의 크기를 이용할 수 있도록 보조선을 긋는 것이 중요하다.

08 **전략** 평행선의 성질과 삼각형의 세 각의 크기의 합이 180°임을 이용한다.

두 직선 l과 m이 평행하므로

$$\angle DPQ + \angle CQP = 180°$$

이때 $\angle DPR = \angle QPR$, $\angle PQR = \angle CQR$이므로

$$\angle QPR + \angle PQR$$
$$= \frac{1}{2}\angle DPQ + \frac{1}{2}\angle CQP$$
$$= \frac{1}{2}(\angle DPQ + \angle CQP)$$
$$= \frac{1}{2} \times 180° = 90°$$

삼각형 PQR의 세 각의 크기의 합은 180°이므로

$$\angle x = 180° - (\angle QPR + \angle PQR)$$
$$= 180° - 90° = 90°$$

또, $\angle RPS = \angle SPD$, $\angle RQS = \angle SQC$이므로

$$\angle SPR + \angle RQS$$
$$= \frac{1}{2}\angle DPR + \frac{1}{2}\angle CQR$$
$$= \frac{1}{2}\angle QPR + \frac{1}{2}\angle PQR$$
$$= \frac{1}{2}(\angle QPR + \angle PQR)$$
$$= \frac{1}{2} \times 90° = 45°$$

삼각형 PQS의 세 각의 크기의 합은 180°이므로

$$\angle y = 180° - (\angle QPR + \angle SPR + \angle PQR + \angle RQS)$$
$$= 180° - (90° + 45°)$$
$$= 45°$$
$$\therefore \angle x + \angle y = 90° + 45° = 135°$$

09 **전략** 평행사변형을 접었을 때, 접은 각과 엇각의 크기가 각각 같음을 이용한다.

$$\angle BDC' = \angle BDC$$
$$= 40° \ (접은 각)$$

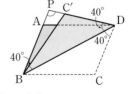

$\overline{AB} \, /\!/ \, \overline{DC}$이므로

$$\angle PBD = \angle BDC$$
$$= 40° \ (엇각)$$

삼각형 PBD의 세 각의 크기의 합은 180°이므로

$$\angle BPD = 180° - (\angle PBD + \angle BDP)$$
$$= 180° - (40° + 40°)$$
$$= 100°$$

10 [전략] 주어진 전개도로 만들어지는 정육면체를 그려 본다.

주어진 전개도로 만들어지는 정육
면체는 오른쪽 그림과 같다.
...... 가

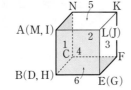

점 H에서 만나는 세 면은
면 ABCN, 면 CDEF,
면 GHIJ이다. ...... 나

따라서 점 H에서 만나는 세 면에 적힌 수의 곱은
$1 \times 6 \times 4 = 24$ ...... 다

채점 기준	
가 정육면체의 겨냥도 그리기	40 %
나 점 H에서 만나는 세 면 구하기	40 %
다 점 H에서 만나는 세 면에 적힌 수의 곱 구하기	20 %

11 [전략] 크기가 $60°$, $x°-18°$인 각의 꼭짓점을 각각 지나고 두 직선 l, m에 평행한 직선을 긋는다.

오른쪽 그림과 같이 크기가 $60°$,
$x°-18°$인 각의 꼭짓점을 각각
지나고 두 직선 l, m에 평행한 직
선을 긋는다.

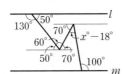

평행선에서 엇각의 크기는 같으므로 위의 그림과 같이 나타낼
수 있다. ...... 가
$70 + (x - 18) = 100$ ...... 나
$\therefore x = 48$ ...... 다

채점 기준	
가 평행한 보조선을 그은 후 엇각 찾기	40 %
나 식 세우기	40 %
다 x의 값 구하기	20 %

12 [전략] 직사각형 모양의 종이를 접었을 때, 접은 각과 엇각의 크기가
각각 같음을 이용한다.

$\angle EFG = 180° - 130°$
$\qquad = 50°$
$\overline{AD} /\!/ \overline{BC}$이므로
$\angle AEF = \angle EFG$
$\qquad = 50°$ (엇각)
$\angle FEG = \angle AEF$
$\qquad = 50°$ (접은 각)
$\therefore \angle GEI = 180° - (50° + 50°) = 80°$ ...... 가
또, $\angle EIG = 180° - 118° = 62°$ ...... 나
삼각형 EGI의 세 각의 크기의 합은 $180°$이므로
$\angle EGI = 180° - (\angle GEI + \angle EIG)$
$\qquad = 180° - (80° + 62°)$
$\qquad = 38°$ ...... 다

채점 기준	
가 $\angle GEI$의 크기 구하기	50 %
나 $\angle EIG$의 크기 구하기	20 %
다 $\angle EGI$의 크기 구하기	30 %

---

3. 작도와 합동

Lecture 06 간단한 도형의 작도

Level A 개념 익히기 54쪽

01 답 눈금 없는 자, 컴퍼스

02 답 ㉢, ㉠, ㉥

03 답 $\overline{OB}$, $\overline{O'B'}$, $\overline{A'B'}$

04 답 $\angle A'O'B'$

05 답 ㉣, ㉠, ㉤, ㉡

06 답 $\overline{AC}$, $\overline{PR}$, $\overline{QR}$

07 답 $\angle QPR$, $\overrightarrow{PR}$

Level B 유형 공략하기 55~57쪽

08 ㄷ. 선분을 연장할 때에는 눈금 없는 자를 사용한다.
ㄹ. 주어진 각과 크기가 같은 각을 작도할 때에는 눈금 없는 자
와 컴퍼스를 사용한다. 답 ㄷ, ㄹ

09 원을 그리거나 선분의 길이를 옮길 때에는 컴퍼스를 사용한다.
답 ③

10 눈금 없는 자는 두 점을 연결하여 선분을 그리거나 선분을 연장
할 때 사용한다. 답 ②, ④

11 $\overline{AB}$와 길이가 같은 선분을 두 번 작도하면 $\overline{PQ}$가 된다.
주어진 선분과 길이가 같은 선분을 작도할 때에는 컴퍼스를 사
용한다. 답 ②

12 ㉡ 자를 사용하여 직선 l을 긋고, 그 위에 점 C를 잡는다.
㉠ 컴퍼스를 사용하여 $\overline{AB}$의 길이를 잰다.
㉢ 점 C를 중심으로 반지름의 길이가 $\overline{AB}$인 원을 그려 직선 l
과의 교점을 D라 하면 $\overline{CD}$가 작도된다.
따라서 작도 순서는 ㉡ → ㉠ → ㉢이다.
답 ㉡ → ㉠ → ㉢

13 ㉠ 두 점 A, B를 각각 중심으로 반지름의 길이가 $\boxed{AB}$인 원을
그려 두 원의 교점을 C라 한다.
㉡ $\overline{AC}$, $\overline{BC}$를 각각 그으면 $\overline{AC} = \overline{BC} = \boxed{AB}$이므로 삼각형
ABC는 $\boxed{정삼각형}$이다.
답 (가) $\overline{AB}$ (나) $\overline{AB}$ (다) 정삼각형

14 $\overline{OA} = \overline{OB} = \overline{PC} = \overline{PD}$ (①, ②), $\overline{AB} = \overline{CD}$ (③)
$\angle AOB = \angle CPD$ (⑤)
따라서 옳지 않은 것은 ④이다. 답 ④

15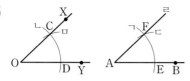

ㄴ. 점 O를 중심으로 적당한 원을 그려 $\overrightarrow{OX}$, $\overrightarrow{OY}$와의 교점을 각각 C, D라 한다.

ㄱ. 점 A를 중심으로 반지름의 길이가 $\overline{OC}$인 원을 그려 $\overrightarrow{AB}$와의 교점을 E라 한다.

ㅁ. 컴퍼스를 사용하여 $\overline{CD}$의 길이를 잰다.

ㄷ. 점 E를 중심으로 반지름의 길이가 $\overline{CD}$인 원을 그려 ㄱ에서 그린 원과의 교점을 F라 한다.

ㄹ. $\overrightarrow{AF}$를 긋는다.

따라서 작도 순서는 ③ ㄴ → ㄱ → ㅁ → ㄷ → ㄹ이다.

🔔 ③

16 지원: 크기가 같은 각은 눈금 없는 자와 컴퍼스를 모두 사용하여 작도한다.

승우: 작도 순서는 ⓑ → ⓒ → ⓔ → ⓐ → ⓛ → ⓜ이다.

수민: ⓒ, ⓔ은 각각 점 O와 점 P를 중심으로 반지름의 길이를 같게 하여 원을 그린 것이다.

이상에서 바르게 말한 사람은 승우, 수민이다.

🔔 승우, 수민

17 ①, ② 두 점 P, Q를 중심으로 반지름의 길이가 같은 원을 각각 그리므로
$$\overline{AP}=\overline{BP}=\overline{CQ}=\overline{DQ}$$
③ 점 A를 중심으로 반지름의 길이가 $\overline{CD}$인 원을 그리므로
$$\overline{AB}=\overline{CD}$$
따라서 옳지 않은 것은 ④이다.

🔔 ④

18 서로 다른 두 직선이 한 직선과 만날 때, 동위각의 크기가 같으면 두 직선은 평행하다는 성질을 이용한 것이다.

🔔 ④

19 ⒟: $\overline{BC}$

🔔 ③

20 ①, ④ 두 점 A, P를 중심으로 반지름의 길이가 같은 원을 각각 그리므로
$$\overline{AB}=\overline{AC}=\overline{PQ}=\overline{PR}$$
③ 점 Q를 중심으로 반지름의 길이가 $\overline{BC}$인 원을 그리므로
$$\overline{BC}=\overline{QR}$$
따라서 옳지 않은 것은 ②이다.

🔔 ②

21 (1) ⓔ 점 P를 지나는 직선을 그어 직선 l과의 교점을 Q라 한다.

ⓑ 점 Q를 중심으로 적당한 원을 그려 $\overrightarrow{QP}$, 직선 l과의 교점을 각각 C, D라 한다.

ⓛ 점 P를 중심으로 반지름의 길이가 $\overline{QC}$인 원을 그려 $\overrightarrow{QP}$와의 교점을 B라 한다.

ⓐ 컴퍼스를 사용하여 $\overline{CD}$의 길이를 잰다.

ⓜ 점 B를 중심으로 반지름의 길이가 $\overline{CD}$인 원을 그려 ⓛ에서 그린 원과의 교점을 A라 한다.

ⓒ $\overrightarrow{AP}$를 긋는다.

따라서 작도 순서는 ⓔ → ⓑ → ⓛ → ⓐ → ⓜ → ⓒ이다.

...... ㉮

(2) ⓛ, ⓜ에서 그린 원의 반지름의 길이가 같으므로
$$\overline{QC}=\overline{QD}=\overline{PA}=\overline{PB}$$

...... ㉯

(3) '서로 다른 두 직선이 한 직선과 만날 때, 엇각의 크기가 같으면 두 직선은 평행하다.'는 성질을 이용한 것이다.

...... ㉰

🔔 (1) ⓔ → ⓑ → ⓛ → ⓐ → ⓜ → ⓒ
(2) $\overline{QD}$, $\overline{PA}$, $\overline{PB}$ (3) 풀이 참조

채점 기준

(1)	㉮ 작도 순서 바르게 나열하기	40 %
(2)	㉯ $\overline{QC}$와 길이가 같은 선분 구하기	30 %
(3)	㉰ 작도에 이용된 평행선의 성질 말하기	30 %

개념 보충 학습

평행선의 성질

서로 다른 두 직선이 한 직선과 만날 때
① 동위각의 크기가 같으면 두 직선은 평행하다.
② 엇각의 크기가 같으면 두 직선은 평행하다.

Lecture 07 삼각형의 작도

Level A 개념 익히기

58쪽

01 🔔 ∠C

02 🔔 $\overline{AC}$

03 $9>3+5$

🔔 ×

04 $8<4+5$

🔔 ○

05 $9<5+5$

🔔 ○

06 $10=2+8$

🔔 ×

07 $10>5+3$이므로 $\overline{BC}>\overline{AB}+\overline{CA}$
따라서 한 변의 길이가 나머지 두 변의 길이의 합보다 크므로 △ABC가 그려지지 않는다.

🔔 ×

08 ∠A=40°, ∠B=50°이므로
∠C=180°-(40°+50°)=90°
따라서 한 변의 길이와 그 양 끝 각의 크기가 주어졌으므로 △ABC가 하나로 정해진다.

🔔 ○

09 두 변의 길이 $\overline{AB}$, $\overline{BC}$와 그 끼인각 ∠B의 크기가 아닌 ∠C의 크기가 주어졌으므로 △ABC가 하나로 정해지지 않는다.

🔔 ×

10 두 변의 길이와 그 끼인각의 크기가 주어졌으므로 △ABC가 하나로 정해진다. 답 ○

11 세 각의 크기가 주어졌으므로 △ABC가 하나로 정해지지 않는다. 답 ×

> 참고 세 각의 크기만 주어지면 모양은 같지만 크기가 다른 무수히 많은 삼각형이 그려진다.

Level B 유형 공략하기
59~61쪽

⊙12 가장 긴 변의 길이가 나머지 두 변의 길이의 합보다 작아야 한다.

① $5=2+3$ (×)　　　　② $6=2+4$ (×)

③ $10>3+6$ (×)　　　 ④ $7<4+6$ (○)

⑤ $13>5+7$ (×)

따라서 삼각형의 세 변의 길이가 될 수 있는 것은 ④이다.

답 ④

⊙13 ㄱ. $11<6+8$ (○)　　　 ㄴ. $9<9+9$ (○)

ㄷ. $13>4+8$ (×)　　　 ㄹ. $17>8+8$ (×)

이상에서 삼각형의 세 변의 길이가 될 수 없는 것은 ㄷ, ㄹ이다.

답 ㄷ, ㄹ

◆14 (i) 가장 긴 변의 길이가 9 cm일 때

$9=4+5$ (×), $9<4+6$ (○), $9<5+6$ (○)

이므로 세 변의 길이가

(4 cm, 6 cm, 9 cm), (5 cm, 6 cm, 9 cm)

인 삼각형 2개를 만들 수 있다. …… ㉮

(ii) 가장 긴 변의 길이가 6 cm일 때

$6<4+5$ (○)

이므로 세 변의 길이가

(4 cm, 5 cm, 6 cm)

인 삼각형 1개를 만들 수 있다. …… ㉯

(i), (ii)에서 만들 수 있는 삼각형의 개수는

$2+1=3$(개) …… ㉰

답 3개

채점 기준	
㉮ 가장 긴 변의 길이가 9 cm일 때, 만들 수 있는 삼각형의 개수 구하기	40 %
㉯ 가장 긴 변의 길이가 6 cm일 때, 만들 수 있는 삼각형의 개수 구하기	40 %
㉰ 만들 수 있는 삼각형의 개수 구하기	20 %

⊙15 (i) 가장 긴 변의 길이가 x cm일 때

$x<4+8$　　　∴ $x<12$

(ii) 가장 긴 변의 길이가 8 cm일 때

$8<x+4$　　　∴ $x>4$

(i), (ii)에서 $4<x<12$

답 ④

⊙16 ① $10>3+6$ (×)　　　　② $11=4+7$ (×)

③ $12<5+8$ (○)　　　 ④ $13<6+9$ (○)

⑤ $14<7+10$ (○)

따라서 x의 값이 될 수 없는 것은 ① 3, ② 4이다. 답 ①, ②

⊙17 (i) 가장 긴 변의 길이가 12 cm일 때

$12<x+5$　　　∴ $x>7$ …… ㉮

(ii) 가장 긴 변의 길이가 x cm일 때

$x<12+5$　　　∴ $x<17$ …… ㉯

(i), (ii)에서 $7<x<17$이므로 자연수 x는

8, 9, 10, 11, 12, 13, 14, 15, 16의 9개이다. …… ㉰

답 9개

채점 기준	
㉮ 가장 긴 변의 길이가 12 cm일 때, x의 값의 범위 구하기	40 %
㉯ 가장 긴 변의 길이가 x cm일 때, x의 값의 범위 구하기	40 %
㉰ 자연수 x의 개수 구하기	20 %

⊙18 한 변의 길이와 그 양 끝 각의 크기가 주어질 때, 삼각형을 작도하는 방법은 다음과 같이 두 가지이다.

(i) ∠A 또는 ∠B와 크기가 같은 한 각을 작도한 후 $\overline{AB}$와 길이가 같은 선분을 작도하고, 나머지 한 각과 크기가 같은 각을 작도한다.

(ii) $\overline{AB}$를 작도한 후 ∠A, ∠B와 크기가 같은 각을 각각 작도한다.

따라서 옳지 않은 것은 ③이다. 답 ③

⊙19 ㉢ 점 C를 중심으로 반지름의 길이가 $\boxed{b}$인 원을 그린다.

답 ③

◆20 ㉡ → ㉢ → ㉣: ∠B를 옮긴다.

㉠ $\overline{AB}$를 옮긴다.　　㉠ → ㉢ 또는 ㉢ → ㉠

㉢ $\overline{BC}$를 옮긴다.

㉤ 두 점 A와 C를 잇는다.

따라서 작도 순서는 ㉡ → ㉢ → ㉣ → ㉠ → ㉢ → ㉤

또는 ㉡ → ㉢ → ㉣ → ㉢ → ㉠ → ㉤

또는 ㉢ → ㉡ → ㉢ → ㉣ → ㉠ → ㉤이다. 답 ④

⊙21 ① 가장 긴 변의 길이가 나머지 두 변의 길이의 합과 같으므로 △ABC가 그려지지 않는다.

② 한 변의 길이와 그 양 끝 각의 크기가 주어졌으므로 △ABC가 하나로 정해진다.

③ ∠B는 $\overline{AB}$, $\overline{AC}$의 끼인각이 아니므로 △ABC가 하나로 정해지지 않는다.

④ 세 각의 크기가 주어지면 무수히 많은 삼각형이 그려진다.

⑤ ∠B와 ∠C의 크기의 합이 180°이므로 △ABC가 그려지지 않는다.

따라서 △ABC가 하나로 정해지는 것은 ②이다. 답 ②

⊙22 ㄱ. 세 각의 크기가 주어지면 무수히 많은 삼각형이 그려진다.

ㄴ. 세 변의 길이가 주어졌고 $14<6+9$이므로 △ABC가 하나로 정해진다.

ㄷ. 두 변의 길이와 그 끼인각이 아닌 각의 크기가 주어졌으므
로 △ABC가 하나로 정해지지 않는다.

ㄹ. ∠C=180°−(50°+30°)=100°, 즉 한 변의 길이와 그 양
끝 각의 크기가 주어졌으므로 △ABC가 하나로 정해진다.

이상에서 △ABC가 하나로 정해지는 조건이 아닌 것은
ㄱ, ㄷ이다.   **답** ㄱ, ㄷ

중 23 ① 세 변의 길이가 주어진 경우이므로 △ABC가 하나로 정해
진다.

⑤ ∠A=180°−(∠B+∠C), 즉 한 변의 길이와 그 양 끝 각
의 크기가 주어진 경우이므로 △ABC가 하나로 정해진다.

답 ①, ⑤

중 24 ① ∠A는 길이가 a, c인 두 변의 끼인각이 아니므로 △ABC
가 하나로 정해지지 않는다.

② ∠A는 길이가 b, c인 두 변의 끼인각이므로 △ABC가 하
나로 정해진다.

③ ∠B=180°−(∠A+∠C), 즉 한 변의 길이와 그 양 끝 각
의 크기가 주어진 경우이므로 △ABC가 하나로 정해진다.

④ 세 각의 크기가 주어지면 무수히 많은 삼각형이 그려진다.

⑤ ∠A, ∠C는 길이가 b인 변의 양 끝 각이므로 △ABC가 하
나로 정해진다.

따라서 △ABC가 하나로 정해지지 않는 것은 ①, ④이다.

답 ①, ④

중 25 ㄱ. 두 변의 길이와 그 끼인각의 크기가 주어진 경우이므로
△ABC가 하나로 정해진다.

ㄴ. $\overline{BC}$=4 cm이면 ∠A가 $\overline{AC}$와 $\overline{BC}$의 끼인각이 아니므로
△ABC가 하나로 정해지지 않는다.

ㄷ. ∠C=180°−(∠A+∠B)=70°, 즉 한 변의 길이와 그
양 끝 각의 크기가 주어진 경우이므로 △ABC가 하나로 정
해진다.

ㄹ. 한 변의 길이와 그 양 끝 각의 크기가 주어진 경우이므로
△ABC가 하나로 정해진다.

이상에서 △ABC가 하나로 정해지기 위해 필요한 나머지 한
조건으로 알맞은 것은 ㄱ, ㄷ, ㄹ이다.   **답** ④

중 26 주어진 두 각을 제외한 나머지 한 각의 크기는
180°−(35°+45°)=100°
이므로 삼각형은 한 변의 길이가 8 cm이고 그 양 끝 각의 크기
가 (35°, 45°), (35°, 100°), (45°, 100°)가 될 수 있다.
따라서 구하는 삼각형의 개수는 3개이다.   **답** 3개

상 27 (1) 다음 그림의 △ABC, △ADC, △EFG, △HFG와 같이
그릴 수 있다.

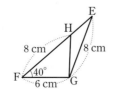

두 변의 길이와 그 끼인각의 크기가 주어진 경우 삼각형이
하나로 정해지는데, 주어진 각이 길이가 주어진 두 변의 끼
인각이라는 조건이 없으므로 삼각형은 하나로 정해지지 않
는다.   …… ㉮

(2) 오른쪽 그림의 △ABC, △ADE, …와
같이 모양은 같지만 크기가 다른 삼각형을
무수히 많이 그릴 수 있다.   …… ㉯

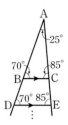

답 (1) 풀이 참조 (2) 풀이 참조

채점 기준		
(1)	㉮ 조건을 만족하는 삼각형을 그리고, 삼각형이 하나로 정해지지 않는 이유 찾기	50 %
(2)	㉯ 조건을 만족하는 삼각형을 그리고, 삼각형이 하나로 정해지지 않는 이유 찾기	50 %

Lecture 08 삼각형의 합동

Level A 개념 익히기   62쪽

01 **답** ×   **02** **답** ○

03 **답** 점 E   **04** **답** $\overline{FG}$

05 **답** ∠H

06 **답** x=6, y=5, ∠a=60°, ∠b=50°

07 대응하는 세 변의 길이가 각각 같다. (SSS 합동)   **답** ○

08 대응하는 한 변의 길이가 같고, 그 양 끝 각의 크기가 각각 같다.
(ASA 합동)   **답** ○

09 두 변의 끼인각이 아닌 다른 각의 크기가 같으므로 합동인지 아
닌지 알 수 없다.   **답** ×

Level B 유형 공략하기   63~67쪽

중 10 ⑤ 오른쪽 그림과 같은 두 삼
각형은 넓이가 같지만 합동
이 아니다.

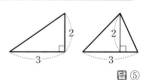

답 ⑤

증 11 ② 오른쪽 그림과 같은 두 사각형은 네 변의 길이가 같지만 합동이 아니다.

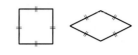

③ 오른쪽 그림과 같은 두 직사각형은 둘레의 길이가 같지만 합동이 아니다.

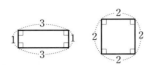

④ 오른쪽 그림과 같은 두 사다리꼴은 넓이가 같지만 합동이 아니다.

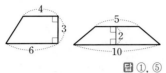

답 ①, ⑤

증 12 ㄱ. 오른쪽 그림과 같은 두 사각형은 둘레의 길이는 같지만 합동이 아니다.

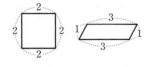

ㄷ. 오른쪽 그림과 같은 두 사각형은 넓이는 같지만 합동이 아니다.

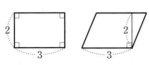

이상에서 옳은 것은 ㄴ, ㄹ이다. 답 ㄴ, ㄹ

주의 두 도형이 서로 합동이면 두 도형의 모양, 넓이, 대응각의 크기, 대응변의 길이가 각각 같다. 하지만 두 도형의 모양 또는 넓이 또는 대응각의 크기 또는 대응변의 길이가 각각 같다고 해서 항상 합동인 것은 아니다.

하 13 $\overline{DE}=\overline{AB}=8$ cm이므로 $x=8$

$\angle C=\angle F=60°$이므로

$\angle A=180°-(\angle B+\angle C)$

$\quad=180°-(55°+60°)=65°$

$\therefore y=65$

$\therefore x+y=8+65=73$ 답 73

증 14 ② 기호로 나타내면 $\triangle ABC\equiv\triangle FED$이다.

④ $\overline{AB}$의 길이는 알 수 없다.

⑤ $\angle E=\angle B=75°$ 답 ②, ④

개념 보충 학습

기호 =와 ≡의 차이점

① $\triangle ABC=\triangle DEF$: $\triangle ABC$와 $\triangle DEF$의 넓이가 같다.

② $\triangle ABC\equiv\triangle DEF$: $\triangle ABC$와 $\triangle DEF$가 서로 합동이다.

증 15 $\angle A$의 대응각은 $\angle E$이므로 $\angle A=\angle E=125°$

$\therefore x=125$ ...... ㉮

$\overline{EF}$의 대응변은 $\overline{AB}$이므로 $\overline{EF}=\overline{AB}=10$ cm

$\therefore y=10$ ...... ㉯

$\therefore x-y=125-10=115$ ...... ㉰

답 115

채점 기준

㉮	x의 값 구하기	40%
㉯	y의 값 구하기	40%
㉰	$x-y$의 값 구하기	20%

증 16 $\triangle ABC\equiv\triangle DEF$이므로 $\overline{AC}$의 대응변은 $\overline{DF}$이다.

$\triangle DEF=\dfrac{1}{2}\times\overline{DF}\times5=30$이므로 $\overline{DF}=12$(cm)

$\therefore \overline{AC}=\overline{DF}=12$ cm 답 12 cm

증 17 ㄴ과 ㅂ은 대응하는 두 변의 길이가 각각 같고, 그 끼인각의 크기가 같으므로 SAS 합동이다.

ㄷ과 ㅁ은 ㅁ에서 나머지 한 각의 크기가

$180°-(55°+30°)=95°$, 즉 대응하는 한 변의 길이가 같고, 그 양 끝 각의 크기가 각각 같으므로 ASA 합동이다.

답 ㄴ과 ㅂ, SAS 합동 / ㄷ과 ㅁ, ASA 합동

증 18 (1) $\triangle ABC$와 $\triangle EFD$에서

$\overline{AC}=\overline{ED}$, $\angle A=\angle E$

$\angle C=180°-(48°+74°)=58°$이므로 $\angle C=\angle D$

$\therefore \triangle ABC\equiv\triangle EFD$ ...... ㉮

(2) 대응하는 한 변의 길이가 같고, 그 양 끝 각의 크기가 각각 같으므로 ASA 합동이다. ...... ㉯

답 (1) 풀이 참조 (2) ASA 합동

채점 기준

(1)	㉮ 합동인 두 삼각형을 기호 ≡를 사용하여 나타내기	70%
(2)	㉯ 합동 조건 말하기	30%

증 19 ④ 나머지 한 각의 크기는 $180°-(45°+80°)=55°$

즉, 한 변의 길이가 8 cm로 같고, 그 양 끝 각의 크기가 각각 45°, 55°로 같으므로 주어진 삼각형과 합동이다.

(ASA 합동) 답 ④

증 20 ① 대응하는 세 변의 길이가 각각 같으므로 합동이다.

(SSS 합동)

④ $\angle A=\angle D$, $\angle C=\angle F$이므로 $\angle B=\angle E$

즉, 대응하는 한 변의 길이가 같고, 그 양 끝 각의 크기가 각각 같으므로 합동이다. (ASA 합동)

답 ①, ④

증 21 ① 대응하는 한 변의 길이가 같고, 그 양 끝 각의 크기가 각각 같으므로 합동이다. (ASA 합동)

② 대응하는 두 변의 길이는 각각 같지만, 그 끼인각이 아닌 다른 각의 크기가 같으므로 합동이라 할 수 없다.

③ $\angle A=\angle D$, $\angle B=\angle E$이므로 $\angle C=\angle F$

즉, 대응하는 한 변의 길이가 같고, 그 양 끝 각의 크기가 각각 같으므로 합동이다. (ASA 합동)

④ 대응하는 두 변의 길이가 각각 같고, 그 끼인각의 크기가 같으므로 합동이다. (SAS 합동)

⑤ 대응하는 세 변의 길이가 각각 같으므로 합동이다.

(SSS 합동)

따라서 $\triangle ABC\equiv\triangle DEF$라 할 수 없는 것은 ②이다.

답 ②

중 22 ① ∠B=∠E이면 대응하는 한 변의 길이가 같고, 그 양 끝 각의 크기가 각각 같으므로 합동이다. (ASA 합동)

② ∠A=∠D, ∠C=∠F이므로 ∠B=∠E

즉, 대응하는 한 변의 길이가 같고, 그 양 끝 각의 크기가 각각 같으므로 합동이다. (ASA 합동)

③ $\overline{AC}=\overline{DF}$이면 대응하는 두 변의 길이가 각각 같고, 그 끼인 각의 크기가 같으므로 합동이다. (SAS 합동)

답 ④, ⑤

중 23 ㄱ. $\overline{AC}=\overline{DF}$이면 대응하는 세 변의 길이가 각각 같으므로 합동이다. (SSS 합동)

ㄷ. ∠B=∠E이면 대응하는 두 변의 길이가 각각 같고, 그 끼인각의 크기가 같으므로 합동이다. (SAS 합동)

이상에서 필요한 조건은 ㄱ, ㄷ이다.

답 ②

하 24 △ABC와 △ADC에서

$\overline{AB}=\overline{AD}$, $\overline{BC}=\overline{DC}$, $\boxed{\overline{AC}}$는 공통

∴ △ABC≡△ADC ($\boxed{SSS}$ 합동)

답 (개) $\overline{AC}$ (내) SSS

중 25 △ABC와 △CDA에서

$\overline{AB}=\overline{CD}$, $\overline{BC}=\overline{DA}$, $\overline{AC}$는 공통

∴ △ABC≡△CDA (SSS 합동) (②)

따라서 ∠ABC=∠CDA (③), ∠BAC=∠DCA (④)

답 ①, ⑤

하 26 △AOB와 △COD에서

$\overline{AO}=\overline{CO}$, $\overline{BO}=\overline{DO}$

∠AOB=$\boxed{∠COD}$ ($\boxed{맞꼭지각}$)

∴ △AOB≡△COD ($\boxed{SAS}$ 합동)

답 (개) ∠COD (내) 맞꼭지각 (대) SAS

중 27 △ACB와 △ADE에서

$\overline{AC}=\overline{AD}$

$\overline{AB}=\overline{AD}+\overline{DB}=\overline{AC}+\overline{CE}=\overline{AE}$ (①)

∠A는 공통

∴ △ACB≡△ADE (SAS 합동)

따라서 ∠ACB=∠ADE (②), △ACB=△ADE (④), $\overline{BC}=\overline{ED}$ (⑤)

답 ③

중 28 △CAM과 △CBM에서

점 M은 $\overline{AB}$의 중점이므로

$\overline{AM}=\boxed{\overline{BM}}$ …… ㉠

$\overline{AB}\perp l$이므로

∠CMA=$\boxed{∠CMB}$=90° …… ㉡

$\boxed{\overline{CM}}$은 공통 …… ㉢

㉠, ㉡, ㉢에서 △CAM≡△CBM ($\boxed{SAS}$ 합동)

∴ $\overline{CA}=\boxed{\overline{CB}}$

답 ④

중 29 △ABO와 △DCO에서

$\overline{AO}=\overline{DO}$=0.9 km, $\overline{BO}=\overline{CO}$=1.7 km

∠AOB=∠DOC (맞꼭지각)

∴ △ABO≡△DCO (SAS 합동)

따라서 $\overline{AB}=\overline{DC}$=1.4 km이므로 사자 우리와 편의점 사이의 거리는 1.4 km이다.

답 1.4 km

하 30 △ABC와 △EDC에서

$\overline{AB}=\overline{ED}$, ∠ABC=∠EDC

∠ACB=$\boxed{∠ECD}$ (맞꼭지각)이므로

∠BAC=$\boxed{∠DEC}$

∴ △ABC≡△EDC ($\boxed{ASA}$ 합동)

답 (개) ∠ECD (내) ∠DEC (대) ASA

중 31 △AOP와 △BOP에서

$\overline{OP}$는 공통 (ㄷ)

$\overrightarrow{OP}$가 ∠XOY의 이등분선이므로

∠AOP=∠BOP (ㅁ)

또, ∠OAP=∠OBP=90°이므로

∠APO=90°−∠AOP

=90°−∠BOP

=∠BPO (ㄹ)

∴ △AOP≡△BOP (ASA 합동)

따라서 사용되는 조건은 ㄷ, ㄹ, ㅁ이다.

답 ㄷ, ㄹ, ㅁ

중 32 △ABC와 △DEF에서

$\overline{BF}=\overline{EC}$이므로

$\overline{BC}=\overline{BF}+\overline{FC}$

$=\overline{EC}+\overline{FC}=\overline{EF}$ …… ㉮

$\overline{AB}\,/\!/\,\overline{ED}$이므로

∠ABC=∠DEF (엇각)

$\overline{AC}\,/\!/\,\overline{FD}$이므로

∠ACB=∠DFE (엇각) …… ㉯

∴ △ABC≡△DEF (ASA 합동) …… ㉰

답 △ABC≡△DEF, ASA 합동

채점 기준	
㉮ $\overline{BC}=\overline{EF}$임을 알기	30 %
㉯ ∠ABC=∠DEF, ∠ACB=∠DFE임을 알기	40 %
㉰ 합동인 두 삼각형을 기호 ≡를 사용하여 나타내고 합동 조건 말하기	30 %

상 33 $\overline{AB}\,/\!/\,\overline{DC}$이고 점 F는 $\overline{AB}$의 연장선 위의 점이므로

$\overline{AF}\,/\!/\,\overline{CD}$ (①)

△AEF와 △DEC에서

$\overline{AE}=\overline{DE}$, ∠FAE=∠CDE (엇각) (②),

∠FEA=∠CED (맞꼭지각) (④)

∴ △AEF≡△DEC (ASA 합동) (⑤)

답 ③

중 34 △ACE와 △DCB에서
$\overline{AC}=\overline{DC}$ (①), $\overline{CE}=\overline{CB}$ (②)
∠ACE = ∠ACD+∠DCE = 60°+∠DCE
= ∠ECB+∠DCE = ∠DCB (③)
∴ △ACE ≡ △DCB (SAS 합동) (④)
이때 ∠AEC의 대응각은 ∠DBC이므로
∠AEC = ∠DBC 　　　　　　　 **답 ⑤**

공략 비법

정삼각형의 성질을 이용한 삼각형의 합동
정삼각형이 주어졌을 때, 다음 성질을 이용하여 합동인 삼각형을 찾는다.
① 정삼각형의 세 변의 길이는 모두 같다.
② 정삼각형의 세 각의 크기는 모두 60°이다.

중 35 △CAE와 △BAD에서
$\overline{AC}=\overline{AB}$, $\overline{AE}=\overline{AD}$
∠CAE = ∠CAB-∠BAE
= 60°-∠BAE
= ∠EAD-∠BAE
= ∠BAD
∴ △CAE ≡ △BAD (SAS 합동)
답 △CAE ≡ △BAD, SAS 합동

상 36 △ADF, △BED, △CFE에서
$\overline{AD}=\overline{BE}=\overline{CF}$, $\overline{AF}=\overline{BD}=\overline{CE}$
∠A = ∠B = ∠C = 60°
이므로 △ADF ≡ △BED ≡ △CFE (SAS 합동)
∴ $\overline{FD}=\overline{DE}=\overline{EF}$
따라서 △DEF는 정삼각형이므로
∠DEF = 60° 　　　　　　　　 **답 60°**

중 37 △ABE와 △DCE에서
$\overline{AB}=\overline{DC}$ (①), $\overline{BE}=\overline{CE}$ (②)
∠ABE = 90°-60° = 30°, ∠DCE = 90°-60° = 30°
이므로 ∠ABE = ∠DCE = 30° (③)
∴ △ABE ≡ △DCE (SAS 합동) (⑤) 　　 **답 ④**

공략 비법

정사각형의 성질을 이용한 삼각형의 합동
정사각형이 주어졌을 때, 다음 성질을 이용하여 합동인 삼각형을 찾는다.
① 정사각형의 네 변의 길이는 모두 같다.
② 정사각형의 네 각의 크기는 모두 90°이다.

중 38 △BCG와 △DCE에서
$\overline{BC}=\overline{DC}$ = 8 cm
$\overline{CG}=\overline{CE}$ = 6 cm
∠BCG = ∠DCE = 90°
이므로 △BCG ≡ △DCE (SAS 합동)
∴ $\overline{DE}=\overline{BG}$ = 10 cm 　　　　 **답 10 cm**

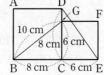

상 39 △ABE와 △BCF에서
$\overline{BE}=\overline{CF}$
사각형 ABCD는 정사각형이므로
$\overline{AB}=\overline{BC}$
∠ABE = ∠BCF = 90°
∴ △ABE ≡ △BCF (SAS 합동) 　　　 ⑦
∴ ∠CFB = 90°-∠FBC = 90°-∠EAB
= 90°-24° = 66° 　　　　　 ⑭
답 66°

채점 기준

⑦	합동인 두 삼각형 찾기	60%
⑭	∠CFB의 크기 구하기	40%

단원 마무리 68~71쪽

Level B 필수 유형 정복하기

01 ①	02 9개	03 ⑤	04 ④	05 ④
06 $\overline{DE}$, ∠B, ∠F		07 ⑤	08 ③	09 ②
10 ①, ③	11 ㄷ, ㄹ	12 ②	13 14 cm	14 ㄱ, ㄷ
15 ⑤	16 ③	17 5 cm	18 16 cm²	
19 재희, 풀이 참조		20 풀이 참조		21 90°
22 6 cm	23 (1) 풀이 참조	(2) 풀이 참조	(3) 60°	
24 (1) △ABE ≡ △CBE, SAS 합동		(2) 56°		

01 **전략** 크기가 같은 각의 작도 과정에서 같은 반지름의 길이를 갖는 원을 찾아본다.
$\overline{OA}=\overline{OB}=\overline{PC}=\overline{PD}$, $\overline{AB}=\overline{CD}$

02 **전략** 가장 긴 변의 길이가 7 cm, 6 cm, 5 cm인 경우로 나누어 생각한다.
(i) 가장 긴 변의 길이가 7 cm일 때
세 변의 길이가
(3 cm, 5 cm, 7 cm), (3 cm, 6 cm, 7 cm),
(4 cm, 5 cm, 7 cm), (4 cm, 6 cm, 7 cm),
(5 cm, 6 cm, 7 cm)
인 삼각형 5개를 만들 수 있다.
(ii) 가장 긴 변의 길이가 6 cm일 때
세 변의 길이가
(3 cm, 4 cm, 6 cm), (3 cm, 5 cm, 6 cm),
(4 cm, 5 cm, 6 cm)
인 삼각형 3개를 만들 수 있다.
(iii) 가장 긴 변의 길이가 5 cm일 때
세 변의 길이가
(3 cm, 4 cm, 5 cm)
인 삼각형 1개를 만들 수 있다.
이상에서 만들 수 있는 삼각형의 개수는
5+3+1 = 9(개)

03 전략 가장 긴 변의 길이가 나머지 두 변의 길이의 합보다 작음을 이용하여 식을 세운다.

(i) 가장 긴 변의 길이가 9 km일 때

$9 < x+6$

$\therefore x > 3$

(ii) 가장 긴 변의 길이가 x km일 때

$x < 6+9$

$\therefore x < 15$

(i), (ii)에서 x의 값의 범위는

$3 < x < 15$

따라서 우체국과 학교 사이의 거리가 될 수 없는 것은 ⑤ 15 km이다.

주의 x의 값에 따라 x km와 9 km 중 가장 긴 변의 길이가 달라질 수 있다. 따라서 가장 긴 변의 길이를 x km 또는 9 km 중 하나만 생각하여 풀지 않도록 주의한다.

04 전략 삼각형이 하나로 정해지는 조건을 확인한다.

④ $\angle C = 180° - (48° + 76°) = 56°$

따라서 한 변의 길이가 4 cm이고, 그 양 끝 각의 크기가 각각 76°, 56°이므로 △ABC가 하나로 정해진다.

05 전략 합동이 아닌 예를 생각해 본다.

① 오른쪽 그림과 같은 두 정사각형은 합동이 아니다.

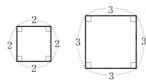

② 오른쪽 그림과 같은 두 마름모는 한 변의 길이가 같지만 합동이 아니다.

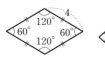

③ 오른쪽 그림과 같은 두 삼각형은 세 각의 크기가 각각 같지만 합동이 아니다.

⑤ 오른쪽 그림과 같은 두 이등변삼각형은 넓이가 같지만 합동이 아니다.

따라서 항상 옳은 것은 ④이다.

06 전략 두 삼각형이 서로 합동이므로 대응각과 대응변을 각각 확인한다.

△ABC≡△DEF이므로

(가) $\overline{AB} = \boxed{\overline{DE}} = a$ cm

(나) $\boxed{\angle B} = \angle E = 80°$

(다) $\angle C = \boxed{\angle F} = 60°$

07 전략 두 사각형이 서로 합동이므로 대응점, 대응각, 대응변을 각각 확인한다.

사각형 ABCD와 사각형 SRQP가 서로 합동이므로

① $\overline{SR} = \overline{AB} = 8$ cm
② $\angle C = \angle Q = 70°$
③ $\angle B = \angle R = 78°$
④ $\overline{CD} = \overline{QP} = 9$ cm
⑤ $\angle A = \angle S$

$= 360° - (84° + 70° + 78°) = 128°$

따라서 옳지 않은 것은 ⑤이다.

08 전략 합동인 세 삼각형에서 대응변의 길이와 대응각의 크기는 각각 서로 같다.

△ABC≡△QCP≡△NPM이므로

① $\overline{CB} = \overline{PC} = \overline{MP}$
② $\overline{AC} = \overline{QP} = \overline{NM}$
③ $\overline{AB} = \overline{QC} = \overline{NP}$이므로

$\overline{QB} = \overline{BC} - \overline{QC} = \overline{PC} - \overline{NP} = \overline{NC}$

④ $\angle ACB = \angle QPC = \angle NMP$
⑤ $\angle CAB = \angle PQC = \angle MNP$

따라서 옳지 않은 것은 ③이다.

09 전략 변의 길이가 같거나 각의 크기가 같은 것을 짝 지어 삼각형의 합동 조건을 확인한다.

① 나머지 한 각의 크기는

$180° - (63° + 42°) = 75°$

①과 ③의 삼각형은 SAS 합동, ①과 ④, ①과 ⑤의 삼각형은 ASA 합동이므로 나머지 넷과 합동이 아닌 하나는 ②이다.

10 전략 삼각형의 합동 조건을 생각해 본다.

② $\overline{AB} = \overline{DE}$, $\angle B = \angle E$이면 대응하는 한 변의 길이가 같고, 그 양 끝 각의 크기가 각각 같으므로 합동이다. (ASA 합동)

④ $\overline{AC} = \overline{DF}$, $\angle C = \angle F$이면 대응하는 한 변의 길이가 같고, 그 양 끝 각의 크기가 각각 같으므로 합동이다. (ASA 합동)

⑤ $\overline{AB} = \overline{DE}$, $\overline{AC} = \overline{DF}$이면 대응하는 두 변의 길이가 각각 같고, 그 끼인각의 크기가 같으므로 합동이다. (SAS 합동)

따라서 필요한 조건이 아닌 것은 ①, ③이다.

11 전략 대응하는 두 변의 길이가 각각 같고 그 끼인각의 크기가 같은 것을 찾는다.

ㄱ. △ABD와 △CBD에서

$\overline{AB} = \overline{CB}$, $\overline{AD} = \overline{CD}$, $\overline{BD}$는 공통

이므로 △ABD≡△CBD (SSS 합동)

ㄴ. △ABC와 △CDA에서

$\angle BAC = \angle DCA$, $\angle BCA = \angle DAC$, $\overline{AC}$는 공통

이므로 △ABC≡△CDA (ASA 합동)

ㄷ. △ACM과 △BDM에서

$\overline{AM} = \overline{BM}$, $\overline{CM} = \overline{DM}$, $\angle AMC = \angle BMD$ (맞꼭지각)

이므로 △ACM≡△BDM (SAS 합동)

ㄹ. △BAD와 △CAD에서

$\overline{AB} = \overline{AC}$, $\overline{AD}$는 공통, $\angle BAD = \angle CAD$

이므로 △BAD≡△CAD (SAS 합동)

이상에서 SAS 합동인 것은 ㄷ, ㄹ이다.

12 전략 이등변삼각형에서 두 밑각의 크기는 서로 같음을 이용하여 합동인 두 삼각형을 찾아본다.

△EBC와 △DCB에서

$\overline{BE}=\overline{CD}$

∠EBC=∠DCB (∵ △ABC는 이등변삼각형) (③)

$\overline{BC}$는 공통

이므로 △EBC≡△DCB (SAS 합동) (⑤)

∴ $\overline{BD}=\overline{CE}$ (①), ∠BEC=∠CDB (④)

따라서 옳지 않은 것은 ②이다.

13 전략 합동인 두 삼각형을 찾아 $\overline{AE}$의 길이를 먼저 구한다.

△ABE와 △CBD에서

$\overline{AB}=\overline{CB}$

$\overline{BE}=\overline{BD}$

∠ABE=∠CBD

이므로 △ABE≡△CBD (SAS 합동)

이때 $\overline{AE}$에 대응하는 변은 $\overline{CD}$이므로

$\overline{AE}=\overline{CD}=8$ cm

∴ $\overline{AD}=\overline{AE}+\overline{ED}$

$=8+6=14$(cm)

14 전략 △OAP와 △OBP가 합동이기 위한 조건을 생각해 본다.

ㄱ. △OAP와 △OBP에서

$\overline{OA}=\overline{OB}$

$\overline{OP}$는 공통

∠AOP=∠BOP

이므로 △OAP≡△OBP (SAS 합동)

∴ $\overline{AP}=\overline{BP}$

ㄷ. △OAP와 △OBP에서

∠AOP=∠BOP

∠OAP=∠OBP이므로 ∠OPA=∠OPB

$\overline{OP}$는 공통

이므로 △OAP≡△OBP (ASA 합동)

∴ $\overline{AP}=\overline{BP}$

이상에서 옳은 것은 ㄱ, ㄷ이다.

참고 ㄴ에서 $\overline{AP}=\overline{BP}$일 때 오른쪽 그림과 같이 $\overline{OA}\neq\overline{OB}$인 경우도 있다.

15 전략 평행선의 성질을 이용하여 변의 길이가 같거나 각의 크기가 같은 것을 찾아본다.

△AMC와 △DMB에서

$\overline{MC}=\overline{MB}$, ∠AMC=∠DMB (맞꼭지각)

$\overline{AC}$ ∥ $\overline{DB}$이므로

∠ACM=∠DBM (엇각)

∴ △AMC≡△DMB (ASA 합동)

참고 서로 평행한 두 직선이 다른 한 직선과 만날 때 생기는 동위각과 엇각의 크기는 각각 같다.

16 전략 합동인 두 삼각형을 찾아 $\overline{BE}$의 길이를 먼저 구한다.

△ABE와 △CFE에서

$\overline{AB}=\overline{CF}=8$ cm, ∠ABE=∠CFE=90°

∠AEB=∠CEF (맞꼭지각)이므로

∠BAE=180°−(90°+∠AEB)

$=180°−(90°+∠CEF)$

$=∠FCE$

∴ △ABE≡△CFE (ASA 합동)

따라서 $\overline{BE}=\overline{FE}=6$ cm이므로

△ABC$=\dfrac{1}{2}\times\overline{BC}\times\overline{AB}$

$=\dfrac{1}{2}\times(6+10)\times8=64$(cm²)

17 전략 합동인 두 삼각형을 찾아 $\overline{CQ}$에 대응하는 변의 길이를 구한다.

△AQC와 △APB에서

△APQ는 정삼각형이므로 $\overline{AQ}=\overline{AP}$

△ABC는 정삼각형이므로 $\overline{AC}=\overline{AB}$

∠QAC=∠QAP+∠PAC

$=∠BAC+∠PAC$

$=∠PAB$

∴ △AQC≡△APB (SAS 합동)

∴ $\overline{CQ}=\overline{BP}=\overline{BC}+\overline{CP}=3+2=5$(cm)

18 전략 합동인 두 삼각형을 찾아 겹쳐진 부분을 넓이를 구할 수 있는 도형으로 나타내어 본다.

△OBH와 △OCI에서

사각형 ABCD는 정사각형이므로 $\overline{OB}=\overline{OC}$

∠OBH=∠OCI=45°

∠BOH=90°−∠HOC=∠COI

∴ △OBH≡△OCI (ASA 합동)

∴ (사각형 OHCI의 넓이)

$=(△OCI의 넓이)+(△OHC의 넓이)$

$=(△OBH의 넓이)+(△OHC의 넓이)$

$=(△OBC의 넓이)=\dfrac{1}{4}\times8\times8=16$(cm²)

개념 보충 학습

정사각형의 두 대각선은 길이가 같고 서로 수직이등분한다.

→ 정사각형 ABCD에서

$\overline{OA}=\overline{OB}=\overline{OC}=\overline{OD}$

∠AOB=∠BOC=∠COD=∠DOA=90°

19 전략 삼각형이 하나로 정해지는 조건을 확인한다.

ㄱ. ∠B=180°−(30°+75°)=75°로 나머지 한 각의 크기를 구할 수 있다. 즉, 한 변의 길이와 그 양 끝 각의 크기가 주어졌으므로 △ABC는 하나로 정해진다.

따라서 은주의 설명은 틀리다. ······ ㉮

ㄴ. 두 변의 길이와 그 끼인각이 아닌 다른 한 각의 크기가 주어
졌으므로 △ABC는 하나로 정해지지 않는다.
따라서 성민이의 설명은 틀리다. ······ ㉡

ㄷ. 10<8+6이므로 △ABC는 하나로 정해진다.

ㄱ, ㄴ, ㄷ에서 △ABC가 하나로 정해지는 것은 ㄱ, ㄷ의 2개
이므로 재희의 설명은 맞다. ······ ㉢

20 전략 · 합동인 삼각형을 빠뜨리지 않고 모두 찾도록 주의한다.

△ABO와 △DCO에서
$\overline{AO}=\overline{DO}$, $\overline{BO}=\overline{CO}$, ∠AOB=∠DOC (맞꼭지각)
이므로 △ABO≡△DCO (SAS 합동) ······ ㉠ ······ ㉮

△ABC와 △DCB에서
㉠에 의하여 $\overline{AB}=\overline{DC}$
$\overline{BC}$는 공통, $\overline{AC}=\overline{DB}$
이므로 △ABC≡△DCB (SSS 합동) ······ ㉯

△ABD와 △DCA에서
㉠에 의하여 $\overline{AB}=\overline{DC}$
$\overline{AD}$는 공통, $\overline{BD}=\overline{CA}$
이므로 △ABD≡△DCA (SSS 합동) ······ ㉰

21 전략 · 합동인 두 삼각형에서 대응각의 크기는 서로 같고, 삼각형의 세
각의 크기의 합은 180°임을 이용한다.

△BDE에서 ∠EBD=180°−(60°+90°)=30°
△ABC와 △BDE에서
$\overline{AB}=\overline{BD}$
∠CAB=∠EBD=30°
∠ABC=∠BDE=90°
이므로 △ABC≡△BDE (ASA 합동) ······ ㉮
이때 △BCF에서
∠BFC=180°−(∠FBC+∠BCF)
=180°−(30°+60°)=90°
∴ ∠x=∠BFC=90° (맞꼭지각) ······ ㉯

22 전략 · 합동인 두 삼각형을 찾아 $\overline{AD}$에 대응하는 변의 길이를 구한다.

△ADC와 △BEC에서
△CDE는 정삼각형이므로 $\overline{CD}=\overline{CE}$
△ABC는 정삼각형이므로 $\overline{AC}=\overline{BC}$

∠ACD=∠ECD−∠ECA=60°−∠ECA
=∠BCA−∠ECA
=∠BCE
∴ △ADC≡△BEC (SAS 합동) ······ ㉮
∴ $\overline{AD}=\overline{BE}=\overline{AB}-\overline{AE}$
=10−4=6(cm) ······ ㉯

23 전략 · △ABE≡△BCF≡△CAD임을 보인 다음 합동인 도형
의 성질을 이용한다.

(1) △ABE, △BCF, △CAD에서
$\overline{AB}=\overline{BC}=\overline{CA}$, $\overline{BE}=\overline{CF}=\overline{AD}$
∠ABE=∠BCF=∠CAD=60°
이므로 △ABE≡△BCF≡△CAD (SAS 합동)
∴ $\overline{AE}=\overline{BF}=\overline{CD}$ ······ ㉮

(2) △BEQ, △CFR, △ADP에서
$\overline{BE}=\overline{CF}=\overline{AD}$
∠QBE=∠RCF=∠PAD
∠BEQ=∠CFR=∠ADP
이므로
△BEQ≡△CFR≡△ADP
(ASA 합동)
$\overline{AE}=\overline{BF}=\overline{CD}$, $\overline{AP}=\overline{BQ}=\overline{CR}$, $\overline{EQ}=\overline{FR}=\overline{DP}$
이므로 $\overline{PQ}=\overline{QR}=\overline{RP}$ ······ ㉯

(3) $\overline{PQ}=\overline{QR}=\overline{RP}$이므로 △PQR는 정삼각형이다.
∴ ∠PQR=60° ······ ㉰

24 전략 · △ABE와 합동인 삼각형을 찾아 ∠BCE에 대응하는 각을
찾는다.

(1) △ABE와 △CBE에서
$\overline{AB}=\overline{CB}$, $\overline{BE}$는 공통
$\overline{BD}$가 정사각형 ABCD의
대각선이므로
∠ABE=∠CBE=45°
∴ △ABE≡△CBE (SAS 합동) ······ ㉮

(2) ∠BCE의 대응각은 ∠BAE이고
△ABF에서
∠BAE=180°−(90°+34°)=56°
∴ ∠BCE=∠BAE=56° ······ ㉯

01 7개	02 1	03 ④	04 ㄴ, ㄷ, ㅁ	05 ②
06 6 cm	07 ⑤	08 90°	09 20°	10 2개
11 30°	12 45°			

01 전략 가장 긴 변의 길이가 5 cm, 4 cm, 3 cm인 경우로 나누어 생각한다.

(i) 가장 긴 변의 길이가 5 cm일 때,
세 변의 길이가 (2 cm, 4 cm, 5 cm),
(3 cm, 4 cm, 5 cm), (4 cm, 4 cm, 5 cm)
인 삼각형 3개를 만들 수 있다.

(ii) 가장 긴 변의 길이가 4 cm일 때,
세 변의 길이가 (2 cm, 3 cm, 4 cm),
(2 cm, 4 cm, 4 cm), (3 cm, 4 cm, 4 cm)
인 삼각형 3개를 만들 수 있다.

(iii) 가장 긴 변의 길이가 3 cm일 때,
세 변의 길이가 (2 cm, 2 cm, 3 cm)
인 삼각형 1개를 만들 수 있다.

이상에서 만들 수 있는 삼각형의 개수는
$3+3+1=7$(개)

02 전략 주어진 조건을 만족하는 삼각형을 그려 본다.

(i) $\overline{AB}=8$ cm, $\overline{AC}=6$ cm, $\angle B=50°$일 때 작도할 수 있는 $\triangle ABC$는 다음과 같이 2개이다. ∴ $a=2$

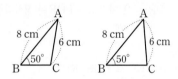

(ii) 한 변의 길이가 7 cm, 두 각의 크기가 40°, 50°일 때 나머지 한 각의 크기는 $180°-(40°+50°)=90°$이므로 작도할 수 있는 삼각형은 다음과 같이 3개이다.
∴ $b=3$

(i), (ii)에서 $2a-b=2\times2-3=1$

03 전략 삼각형이 하나로 정해지는 조건을 이용한다.

① $8>3+4$이므로 삼각형이 그려지지 않는다.

② 세 각의 크기가 주어지면 무수히 많은 삼각형을 그릴 수 있으므로 삼각형은 하나로 정해지지 않는다.

③, ⑤ 두 변의 길이와 한 각의 크기가 주어진 경우이므로 주어진 각이 두 변의 끼인각이 아니면 삼각형은 하나로 정해지지 않는다.

④ 나머지 한 각의 크기는 $180°-(60°+60°)=60°$
즉, 한 변의 길이가 6 cm인 정삼각형이므로 삼각형이 하나로 정해진다.

04 전략 주어진 조건에 의해 두 삼각형의 세 대응각의 크기가 각각 모두 같다.

$\angle A=\angle D$, $\angle B=\angle F$이므로 $\angle C=\angle E$
두 삼각형이 ASA 합동이려면 대응하는 한 변의 길이와 그 양 끝 각의 크기가 각각 같아야 하므로 필요한 조건은
$\overline{AB}=\overline{DF}$ 또는 $\overline{BC}=\overline{FE}$ 또는 $\overline{AC}=\overline{DE}$ 중 하나이다.
이상에서 나머지 한 조건으로 알맞은 것은 ㄴ, ㄷ, ㅁ이다.

05 전략 합동인 두 삼각형을 찾아 각의 크기와 선분의 길이를 확인한다.

$\triangle ACD$와 $\triangle ABE$에서
$\overline{AC}=\overline{AB}$, $\overline{AD}=\overline{AE}$
$\angle CAD=90°+\angle BAD=\angle BAE$ (①)
이므로 $\triangle ACD\equiv\triangle ABE$ (SAS 합동) (③)
∴ $\angle ADC=\angle AEB$ (④), $\angle ACD=\angle ABE$
$\angle ACD+\angle GCB+\angle CBA=90°$이므로
$\angle GCB+(\angle ABE+\angle CBA)=\angle GCB+\angle CBG=90°$
따라서 $\triangle CBG$에서
$\angle CGB=180°-(\angle GCB+\angle CBG)=90°$이므로
$\angle CGE=180°-\angle CGB=180°-90°=90°$ (⑤)

06 전략 합동인 두 삼각형을 찾고 $\overline{EC}$와 대응하는 변을 찾아 그 길이를 구한다.

$\triangle ADB$와 $\triangle CEA$에서
$\overline{AB}=\overline{CA}$
$\angle ABD=90°-\angle DAB=\angle CAE$
$\angle DAB=90°-\angle ABD=90°-\angle CAE=\angle ECA$
∴ $\triangle ADB\equiv\triangle CEA$ (ASA 합동)
따라서 $\overline{AE}=\overline{BD}=8$ cm, $\overline{DA}=14-8=6$(cm)이므로
$\overline{EC}=\overline{DA}=6$ cm

07 전략 정삼각형의 성질을 이용하여 합동인 두 삼각형을 찾고 이로부터 필요한 각의 크기를 구한다.

$\triangle ACD$와 $\triangle BCE$에서
$\triangle ABC$가 정삼각형이므로 $\overline{AC}=\overline{BC}$
$\triangle ECD$가 정삼각형이므로 $\overline{CD}=\overline{CE}$
$\angle ACD=\angle ACE+\angle ECD$
$\quad\quad\quad=\angle ACE+\angle ACB$
$\quad\quad\quad=\angle BCE$
∴ $\triangle ACD\equiv\triangle BCE$ (SAS 합동)
∴ $\angle ADC=\angle BEC$
$\triangle BCE$에서 $\angle a+\angle b=60°$
$\triangle PBD$에서
$\angle x+\angle a+\angle b=180°$
이므로
$\angle x=180°-(\angle a+\angle b)$
$\quad\quad=180°-60°=120°$

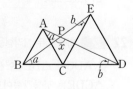

08 전략: 정삼각형과 정사각형의 성질을 이용하여 합동인 삼각형을 찾는다.

△ABG와 △ACD에서

$\overline{AB}=\overline{AC}$, $\overline{AG}=\overline{AD}$

∠GAB=∠DAC=90°+60°=150°

이므로 △ABG≡△ACD (SAS 합동)

∴ ∠ADC=∠AGB=15°

이때 △ABG와 △ACD에서

∠ABG=180°-(150°+15°)=15°

∠ACD=180°-(150°+15°)=15°

한편 △ABC는 정삼각형이므로

∠HBC=∠HCB=60°-15°=45°

△HBC에서

∠x=180°-(45°+45°)=90°

09 전략: 합동인 삼각형과 정사각형의 성질을 이용한다.

△BGC와 △DEC에서

$\overline{GC}=\overline{EC}$, $\overline{BC}=\overline{DC}$

∠DCE=∠ECG-∠DCG

　　　=90°-∠DCG

　　　=∠DCB-∠DCG

　　　=∠BCG

이므로 △BGC≡△DEC (SAS 합동)

∴ ∠DEF=∠DEC-90°

　　　=∠BGC-90°

　　　=(180°-∠GBC-∠GCB)-90°

　　　=(180°-30°-40°)-90°

　　　=20°

10 전략: 삼각형의 세 변의 길이 사이의 관계를 이용하여 가장 긴 변의 길이의 범위를 구한다.

세 변의 길이 a cm, b cm, c cm에서 $a\leq b\leq c$라 놓으면

(내)에서 $a+b+c=10$　……　㉠

또, (가장 긴 변의 길이)<(나머지 두 변의 길이의 합)이므로

$c<a+b$

㉠에서 $a+b=10-c$이므로

$c<10-c$, $2c<10$　　∴ $c<5$　……　㉮

(i) $c=4$이면 $a+b=6$이므로 가능한 순서쌍 (a, b, c)는

(2, 4, 4), (3, 3, 4)의 2개이다.

(ii) $c=3$이면 $a+b=7$이므로 $a\leq b\leq c$를 만족하는 순서쌍

(a, b, c)는 없다.

(iii) $c=2$ 또는 $c=1$이면 (ii)와 같은 방법으로 $a\leq b\leq c$를 만족

하는 순서쌍 (a, b, c)는 없다.　……　㉯

이상에서 구하는 삼각형의 개수는 2개이다.　……　㉰

채점 기준	
㉮ 조건을 만족하는 c의 값의 범위 구하기	40 %
㉯ c의 값에 따라 조건을 만족하는 삼각형의 개수 구하기	50 %
㉰ 조건을 만족하는 삼각형의 개수 구하기	10 %

11 전략: 합동인 삼각형의 성질을 이용하여 ∠EBH의 크기를 구한다.

△ABE와 △CAD에서

$\overline{AE}=\overline{CD}$

△ABC가 정삼각형이므로

$\overline{AB}=\overline{CA}$

∠BAE=∠ACD=60°

∴ △ABE≡△CAD (SAS 합동)　……　㉮

∴ ∠ABE=∠CAD　……　㉠

$\overline{AD}$와 $\overline{BE}$의 교점을 F라 할 때, ㉠에 의하여

∠ABF+∠BAF=∠CAD+∠BAF

　　　　　　　=∠BAC=60°

△ABF에서

∠AFB=180°-(∠ABF+∠BAF)

　　　=180°-60°=120°

이므로 ∠BFH=180°-120°=60°　……　㉯

△FBH에서

∠EBH=∠FBH

　　　=180°-(∠BFH+90°)

　　　=180°-(60°+90°)=30°　……　㉰

채점 기준	
㉮ △ABE와 △CAD가 합동임을 보이기	40 %
㉯ ∠BFH의 크기 구하기	40 %
㉰ ∠EBH의 크기 구하기	20 %

12 전략: 사각형 ABCD의 둘레의 길이가 △CEF의 둘레의 길이의 2배임을 이용하여 △AEF≡△AGF임을 보인다.

△CEF의 둘레의 길이가 정사각형 ABCD의 둘레의 길이의 $\dfrac{1}{2}$이므로

$\overline{EF}+\overline{CE}+\overline{CF}=\overline{BC}+\overline{CD}$

∴ $\overline{EF}=(\overline{BC}-\overline{CE})+(\overline{CD}-\overline{CF})$

　　　$=\overline{BE}+\overline{DF}$

△AEF와 △AGF에서

$\overline{AF}$는 공통, $\overline{AE}=\overline{AG}$ (∵ △ABE≡△ADG)

$\overline{EF}=\overline{BE}+\overline{DF}$

　　$=\overline{DG}+\overline{DF}=\overline{GF}$

이므로 △AEF≡△AGF (SSS 합동)　……　㉮

∴ ∠EAF=∠GAF

이때 ∠EAG=∠DAG+∠EAD

　　　　　=∠BAE+∠EAD

　　　　　=∠BAD=90°　……　㉯

∴ ∠EAF=∠GAF=$\dfrac{1}{2}$∠EAG

　　　　　=$\dfrac{1}{2}\times90°=45°$　……　㉰

채점 기준	
㉮ △AEF와 △AGF가 합동임을 보이기	50 %
㉯ ∠EAG의 크기 구하기	30 %
㉰ ∠EAF의 크기 구하기	20 %

Lecture 09 다각형 (1)

Level A 개념 익히기 76~77쪽

01 답 ㄱ, ㄹ

02 답 ○

03 답 ×

04 답 ○

05 답 120°

06 답 105°

07 답 125°

08 답 100°

09 답 $\overline{BC}$, 엇각, $\angle DAB$, 180°

10 $\angle x = 180° - (65° + 75°) = 40°$ 답 40°

11 $\angle x = 180° - (35° + 110°) = 35°$ 답 35°

12 $2\angle x + 90° + 60° = 180°$
$2\angle x = 30°$ $\therefore \angle x = 15°$ 답 15°

13 $(\angle x + 20°) + 120° + \angle x = 180°$
$2\angle x = 40°$ $\therefore \angle x = 20°$ 답 20°

14 $\angle x = 50° + 70° = 120°$ 답 120°

15 $95° = \angle x + 30°$ $\therefore \angle x = 65°$ 답 65°

16 $90° = 35° + \angle x$ $\therefore \angle x = 55°$ 답 55°

17 $\angle x = 60° + (180° - 120°) = 120°$ 답 120°

Level B 유형 공략하기 77~83쪽

하 18 ㄴ, ㅁ. 삼각뿔, 정육면체는 평면도형이 아니므로 다각형이 아니다.
ㄹ. 원은 선분으로 둘러싸여 있지 않으므로 다각형이 아니다.
이상에서 다각형인 것은 ㄱ, ㄷ, ㅂ이다. 답 ㄱ, ㄷ, ㅂ

하 19 다각형은 선분으로만 둘러싸인 평면도형이므로 ②, ③은 다각형이 아니다. 답 ②, ③

중 20 ㄴ. 변의 개수가 가장 적은 다각형은 삼각형이다.
ㄷ. 칠각형의 변의 개수와 꼭짓점의 개수는 각각 7개이다.
이상에서 옳지 않은 것은 ㄴ, ㄷ이다. 답 ㄴ, ㄷ
참고 n각형의 변의 개수, 꼭짓점의 개수, 내각의 개수는 각각 n개이다.

하 21 $\angle x = 180° - 120° = 60°$, $\angle y = 180° - 95° = 85°$
$\therefore \angle x + \angle y = 60° + 85° = 145°$ 답 ④

중 22 ① $\angle x = 180° - 105° = 75°$ ② $\angle x = 180° - 65° = 115°$
③ $\angle x = 180° - 85° = 95°$ ④ $\angle x = 180° - 110° = 70°$
⑤ $\angle x = 180° - 60° = 120°$
따라서 $\angle x$의 크기가 가장 작은 것은 ④이다. 답 ④

중 23 $\angle B$의 외각의 크기는 $180° - 115° = 65°$ ...... ㉮
$\angle C$의 내각의 크기는 $180° - 80° = 100°$ ...... ㉯
답 65°, 100°

채점 기준	
㉮ ∠B의 외각의 크기 구하기	50%
㉯ ∠C의 내각의 크기 구하기	50%

중 24 ② 네 내각의 크기가 같은 사각형은 직사각형이다.
정사각형은 네 내각의 크기가 같고 네 변의 길이도 같아야 한다.
④ 모든 변의 길이가 같고 모든 내각의 크기가 같은 다각형은 정다각형이다.
⑤ 내각의 크기와 외각의 크기가 같은 정다각형은 정사각형뿐이다. 답 ①, ③

개념 보충 학습
정다각형이 되려면 모든 변의 길이가 같고 모든 내각의 크기가 같아야 하지만 정삼각형은 두 조건 중 한 가지만 만족해도 된다.
➡ { 세 변의 길이가 같은 삼각형은 정삼각형이다. (○)
{ 세 내각의 크기가 같은 삼각형은 정삼각형이다. (○)

하 25 모든 변의 길이가 같고 모든 내각의 크기가 같은 다각형은 정다각형이다. 또, 변의 개수가 10개이므로 구하는 다각형은 정십각형이다. 답 정십각형

중 26 ④ 오른쪽 그림과 같이 정육각형에서 모든 대각선의 길이가 같은 것은 아니다.
⑤ 다각형의 한 꼭짓점에서 내각의 크기와 외각의 크기의 합은 180°이다.
답 ④, ⑤

중 27 $\triangle CDE$에서 $\angle DCE = 180° - (50° + 60°) = 70°$
$\angle ACB = \angle DCE = 70°$ (맞꼭지각)이므로
$\triangle ABC$에서 $(x - 10) + 70 + 70 = 180$
$\therefore x = 50$ 답 ⑤

하 28 $(x + 45) + 3x + x = 180$, $5x = 135$
$\therefore x = 27$ 답 27

중 29 $\triangle DBC$에서 $\angle B = 180° - (85° + 35°) = 60°$
$\triangle ABC$에서
$\angle x = 180° - (\angle B + \angle C)$
$= 180° - (60° + 90°) = 30°$ 답 30°

종 30 (1) △ABC에서 $\angle CAB + \angle B + \angle C = 180°$

$\angle CAB + 36° + 78° = 180°$ ∴ $\angle CAB = 66°$

∴ $\angle CAD = \dfrac{1}{2}\angle CAB = 33°$ …… ㉮

(2) △ADC에서 $\angle CAD + \angle ADC + \angle C = 180°$

$33° + \angle ADC + 78° = 180°$

∴ $\angle ADC = 69°$ …… ㉯

답 (1) 33° (2) 69°

채점 기준		
(1)	㉮ ∠CAD의 크기 구하기	50 %
(2)	㉯ ∠ADC의 크기 구하기	50 %

종 31 가장 작은 각의 크기는

$180° \times \dfrac{2}{2+3+4} = 180° \times \dfrac{2}{9} = 40°$

답 40°

종 32 $\angle C = 2\angle B$, $\angle A = \angle B + 60°$이고 $\angle A + \angle B + \angle C = 180°$

이므로 $(\angle B + 60°) + \angle B + 2\angle B = 180°$

$4\angle B = 120°$ ∴ $\angle B = 30°$

답 ②

종 33 △AED에서 $\angle x = \angle A + \angle D = 60° + 40° = 100°$

△EBF에서 $\angle x + 50° + \angle BFE = 180°$

이때 맞꼭지각의 크기는 같으므로

$100° + 50° + \angle y = 180°$ ∴ $\angle y = 30°$

∴ $\angle x - \angle y = 100° - 30° = 70°$

답 ⑤

하 34 오른쪽 그림에서

$x + 60 = 2x + 10$

∴ $x = 50$

답 50

다른 풀이 삼각형의 세 내각의 크기의 합은 180°이므로

$x + \{180 - (2x+10)\} + 60 = 180$

∴ $x = 50$

종 35 △AEB에서 $\angle x = 40° + 55° = 95°$

△CDE에서 $\angle x = \angle y + 45°$, $\angle y + 45° = 95°$

∴ $\angle y = 50°$

답 $\angle x = 95°$, $\angle y = 50°$

종 36 △ABE에서 $\angle AEC = 20° + 45° = 65°$

△DEC에서 $\angle x = 180° - (65° + 53°) = 62°$

답 ④

종 37 △EDC에서 $\angle CDB = \angle y + 30°$

$116° = \angle y + 30°$ ∴ $\angle y = 86°$ …… ㉮

△ABE에서 $\angle CEB = \angle EAB + 26°$

$86° = \angle EAB + 26°$ ∴ $\angle EAB = 60°$

∴ $\angle x = 180° - 60° = 120°$ …… ㉯

∴ $\angle x + \angle y = 120° + 86° = 206°$ …… ㉰

답 206°

채점 기준	
㉮ ∠y의 크기 구하기	40 %
㉯ ∠x의 크기 구하기	40 %
㉰ ∠x+∠y의 크기 구하기	20 %

종 38 오른쪽 그림에서

$\angle ABD = 180° - 110° = 70°$

$\angle BAC = 180° - 130° = 50°$이므로

$\angle BAD = \dfrac{1}{2} \times 50° = 25°$

따라서 △ABD에서

$\angle x = 70° + 25° = 95°$

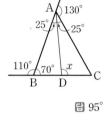

답 95°

종 39 오른쪽 그림과 같이 $\overline{BC}$를 그으면

△ABC에서

$65° + 30° + 45° + \angle DBC + \angle DCB = 180°$

∴ $\angle DBC + \angle DCB = 40°$

따라서 △DBC에서

$\angle x + \angle DBC + \angle DCB = 180°$

∴ $\angle x = 180° - 40° = 140°$

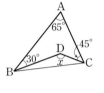

답 140°

다른 풀이 오른쪽 그림과 같이 선분 BD의 연장선을 그어 선분 AC와 만나는 점을 E라 하면 △ABE에서

$\angle BEC = 65° + 30° = 95°$

따라서 △DCE에서

$\angle x = \angle CED + 45° = 95° + 45° = 140°$

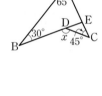

다른 풀이 오른쪽 그림과 같이 반직선 AD를 그으면

$\angle x = (\angle a + 30°) + (\angle b + 45°)$

$= \angle a + \angle b + 75°$

이때 $\angle a + \angle b = 65°$이므로

$\angle x = 65° + 75° = 140°$

다른 풀이 $\angle x = 65° + 30° + 45° = 140°$

종 40 △ABC에서

$60° + 25° + \angle x + \angle DBC + \angle DCB = 180°$

∴ $\angle DBC + \angle DCB = 95° - \angle x$ …… ㉠

△DBC에서

$115° + \angle DBC + \angle DCB = 180°$

∴ $\angle DBC + \angle DCB = 65°$ …… ㉡

㉠, ㉡에서 $95° - \angle x = 65°$ ∴ $\angle x = 30°$

답 ②

다른 풀이 $60° + 25° + \angle x = 115°$ ∴ $\angle x = 30°$

종 41 오른쪽 그림과 같이 $\overline{AC}$를 그으면

△ABC에서

$\angle x + 30° + 50° + \angle DCA + \angle DAC = 180°$

∴ $\angle DCA + \angle DAC = 100° - \angle x$ …… ㉠

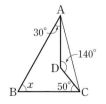

$\triangle DCA$에서

$140°+\angle DCA+\angle DAC=180°$

$\therefore \angle DCA+\angle DAC=40°$ ...... ㉡

㉠, ㉡에서 $100°-\angle x=40°$

$\therefore \angle x=60°$ 답 ③

다른 풀이 $30°+\angle x+50°=140°$ $\therefore \angle x=60°$

중 42 $\triangle ABC$에서

$\angle ABC+\angle ACB=180°-80°=100°$

따라서 $\triangle IBC$에서

$\angle x=180°-(\angle IBC+\angle ICB)$

$\quad=180°-\dfrac{1}{2}(\angle ABC+\angle ACB)$

$\quad=180°-50°=130°$ 답 $130°$

다른 풀이 $\angle x=90°+\dfrac{1}{2}\angle A$

$\quad\quad\quad=90°+40°=130°$

중 43 (1) $\triangle IBC$에서

$\quad\angle IBC+\angle ICB=180°-120°=60°$ ...... ㉮

(2) $\angle ABC+\angle ACB=2\angle IBC+2\angle ICB$

$\quad\quad\quad\quad\quad\quad\quad\quad=2(\angle IBC+\angle ICB)$

$\quad\quad\quad\quad\quad\quad\quad\quad=2\times60°=120°$

$\quad\triangle ABC$에서

$\quad\angle x=180°-(\angle ABC+\angle ACB)$

$\quad\quad\quad=180°-120°=60°$ ...... ㉯

답 (1) $60°$ (2) $60°$

채점 기준	
(1) ㉮ $\angle IBC+\angle ICB$의 크기 구하기	40 %
(2) ㉯ $\angle x$의 크기 구하기	60 %

다른 풀이 (2) $120°=90°+\dfrac{1}{2}\angle x$ $\therefore \angle x=60°$

상 44 $\triangle ABC$에서 $\angle ABC+\angle ACB=132°$

따라서 $\triangle DBC$에서

$\angle x=180°-(\angle DBC+\angle DCB)$

$\quad=180°-\dfrac{1}{2}(\angle ABC+\angle ACB)$

$\quad=180°-66°=114°$ 답 $114°$

다른 풀이 $\angle x=90°+\dfrac{1}{2}\angle A$

$\quad\quad\quad=90°+\dfrac{1}{2}\times(180°-132°)$

$\quad\quad\quad=90°+24°=114°$

상 45 $\triangle ABC$에서

$\angle BAC+\angle BCA=180°-50°=130°$이므로

$\angle EAC+\angle DCA=(180°-\angle BAC)+(180°-\angle BCA)$

$\quad\quad\quad\quad\quad\quad\quad=360°-(\angle BAC+\angle BCA)$

$\quad\quad\quad\quad\quad\quad\quad=360°-130°=230°$

$\therefore \angle IAC+\angle ICA=\dfrac{1}{2}\times230°=115°$

따라서 $\triangle ACI$에서

$\angle x=180°-(\angle IAC+\angle ICA)$

$\quad=180°-115°=65°$ 답 ③

다른 풀이 $\angle x=90°-\dfrac{1}{2}\angle B=90°-\dfrac{1}{2}\times50°$

$\quad\quad\quad=90°-25°=65°$

상 46 $\triangle BFC$에서

$\angle CBF+\angle BCF=180°-54°=126°$

이므로

$\angle ABC+\angle ACB$

$=(180°-\angle CBD)+(180°-\angle BCE)$

$=360°-2(\angle CBF+\angle BCF)$

$=360°-2\times126°=108°$

따라서 $\triangle ABC$에서

$\angle x=180°-(\angle ABC+\angle ACB)$

$\quad=180°-108°=72°$ 답 ②

다른 풀이 $\angle BFC=90°-\dfrac{1}{2}\angle A$, $54°=90°-\dfrac{1}{2}\angle x$

$\therefore \angle x=72°$

중 47 $\triangle ABC$에서 $\angle ACE=60°+\angle ABC$이므로

$\angle DCE=\dfrac{1}{2}\angle ACE=\dfrac{1}{2}\times(60°+2\angle DBC)$

$\quad\quad\quad=30°+\angle DBC$ ...... ㉠

$\triangle DBC$에서

$\angle DCE=\angle DBC+\angle x$ ...... ㉡

㉠, ㉡에서 $30°+\angle DBC=\angle DBC+\angle x$

$\therefore \angle x=30°$ 답 ④

다른 풀이 $\angle x=\dfrac{1}{2}\angle A=\dfrac{1}{2}\times60°=30°$

중 48 $\triangle ABC$에서

$\angle ABC=2\angle EBC=180°-(70°+42°)=68°$

$\therefore \angle EBC=34°$

$\angle ACF=2\angle DCF=180°-42°=138°$

$\therefore \angle DCF=69°$

$\triangle BCD$에서 $\angle DCF=\angle DBC+\angle x$이므로

$69°=34°+\angle x$

$\therefore \angle x=35°$ 답 $35°$

다른 풀이 $\angle x=\dfrac{1}{2}\angle A=\dfrac{1}{2}\times70°=35°$

중 49 $\triangle ABC$에서 $\angle ACE=\angle x+2\angle DBC$이므로

$\angle DCE=\dfrac{1}{2}\angle ACE=\dfrac{1}{2}\angle x+\angle DBC$ ...... ㉠

$\triangle DBC$에서 $\angle DCE=24°+\angle DBC$ ...... ㉡

㉠, ㉡에서 $\dfrac{1}{2}\angle x+\angle DBC=24°+\angle DBC$

$\therefore \angle x=48°$ 답 $48°$

다른 풀이 $24°=\dfrac{1}{2}\angle x$ $\therefore \angle x=48°$

50 $\triangle ABC$에서 $\overline{AB}=\overline{AC}$이므로 $\angle ACB=\angle B=30°$

$\therefore \angle DAC=\angle B+\angle ACB=30°+30°=60°$

$\triangle ADC$에서 $\overline{CA}=\overline{CD}$이므로

$\angle ADC=\angle DAC=60°$

따라서 $\triangle DBC$에서

$\angle x=\angle B+\angle CDB=30°+60°=90°$ 　답 90°

다른 풀이 $\angle x=3\angle ABC=3\times30°=90°$

51 $\triangle BCD$에서 $\overline{BC}=\overline{BD}$이므로

$\angle BDC=\angle C=\angle x$

$\therefore \angle ABD=\angle C+\angle BDC=2\angle x$

$\triangle ABD$에서 $\overline{DA}=\overline{DB}$이므로

$\angle DAB=\angle ABD=2\angle x$

$\triangle ACD$에서

$\angle ADE=\angle DAC+\angle C=2\angle x+\angle x=3\angle x$ …… ㉮

즉, $3\angle x=114°$이므로 $\angle x=38°$ …… ㉯

　답 38°

채점 기준	
㉮ $\angle ADE$의 크기를 $\angle x$를 사용하여 나타내기	80%
㉯ $\angle x$의 크기 구하기	20%

52 $\triangle ABD$에서 $\overline{AD}=\overline{BD}$이므로

$\angle DBA=\angle A=\angle x$

$\therefore \angle BDC=\angle x+\angle DBA=2\angle x$

$\triangle BCD$에서 $\overline{BD}=\overline{BC}$이므로

$\angle C=\angle BDC=2\angle x$

$\triangle ABC$에서 $\overline{AB}=\overline{AC}$이므로

$\angle ABC=\angle C=2\angle x$

$\angle A+\angle ABC+\angle C=\angle x+2\angle x+2\angle x$
$\qquad\qquad\qquad\qquad\qquad=180°$

이므로 $5\angle x=180°$　　$\therefore \angle x=36°$　답 ③

53 $\triangle CAB$에서 $\overline{BC}=\overline{BA}$이므로

$\angle BCA=\angle BAC=180°-120°=60°$

$\therefore \angle CBD=60°+60°=120°$

$\triangle CBD$에서 $\overline{BD}=\overline{BC}$이므로

$\angle x=\dfrac{1}{2}\times(180°-\angle CBD)$

$\qquad=\dfrac{1}{2}\times(180°-120°)=30°$　답 30°

54 $\triangle ABC$에서 $\overline{AB}=\overline{AC}$이므로 $\angle ACB=\angle B=26°$

$\therefore \angle DAC=\angle B+\angle ACB=26°+26°=52°$

$\triangle CDA$에서 $\overline{CA}=\overline{CD}$이므로

$\angle CDA=\angle DAC=52°$

$\triangle DBC$에서

$\angle DCE=\angle B+\angle CDB=26°+52°=78°$

$\triangle DCE$에서 $\overline{DC}=\overline{DE}$이므로

$\angle DEC=\angle DCE=78°$

따라서 $\triangle DBE$에서

$\angle x=\angle B+\angle BED=26°+78°=104°$　답 104°

공략 비법

삼각형의 내각과 외각의 관계의 활용; 이등변삼각형

길이가 같은 변이 많이 주어지더라도

① 이등변삼각형의 두 변의 길이
는 같고

② 삼각형의 한 외각의 크기는 그
와 이웃하지 않는 두 내각의
크기의 합과 같음

을 연속적으로 이용하면 된다.

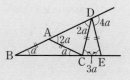

55 $\triangle ACG$에서

$\angle DGF=42°+32°=74°$

$\triangle BFE$에서

$\angle DFG=30°+45°=75°$

따라서 $\triangle DGF$에서

$\angle x=180°-(74°+75°)$
$\quad=31°$　답 ②

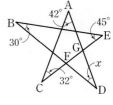

다른 풀이 $42°+30°+32°+\angle x+45°=180°$이므로

$\angle x+149°=180°$　　$\therefore \angle x=31°$

공략 비법

☆ 모양의 도형에서 각의 크기 구하기

❶ 두 내각의 크기를 알 수 있는 삼각형을 찾는다.

❷ ❶의 두 내각의 크기의 합으로부터 한 외각의 크기를 구한다.

❸ 삼각형의 세 내각의 크기의 합이 180°임을 이용한다.

➡ ☆ 모양의 도형에서 모든 끝 각의 크기의 합은 180°이다.

56 (1) $\triangle ACG$에서

$\angle CGD=\angle a+\angle c$이므로

$\angle a+\angle c=180°-100°$
$\qquad\qquad\quad=80°$ …… ㉮

(2) $\triangle BFE$에서

$\angle EFD=\angle b+\angle e$이므로

$\triangle DGF$에서 $(\angle b+\angle e)+\angle d=100°$

$\therefore \angle b+\angle d+\angle e=100°$ …… ㉯

답 (1) 80° (2) 100°

채점 기준	
(1) ㉮ $\angle a+\angle c$의 크기 구하기	50%
(2) ㉯ $\angle b+\angle d+\angle e$의 크기 구하기	50%

다른 풀이 (2) $\angle b+\angle d+\angle e=180°-(\angle a+\angle c)$
$\qquad\qquad\qquad\qquad\quad=180°-80°=100°$

57 $\triangle ABC$에서 $\angle x=25°+54°=79°$

$\triangle DEF$에서 $\angle a=30°+35°=65°$

$\angle x+\angle y+\angle a=180°$이므로

$79°+\angle y+65°=180°$

$\therefore \angle y=36°$

$\therefore \angle x-\angle y=79°-36°$
$\qquad\qquad\quad=43°$　답 ③

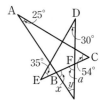

58 △BGE에서
∠CGF=45°+35°=80°
△AFD에서
∠CFG=∠x+∠y
따라서 △CGF에서
20°+80°+(∠x+∠y)=180°
∴ ∠x+∠y=80°

달 ③

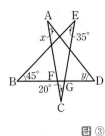

Lecture 10 다각형 (2)

Level A 개념 익히기   84~85쪽

01 180°×(7−2)=900°

달 900°

02 180°×(11−2)=1620°

달 1620°

03 달 720°, 4, 6, 육각형

04 주어진 다각형은 오각형이고 오각형의 내각의 크기의 합은
180°×(5−2)=540°

달 540°

05 ∠x=540°−(100°+80°+110°+120°)=130°

달 130°

06 달 360°   **07** 달 360°

08 ∠x=360°−(85°+75°+90°)=110°

달 110°

09 ∠x=360°−(70°+80°+30°+90°)=90°

달 90°

10 $\frac{180°×(6−2)}{6}=120°$, $\frac{360°}{6}=60°$

달 120°, 60°

11 $\frac{180°×(8−2)}{8}=135°$, $\frac{360°}{8}=45°$

달 135°, 45°

12 $\frac{180°×(9−2)}{9}=140°$, $\frac{360°}{9}=40°$

달 140°, 40°

13 $\frac{180°×(15−2)}{15}=156°$, $\frac{360°}{15}=24°$

달 156°, 24°

14 달 1개   **15** 달 3개

16 $\frac{10×(10−3)}{2}=35(개)$

달 35개

17 $\frac{13×(13−3)}{2}=65(개)$

달 65개

Level B 유형 공략하기   85~91쪽

18 구하는 다각형을 n각형이라 하면
180°×($n−2$)=1260°, $n−2=7$
∴ $n=9$
따라서 구하는 다각형은 구각형이다.

달 ③

19 주어진 다각형을 n각형이라 하면
180°×($n−2$)=1440°, $n−2=8$
∴ $n=10$
따라서 십각형의 꼭짓점의 개수는 10개이다.

달 ④

20 ㈎, ㈏에서 구하는 다각형은 정다각형이다.
㈐에서 내각의 크기의 합이 1980°이므로 구하는 다각형을
정n각형이라 하면
180°×($n−2$)=1980°, $n−2=11$
∴ $n=13$
따라서 구하는 다각형은 정십삼각형이다.

달 정십삼각형

21 팔각형의 내부의 한 점과 각 꼭짓점을 잇는 선분을 모두 그으면
8개의 삼각형이 생긴다. 삼각형의 세 내각의 크기의 합은 180°
이고 내부의 한 점에 모인 각들의 크기의 합은 360°이므로
(팔각형의 내각의 크기의 합)=180°×8−360°
=1080°

달 1080°

22 오각형의 내각의 크기의 합은
180°×(5−2)=540°이므로
∠x+120°+90°+(180°−55°)+95°=540°
∠x+430°=540°
∴ ∠x=110°

달 ④

23 육각형의 내각의 크기의 합은
180°×(6−2)=720°이므로
∠a+150°+(180°−∠b)+90°+140°+100°
=720°
∠a−∠b+660°=720°
∴ ∠a−∠b=60°

달 60°

24 오른쪽 그림과 같이 $\overline{BD}$를 그으면
오각형의 내각의 크기의 합은
180°×(5−2)=540°
이므로
∠CBD+∠CDB
=540°−(110°+50°+70°+120°+85°)
=540°−435°=105°
따라서 △CBD에서
∠x=180°−105°=75°

달 75°

중 25 사각형의 내각의 크기의 합은 $360°$이므로

$110° + 130° + \angle ABC + \angle DCB = 360°$

$\therefore \angle ABC + \angle DCB = 120°$

$\therefore \angle IBC + \angle ICB = \dfrac{1}{2}\angle ABC + \dfrac{1}{2}\angle DCB$

$\qquad\qquad\qquad = \dfrac{1}{2}(\angle ABC + \angle DCB)$

$\qquad\qquad\qquad = \dfrac{1}{2}\times 120° = 60°$

따라서 $\triangle IBC$에서

$\angle x = 180° - (\angle IBC + \angle ICB)$

$\qquad = 180° - 60° = 120°$　　　　　　답 $120°$

하 26 외각의 크기의 합은 $360°$이므로

$\angle x + (180° - 120°) + 70° + \angle y + 50° + (180° - 100°)$

$= 360°$

$\angle x + \angle y + 260° = 360°$

$\therefore \angle x + \angle y = 100°$　　　　　　답 $100°$

하 27 외각의 크기의 합은 $360°$이므로

$(180° - \angle x) + (180° - 100°) + 60° + 65° + 75° = 360°$

$460° - \angle x = 360°$

$\therefore \angle x = 100°$　　　　　　답 ②

다른 풀이 오각형의 내각의 크기의 합은

$180° \times (5-2) = 540°$이므로

$(180° - 65°) + (180° - 60°) + 100° + \angle x + (180° - 75°)$

$= 540°$

$440° + \angle x = 540°$

$\therefore \angle x = 100°$

중 28 외각의 크기의 합은 $360°$이므로

$40 + (180 - 115) + (2x - 30) + 90$

$\qquad\qquad\qquad\qquad\quad + (180 - 100) + (x + 10)$

$= 360$

$3x + 255 = 360,\ 3x = 105$

$\therefore x = 35$　　　　　　답 35

중 29 달팽이 장난감이 지나간 길은 팔각형이다.

따라서 달팽이 장난감이 회전한 각의 크기의 합은 팔각형의 외각의 크기의 합과 같으므로 $360°$이다.　　　　　　답 $360°$

주의 n각형의 내각의 크기의 합은 n의 값에 따라 달라지지만 외각의 크기의 합은 n의 값에 관계없이 항상 $360°$이다.

중 30 오른쪽 그림과 같이 보조선을 그으면

$\angle a + \angle b = 32° + 24° = 56°$

사각형의 내각의 크기의 합은 $360°$이므로

$120° + 60° + \angle a + \angle b + \angle x + 90°$

$= 360°$

$326° + \angle x = 360°$　　　$\therefore \angle x = 34°$

답 ④

중 31 오른쪽 그림과 같이 보조선을 그으면

$\angle x + \angle y = 35° + 40° = 75°$

오각형의 내각의 크기의 합은

$180° \times (5-2) = 540°$이므로

$\angle a + \angle b + \angle c + \angle d + \angle e$

$= 540° - (\angle x + \angle y)$

$= 540° - 75° = 465°$　　　　　　답 ④

중 32 오른쪽 그림과 같이 보조선을 그으면

$\angle y + \angle z = \angle x + 60°$ ······ ㉮

육각형의 내각의 크기의 합은

$180° \times (6-2) = 720°$

이므로

$120° + 110° + 115° + 100° + \angle y + \angle z + 75° + 95° = 720°$

$(\angle x + 60°) + 615° = 720°$

$\therefore \angle x = 45°$ ······ ㉯

답 $45°$

채점 기준	
㉮ 보조선을 그어 $\angle x + 60°$와 크기가 같은 각 찾기	40 %
㉯ $\angle x$의 크기 구하기	60 %

상 33 오른쪽 그림과 같이 보조선을 그으면

$\angle e + \angle f = \angle p + \angle q$

$\angle g + \angle h = \angle r + \angle s$

$\therefore \angle a + \angle b + \angle c + \angle d + \angle e + \angle f$

$\qquad\qquad\qquad\qquad + \angle g + \angle h$

$= \angle a + \angle b + \angle c + \angle d + \angle p + \angle q + \angle r + \angle s$

$= (\text{사각형의 내각의 크기의 합})$

$= 360°$　　　　　　답 $360°$

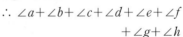

중 34 오른쪽 그림과 같이 삼각형의 내각과 외각의 관계를 이용하면

$\angle a + \angle b + \angle c + \angle d$

$\qquad + \angle e + \angle f + \angle g + 40°$

$= (\text{사각형의 외각의 크기의 합})$

$= 360°$

$\therefore \angle a + \angle b + \angle c + \angle d + \angle e + \angle f + \angle g$

$\qquad = 360° - 40° = 320°$　　　　　　답 ③

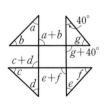

상 35 오른쪽 그림에서

$\angle a + \angle c + \angle e + \angle g + \angle i = 180°$

맞꼭지각의 크기는 같으므로

$\angle b + \angle d + \angle f + \angle h + \angle j$의 크기는

오각형의 내각의 크기의 합과 같다.

오각형의 내각의 크기의 합은

$180° \times (5-2) = 540°$이므로

$\angle a + \angle b + \angle c + \angle d + \angle e + \angle f + \angle g + \angle h + \angle i + \angle j$

$= 180° + 540° = 720°$　　　　　　답 $720°$

⬆ 36 주어진 그림은 7개의 삼각형과 1개의 칠각형으로 이루어져 있으므로

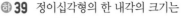

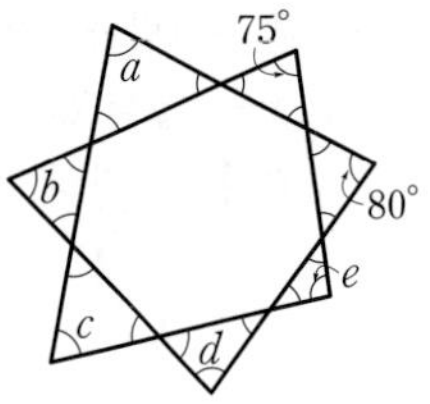

$\angle a + \angle b + \angle c + \angle d + \angle e$
$\qquad + 80° + 75°$
$= ($삼각형의 내각의 크기의 합$) \times 7$
$\quad - ($칠각형의 외각의 크기의 합$) \times 2$
$= 180° \times 7 - 360° \times 2$
$= 540°$
$\therefore \angle a + \angle b + \angle c + \angle d + \angle e$
$\qquad = 540° - (75° + 80°) = 385°$

답 385°

공략 비법

다각형의 내각과 외각의 크기의 합의 활용

(복잡한 다각형의 끝에 표시된 각들의 크기의 합)
= (외부에 있는 다각형의 내각의 크기의 총합)
$\quad$ − (내부에 있는 다각형의 외각의 크기의 합) × 2

⬆ 37 오른쪽 그림의 △HCD에서

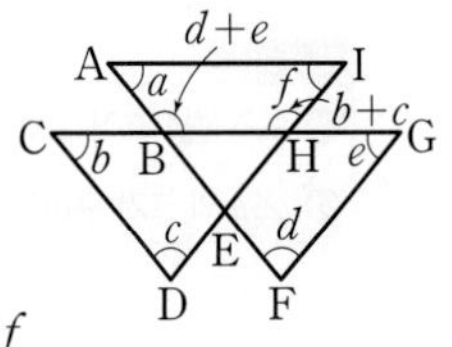

$\angle CHI = \angle b + \angle c$
△BFG에서
$\angle ABG = \angle d + \angle e$
$\therefore \angle a + \angle b + \angle c + \angle d + \angle e + \angle f$
$\quad = ($사각형 ABHI의 내각의 크기의 합$)$
$\quad = 360°$

답 360°

다른 풀이 오른쪽 그림의

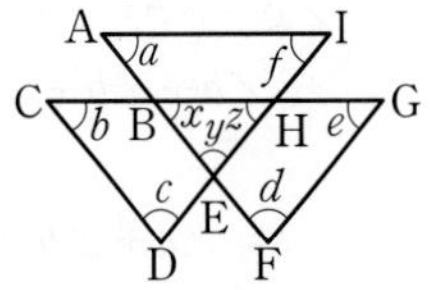

△AEI에서
$\angle a + \angle f = 180° - \angle y$
△CDH에서
$\angle b + \angle c = 180° - \angle z$
△BFG에서 $\angle d + \angle e = 180° - \angle x$
△BEH에서 $\angle x + \angle y + \angle z = 180°$
$\therefore \angle a + \angle b + \angle c + \angle d + \angle e + \angle f$
$\quad = (180° - \angle y) + (180° - \angle z) + (180° - \angle x)$
$\quad = 540° - (\angle x + \angle y + \angle z)$
$\quad = 540° - 180° = 360°$

⬇ 38 ② 내각의 크기의 합은 $180° \times (12-2) = 1800°$

③ 한 외각의 크기는 $\dfrac{360°}{12} = 30°$

④ 한 내각의 크기는 $\dfrac{180° \times (12-2)}{12} = 150°$

⑤ 12개의 삼각형이 생긴다.

답 ③, ⑤

개념 보충 학습

정n각형의 한 내각의 크기와 한 외각의 크기

① 내각의 크기의 합은 $180° \times (n-2)$
$\Rightarrow$ 정n각형의 한 내각의 크기는 $\dfrac{180° \times (n-2)}{n}$

② 외각의 크기의 합은 $360°$
$\Rightarrow$ 정n각형의 한 외각의 크기는 $\dfrac{360°}{n}$

⬇ 39 정이십각형의 한 내각의 크기는

$\dfrac{180° \times (20-2)}{20} = 162°$ $\qquad \therefore a = 162$ ...... ㉮

정십각형의 한 외각의 크기는

$\dfrac{360°}{10} = 36°$ $\qquad \therefore b = 36$ ...... ㉯

$\therefore a + b = 162 + 36 = 198$ ...... ㉰

답 198

채점 기준	
㉮ a의 값 구하기	40 %
㉯ b의 값 구하기	40 %
㉰ $a+b$의 값 구하기	20 %

⬇ 40 (한 내각의 크기) + (한 외각의 크기) = 180°이므로
(한 외각의 크기) = 180° − 160° = 20°
주어진 정다각형을 정n각형이라 하면

$\dfrac{360°}{n} = 20°$ $\qquad \therefore n = 18$

따라서 정십팔각형의 꼭짓점의 개수는 18개이다.

답 ⑤

참고 정다각형의 한 내각 또는 한 외각의 크기를 알 때, 어떤 다각형인지를 구하는 경우에는 외각의 크기를 이용하는 것이 간단하다.

⬇ 41 (한 내각의 크기) + (한 외각의 크기) = 180°이므로

(한 외각의 크기) $= 180° \times \dfrac{1}{3+1} = 180° \times \dfrac{1}{4} = 45°$

구하는 정다각형을 정n각형이라 하면

$\dfrac{360°}{n} = 45°$ $\qquad \therefore n = 8$

따라서 구하는 정다각형은 정팔각형이다.

답 정팔각형

공략 비법

정다각형의 한 내각의 크기와 한 외각의 크기의 비가 주어진 경우
① 한 내각의 크기와 한 외각의 크기의 합은 180°이다.
② 한 내각의 크기와 한 외각의 크기의 비가 $a : b$이면

$\Rightarrow$ (한 내각의 크기) $= 180° \times \dfrac{a}{a+b}$

$\quad$ (한 외각의 크기) $= 180° \times \dfrac{b}{a+b}$

⬇ 42 ㈎에서 구하는 다각형은 정다각형이다.
㈏에서 한 내각의 크기가 한 외각의 크기의 4배이므로
(한 내각의 크기) : (한 외각의 크기) = 4 : 1
(한 내각의 크기) + (한 외각의 크기) = 180°이므로

(한 외각의 크기) $= 180° \times \dfrac{1}{4+1} = 180° \times \dfrac{1}{5} = 36°$

구하는 다각형을 정n각형이라 하면

$\dfrac{360°}{n} = 36°$ $\qquad \therefore n = 10$

따라서 구하는 다각형은 정십각형이다.

답 정십각형

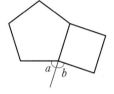

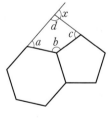

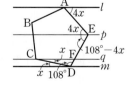

상 43 정n각형의 모든 내각의 크기와 모든 외각의 크기의 합은
$$180° \times n$$
즉, $180° \times n = 1620°$이므로 $n = 9$
따라서 정구각형의 한 내각의 크기는
$$\frac{180° \times (9-2)}{9} = 140°$$
답 ④

중 44 정오각형의 한 내각의 크기는
$$\angle B = \frac{180° \times (5-2)}{5} = 108°$$
$\triangle BCA$는 이등변삼각형이므로
$$\angle BCA = \angle BAC = \frac{1}{2} \times (180° - \angle B)$$
$$= \frac{1}{2} \times (180° - 108°) = 36°$$
$$\therefore \angle x = \angle BCD - \angle BCA$$
$$= 108° - 36° = 72°$$
답 72°

중 45 정오각형의 한 내각의 크기는 $\frac{180° \times (5-2)}{5} = 108°$이므로
$$\angle EDC = 108°$$
$\triangle ECD$는 이등변삼각형이므로
$$\angle y = \frac{1}{2} \times (180° - \angle EDC)$$
$$= \frac{1}{2} \times (180° - 108°) = 36°$$
따라서 $\triangle PDE$에서
$$\angle x = 36° + 36° = 72°$$
$$\therefore \angle x + \angle y = 72° + 36° = 108°$$
답 ②

중 46 정팔각형의 한 내각의 크기는
$$\angle B = \frac{180° \times (8-2)}{8} = 135°$$
$\triangle ABC$는 이등변삼각형이므로
$$\angle BCA = \angle BAC = \frac{1}{2} \times (180° - \angle ABC)$$
$$= \frac{1}{2} \times (180° - 135°) = 22.5°$$
따라서 $\triangle PBC$에서
$$\angle x = \angle PBC + \angle PCB$$
$$= 22.5° + 22.5° = 45°$$
답 ④

상 47 오른쪽 그림과 같이 $\angle E$, $\angle C$의 꼭짓점을 각각 지나고 두 직선 l, m에 평행한 직선 p, q를 긋는다.
정오각형의 한 내각의 크기는
$$\frac{180° \times (5-2)}{5} = 108°$$
$p /\!/ q$이므로 $\angle CFD = 108° - 4 \angle x$ (동위각)
따라서 $\triangle CDF$에서
$$\angle x + 108° + (108° - 4\angle x) = 180°$$
$$216° - 3\angle x = 180°, \ 3\angle x = 36°$$
$$\therefore \angle x = 12°$$
답 ②

상 48 $\angle ABP = 90° - 60° = 30°$
$\triangle ABP$는 $\overline{BA} = \overline{BP}$인 이등변삼각형이므로
$$\angle y = \angle BAP = \frac{1}{2} \times (180° - 30°) = 75° \quad \cdots\cdots \text{㉮}$$
$\triangle ABC$는 직각이등변삼각형이므로
$$\angle BAC = \frac{1}{2} \times (180° - 90°) = 45°$$
$$\therefore \angle x = \angle BAP - \angle BAC = 75° - 45° = 30° \quad \cdots\cdots \text{㉯}$$
답 $\angle x = 30°$, $\angle y = 75°$

채점 기준	
㉮ $\angle y$의 크기 구하기	50%
㉯ $\angle x$의 크기 구하기	50%

중 49 오른쪽 그림과 같이 정오각형과 정사각형이 붙어 있는 변을 연장하면 $\angle a$의 크기는 정오각형의 한 외각의 크기이므로
$$\angle a = \frac{360°}{5} = 72°$$
$\angle b$의 크기는 정사각형의 한 외각의 크기이므로
$$\angle b = \frac{360°}{4} = 90°$$
$$\therefore \angle x = \angle a + \angle b = 72° + 90° = 162°$$
답 ②

공략 비법

두 개의 정다각형이 붙어 있는 도형에서 외각의 크기를 구하려면 먼저 붙어 있는 변을 연장하고 각각의 정다각형의 한 외각의 크기를 구한다.

중 50 정오각형의 한 외각의 크기는
$$\angle PBC = \angle PCB = \frac{360°}{5} = 72°$$
따라서 $\triangle PBC$에서
$$\angle x = 180° - (72° + 72°) = 36°$$
답 36°

상 51 오른쪽 그림에서 $\angle a$의 크기는 정육각형의 한 외각의 크기이므로
$$\angle a = \frac{360°}{6} = 60°$$
$\angle c$의 크기는 정오각형의 한 외각의 크기이므로 $\angle c = \frac{360°}{5} = 72°$
$\angle b$의 크기는 정육각형의 한 외각의 크기와 정오각형의 한 외각의 크기의 합이므로 $\angle b = 72° + 60° = 132°$
사각형의 내각의 크기의 합은 $360°$이므로
$$\angle d = 360° - (\angle a + \angle b + \angle c)$$
$$= 360° - (60° + 132° + 72°) = 96°$$
$$\therefore \angle x = 180° - \angle d = 180° - 96° = 84°$$
답 84°

중 52 십일각형의 한 꼭짓점에서 그을 수 있는 대각선의 개수는
$$a = 11 - 3 = 8$$
대각선을 그었을 때 생기는 삼각형의 개수는
$$b = 11 - 2 = 9$$
$$\therefore a + b = 8 + 9 = 17$$
답 17

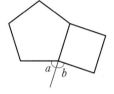

53 구하는 다각형을 n각형이라 하면
$n-3=12$ $\therefore n=15$
따라서 구하는 다각형은 십오각형이다.   **답** ⑤

54 주어진 다각형을 n각형이라 하면
$n-2=9$ $\therefore n=11$
따라서 십일각형의 변의 개수는 11개이다.   **답** 11개

55 십팔각형의 한 꼭짓점에서 그을 수 있는 대각선의 개수는
$a=18-3=15$ ······ ㉮
십팔각형의 내부의 한 점과 각 꼭짓점을 잇는 선분을 모두 그었을 때 생기는 삼각형의 개수는
$b=18$ ······ ㉯
$\therefore b-a=18-15=3$ ······ ㉰
답 3

채점 기준	
㉮ a의 값 구하기	40 %
㉯ b의 값 구하기	40 %
㉰ $b-a$의 값 구하기	20 %

56 칠각형의 한 꼭짓점 P에서 대각선을 그으면 $\boxed{5}$개의 삼각형으로 나누어진다.
따라서 칠각형의 내각의 크기의 합은
$180° \times \boxed{5} = \boxed{900°}$이다.

답 ㉮ 5 ㉯ 900°

57 주어진 다각형을 n각형이라 하면
$n-3=7$ $\therefore n=10$
따라서 십각형의 대각선의 개수는
$\dfrac{10 \times (10-3)}{2} = \dfrac{10 \times 7}{2} = 35$(개)
답 35개

58 십이각형의 한 꼭짓점에서 그을 수 있는 대각선의 개수는
$12-3=9$(개)이므로 $a=9$
대각선의 개수는 $\dfrac{12 \times (12-3)}{2} = \dfrac{12 \times 9}{2} = 54$(개)이므로
$b=54$
$\therefore b-a=54-9=45$ **답** ⑤

개념 보충 학습

n**각형의 대각선**
① 한 꼭짓점에서 그을 수 있는 대각선의 개수 ➡ $(n-3)$개
② 한 꼭짓점에서 대각선을 그었을 때 생기는 삼각형의 개수 ➡ $(n-2)$개
③ 대각선의 개수 ➡ $\dfrac{n(n-3)}{2}$개

59 ④ 구각형의 대각선의 개수는
$\dfrac{9 \times (9-3)}{2} = \dfrac{9 \times 6}{2} = 27$(개)   **답** ④

60 내부의 한 점과 각 꼭짓점을 잇는 선분을 모두 그었을 때 생기는 삼각형의 개수가 13개인 다각형을 n각형이라 하면
$n=13$ ······ ㉮
따라서 십삼각형의 대각선의 개수는
$\dfrac{13 \times (13-3)}{2} = \dfrac{13 \times 10}{2} = 65$(개)   ······ ㉯
답 65개

채점 기준	
㉮ 다각형 구하기	50 %
㉯ 대각선의 개수 구하기	50 %

61 이웃하여 앉은 사람을 제외한 모든 사람과 서로 한 번씩 악수를 하므로 악수를 한 횟수는 팔각형의 대각선의 개수와 같다.
따라서 악수를 한 횟수는
$\dfrac{8 \times (8-5)}{2} = \dfrac{8 \times 5}{2} = 20$(번)이다.   **답** 20번

공략 비법

① 이웃한 사람끼리 악수를 하는 경우 ➡ 변의 개수
② 이웃한 사람을 제외한 사람들과 악수를 하는 경우
➡ 대각선의 개수
③ 모든 사람과 악수를 하는 경우
➡ (변의 개수)+(대각선의 개수)

62 구하는 다각형을 n각형이라 하면
$\dfrac{n(n-3)}{2} = 27$, $n(n-3)=54$
$54=9 \times 6$이므로 $n=9$
따라서 구하는 다각형은 구각형이다.   **답** ⑤

63 구하는 다각형을 n각형이라 하면 ㉮에서 대각선의 개수가 54개이므로
$\dfrac{n(n-3)}{2} = 54$, $n(n-3)=108$
$108=12 \times 9$이므로 $n=12$
㉯에서 구하는 다각형은 정다각형이므로 구하는 다각형은 정십이각형이다.   **답** ④

64 주어진 다각형을 n각형이라 하면
$\dfrac{n(n-3)}{2} = 35$, $n(n-3)=70$
$70=10 \times 7$이므로 $n=10$ ······ ㉮
따라서 십각형의 한 꼭짓점에서 대각선을 모두 그었을 때 생기는 삼각형의 개수는
$10-2=8$(개)   ······ ㉯
답 8개

채점 기준	
㉮ 다각형 구하기	50 %
㉯ 한 꼭짓점에서 대각선을 모두 그었을 때 생기는 삼각형의 개수 구하기	50 %

Level B 필수 유형 정복하기

01 5개	02 ④	03 104°	04 163°	05 ②
06 ④	07 151°	08 ⑤	09 ③	10 165°
11 ③	12 90°	13 42°	14 27	15 ③
16 10개	17 ④	18 ④	19 (1) 125°	(2) 15°
20 28°	21 26	22 84°	23 126°	24 17개

01 전략 다각형은 선분으로만 둘러싸인 평면도형이다.

마름모, 정육각형, 사다리꼴, 구각형, 직각삼각형의 5개이다.

02 전략 삼각형의 세 내각의 크기를 각각 구하고 각 내각에 대한 외각의 크기를 구한다.

주어진 삼각형의 내각의 크기는 각각

$180° \times \dfrac{4}{4+5+6} = 180° \times \dfrac{4}{15} = 48°$,

$180° \times \dfrac{5}{4+5+6} = 180° \times \dfrac{5}{15} = 60°$,

$180° \times \dfrac{6}{4+5+6} = 180° \times \dfrac{6}{15} = 72°$

따라서 외각의 크기는 각각

$180°-48°=132°$, $180°-60°=120°$, $180°-72°=108°$

이므로 두 번째로 작은 외각의 크기는 120°이다.

03 전략 삼각형의 내각과 외각의 관계를 이용한다.

삼각형의 한 외각의 크기는 그와 이웃하지 않는 두 내각의 크기의 합과 같으므로

△CDG에서 ∠BCG=50°+18°=68°

△BCF에서 ∠ABF=68°+18°=86°

따라서 △ABE에서

∠x=86°+18°=104°

04 전략 보조선을 그어 삼각형을 만든 후 삼각형의 세 내각의 크기의 합이 180°임을 이용한다.

오른쪽 그림과 같이 $\overline{BC}$와 $\overline{EG}$를 그으면 ∠EFG=∠BFC (맞꼭지각)

이므로

∠FBC+∠FCB

=∠FEG+∠FGE

△ABC와 △DEG에서

∠a+35°+∠b+∠c+60°+102°

=(삼각형의 내각의 크기의 합)×2=360°

∴ ∠a+∠b+∠c=163°

05 전략 삼각형의 세 내각의 크기의 합은 180°임을 이용한다.

△ABC에서 ∠A+∠B=180°-48°=132°

△AFB에서

∠AFB=$180° - \dfrac{1}{2}(∠A+∠B)$

$= 180° - \dfrac{1}{2} \times 132° = 114°$

∴ ∠x=∠AFB=114° (맞꼭지각)

06 전략 n각형의 내각의 크기의 합과 n각형의 내부에 있는 삼각형의 내각의 크기의 합을 비교해 본다.

ㄷ. n각형의 내각의 크기의 합은 n개의 삼각형의 내각의 크기의 총합에서 점 O에 모인 각의 크기의 합을 뺀 것과 같으므로 $180° \times n - 360° = 180° \times (n-2)$

이상에서 옳은 것은 ㄱ, ㄴ, ㄹ이다.

07 전략 사각형의 내각의 크기의 합은 360°임을 이용한다.

사각형의 내각의 크기의 합은 360°이므로 사각형 ABCD에서

2∠DAO+72°+2∠OCD+130°=360°

2∠DAO+2∠OCD=158°

∴ ∠DAO+∠OCD=79°

사각형 AOCD에서

∠DAO+∠x+∠OCD+130°=360°

∴ ∠x=360°-(∠DAO+∠OCD+130°)

$=360°-209°=151°$

08 전략 보조선을 그어 육각형의 내각의 크기의 합을 이용한다.

오른쪽 그림과 같이 보조선을 그으면

∠a+∠b=42°+58°=100°

육각형의 내각의 크기의 합은

$180° \times (6-2) = 720°$이므로

$115°+125°+50°+100°+∠x$

$+110°+130°$

$=720°$

∴ ∠x=90°

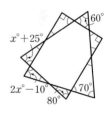

09 전략 삼각형의 세 내각의 크기의 합은 180°이고, 다각형의 외각의 크기의 합은 항상 360°임을 이용한다.

$90+(x+25)+(2x-10)$

$+80+70+90+60$

=(삼각형의 내각의 크기의 합)×7

$-$(칠각형의 외각의 크기의 합)×2

$=180 \times 7 - 360 \times 2 = 540$

$405+3x=540$

$3x=135$ ∴ $x=45$

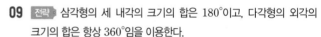

10 전략 삼각형의 한 외각의 크기는 그와 이웃하지 않는 두 내각의 크기의 합과 같음을 이용한다.

△ABC에서

∠x=60°+48°=108°

△DEF에서

∠y=55°+32°=87°

사각형 BGHF에서

∠x+∠y+∠a+∠b=360°

이므로

∠a+∠b=360°-(∠x+∠y)

$=360°-(108°+87°)$

$=165°$

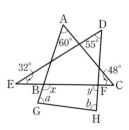

11 전략 한 내각의 크기가 144°인 정다각형을 구한다.

찢기 전의 색종이의 모양을 정n각형이라 하면 한 내각의 크기가 144°이므로

$\dfrac{180° \times (n-2)}{n} = 144°$, $180° \times n - 360° = 144° \times n$

$36° \times n = 360°$ ∴ $n = 10$

따라서 찢기 전의 색종이의 모양은 정십각형이다.

12 전략 이등변삼각형의 두 밑각의 크기가 서로 같음을 이용한다.

정육각형의 한 내각의 크기는 $\dfrac{180° \times (6-2)}{6} = 120°$

△AEF는 이등변삼각형이므로

$\angle x = \dfrac{1}{2} \times (180° - 120°) = 30°$

△APF에서

$\angle y = \angle APF = 180° - (\angle FAP + \angle AFP)$

$= 180° - (30° + 30°) = 120°$

∴ $\angle y - \angle x = 120° - 30° = 90°$

13 전략 정사각형, 정오각형, 정육각형의 한 내각의 크기를 각각 구한다.

정사각형의 한 내각의 크기는 $\dfrac{180° \times (4-2)}{4} = 90°$

정오각형의 한 내각의 크기는 $\dfrac{180° \times (5-2)}{5} = 108°$

정육각형의 한 내각의 크기는 $\dfrac{180° \times (6-2)}{6} = 120°$

∴ $\angle x = 360° - (90° + 108° + 120°)$

$= 42°$

14 전략 n각형의 한 꼭짓점에서 그을 수 있는 대각선의 개수는 $(n-3)$개이고, 한 꼭짓점에서 대각선을 모두 그으면 $(n-2)$개의 삼각형이 생긴다.

㈎ 칠각형의 한 꼭짓점에서 그을 수 있는 대각선의 개수는

$7 - 3 = \boxed{4}$(개)이다.

㈏ 십각형의 한 꼭짓점에서 대각선을 모두 그으면

$10 - 2 = \boxed{8}$(개)의 삼각형이 생긴다.

㈐ 십오각형의 내부의 한 점과 각 꼭짓점을 잇는 선분을 모두 그었을 때 생기는 삼각형의 개수는 $\boxed{15}$개이다.

따라서 □ 안에 알맞은 수들의 합은

$4 + 8 + 15 = 27$

15 전략 다각형의 한 꼭짓점에서 각 꼭짓점에 선분을 모두 그었을 때 생기는 삼각형의 개수를 생각해 본다.

n각형의 한 꼭짓점에서 각 꼭짓점에 선분을 모두 그으면 $(n-2)$개의 삼각형이 생기므로

$n - 2 = 12$ ∴ $n = 14$

따라서 십사각형의 변의 개수는 14개이므로 $a = 14$

대각선의 개수는 $\dfrac{14 \times (14-3)}{2} = 77$(개)이므로 $b = 77$

∴ $a + b = 14 + 77 = 91$

16 전략 필요한 횡단보도를 직접 그려 본다.

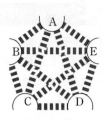

오른쪽 그림과 같이 필요한 횡단보도의 개수는 오각형의 변의 개수와 대각선의 개수의 합과 같다.

오각형의 변의 개수는 5개, 대각선의 개수는 $\dfrac{5 \times (5-3)}{2} = 5$(개)이므로

필요한 횡단보도의 개수는

$5 + 5 = 10$(개)

17 전략 정n각형의 대각선의 개수, 한 내각의 크기, 한 외각의 크기를 구하는 공식을 생각한다.

주어진 정다각형을 정n각형이라 하면 한 내각의 크기가 한 외각의 크기보다 100°만큼 크므로

$\dfrac{180° \times (n-2)}{n} = \dfrac{360°}{n} + 100°$, $80° \times n = 720°$ ∴ $n = 9$

즉, 주어진 정다각형은 정구각형이다.

ㄱ. 한 외각의 크기는 $\dfrac{360°}{9} = 40°$

ㄴ. 대각선의 개수는 $\dfrac{9 \times (9-3)}{2} = 27$(개)

ㄷ. 내각의 크기의 합은 $180° \times (9-2) = 1260°$

ㄹ. 한 꼭짓점에서 그을 수 있는 대각선의 개수는

$9 - 3 = 6$(개)

이상에서 옳은 것은 ㄱ, ㄴ, ㄹ의 3개이다.

18 전략 조건을 만족하는 다각형은 정다각형임을 안다.

㈎에서 주어진 다각형은 정다각형이다.

주어진 다각형을 정n각형이라 하면 ㈏에서 대각선의 개수가 104개이므로

$\dfrac{n(n-3)}{2} = 104$, $n(n-3) = 208$

$208 = 16 \times 13$이므로 $n = 16$

따라서 정십육각형의 한 내각의 크기는

$\dfrac{180° \times (16-2)}{16} = 157.5°$

19 전략 삼각형의 한 외각의 크기는 그와 이웃하지 않는 두 내각의 크기의 합과 같음을 이용한다.

⑴ △ABC에서

$\angle ACE = \angle A + \angle ABC = 30° + 40° = 70°$

△DCE에서 $\angle ADE = \angle DCE + \angle E$이므로

$\angle x = 70° + 55° = 125°$ …… ㉮

⑵ $\angle FBC = \dfrac{1}{2} \times 40° = 20°$, $\angle FCE = \dfrac{1}{2} \times 70° = 35°$

이므로 △BCF에서 $\angle FCE = \angle y + \angle FBC$

∴ $\angle y = \angle FCE - \angle FBC$

$= 35° - 20° = 15°$ …… ㉯

채점 기준		
⑴ ㉮ $\angle x$의 크기 구하기		50 %
⑵ ㉯ $\angle y$의 크기 구하기		50 %

20 전략 이등변삼각형의 성질과 삼각형의 내각과 외각의 관계를 이용하여 각의 크기를 $\angle x$를 사용한 식으로 나타낸다.

$\overline{AB}=\overline{AC}=\overline{CD}=\overline{DE}$이므로 $\triangle ABC$, $\triangle ACD$, $\triangle DCE$는 모두 이등변삼각형이다.

또, 삼각형의 한 외각의 크기는 그와 이웃하지 않는 두 내각의 크기의 합과 같으므로

$\angle ACB=\angle ABC=\angle x$, $\angle ADC=\angle DAC=2\angle x$

$\angle DEC=\angle DCE=\angle x+2\angle x=3\angle x$,

$\angle FDE=\angle x+3\angle x=4\angle x$ ...... ㉮

즉, $4\angle x=112°$이므로 $\angle x=28°$ ...... ㉯

채점 기준	
㉮ $\angle FDE$를 $\angle x$를 사용하여 나타내기	80 %
㉯ $\angle x$의 크기 구하기	20 %

21 전략 다각형의 외각의 크기의 합은 360°임을 이용한다.

오각형의 외각의 크기의 합은 360°이므로

$65+\{180-(240-6x)\}+(90-x)+(180-125)+80$

$=360$ ...... ㉮

$230+5x=360$, $5x=130$

$\therefore x=26$ ...... ㉯

채점 기준	
㉮ 외각의 크기의 합이 360°임을 이용하여 식 세우기	70 %
㉯ x의 값 구하기	30 %

22 전략 정삼각형, 정사각형, 정오각형의 한 내각의 크기를 이용한다.

정오각형의 한 내각의 크기는 $\dfrac{180°\times(5-2)}{5}=108°$이고

정삼각형, 정사각형의 한 내각의 크기는 각각 60°, 90°이므로

$\angle DEJ=108°-60°=48°$, $\angle JDE=108°-90°=18°$

$\therefore \angle HJF=\angle EJD$

$=180°-(48°+18°)=114°$ ...... ㉮

사각형 JFIH에서

$\angle FIH=360°-(60°+114°+90°)=96°$ ...... ㉯

$\therefore \angle x=180°-\angle FIH$

$=180°-96°=84°$ ...... ㉰

채점 기준	
㉮ $\angle HJF$의 크기 구하기	50 %
㉯ $\angle FIH$의 크기 구하기	30 %
㉰ $\angle x$의 크기 구하기	20 %

23 전략 먼저 정오각형과 정팔각형의 한 외각의 크기를 각각 구한다.

$\angle DCP=$(정오각형의 한 외각의 크기)

$=\dfrac{360°}{5}=72°$ ...... ㉮

$\angle DFP=$(정팔각형의 한 외각의 크기)

$=\dfrac{360°}{8}=45°$ ...... ㉯

$\angle CDF=$(정오각형의 한 외각의 크기)

$+$(정팔각형의 한 외각의 크기)

$=72°+45°=117°$ ...... ㉰

사각형 CPFD에서

$\angle x=360°-(72°+45°+117°)=126°$ ...... ㉱

채점 기준	
㉮ $\angle DCP$의 크기 구하기	20 %
㉯ $\angle DFP$의 크기 구하기	20 %
㉰ $\angle CDF$의 크기 구하기	30 %
㉱ $\angle x$의 크기 구하기	30 %

24 전략 (한 내각의 크기)$+$(한 외각의 크기)$=180°$임을 이용한다.

한 내각의 크기와 한 외각의 크기의 합이 180°이므로 주어진 정다각형의 한 외각의 크기는

$180°\times\dfrac{1}{9+1}=180°\times\dfrac{1}{10}=18°$ ...... ㉮

한 외각의 크기가 18°인 정다각형을 정n각형이라 하면

$\dfrac{360°}{n}=18°$ $\therefore n=20$ ...... ㉯

따라서 정이십각형의 한 꼭짓점에서 그을 수 있는 대각선의 개수는 $20-3=17$(개)이다. ...... ㉰

채점 기준	
㉮ 정다각형의 한 외각의 크기 구하기	40 %
㉯ 한 내각의 크기와 한 외각의 크기의 비가 9 : 1인 정다각형 구하기	30 %
㉰ 한 꼭짓점에서 그을 수 있는 대각선의 개수 구하기	30 %

단원 마무리 **96~97쪽**

Level C **발전 유형 정복하기**

01 ⑤	02 ④	03 88°	04 ③	05 900°
06 ②	07 11	08 정구각형	09 ③	10 44°
11 130°	12 108°			

01 전략 이등변삼각형의 성질과 삼각형의 세 내각의 크기의 합이 180°임을 이용한다.

$\angle ABD=\angle a$, $\angle EBC=\angle b$라 하면

$\triangle ABE$, $\triangle CBD$는 모두 이등변삼각형이므로

$\angle AEB=\angle ABE=\angle a+28°$

$\angle CDB=\angle CBD=\angle b+28°$

$\triangle DBE$에서 $28°+\angle DEB+\angle EDB=180°$이므로

$28°+(\angle a+28°)+(\angle b+28°)=180°$

$\therefore \angle a+\angle b=180°-84°=96°$

$\therefore \angle ABC=\angle a+28°+\angle b=\angle a+\angle b+28°$

$=96°+28°=124°$

02 전략 삼각형의 세 내각의 크기의 합이 $180°$임을 이용한다.

$\triangle$EDF에서

$\angle y = 180° \times \dfrac{5}{3+5+7}$

$\quad = 180° \times \dfrac{5}{15} = 60°$

$\angle z = 180° \times \dfrac{7}{3+5+7}$

$\quad = 180° \times \dfrac{7}{15} = 84°$

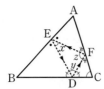

입사각과 반사각의 크기는 같으므로

$\angle FDC = \angle EDB = \dfrac{1}{2} \times (180° - 60°) = 60°$

$\angle DFC = \angle EFA = \dfrac{1}{2} \times (180° - 84°) = 48°$

따라서 $\triangle$CFD에서

$\angle C = 180° - (60° + 48°) = 72°$

03 전략 삼각형의 한 외각의 크기는 그와 이웃하지 않는 두 내각의 크기의 합과 같음을 이용한다.

$\angle ABD = \angle DBE = \angle EBC = \angle a$,

$\angle ACD = \angle DCE = \angle ECF = \angle b$라 하면

$\triangle$ABC에서 $3\angle b = 3\angle a + \angle x$

$\therefore \angle b = \angle a + \dfrac{1}{3}\angle x$ ...... ㉠

$\triangle$DBC에서 $2\angle b = 2\angle a + 44°$

$\therefore \angle b = \angle a + 22°$ ...... ㉡

㉠, ㉡에서 $\dfrac{1}{3}\angle x = 22°$ $\therefore \angle x = 66°$

$\triangle$EBC에서 $\angle b = \angle a + \angle y$ ...... ㉢

㉡, ㉢에서 $\angle y = 22°$

$\therefore \angle x + \angle y = 66° + 22° = 88°$

04 전략 평행선의 성질을 이용한다.

오른쪽 그림에서 $\overline{AB} /\!/ \overline{FI}$이므로

$\angle ABC = \angle ICB = \angle a$ (엇각)

또, $l /\!/ m$이고 $\overline{AB} /\!/ \overline{FI}$이므로

$\angle BAF = \angle EIF = \angle c$

(동위각, 엇각)

$\triangle$EHG에서

$\angle DEG = \angle d + \angle f$

따라서 구하는 각의 크기는 사각형 CDEI의 내각의 크기의 합과 같으므로

$\angle a + \angle b + \angle c + \angle d + \angle e + \angle f = 360°$

05 전략 보조선을 긋고 오각형의 내각의 크기의 합을 이용한다.

오른쪽 그림과 같이 보조선을 그으면 삼각형의 내각의 크기의 합이 $180°$이므로

$\angle p = 180° - (\angle x + \angle y)$ ...... ㉠

또, 오각형의 내각의 크기의 합이 $540°$이므로

$\angle p = 540° - (\angle f + \angle g + \angle h + \angle i)$ ...... ㉡

㉠, ㉡에서 $\angle x + \angle y = \angle f + \angle g + \angle h + \angle i - 360°$

이때 $\angle a + \angle b + \angle c + \angle x + \angle y + \angle d + \angle e = 540°$이므로

$\angle a + \angle b + \angle c + (\angle f + \angle g + \angle h + \angle i - 360°) + \angle d + \angle e$

$\quad = 540°$

$\therefore \angle a + \angle b + \angle c + \angle d + \angle e + \angle f + \angle g + \angle h + \angle i$

$\quad = 540° + 360° = 900°$

06 전략 삼각형의 내각의 크기의 합과 오각형의 내각의 크기의 합을 이용한다.

맞꼭지각의 크기는 같으므로

$\angle a + \angle b + \angle c + \angle d + \angle e$

$\quad + \angle f + \angle g + \angle h + \angle i + \angle j$

$\quad = (삼각형의 내각의 크기의 합) \times 5$

$\qquad - (오각형의 내각의 크기의 합)$

$\quad = 180° \times 5 - 180° \times (5-2)$

$\quad = 900° - 540° = 360°$

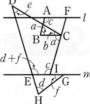

다른 풀이 구하는 각의 크기는 오각형의 외각의 크기의 합과 같으므로 $360°$이다.

07 전략 조건을 만족하는 정다각형을 먼저 구하고, 한 내각의 크기와 한 외각의 크기를 각각 구한다.

정다각형의 내부의 한 점과 각 꼭짓점을 잇는 선분을 모두 그었을 때 생기는 삼각형의 개수가 24개이므로 이 정다각형은 정이십사각형이다.

정이십사각형의 한 외각의 크기는 $\dfrac{360°}{24} = 15°$

정이십사각형의 한 내각의 크기는 $180° - 15° = 165°$이므로 한 내각의 크기와 한 외각의 크기의 비는

$165° : 15° = 11 : 1$

따라서 $a = 11$, $b = 1$이므로 $ab = 11$

08 전략 $\angle x = 40°$인 정n각형의 한 내각의 크기를 구한다.

$\triangle$ABC와 $\triangle$BCD에서

$\overline{AB} = \overline{BC}$, $\overline{BC} = \overline{CD}$, $\angle ABC = \angle BCD$

이므로 $\triangle$ABC $\equiv$ $\triangle$BCD (SAS 합동)

$\therefore \angle BAC = \angle CBD$

$\triangle$ABC는 $\overline{BA} = \overline{BC}$인 이등변삼각형이므로

$\angle BAC = \angle BCA$ $\therefore \angle CBD = \angle BCA$

$\angle x = 40°$이므로 $\angle CBD + \angle BCA = 40°$

$\therefore \angle BCA = \dfrac{1}{2} \times 40° = 20°$

$\triangle$ABC에서 $\angle ABC = 180° - (20° + 20°) = 140°$

즉, 구하는 정다각형을 정n각형이라 하면 한 내각의 크기가 $140°$이므로

$\dfrac{180° \times (n-2)}{n} = 140°$, $180° \times (n-2) = 140° \times n$

$40° \times n = 360°$ $\therefore n = 9$

따라서 구하는 정다각형은 정구각형이다.

09 전략 n각형의 한 꼭짓점에서 그을 수 있는 대각선의 개수는 $(n-3)$개이고, 이때 생기는 삼각형의 개수는 $(n-2)$개이다.

꼭짓점의 개수가 a개인 다각형은 a각형이므로 a각형의 한 꼭짓점에서 그을 수 있는 대각선의 개수는 $b=a-3$

이때 생기는 삼각형의 개수는 $c=a-2$

$a+b-c=7$이므로 $a+(a-3)-(a-2)=7$

$a-1=7$ $\therefore a=8$

따라서 구하는 다각형은 팔각형이다.

10 [전략] 삼각형의 한 외각의 크기는 그와 이웃하지 않는 두 내각의 크기의 합과 같음을 이용한다.

$\triangle ABC$에서 $\angle CAB+\angle ABC=\angle ACD$이므로

$2\angle GAC+60^\circ=100^\circ$ $\therefore \angle GAC=20^\circ$ ······ ㉮

$\triangle CED$에서 $\angle CDE+\angle CED=\angle ACD$이므로

$2\angle EDH+28^\circ=100^\circ$ $\therefore \angle EDH=36^\circ$ ······ ㉯

$\angle AHD=\angle HAF+\angle HFA=\angle HDE+\angle HED$이므로

$20^\circ+\angle x=36^\circ+28^\circ$ $\therefore \angle x=44^\circ$ ······ ㉰

채점 기준	
㉮ $\angle GAC$의 크기 구하기	30 %
㉯ $\angle EDH$의 크기 구하기	30 %
㉰ $\angle x$의 크기 구하기	40 %

11 [전략] 오각형의 내각의 크기의 합을 이용한다.

$\angle CBF=\angle a$, $\angle CDF=\angle b$라 하면

$\angle ABC=2\angle a$, $\angle EDC=2\angle b$ ······ ㉮

오각형의 내각의 크기의 합은

$180^\circ\times(5-2)=540^\circ$이므로

오각형 ABFDE에서

$115^\circ+3\angle a+45^\circ+3\angle b+125^\circ=540^\circ$

$285^\circ+3(\angle a+\angle b)=540^\circ$

$3(\angle a+\angle b)=255^\circ$ $\therefore \angle a+\angle b=85^\circ$ ······ ㉯

오각형 ABCDE에서

$115^\circ+2\angle a+\angle x+2\angle b+125^\circ=540^\circ$

$240^\circ+2(\angle a+\angle b)+\angle x=540^\circ$

$240^\circ+2\times85^\circ+\angle x=540^\circ$ $\therefore \angle x=130^\circ$ ······ ㉰

채점 기준	
㉮ 각의 크기를 $\angle a$, $\angle b$를 사용하여 나타내기	20 %
㉯ $\angle a+\angle b$의 크기 구하기	40 %
㉰ $\angle x$의 크기 구하기	40 %

12 [전략] 합동인 두 삼각형을 찾는다.

$\triangle AGE$와 $\triangle EFD$에서

$\overline{GE}=\overline{FD}$, $\overline{AE}=\overline{ED}$, $\angle AEG=\angle EDF=108^\circ$

이므로 $\triangle AGE\equiv\triangle EFD$ (SAS 합동)

$\therefore \angle EAG=\angle DEF$ ······ ㉮

$\triangle HGE$에서

$\angle x=\angle EHG=180^\circ-(\angle GEH+\angle HGE)$

$\quad=180^\circ-(\angle EAG+\angle AGE)$

$\quad=\angle AEG=108^\circ$ ······ ㉯

채점 기준	
㉮ 합동인 두 삼각형을 이용하여 크기가 같은 각 찾기	60 %
㉯ $\angle x$의 크기 구하기	40 %

Lecture **11** 부채꼴의 뜻과 성질

Level **A** 개념 익히기 100쪽

01~05 답

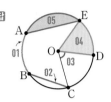

06 답 35

07 한 원에서 부채꼴의 호의 길이는 중심각의 크기에 정비례하므로

$120:30=8:x$에서 $4:1=8:x$

$4x=8$ $\therefore x=2$ 답 2

08 답 4   **09** 답 60

10 한 원에서 부채꼴의 넓이는 중심각의 크기에 정비례하므로

$80:40=24:x$에서 $2:1=24:x$

$2x=24$ $\therefore x=12$ 답 12

11 한 원에서 부채꼴의 넓이는 중심각의 크기에 정비례하므로

$25:x=10:40$에서 $25:x=1:4$

$\therefore x=100$ 답 100

Level **B** 유형 공략하기 101~105쪽

하 **12** ④ $\overline{AC}$는 원의 중심 O를 지나므로 원 O의 지름이다.

따라서 $\overline{AC}$는 원 O에서 길이가 가장 긴 현이다.

답 ④

하 **13** 부채꼴과 활꼴이 같아지는 경우는 반원일 때이므로 구하는 중심각의 크기는 180°이다. 답 ⑤

[참고] 반원은 부채꼴인 동시에 활꼴이다.

중 **14** $\overline{OA}=\overline{OB}=\overline{AB}$이면 $\triangle AOB$는 정삼각형이다.

$\therefore \angle AOB=60^\circ$

답 60°

하 **15** 한 원에서 부채꼴의 호의 길이는 중심각의 크기에 정비례하므로

$x:30=16:8$에서 $x:30=2:1$

$\therefore x=60$

$45:30=y:8$에서 $3:2=y:8$, $2y=24$

$\therefore y=12$ 답 ②

하 16 한 원에서 부채꼴의 호의 길이는 중심각의 크기에 정비례하므로

$105 : 35 = x : 7$에서 $3 : 1 = x : 7$

$\therefore x = 21$　　　　　　　　　　　　　**답** 21

중 17 한 원에서 부채꼴의 호의 길이는 중심각의 크기에 정비례하므로

$100 : 40 = (2x+7) : (x+1)$에서 　　　　…… ㉮

$5 : 2 = (2x+7) : (x+1)$, $2(2x+7) = 5(x+1)$

$4x + 14 = 5x + 5$　　$\therefore x = 9$　　　　…… ㉯

답 9

채점 기준	
㉮ 부채꼴의 호의 길이는 중심각의 크기에 정비례함을 이용하여 식 세우기	40 %
㉯ x의 값 구하기	60 %

중 18 한 원에서 부채꼴의 호의 길이는 중심각의 크기에 정비례하므로

$25 : (x+10) = 3 : 12$에서 $25 : (x+10) = 1 : 4$

$x + 10 = 100$　　$\therefore x = 90$　　　　　**답** 90

중 19 한 원에서 부채꼴의 호의 길이는 중심각의 크기에 정비례하므로

(1) $x : 24 = 81 : 18$에서 $x : 24 = 9 : 2$

$2x = 216$　　$\therefore x = 108$　　　　…… ㉮

(2) $36 : 24 = y : 18$에서 $3 : 2 = y : 18$

$2y = 54$　　$\therefore y = 27$　　　　…… ㉯

답 (1) 108 (2) 27

채점 기준	
(1) ㉮ x의 값 구하기	50 %
(2) ㉯ y의 값 구하기	50 %

중 20 $\angle AOB : \angle BOC : \angle COA = \overarc{AB} : \overarc{BC} : \overarc{CA}$

$= 3 : 4 : 5$

한편, $\angle AOB + \angle BOC + \angle COA = 360°$이므로

$\angle COA = 360° \times \dfrac{5}{3+4+5}$

$= 360° \times \dfrac{5}{12} = 150°$　　　　**답** 150°

중 21 $\angle BOC : \angle AOC = \overarc{BC} : \overarc{AC} = (5-2) : 2 = 3 : 2$

한편, $\angle BOC + \angle AOC = 180°$이므로

$\angle BOC = 180° \times \dfrac{3}{3+2} = 180° \times \dfrac{3}{5} = 108°$　　**답** ④

중 22 $\angle BOC : \angle AOC = \overarc{BC} : \overarc{AC} = 2 : 10 = 1 : 5$

한편, $\angle BOC + \angle AOC = 180°$이므로

$\angle BOC = 180° \times \dfrac{1}{1+5} = 180° \times \dfrac{1}{6} = 30°$　　**답** 30°

중 23 $\angle AOC = 3\angle BOC$이므로

$\angle AOB = \angle AOC + \angle BOC = 4\angle BOC$　　…… ㉮

$\therefore \overarc{AB} = 4\overarc{BC} = 4 \times 12 = 48 \,(\text{cm})$　　…… ㉯

답 48 cm

채점 기준	
㉮ $\angle AOB$, $\angle BOC$ 사이의 관계식 세우기	40 %
㉯ $\overarc{AB}$의 길이 구하기	60 %

상 24 호 AC의 길이가 호 CB의 길이의 4배, 즉 $\overarc{AC} = 4\overarc{CB}$이므로

$\angle AOC : \angle COB = \overarc{AC} : \overarc{CB} = 4 : 1$

$\therefore \angle AOC = 180° \times \dfrac{4}{4+1} = 180° \times \dfrac{4}{5} = 144°$

$\triangle AOC$는 $\overline{OA} = \overline{OC}$인 이등변삼각형이므로

$\angle x = \dfrac{1}{2} \times (180° - 144°) = 18°$　　　　**답** 18°

상 25 $\triangle OBC$는 정삼각형이므로 $\angle BOC = 60°$

$\therefore \overarc{AB} : \overarc{BC} = \angle AOB : \angle BOC$

$= 180 : 60 = 3 : 1$　　　　**답** ②

중 26 $\overline{AO} /\!/ \overline{BC}$이므로

$\angle OBC = \angle AOB = 45°$ (엇각)

$\triangle OBC$는 $\overline{OB} = \overline{OC}$인 이등변삼각형

이므로 $\angle OCB = \angle OBC = 45°$

$\therefore \angle BOC = 180° - (45° + 45°) = 90°$

$\overarc{BC} : \overarc{AB} = \angle BOC : \angle AOB$이므로

$\overarc{BC} : 6 = 90 : 45$, $\overarc{BC} : 6 = 2 : 1$

$\therefore \overarc{BC} = 12 \,(\text{cm})$　　　　**답** 12 cm

중 27 $\triangle BOC$는 $\overline{OB} = \overline{OC}$인 이등변삼각형이

므로

$\angle OBC = \dfrac{1}{2} \times (180° - 120°) = 30°$

$\overline{AO} /\!/ \overline{BC}$이므로

$\angle AOB = \angle OBC = 30°$ (엇각)

$\overarc{AB} : \overarc{BC} = \angle AOB : \angle BOC$이므로

$5 : \overarc{BC} = 30 : 120$, $5 : \overarc{BC} = 1 : 4$

$\therefore \overarc{BC} = 20 \,(\text{cm})$　　　　**답** 20 cm

상 28 $\triangle OCD$는 정삼각형이므로

$\angle COD = \angle OCD = \angle ODC = 60°$

$\overline{AB} /\!/ \overline{CD}$이므로

$\angle AOC = \angle OCD = 60°$ (엇각)

$\angle BOD = \angle ODC = 60°$ (엇각)

$\therefore \overarc{AD} : \overarc{CB} = \angle AOD : \angle COB$

$= 120 : 120 = 1 : 1$　　　　**답** ①

중 29 $\overline{AC} /\!/ \overline{OD}$이므로 $\angle CAO = \angle DOB = 30°$ (동위각)

오른쪽 그림과 같이 $\overline{OC}$를 그으면

$\triangle AOC$는 $\overline{OA} = \overline{OC}$인 이등변삼각

형이므로

$\angle ACO = \angle CAO = 30°$

$\therefore \angle AOC = 180° - (30° + 30°) = 120°$

$\overarc{AC} : \overarc{BD} = \angle AOC : \angle BOD$이므로

$24 : \overarc{BD} = 120 : 30$, $24 : \overarc{BD} = 4 : 1$

$4\overarc{BD} = 24$　　$\therefore \overarc{BD} = 6 \,(\text{cm})$　　　**답** 6 cm

상 30 $\overline{AC} \parallel \overline{OD}$이므로 $\angle CAO = \angle DOB = 40°$ (동위각)

오른쪽 그림과 같이 $\overline{OC}$를 그으면

$\triangle AOC$는 $\overline{OA} = \overline{OC}$인 이등변삼각

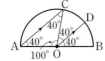

형이므로

$\angle ACO = \angle CAO = 40°$

$\therefore \angle AOC = 180° - (40° + 40°) = 100°$

이때 $\angle COD = \angle ACO = 40°$ (엇각)이고

$\angle AOC : \angle COD = 100 : 40 = 5 : 2$이므로

$\widehat{AC} : \widehat{CD} = \angle AOC : \angle COD = 5 : 2$

답 ②

상 31 $\overline{AE} \parallel \overline{CD}$이므로 $\angle EAO = \angle DOB = 20°$ (동위각)

오른쪽 그림과 같이 $\overline{OE}$를 그으면

$\triangle AOE$는 $\overline{OA} = \overline{OE}$인 이등변삼각

형이므로

$\angle AEO = \angle EAO = 20°$

$\therefore \angle AOE = 180° - (20° + 20°)$

$= 140°$ ...... ㉮

또, $\angle AOC = \angle BOD = 20°$ (맞꼭지각)이므로 ...... ㉯

$\widehat{AC} : \widehat{AE} = \angle AOC : \angle AOE$에서

$\widehat{AC} : \widehat{AE} = 20 : 140, \ 4 : \widehat{AE} = 1 : 7$

$\therefore \widehat{AE} = 28 (cm)$ ...... ㉰

답 28 cm

채점 기준	
㉮ $\angle AOE$의 크기 구하기	40 %
㉯ $\angle AOC$의 크기 구하기	20 %
㉰ $\widehat{AE}$의 길이 구하기	40 %

중 32 $\triangle OPC$에서 $\overline{OC} = \overline{CP}$이므로

$\angle COP = \angle OPC = 15°$

삼각형의 한 외각의 크기는 그

와 이웃하지 않는 두 내각의

크기의 합과 같으므로

$\angle OCD = \angle COP + \angle OPC$

$= 15° + 15° = 30°$

$\triangle OCD$는 $\overline{OC} = \overline{OD}$인 이등변삼각형이므로

$\angle ODC = \angle OCD = 30°$

$\triangle OPD$에서

$\angle BOD = \angle OPD + \angle ODP$

$= 15° + 30° = 45°$

$\widehat{AC} : \widehat{BD} = \angle AOC : \angle BOD$에서

$\widehat{AC} : 18 = 15 : 45, \ \widehat{AC} : 18 = 1 : 3$

$3\widehat{AC} = 18 \qquad \therefore \widehat{AC} = 6 (cm)$

답 6 cm

개념 보충 학습

삼각형의 내각과 외각의 관계

삼각형에서 삼각형의 한 외각의 크기는 그

와 이웃하지 않는 두 내각의 크기의 합과 같

다.

➡ $\triangle ABC$에서

$\angle ACD = \angle A + \angle B$

상 33 $\angle DEB = \angle x$라 하면

$\triangle DEO$에서 $\overline{OD} = \overline{DE}$이므로

$\angle EOD = \angle OED = \angle x$

$\therefore \angle ODC = \angle x + \angle x = 2\angle x$

오른쪽 그림과 같이 $\overline{OC}$를

그으면 $\triangle OCD$는 $\overline{OC} = \overline{OD}$

인 이등변삼각형이므로

$\angle OCD = \angle ODC = 2\angle x$

$\triangle OCE$에서

$\angle AOC = 2\angle x + \angle x = 3\angle x$

$\widehat{AC} : \widehat{BD} = \angle AOC : \angle BOD$에서

$9 : \widehat{BD} = 3\angle x : \angle x, \ 9 : \widehat{BD} = 3 : 1$

$3\widehat{BD} = 9 \qquad \therefore \widehat{BD} = 3 (cm)$

답 3 cm

하 34 부채꼴의 호의 길이는 중심각의 크기에 정비례하므로

$\angle AOB : \angle COD = \widehat{AB} : \widehat{CD} = 2 : 5$

부채꼴 AOB의 넓이를 x cm²라 하면 부채꼴의 넓이는 중심각

의 크기에 정비례하므로

$2 : 5 = x : 35, \ 5x = 70 \qquad \therefore x = 14$

따라서 부채꼴 AOB의 넓이는 14 cm²이다.

답 14 cm²

하 35 (1) 부채꼴의 넓이는 중심각의 크기에 정비례하므로

$40° : \angle COD = 6 : 6 \qquad \therefore \angle COD = 40°$ ...... ㉮

(2) 부채꼴 EOF의 넓이를 x cm²라 하면

$80 : 40 = x : 6, \ 2 : 1 = x : 6$

$\therefore x = 12$

따라서 부채꼴 EOF의 넓이는 12 cm²이다. ...... ㉯

답 (1) 40° (2) 12 cm²

채점 기준		
(1)	㉮ $\angle COD$의 크기 구하기	50 %
(2)	㉯ 부채꼴 EOF의 넓이 구하기	50 %

중 36 부채꼴의 넓이는 중심각의 크기에 정비례하므로

$3x : (2x + 42) = 1 : 3$

$9x = 2x + 42, \ 7x = 42$

$\therefore x = 6$

답 ①

중 37 피자 조각의 넓이의 비는 피자 조각의 중심각의 크기에 정비례

하므로 피자 조각의 중심각의 크기의 비는 3 : 4 : 5이다.

따라서 세 조각 중 중간 크기의 피자 조각의 중심각의 크기는

$360° \times \dfrac{4}{3+4+5} = 360° \times \dfrac{4}{12} = 120°$

답 120°

상 38 각 항목의 넓이는 무게에 정비례하고, 각 항목의 넓이는 중심각

의 크기에 정비례한다. 즉, 각 항목의 무게는 중심각의 크기에

정비례한다.

종이 쓰레기의 양을 x kg이라 하면

$96 : x = 144 : 81, \ 96 : x = 16 : 9$

$16x = 864 \qquad \therefore x = 54$

따라서 종이 쓰레기의 양은 54 kg이다.

답 54 kg

중 39 △AOB는 $\overline{OA}=\overline{OB}$인 이등변삼각형이므로
$\angle OBA = \angle OAB = 65°$
△AOB에서
$\angle AOB = 180° - (65° + 65°) = 50°$
$\overline{AB} = \overline{BC}$이므로 $\angle AOB = \angle BOC$
$\therefore \angle AOC = 2\angle AOB$
$= 2 \times 50° = 100°$ **달 ②**

하 40 한 원에서 중심각의 크기가 같은 두 현의 길이는 같으므로
$\overline{CD} = \overline{AB} = 7 \text{ cm}$ **달 ③**

상 41 $\overline{AC} /\!/ \overline{OD}$이므로
$\angle CAO = \angle DOB = 60°$ (동위각)
오른쪽 그림과 같이 $\overline{OC}$를 그으면
△AOC는 $\overline{OA} = \overline{OC}$인 이등변삼각
형이고 한 내각의 크기가 60°이므로
정삼각형이다.
$\therefore \angle ACO = \angle AOC = 60°,$
$\overline{AO} = \overline{AC} = 6 \text{ cm}$ ...... ㉮
이때 $\angle COD = \angle ACO = 60°$ (엇각)이므로
$\overline{CD} = \overline{DB} = \overline{AC} = 6 \text{ cm}$ ...... ㉯
따라서 사각형 ABDC의 둘레의 길이는
$6 \times 5 = 30 \text{(cm)}$ ...... ㉰
달 30 cm

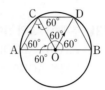

채점 기준	
㉮ $\overline{AO}$의 길이 구하기	50%
㉯ $\overline{CD}$, $\overline{DB}$의 길이 구하기	30%
㉰ 사각형 ABDC의 둘레의 길이 구하기	20%

중 42 ① $\angle AOB = \angle COD$이므로 $\overline{AB} = \overline{CD}$
② $\angle AOB = \angle COD$이므로 $\widehat{AB} = \widehat{CD}$
③ $\angle AOB = \dfrac{1}{2}\angle COE$이므로 $\widehat{AB} = \dfrac{1}{2}\widehat{CE}$
④ $\overline{CE} < \overline{CD} + \overline{DE}$
⑤ △AOB와 △COD에서
$\angle AOB = \angle COD$, $\overline{AO} = \overline{CO}$, $\overline{BO} = \overline{DO}$이므로
△AOB ≡ △COD (SAS 합동)
달 ④

중 43 ① △OAB는 $\overline{OA} = \overline{OB}$인 이등변삼각형이므로
$\angle OAB = \angle OBA$
② △OCD는 $\overline{OC} = \overline{OD}$인 이등변삼각형이므로
$\angle ODC = \dfrac{1}{2} \times (180° - 150°) = 15°$
③ $\angle AOB = \dfrac{1}{5}\angle COD$이므로 $\widehat{AB} = \dfrac{1}{5}\widehat{CD}$
④ 현의 길이는 중심각의 크기에 정비례하지 않으므로
$\overline{CD} \neq 5\overline{AB}$
⑤ $\widehat{AC}$와 $\widehat{BD}$의 길이는 알 수 없다.
달 ④, ⑤

참고 ④ $\overline{CD} < 5\overline{AB}$

중 44 ㄱ. $\angle COD = 2\angle AOB$이므로
$\widehat{CD} = 2\widehat{AB}$
따라서 $\widehat{CD} = 6 \text{ cm}$이면 $\widehat{AB} = 3 \text{ cm}$이다.
ㄴ. 현의 길이는 중심각의 크기에 정비례하지 않으므로
$\overline{CD} \neq 2\overline{AB}$
ㄷ. 삼각형의 넓이는 중심각의 크기에 정비례하지 않으므로
△COD ≠ 2△AOB
ㄹ. 부채꼴의 넓이는 중심각의 크기에 정비례하므로
(부채꼴 COD의 넓이) = 2 × (부채꼴 AOB의 넓이)
이상에서 옳은 것은 ㄱ, ㄹ이다. **달 ㄱ, ㄹ**

Lecture 12 부채꼴의 호의 길이와 넓이

Level A 개념 익히기 106쪽

01 $l = 2\pi \times 3 = 6\pi \text{(cm)}$, $S = \pi \times 3^2 = 9\pi \text{(cm}^2)$
달 $l = 6\pi \text{ cm}$, $S = 9\pi \text{ cm}^2$

02 $l = 2\pi \times 4 = 8\pi \text{(cm)}$, $S = \pi \times 4^2 = 16\pi \text{(cm}^2)$
달 $l = 8\pi \text{ cm}$, $S = 16\pi \text{ cm}^2$

03 $l = 2\pi \times 5 = 10\pi \text{(cm)}$, $S = \pi \times 5^2 = 25\pi \text{(cm}^2)$
달 $l = 10\pi \text{ cm}$, $S = 25\pi \text{ cm}^2$

04 $l = 2\pi \times 6 = 12\pi \text{(cm)}$, $S = \pi \times 6^2 = 36\pi \text{(cm}^2)$
달 $l = 12\pi \text{ cm}$, $S = 36\pi \text{ cm}^2$

05 반지름의 길이를 $r \text{ cm}$라 하면
$2\pi \times r = 16\pi$ $\therefore r = 8$
따라서 구하는 반지름의 길이는 8 cm이다.
달 8 cm

06 반지름의 길이를 $r \text{ cm}$라 하면
$2\pi \times r = 20\pi$ $\therefore r = 10$
따라서 구하는 반지름의 길이는 10 cm이다.
달 10 cm

07 반지름의 길이를 $r \text{ cm}$라 하면
$\pi \times r^2 = 49\pi$ $\therefore r = 7$
따라서 구하는 반지름의 길이는 7 cm이다.
달 7 cm

08 반지름의 길이를 $r \text{ cm}$라 하면
$\pi \times r^2 = 81\pi$ $\therefore r = 9$
따라서 구하는 반지름의 길이는 9 cm이다.
달 9 cm

09 $l=2\pi\times6\times\dfrac{60}{360}=2\pi\,(\text{cm})$

$S=\pi\times6^2\times\dfrac{60}{360}=6\pi\,(\text{cm}^2)$

🖪 $l=2\pi$ cm, $S=6\pi$ cm²

10 $l=2\pi\times3\times\dfrac{120}{360}=2\pi\,(\text{cm})$

$S=\pi\times3^2\times\dfrac{120}{360}=3\pi\,(\text{cm}^2)$

🖪 $l=2\pi$ cm, $S=3\pi$ cm²

11 $l=$(부채꼴의 호의 길이)+(두 반지름의 길이의 합)

$=2\pi\times4\times\dfrac{270}{360}+4\times2=6\pi+8\,(\text{cm})$

$S=\pi\times4^2\times\dfrac{270}{360}=12\pi\,(\text{cm}^2)$

🖪 $l=(6\pi+8)$ cm, $S=12\pi$ cm²

12 $l=$(큰 원의 둘레의 길이)+(작은 원의 둘레의 길이)

$=2\pi\times10+2\pi\times5$

$=20\pi+10\pi=30\pi\,(\text{cm})$

$S=$(큰 원의 넓이)−(작은 원의 넓이)

$=\pi\times10^2-\pi\times5^2$

$=100\pi-25\pi=75\pi\,(\text{cm}^2)$

🖪 $l=30\pi$ cm, $S=75\pi$ cm²

Level B 유형 공략하기 107~111쪽

중 13 (색칠한 부분의 둘레의 길이)

$=$(큰 원의 둘레의 길이)+(작은 원의 둘레의 길이)$\times2$

$=2\pi\times6+(2\pi\times3)\times2$

$=12\pi+12\pi=24\pi\,(\text{cm})$

(색칠한 부분의 넓이)

$=$(큰 원의 넓이)−(작은 원의 넓이)$\times2$

$=\pi\times6^2-(\pi\times3^2)\times2$

$=36\pi-18\pi=18\pi\,(\text{cm}^2)$

🖪 24π cm, 18π cm²

중 14 가장 큰 원의 지름의 길이가 $2\times3+2\times9=24\,(\text{cm})$이므로 반지름의 길이는 12 cm이다.

∴ (색칠한 부분의 둘레의 길이)

$=$(가장 큰 원의 둘레의 길이)+(중간 원의 둘레의 길이)

　　　　　　　　　　　+(가장 작은 원의 둘레의 길이)

$=2\pi\times12+2\pi\times9+2\pi\times3$

$=24\pi+18\pi+6\pi=48\pi\,(\text{cm})$ …… ㉮

(색칠한 부분의 넓이)

$=$(가장 큰 원의 넓이)−(중간 크기의 원의 넓이)

　　　　　　　　　　−(가장 작은 원의 넓이)

$=\pi\times12^2-\pi\times9^2-\pi\times3^2$

$=144\pi-81\pi-9\pi$

$=54\pi\,(\text{cm}^2)$ …… ㉯

🖪 48π cm, 54π cm²

중 15 $\overline{\text{AB}}=\overline{\text{BC}}=\overline{\text{CD}}=18\times\dfrac{1}{3}=6\,(\text{cm})$이므로

(색칠한 부분의 둘레의 길이)

$=(\overline{\text{AC}}$가 지름인 반원의 호의 길이$)\times2$

　$+(\overline{\text{AB}}$가 지름인 반원의 호의 길이$)\times2$

$=\left(2\pi\times6\times\dfrac{1}{2}\right)\times2+\left(2\pi\times3\times\dfrac{1}{2}\right)\times2$

$=12\pi+6\pi=18\pi\,(\text{cm})$ 🖪 18π cm

상 16 (트랙의 넓이)

$=\{($지름이 20 m인 원의 넓이$)-($지름이 12 m인 원의 넓이$)\}$

　$+($가로, 세로의 길이가 각각 20 m, 4 m인 직사각형의 넓이$)$

　　　　　　　　　　　　　　　　　　　　$\times2$

$=(\pi\times10^2-\pi\times6^2)+(4\times20)\times2$

$=64\pi+160\,(\text{m}^2)$ 🖪 $(64\pi+160)$ m²

중 17 부채꼴의 반지름의 길이를 r cm라 하면

$2\pi r\times\dfrac{240}{360}=12\pi,\ 2\pi r\times\dfrac{2}{3}=12\pi$ 　　∴ $r=9$

∴ (부채꼴의 넓이)$=\pi\times9^2\times\dfrac{240}{360}$

　　　　　　　　　$=54\pi\,(\text{cm}^2)$ 🖪 54π cm²

중 18 부채꼴의 중심각의 크기를 $x°$라 하면

$\pi\times12^2\times\dfrac{x}{360}=48\pi,\ \dfrac{x}{360}=\dfrac{1}{3}$

∴ $x=120$

따라서 부채꼴의 중심각의 크기는 120°이다. 🖪 120°

중 19 (색칠한 부분의 넓이)

$=\pi\times4^2\times\dfrac{40}{360}+\pi\times4^2\times\dfrac{30}{360}+\pi\times4^2\times\dfrac{20}{360}$

$=\dfrac{16}{9}\pi+\dfrac{4}{3}\pi+\dfrac{8}{9}\pi$

$=4\pi\,(\text{cm}^2)$ 🖪 4π cm²

다른 풀이 색칠한 부분을 모두 이어 붙이면 오른쪽 그림과 같이 중심각의 크기가 90°인 부채꼴이 되므로

(색칠한 부분의 넓이)

$=\pi\times4^2\times\dfrac{90}{360}=4\pi\,(\text{cm}^2)$

중 20 $\angle\text{AOB}:\angle\text{BOC}:\angle\text{COA}=\overset{\frown}{\text{AB}}:\overset{\frown}{\text{BC}}:\overset{\frown}{\text{CA}}$

　　　　　　　　　　　　　　　　　　$=8:3:7$

이므로

$\angle\text{AOC}=360°\times\dfrac{7}{8+3+7}=360°\times\dfrac{7}{18}=140°$

따라서 부채꼴 AOC의 넓이는

$\pi\times6^2\times\dfrac{140}{360}=14\pi\,(\text{cm}^2)$ 🖪 14π cm²

중 21 (정오각형의 한 내각의 크기)$=\dfrac{180°\times(5-2)}{5}=108°$

∴ (색칠한 부분의 둘레의 길이)

$=2\pi\times15\times\dfrac{108}{360}+15\times2$

$=9\pi+30\,(\text{cm})$

🔖 $(9\pi+30)\ \text{cm}$

중 22 A 구역은 반지름의 길이가 $\dfrac{1}{2}\times2.5=\dfrac{5}{4}\,(\text{m})$이고 중심각의 크기가 $45°$인 부채꼴이므로

(A 구역의 넓이)$=\pi\times\left(\dfrac{5}{4}\right)^2\times\dfrac{45}{360}$

$=\dfrac{25}{128}\pi\,(\text{m}^2)$

🔖 $\dfrac{25}{128}\pi\ \text{m}^2$

중 23 부채꼴의 호의 길이를 l cm라 하면

$\dfrac{1}{2}\times8\times l=6\pi$ ∴ $l=\dfrac{3}{2}\pi$

따라서 부채꼴의 호의 길이는 $\dfrac{3}{2}\pi$ cm이다.

🔖 ②

중 24 (1) 부채꼴의 반지름의 길이를 r cm라 하면

$\dfrac{1}{2}\times r\times12\pi=54\pi,\ 6\pi r=54\pi$

∴ $r=9$

따라서 부채꼴의 반지름의 길이는 9 cm이다. ······ ㉮

(2) 부채꼴의 중심각의 크기를 $x°$라 하면

$2\pi\times9\times\dfrac{x}{360}=12\pi,\ \dfrac{\pi}{20}\times x=12\pi$

∴ $x=240$

따라서 부채꼴의 중심각의 크기는 $240°$이다. ······ ㉯

🔖 (1) 9 cm (2) $240°$

채점 기준	
(1) ㉮ 반지름의 길이 구하기	50 %
(2) ㉯ 중심각의 크기 구하기	50 %

중 25 (큰 부채꼴의 호의 길이)$=2\pi\times8\times\dfrac{45}{360}=2\pi\,(\text{cm})$

(작은 부채꼴의 호의 길이)$=2\pi\times4\times\dfrac{45}{360}=\pi\,(\text{cm})$

∴ (색칠한 부분의 둘레의 길이)$=2\pi+\pi+4\times2$

$=3\pi+8\,(\text{cm})$

🔖 $(3\pi+8)\ \text{cm}$

> **공략 비법**
> **색칠한 부분의 둘레의 길이 구하기**
> 곡선 부분과 직선 부분으로 나누어 각각의 길이를 구한 후 모두 더한다.
> ① 곡선 부분: 원의 둘레의 길이나 부채꼴의 호의 길이를 이용한다.
> ② 직선 부분: 원의 지름이나 다각형의 한 변의 길이를 이용한다.

중 26 (색칠한 부분의 둘레의 길이)

$=$(중심각의 크기가 $90°$인 부채꼴의 호의 길이)

$\qquad+$(반원의 호의 길이)$+$(정사각형의 한 변의 길이)

$=2\pi\times10\times\dfrac{90}{360}+2\pi\times5\times\dfrac{1}{2}+10$

$=5\pi+5\pi+10=10\pi+10\,(\text{cm})$

🔖 ③

상 27 $\triangle$ABC가 정삼각형이므로 $\angle\text{BAC}=60°$

∴ $\overparen{\text{BC}}=2\pi\times6\times\dfrac{60}{360}=2\pi\,(\text{cm})$

이때 $\overparen{\text{AB}}=\overparen{\text{BC}}=\overparen{\text{CA}}$이므로

(색칠한 부분의 둘레의 길이)

$=2\pi\times3=6\pi\,(\text{cm})$

🔖 6π cm

상 28 (색칠한 부분의 둘레의 길이)

$=$(반원의 호의 길이)$+$(부채꼴의 반지름의 길이)

$\qquad\qquad\qquad\qquad+$(부채꼴의 호의 길이)

$=2\pi\times9\times\dfrac{1}{2}+18+2\pi\times18\times\dfrac{30}{360}$ ······ ㉮

$=9\pi+18+3\pi$

$=12\pi+18\,(\text{cm})$ ······ ㉯

🔖 $(12\pi+18)\ \text{cm}$

채점 기준	
㉮ 색칠한 부분의 둘레의 길이를 식으로 나타내기	80 %
㉯ 색칠한 부분의 둘레의 길이 구하기	20 %

중 29 색칠한 부분의 넓이는 오른쪽 그림의 색칠한 부분의 넓이의 2배와 같으므로

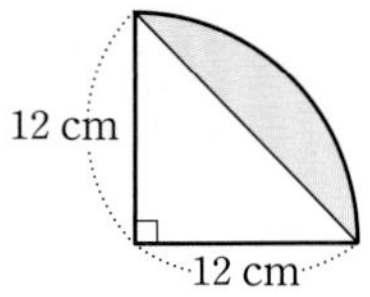

(색칠한 부분의 넓이)

$=\left(\pi\times12^2\times\dfrac{90}{360}-\dfrac{1}{2}\times12\times12\right)\times2$

$=(36\pi-72)\times2$

$=72\pi-144\,(\text{cm}^2)$

🔖 ⑤

중 30 색칠한 부분의 넓이는 중심각의 크기가 $360°-120°=240°$인 큰 부채꼴에서 작은 부채꼴을 뺀 것과 같다.

∴ (색칠한 부분의 넓이)

$=$(중심각의 크기가 $240°$인 큰 부채꼴의 넓이)

$\qquad-$(중심각의 크기가 $240°$인 작은 부채꼴의 넓이)

$=\pi\times10^2\times\dfrac{240}{360}-\pi\times5^2\times\dfrac{240}{360}$

$=\dfrac{200}{3}\pi-\dfrac{50}{3}\pi$

$=50\pi\,(\text{cm}^2)$

🔖 50π cm²

중 31 오른쪽 그림에서 $\triangle$EBC는 정삼각형이므로

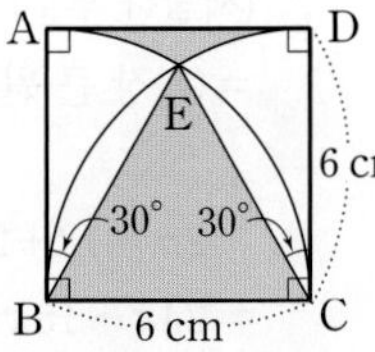

$\angle\text{EBC}=\angle\text{ECB}=60°$

∴ $\angle\text{ABE}=\angle\text{ECD}$

$\qquad=90°-60°=30°$

부채꼴 ABE와 부채꼴 ECD의 넓이가 같으므로

(색칠한 부분의 넓이)

$=$(사각형 ABCD의 넓이)

$\qquad-\{$(부채꼴 ABE의 넓이)$+$(부채꼴 ECD의 넓이)$\}$

$=6\times6-\left(\pi\times6^2\times\dfrac{30}{360}\right)\times2$

$=36-6\pi\,(\text{cm}^2)$

🔖 $(36-6\pi)\ \text{cm}^2$

중 32 (색칠한 부분의 넓이)
= (지름이 $\overline{AB'}$인 반원의 넓이)+(부채꼴 BAB'의 넓이)
$\qquad$ −(지름이 $\overline{AB}$인 반원의 넓이)
= (부채꼴 BAB'의 넓이)
$= \pi \times 18^2 \times \dfrac{40}{360}$
$= 36\pi \,(\text{cm}^2)$

$\qquad$ 답 $36\pi \,\text{cm}^2$

상 33 (색칠한 부분의 넓이)
= (지름이 $\overline{AB}$인 반원의 넓이)+(지름이 $\overline{AC}$인 반원의 넓이)
$\qquad$ +($\triangle ABC$의 넓이)−(지름이 $\overline{BC}$인 반원의 넓이)
$= \pi \times 3^2 \times \dfrac{1}{2} + \pi \times 4^2 \times \dfrac{1}{2} + \dfrac{1}{2} \times 6 \times 8 - \pi \times 5^2 \times \dfrac{1}{2}$
$= \dfrac{9}{2}\pi + 8\pi + 24 - \dfrac{25}{2}\pi$
$= 24 \,(\text{cm}^2)$

$\qquad$ 답 ③

중 34 오른쪽 그림과 같이 이동하면
(색칠한 부분의 넓이)
= (부채꼴의 넓이)
$\qquad$ −(직각삼각형의 넓이)
$= \pi \times 8^2 \times \dfrac{90}{360} - \dfrac{1}{2} \times 8 \times 8$
$= 16\pi - 32 \,(\text{cm}^2)$

$\qquad$ 답 $(16\pi - 32) \,\text{cm}^2$

중 35 오른쪽 그림과 같이 이동하면
구하는 넓이는 가로의 길이가
3 cm, 세로의 길이가 6 cm인
직사각형의 넓이와 같으므로
(색칠한 부분의 넓이)$= 3 \times 6 = 18 \,(\text{cm}^2)$

$\qquad$ 답 $18 \,\text{cm}^2$

중 36 오른쪽 그림과 같이 이동하면
구하는 넓이는 한 변의 길이가
6 cm인 정사각형 2개의 넓이
와 같으므로
(색칠한 부분의 넓이)$= (6 \times 6) \times 2$
$\qquad\qquad\qquad\qquad = 72 \,(\text{cm}^2)$

$\qquad$ 답 $72 \,\text{cm}^2$

상 37 오른쪽 그림과 같이 이동하면
구하는 넓이는 두 대각선의 길
이가 8 cm인 마름모의 넓이
와 같으므로
(색칠한 부분의 넓이)$= \dfrac{1}{2} \times 8 \times 8$
$\qquad\qquad\qquad\qquad = 32 \,(\text{cm}^2)$

$\qquad$ 답 ⑤

상 38 오른쪽 그림과 같이 이동
하면 구하는 넓이는 반지
름의 길이가 $\dfrac{9}{2}$ cm이고
중심각의 크기가 60°인
부채꼴 3개의 넓이와 같으므로
(색칠한 부분의 넓이)$= \left\{ \pi \times \left(\dfrac{9}{2} \right)^2 \times \dfrac{60}{360} \right\} \times 3$
$\qquad\qquad\qquad\qquad = \dfrac{81}{8}\pi \,(\text{cm}^2)$

$\qquad$ 답 $\dfrac{81}{8}\pi \,\text{cm}^2$

중 39 색칠한 두 부분의 넓이가 같으므로 직사각형 $ABCD$의 넓이와
부채꼴 ABE의 넓이가 같다.
즉, $8 \times \overline{BC} = \pi \times 8^2 \times \dfrac{90}{360}$이므로
$8\overline{BC} = 16\pi$ $\qquad \therefore \overline{BC} = 2\pi \,(\text{cm})$

$\qquad$ 답 $2\pi \,\text{cm}$

상 40 색칠한 부분의 넓이와 직사각형 $ABCD$의 넓이가 같으므로
(직사각형 $ABCD$의 넓이)+(부채꼴 DCE의 넓이)
$\qquad\qquad\qquad\qquad\qquad$ −($\triangle ABE$의 넓이)
= (직사각형 $ABCD$의 넓이)
$\therefore$ (부채꼴 DCE의 넓이)=($\triangle ABE$의 넓이) $\quad$ ······ ㉮
이때 $\overline{BC} = x$ cm라 하면
$\pi \times 2^2 \times \dfrac{90}{360} = \dfrac{1}{2} \times (x+2) \times 2$
$\pi = x + 2$
$\therefore x = \pi - 2$ $\qquad\qquad\qquad\qquad\qquad$ ······ ㉯
$\therefore$ (색칠한 부분의 넓이)= (직사각형 $ABCD$의 넓이)
$\qquad\qquad\qquad\qquad\quad = 2(\pi - 2)$
$\qquad\qquad\qquad\qquad\quad = 2\pi - 4 \,(\text{cm}^2)$ $\quad$ ······ ㉰

$\qquad$ 답 $(2\pi - 4) \,\text{cm}^2$

채점 기준	
㉮ 부채꼴 DCE와 $\triangle ABE$의 넓이가 같음을 알기	40 %
㉯ $\overline{BC}$의 길이 구하기	40 %
㉰ 색칠한 부분의 넓이 구하기	20 %

중 41 오른쪽 그림에서 곡선 부분의 길이는
$\left(2\pi \times 6 \times \dfrac{120}{360} \right) \times 3 = 12\pi \,(\text{cm})$
직선 부분의 길이는
$12 \times 3 = 36 \,(\text{cm})$
따라서 필요한 끈의 길이는
$(12\pi + 36) \,\text{cm}$이다. $\qquad$ 답 $(12\pi + 36) \,\text{cm}$

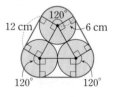

상 42 오른쪽 그림에서 곡선 부분의 길이는
$\left(2\pi \times 2 \times \dfrac{90}{360} \right) \times 4 = 4\pi \,(\text{cm})$
직선 부분의 길이는
$4 \times 6 = 24 \,(\text{cm})$
따라서 필요한 끈의 길이는 $(4\pi + 24) \,\text{cm}$이므로
$a = 4, b = 24$
$\therefore a + b = 4 + 24 = 28$ $\qquad\qquad$ 답 28

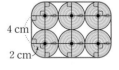

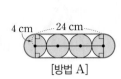

상 **43**

[방법 A]　[방법 B]

방법 A에서 필요한 끈의 길이는

$$\left(2\pi \times 4 \times \frac{1}{2}\right) \times 2 + 24 \times 2 = 8\pi + 48 \text{(cm)} \quad \cdots\cdots ㉮$$

방법 B에서 필요한 끈의 길이는

$$\left(2\pi \times 4 \times \frac{90}{360}\right) \times 4 + 8 \times 4 = 8\pi + 32 \text{(cm)} \quad \cdots\cdots ㉯$$

∴ (방법 A와 방법 B에서 필요한 끈의 길이의 차)

$$= (8\pi + 48) - (8\pi + 32)$$

$$= 16 \text{(cm)} \quad \cdots\cdots ㉰$$

답 16 cm

채점 기준	
㉮ 방법 A에서 필요한 끈의 길이 구하기	40 %
㉯ 방법 B에서 필요한 끈의 길이 구하기	40 %
㉰ 방법 A와 방법 B에서 필요한 끈의 길이의 차 구하기	20 %

중 **44** 다음 그림에서 점 A가 움직인 거리는 반지름의 길이가 5 cm이고 중심각의 크기가 120°인 부채꼴의 호의 길이와 같다.

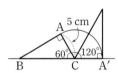

$$\therefore \text{(점 A가 움직인 거리)} = 2\pi \times 5 \times \frac{120}{360}$$

$$= \frac{10}{3}\pi \text{(cm)} \quad \text{**답** } \frac{10}{3}\pi \text{ cm}$$

상 **45** 다음 그림에서 점 A가 움직인 거리는 반지름의 길이가 각각 6 cm, 10 cm, 8 cm이고 중심각의 크기가 90°인 부채꼴의 호의 길이의 합과 같으므로

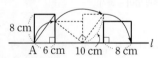

$$\therefore \text{(점 A가 움직인 거리)}$$

$$= 2\pi \times 6 \times \frac{90}{360} + 2\pi \times 10 \times \frac{90}{360} + 2\pi \times 8 \times \frac{90}{360}$$

$$= 3\pi + 5\pi + 4\pi$$

$$= 12\pi \text{(cm)} \quad \text{**답** } 12\pi \text{ cm}$$

상 **46** 원이 지나간 자리는 다음 그림과 같다.

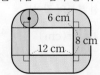

$$\text{(넓이)} = \left(\pi \times 6^2 \times \frac{90}{360}\right) \times 4 + (12 \times 6) \times 2 + (6 \times 8) \times 2$$

$$= 36\pi + 144 + 96$$

$$= 36\pi + 240 \text{(cm}^2) \quad \text{**답** } (36\pi + 240) \text{ cm}^2$$

Level B 필수 유형 정복하기

01 ③	02 24 cm	03 54°	04 22 cm	05 18 cm²
06 ⑤	07 12π cm	08 ①	09 ④	10 98π cm²
11 96π cm²	12 ②	13 ④	14 (96−16π) cm²	
15 $\left(\frac{25}{16}\pi + \frac{25}{8}\right)$ cm²		16 (32π−64) cm²		
17 3π cm	18 12π cm	19 (1) 140°	(2) 14π cm	
20 27π cm²	21 21π cm²	22 (4π+8) cm		
23 (1) 10π cm	(2) 50 cm²		24 (16π+96) cm	

01 [전략] 원과 부채꼴의 성질을 이용한다.

③ 부채꼴 AOC의 중심각은 ∠AOC이다.

02 [전략] 먼저 ∠BOC, ∠DOE의 크기를 구한다.

∠BOC = 90° − 15° = 75°이므로

∠AOB : ∠BOC = $\widehat{AB}$: $\widehat{BC}$

15 : 75 = 3 : $\widehat{BC}$

1 : 5 = 3 : $\widehat{BC}$　∴ $\widehat{BC}$ = 15(cm)

∠DOE = 90° − 45° = 45°이므로

∠AOB : ∠DOE = $\widehat{AB}$: $\widehat{DE}$

15 : 45 = 3 : $\widehat{DE}$

1 : 3 = 3 : $\widehat{DE}$　∴ $\widehat{DE}$ = 9(cm)

∴ $\widehat{BC}$ + $\widehat{DE}$ = 15 + 9 = 24(cm)

다른 풀이 ∠BOC = 90° − 15° = 75°,

∠DOE = 90° − 45° = 45°

이므로 $\widehat{BC}$ + $\widehat{DE}$의 길이는 원 O에서 중심각의 크기가

75° + 45° = 120°인 부채꼴의 호의 길이와 같다.

$\widehat{BC}$ + $\widehat{DE}$ = x cm라 하면

15 : 120 = $\widehat{AB}$: x

1 : 8 = 3 : x　∴ x = 24

따라서 $\widehat{BC}$ + $\widehat{DE}$의 길이는 24 cm이다.

03 [전략] 한 원에서 부채꼴의 호의 길이는 중심각의 크기에 정비례함을 이용한다.

∠AOC : ∠BOC = $\widehat{AC}$: $\widehat{BC}$ = 12 : 8 = 3 : 2이므로

$$\angle BOC = 180° \times \frac{2}{3+2} = 180° \times \frac{2}{5} = 72°$$

△OBC에서 $\overline{OB} = \overline{OC}$이므로

$$\angle OBC = \frac{1}{2} \times (180° - 72°) = 54°$$

04 [전략] ∠DPO = ∠x로 놓고 삼각형의 내각과 외각의 관계를 이용하여 ∠COD의 크기를 구한다.

∠DPO = ∠x라 하면

△DOP에서 $\overline{DO} = \overline{DP}$이므로

∠DOP = ∠DPO = ∠x

∴ ∠ODC = ∠x + ∠x = 2∠x

△ODC에서 $\overline{OD} = \overline{OC}$이므로 ∠OCD = ∠ODC = 2∠x

△OPC에서 ∠AOC = 2∠x + ∠x = 3∠x이므로

3∠x = 36°　∴ ∠x = 12°

즉, $\angle DOP = 12°$이므로
$\angle COD = 180° - (36° + 12°) = 132°$
따라서 $36 : 132 = 6 : \overset{\frown}{CD}$이므로
$3 : 11 = 6 : \overset{\frown}{CD}$ ∴ $\overset{\frown}{CD} = 22(cm)$

05 전략 삼각형의 세 내각의 크기의 합이 180°임을 이용하여 색칠한 부채꼴의 중심각의 크기를 구한다.

삼각형의 세 내각의 크기의 합은 180°이므로 $\triangle AOB$에서
$\angle AOB = 180° - (70° + 30°) = 80°$
원 O의 넓이를 $x \, cm^2$라 하면
$80 : 360 = 4 : x$, $2 : 9 = 4 : x$
$2x = 36$ ∴ $x = 18$
따라서 원 O의 넓이는 $18 \, cm^2$이다.

06 전략 한 원에서 호의 길이와 부채꼴의 넓이는 중심각의 크기에 정비례함을 이용한다.

① $\overset{\frown}{AB} : \overset{\frown}{CD} = 30 : 90 = 1 : 3$이므로 $\overset{\frown}{CD} = 3\overset{\frown}{AB}$
② 오른쪽 그림에서
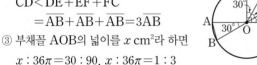
$\overline{CD} < \overline{DE} + \overline{EF} + \overline{FC}$
$\quad = \overline{AB} + \overline{AB} + \overline{AB} = 3\overline{AB}$
③ 부채꼴 AOB의 넓이를 $x \, cm^2$라 하면
$x : 36\pi = 30 : 90$, $x : 36\pi = 1 : 3$
$3x = 36\pi$ ∴ $x = 12\pi$
따라서 부채꼴 AOB의 넓이는 $12\pi \, cm^2$이다.
④ 원 O의 넓이를 $x \, cm^2$라 하면
$x : 36\pi = 360 : 90$, $x : 36\pi = 4 : 1$
∴ $x = 144\pi$
따라서 원 O의 넓이는 $144\pi \, cm^2$이다.
⑤ 원 O의 둘레의 길이를 $x \, cm$라 하면
$x : 2\pi = 360 : 30$, $x : 2\pi = 12 : 1$
∴ $x = 24\pi$
따라서 원 O의 둘레의 길이는 $24\pi \, cm$이다.

07 전략 반지름의 길이가 r인 원의 둘레의 길이는 $2\pi r$이다.

가장 큰 원의 지름의 길이가 $8 + 4 = 12(cm)$이므로 반지름의 길이는 6 cm이다.
∴ (색칠한 부분의 둘레의 길이)
$\quad$ = (가장 큰 반원의 호의 길이) + (중간 크기의 반원의 호의 길이)
$\qquad\qquad$ + (가장 작은 반원의 호의 길이)
$\quad = 2\pi \times 6 \times \dfrac{1}{2} + 2\pi \times 4 \times \dfrac{1}{2} + 2\pi \times 2 \times \dfrac{1}{2}$
$\quad = 6\pi + 4\pi + 2\pi = 12\pi(cm)$

08 전략 한 원에서 부채꼴의 호의 길이는 중심각의 크기에 정비례함을 이용하여 $\angle AOB$의 크기를 먼저 구한다.

$\angle AOB = (360° - 85°) \times \dfrac{2}{2+9}$
$\qquad\quad = 275° \times \dfrac{2}{11} = 50°$
∴ (부채꼴 AOB의 넓이) $= \pi \times 6^2 \times \dfrac{50}{360} = 5\pi(cm^2)$

09 전략 세 부채꼴의 호의 길이의 합은 중심각의 크기가 $45° + 30° + 60° = 135°$인 부채꼴의 호의 길이와 같음을 이용한다.

$\angle AOB + \angle COD + \angle EOF$
$= 45° + 30° + 60° = 135°$
이므로
(색칠한 부분의 둘레의 길이)
= (중심각의 크기가 135°인 부채꼴의 호의 길이) + 12 × 6
$= 2\pi \times 12 \times \dfrac{135}{360} + 72$
$= 9\pi + 72(cm)$

10 전략 정육각형의 한 내각의 크기를 구한다.

정육각형의 한 내각의 크기는
$\dfrac{180° \times (6-2)}{6} = 120°$
원의 반지름의 길이가 $\dfrac{1}{2} \times 14 = 7(cm)$이므로
(색칠한 부분의 넓이)
= (중심각의 크기가 120°인 부채꼴의 넓이) × 6
$= \left(\pi \times 7^2 \times \dfrac{120}{360}\right) \times 6$
$= 98\pi(cm^2)$

11 전략 종이에 가려진 부채꼴의 중심각의 크기를 구한다.

원 O의 반지름의 길이를 $r \, cm$라 하면
(종이에 가려진 부채꼴의 넓이의 합)
= (중심각의 크기가 60°인 부채꼴의 넓이)
$\qquad\qquad$ + (중심각의 크기가 90°인 부채꼴의 넓이)
이므로
$40\pi = \pi r^2 \times \dfrac{60}{360} + \pi r^2 \times \dfrac{90}{360}$
$\dfrac{5}{12}\pi r^2 = 40\pi$ ∴ $r^2 = 96$
∴ (원 O의 넓이) $= \pi r^2 = 96\pi(cm^2)$

12 전략 색칠한 부분이 반지름의 길이가 3 cm이고 중심각의 크기가 90°인 부채꼴의 호 몇 개로 둘러싸여 있는지 구한다.

색칠한 부분의 둘레의 길이는 반지름의 길이가 3 cm인 두 개의 원의 둘레의 길이의 합과 같으므로
$(2\pi \times 3) \times 2 = 12\pi(cm)$

13 전략 색칠한 부분의 둘레의 길이는 부채꼴의 호의 길이와 선분의 길이를 합하여 구한다.

오른쪽 그림과 같이 나누어 생각하면
(색칠한 부분의 둘레의 길이)
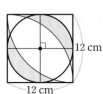
$= \left(2\pi \times 12 \times \dfrac{90}{360}\right) \times 2$
$\quad + \left(2\pi \times 6 \times \dfrac{90}{360}\right) \times 2 + 6 \times 4$
$= 12\pi + 6\pi + 24$
$= 18\pi + 24(cm)$

14 전략 사다리꼴의 넓이에서 부채꼴의 넓이를 빼서 색칠한 부분의 넓이를 구한다.

오른쪽 그림에서

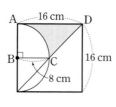

(색칠한 부분의 넓이)

= (사다리꼴 ABCD의 넓이)

     − (부채꼴 ABC의 넓이)

$= \dfrac{1}{2} \times (8+16) \times 8 - \pi \times 8^2 \times \dfrac{90}{360}$

$= 96 - 16\pi \, (\text{cm}^2)$

15 전략 색칠한 부분의 넓이는 사각형 ANOD의 넓이와 부채꼴 DOM의 넓이의 합에서 △ANM의 넓이를 뺀 것과 같다.

(색칠한 부분의 넓이)

= (사각형 ANOD의 넓이) + (부채꼴 DOM의 넓이)

     − (△ANM의 넓이)

$= \dfrac{5}{2} \times 5 + \pi \times \left(\dfrac{5}{2}\right)^2 \times \dfrac{90}{360} - \dfrac{1}{2} \times \dfrac{5}{2} \times \left(\dfrac{5}{2}+5\right)$

$= \dfrac{25}{2} + \dfrac{25}{16}\pi - \dfrac{75}{8} = \dfrac{25}{16}\pi + \dfrac{25}{8} \, (\text{cm}^2)$

16 전략 도형의 일부분을 적당히 이동하여 넓이를 구한다.

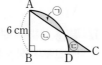

위의 그림과 같이 이동하면 구하는 넓이는

(지름의 길이가 16 cm인 반원의 넓이) − (△ABC의 넓이)

$= \pi \times 8^2 \times \dfrac{1}{2} - \dfrac{1}{2} \times 16 \times 8$

$= 32\pi - 64 \, (\text{cm}^2)$

17 전략 색칠한 두 부분의 넓이가 같으므로 부채꼴 ABD의 넓이와 삼각형 ABC의 넓이가 같음을 이용한다.

오른쪽 그림에서

(부채꼴 ABD의 넓이) = ㉠ + ㉡

(△ABC의 넓이) = ㉡ + ㉢

이때 ㉠ = ㉢이므로

(부채꼴 ABD의 넓이) = (△ABC의 넓이)

$\pi \times 6^2 \times \dfrac{90}{360} = \dfrac{1}{2} \times 6 \times \overline{BC}$

$9\pi = 3\overline{BC}$

$\therefore \overline{BC} = 3\pi \, (\text{cm})$

18 전략 점 A가 움직인 모양은 부채꼴의 호가 됨을 이용한다.

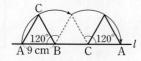

위의 그림에서 점 A가 움직인 거리는

$\left(2\pi \times 9 \times \dfrac{120}{360}\right) \times 2 = 12\pi \, (\text{cm})$

19 전략 한 원에서 부채꼴의 호의 길이는 중심각의 크기에 정비례함을 이용한다.

(1) $\angle AOB : \angle BOC : \angle COA = \overset{\frown}{AB} : \overset{\frown}{BC} : \overset{\frown}{CA}$

                    $= 3 : 7 : 8$

이므로 $\overset{\frown}{BC}$에 대한 중심각의 크기는

$\angle BOC = 360° \times \dfrac{7}{3+7+8}$

         $= 360° \times \dfrac{7}{18} = 140°$ ……㉮

(2) $360 : 140 = 36\pi : \overset{\frown}{BC}$

    $\therefore \overset{\frown}{BC} = 14\pi \, (\text{cm})$ ……㉯

채점 기준		
(1) ㉮ $\overset{\frown}{BC}$에 대한 중심각의 크기 구하기		50 %
(2) ㉯ $\overset{\frown}{BC}$의 길이 구하기		50 %

20 전략 평행선의 성질과 이등변삼각형의 성질을 이용하여 부채꼴 AOB의 중심각의 크기를 구한다.

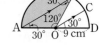

$\overline{AB} /\!/ \overline{OC}$이므로

$\angle BAO = \angle COD = 30°$ (동위각)

△AOB에서 $\overline{OA} = \overline{OB}$이므로

$\angle OBA = \angle OAB = 30°$

$\therefore \angle AOB = 180° - (30° + 30°) = 120°$ ……㉮

따라서 부채꼴 AOB의 넓이는

$\pi \times 9^2 \times \dfrac{120}{360} = 27\pi \, (\text{cm}^2)$ ……㉯

채점 기준		
㉮ $\angle AOB$의 크기 구하기		50 %
㉯ 부채꼴 AOB의 넓이 구하기		50 %

21 전략 세 부채꼴의 반지름의 길이와 중심각의 크기를 각각 구한다.

정육각형의 한 외각의 크기는

$\dfrac{360°}{6} = 60°$이므로

$\angle DEG = \angle GFH = \angle HAI = 60°$ ……㉮

또, $\overline{AF} = \overline{FE} = \overline{ED} = 3$ cm이므로

$\overline{FH} = \overline{FG} = 3+3 = 6 \, (\text{cm})$,

$\overline{AI} = \overline{AH} = 3+6 = 9 \, (\text{cm})$ ……㉯

$\therefore$ (색칠한 부분의 넓이)

= (부채꼴 DEG의 넓이) + (부채꼴 GFH의 넓이)

           + (부채꼴 HAI의 넓이)

$= \pi \times 3^2 \times \dfrac{60}{360} + \pi \times 6^2 \times \dfrac{60}{360} + \pi \times 9^2 \times \dfrac{60}{360}$

$= \dfrac{3}{2}\pi + 6\pi + \dfrac{27}{2}\pi$

$= 21\pi \, (\text{cm}^2)$ ……㉰

채점 기준		
㉮ $\angle DEG$, $\angle GFH$, $\angle HAI$의 크기 각각 구하기		20 %
㉯ $\overline{ED}$, $\overline{FH}$, $\overline{AI}$의 길이 각각 구하기		30 %
㉰ 색칠한 부분의 넓이 구하기		50 %

22 전략 색칠한 부분의 둘레의 길이를 구할 수 있는 도형으로 나누어 생각한다.

색칠한 부분의 둘레의 길이는 반지름의 길이가 8 cm이고 중심각의 크기가 90°인 부채꼴의 호와 반지름의 길이의 합과 같다. …… ㉮

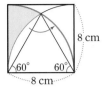

∴ (색칠한 부분의 둘레의 길이)
$$=2\pi\times8\times\frac{90}{360}+8$$
$$=4\pi+8\,(\text{cm})$$ …… ㉯

채점 기준	
㉮ 색칠한 부분의 둘레의 길이와 길이가 같은 도형 파악하기	50 %
㉯ 색칠한 부분의 둘레의 길이 구하기	50 %

23 전략 도형의 일부분을 적당히 이동하여 넓이를 구한다.

(1) 색칠한 부분의 둘레의 길이는 반지름의 길이가 5 cm인 원의 둘레의 길이와 같다.

∴ (색칠한 부분의 둘레의 길이)
$$=2\pi\times5$$
$$=10\pi\,(\text{cm})$$ …… ㉮

(2) 다음 그림과 같이 이동하면 색칠한 부분의 넓이는 가로의 길이가 10 cm, 세로의 길이가 5 cm인 직사각형의 넓이와 같다.

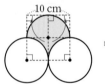 ⇨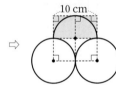

∴ (색칠한 부분의 넓이)$=10\times5$
$$=50\,(\text{cm}^2)$$ …… ㉯

채점 기준		
(1)	㉮ 색칠한 부분의 둘레의 길이 구하기	50 %
(2)	㉯ 색칠한 부분의 넓이 구하기	50 %

24 전략 끈의 길이를 곡선 부분과 직선 부분으로 나누어 생각한다.

오른쪽 그림에서 곡선 부분의 길이는
$$\left(2\pi\times8\times\frac{120}{360}\right)\times3$$
$$=16\pi\,(\text{cm})$$ …… ㉮ 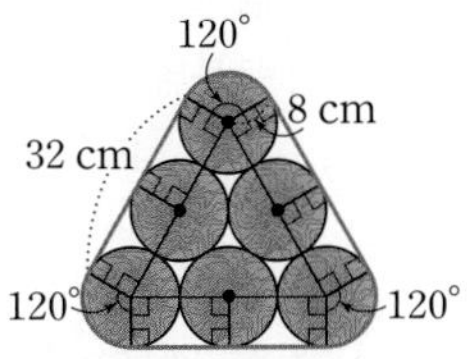
직선 부분의 길이는
$$32\times3=96\,(\text{cm})$$ …… ㉯
따라서 필요한 끈의 최소 길이는
$(16\pi+96)$ cm이다. …… ㉰

채점 기준	
㉮ 곡선 부분의 길이 구하기	50 %
㉯ 직선 부분의 길이 구하기	30 %
㉰ 필요한 끈의 길이 구하기	20 %

01 ⑤	02 15 cm	03 ④	04 12π cm 05 ④
06 80°	07 16π cm²	08 $\dfrac{25}{2}\pi$ cm²	
09 (8π+96) cm		10 $\left(\dfrac{12}{5}\pi+12\right)$ cm	11 $\dfrac{40}{3}\pi$ km
12 $\dfrac{121}{4}\pi$ m²			

01 전략 평행선의 성질과 이등변삼각형의 성질을 이용하여 각각의 부채꼴의 중심각의 크기를 구하고, 호의 길이의 비를 구한다.

△AOC에서 $\overline{OA}=\overline{OC}$이므로
∠OAC=∠OCA=40°
∴ ∠AOC=180°−(40°+40°)=100°
$\overline{AC}\,/\!/\,\overline{OD}$이므로
∠COD=∠ACO=40° (엇각)
∠DOB=∠CAO=40° (동위각)
∴ $\widehat{AC}:\widehat{CD}:\widehat{DB}=$∠AOC : ∠COD : ∠DOB
$$=100:40:40$$
$$=5:2:2$$

02 전략 보조선을 그어 평행선의 성질과 이등변삼각형의 성질을 이용한다.

∠BOD=∠x라 하면 $\overline{AC}\,/\!/\,\overline{OD}$이므로
∠OAC=∠x (동위각)
오른쪽 그림과 같이 $\overline{OC}$를 그으면
△OCA는 $\overline{OA}=\overline{OC}$인 이등변삼각형이므로 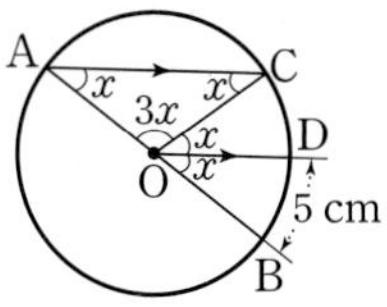
∠OCA=∠OAC=∠x
∴ ∠COD=∠OCA=∠x (엇각)
∠AOC : ∠COD$=\widehat{AC}:\widehat{CD}=\widehat{AC}:\dfrac{1}{3}\widehat{AC}$이므로
∠AOC : ∠x=3 : 1
∴ ∠AOC=3∠x
∠BOD : ∠AOC$=\widehat{BD}:\widehat{AC}$이므로
∠x : 3∠x=5 : $\widehat{AC}$
∴ $\widehat{AC}$=15(cm)

03 전략 반지름의 길이가 r이고 호의 길이가 l인 부채꼴의 넓이 S는 $S=\dfrac{1}{2}rl$임을 이용한다.

두 부채꼴 A, B의 호의 길이를 각각 l, l'이라 하면 넓이의 비가 4 : 5이므로
$$\left(\frac{1}{2}\times14\times l\right):\left(\frac{1}{2}\times21\times l'\right)=4:5$$
$$7l:\frac{21}{2}l'=4:5,\ 42l'=35l$$
∴ $6l'=5l$
따라서 두 부채꼴 A, B의 호의 길이의 비는
$l:l'=6:5$

04 전략▸ 주어진 도형에서 ∠EBF의 크기를 먼저 구한다.

오른쪽 그림에서 △ABF와 △EBC
는 정삼각형이므로

$\angle FBC = 90° - \angle ABF$
$\qquad = 90° - 60° = 30°$

$\angle ABE = 90° - \angle EBC$
$\qquad = 90° - 60° = 30°$

$\therefore \angle EBF = 90° - (30° + 30°) = 30°$

$\widehat{EF} = 2\pi \times 18 \times \dfrac{30}{360} = 3\pi (\text{cm})$이므로

(색칠한 부분의 둘레의 길이) $= 3\pi \times 4$
$\qquad\qquad\qquad\qquad\qquad = 12\pi (\text{cm})$

05 전략▸ 넓이는 색칠한 도형의 일부분을 적당히 이동하여 구하고, 둘레의 길이는 주어진 그림에서 구한다.

(가) (나)

(다)

위의 그림과 같이 이동하면 (가), (나), (다)의 색칠한 부분의 넓이는 모두 한 변의 길이가 5 cm인 두 정사각형의 넓이의 합과 같으므로

$2 \times (5 \times 5) = 50 (\text{cm}^2)$

(가)의 색칠한 부분의 둘레의 길이는

$\left(2\pi \times 5 \times \dfrac{90}{360}\right) \times 4 + 10 \times 2$
$= 10\pi + 20 (\text{cm})$

(나)의 색칠한 부분의 둘레의 길이는

$\left(2\pi \times 5 \times \dfrac{90}{360}\right) \times 4 = 10\pi (\text{cm})$

(다)의 색칠한 부분의 둘레의 길이는

$\left(2\pi \times 5 \times \dfrac{90}{360}\right) \times 4 = 10\pi (\text{cm})$

① (가)의 색칠한 부분의 넓이는 50 cm²이다.
② (가)와 (다)의 색칠한 부분의 둘레의 길이는 같지 않다.
③ (나)의 색칠한 부분의 둘레의 길이는 10π cm이다.
④ (나)와 (다)의 색칠한 부분의 둘레의 길이는 10π cm로 같고 넓이도 50 cm²로 같다.
⑤ (가), (나), (다)의 색칠한 부분의 넓이는 모두 같다.

06 전략▸ 색칠한 두 부분의 넓이가 같으므로 부채꼴 AOB의 넓이와 $\overline{CD}$가 지름인 반원의 넓이가 같음을 이용한다.

오른쪽 그림에서
(부채꼴 AOB의 넓이)
$= ㉠ + ㉡$
($\overline{CD}$가 지름인 반원의 넓이)
$= ㉡ + ㉢$

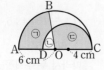

이때 ㉠=㉢이므로
(부채꼴 AOB의 넓이)=($\overline{CD}$가 지름인 반원의 넓이)
$\angle AOB = x°$라 하면

$\pi \times 6^2 \times \dfrac{x}{360} = \pi \times 4^2 \times \dfrac{1}{2}$, $\dfrac{x}{10}\pi = 8\pi$

$\therefore x = 80$

즉, $\angle AOB = 80°$

07 전략▸ 직각삼각형 ABC를 120°만큼 회전시켜 얻은 도형은 반지름의 길이가 8 cm이고 중심각의 크기가 120°인 부채꼴과 직각삼각형 A'B'C로 이루어져 있음을 이용한다.

(색칠한 부분의 넓이)
$=$(삼각형 A'B'C의 넓이)$+$(부채꼴 A'CA의 넓이)
$\qquad -$(부채꼴 B'CB의 넓이)$-$(삼각형 ABC의 넓이)
$=$(부채꼴 A'CA의 넓이)$-$(부채꼴 B'CB의 넓이)
$= \pi \times 8^2 \times \dfrac{120}{360} - \pi \times 4^2 \times \dfrac{120}{360}$
$= \dfrac{64}{3}\pi - \dfrac{16}{3}\pi$
$= 16\pi (\text{cm}^2)$

08 전략▸ 도형의 일부분을 적당히 이동하여 넓이를 구한다.

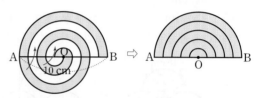

위의 그림과 같이 이동하면 색칠한 부분의 넓이는 반지름의 길이가 5 cm인 반원의 넓이와 같으므로

$\pi \times 5^2 \times \dfrac{1}{2} = \dfrac{25}{2}\pi (\text{cm}^2)$

09 전략▸ 원이 정팔각형의 둘레를 따라 움직일 때, 원의 중심이 지나간 자리를 그려 본다.

(정팔각형의 한 내각의 크기) $= \dfrac{180° \times (8-2)}{8}$
$\qquad\qquad\qquad\qquad\qquad = 135°$

원의 중심이 지나간 자리는 오른쪽 그림과 같고
곡선 부분의 길이는

$\left(2\pi \times 4 \times \dfrac{45}{360}\right) \times 8 = 8\pi (\text{cm})$

직선 부분의 길이는
$12 \times 8 = 96 (\text{cm})$

따라서 원의 중심이 움직인 거리는
$(8\pi + 96)$ cm이다.

> **공략 비법**
>
> 원의 중심이 움직인 거리는 곡선 부분과 직선 부분으로 나누어 계산한다. 이때 원의 중심이 도형의 둘레를 따라 한 바퀴 돌았으면 곡선 부분의 길이는 원의 둘레의 길이와 같다.

10 전략 반지름의 길이가 6 cm이고 중심각의 크기가 36°인 부채꼴과 반지름의 길이가 4 cm이고 중심각의 크기가 54°인 부채꼴을 이용한다.

색칠한 부분의 둘레의 길이는 반지름의 길이가 6 cm이고 중심 각의 크기가 36°인 부채꼴의 둘레의 길이와 반지름의 길이가 4 cm이고 중심각의 크기가 54°인 부채꼴의 호의 길이의 합과 같다. …… ㉮

∴ (색칠한 부분의 둘레의 길이)

$$=2\pi\times6\times\frac{36}{360}+6\times2+2\pi\times4\times\frac{54}{360}$$
$$=\frac{6}{5}\pi+12+\frac{6}{5}\pi$$
$$=\frac{12}{5}\pi+12\,(\text{cm})$$ …… ㉯

채점 기준	
㉮ 색칠한 부분의 둘레의 길이와 길이가 같은 도형 파악하기	50 %
㉯ 색칠한 부분의 둘레의 길이 구하기	50 %

11 전략 두 중학교의 입학 지역이 겹치는 곳은 주어진 그림의 색칠한 부분임을 파악하여 각각의 값을 구한다.

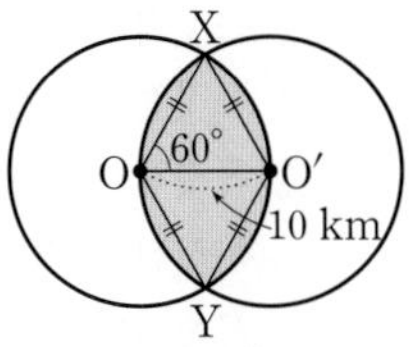

오른쪽 그림에서 두 원의 반지름의 길이가 모두 10 km이므로
$\overline{OX}=\overline{O'X}=\overline{OO'}=10$ km
즉, △XOO′은 정삼각형이므로
∠XOO′=60° …… ㉮
마찬가지로 △YOO′도 정삼각형이므로
∠XOY=∠XOO′+∠YOO′
　　　=60°+60°=120°

구하는 둘레의 길이는 주어진 그림의 색칠한 부분의 둘레의 길이와 같고 $\widehat{XY}$의 길이의 2배이므로

$$\left(2\pi\times10\times\frac{120}{360}\right)\times2=\frac{40}{3}\pi\,(\text{km})$$ …… ㉯

채점 기준	
㉮ ∠XOO′의 크기 구하기	40 %
㉯ 두 중학교의 입학 지역이 겹치는 곳의 둘레의 길이 구하기	60 %

12 전략 끈의 길이와 꽃밭의 각 변의 길이를 비교하여 양이 움직일 수 있는 영역을 그려 본다.

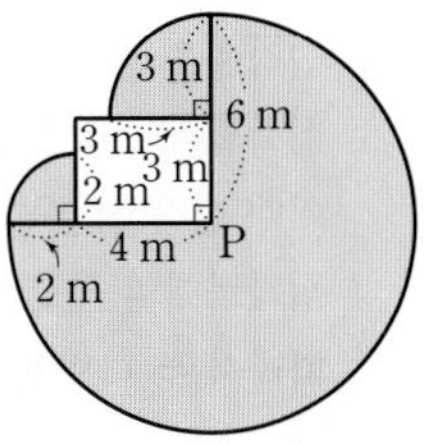

양이 움직일 수 있는 영역의 최대 넓이는 오른쪽 그림의 색칠한 부분과 같다. …… ㉮

∴ (구하는 넓이)

$$=\pi\times2^2\times\frac{90}{360}+\pi\times6^2\times\frac{270}{360}$$
$$\quad+\pi\times3^2\times\frac{90}{360}$$
$$=\pi+27\pi+\frac{9}{4}\pi=\frac{121}{4}\pi\,(\text{m}^2)$$ …… ㉯

채점 기준	
㉮ 양이 움직일 수 있는 영역을 그림으로 나타내기	50 %
㉯ 양이 움직일 수 있는 영역의 최대 넓이 구하기	50 %

6. 다면체와 회전체

Lecture 13 다면체

Level A 개념 익히기 120쪽

01 답 ㄱ, ㅁ

02 답 육면체

03 답 오면체

04 답 팔면체

05 답 ㉠

06 답 ㉢

07 답 ㉡

08 답

다면체	육각기둥	오각뿔	사각뿔대
옆면의 모양	직사각형	삼각형	사다리꼴
꼭짓점의 개수	12개	6개	8개
면의 개수	8개	6개	6개
모서리의 개수	18개	10개	12개

Level B 유형 공략하기 121~125쪽

하 09 ② 원뿔은 다각형이 아닌 원과 곡면으로 둘러싸여 있으므로 다면체가 아니다. 답 ②

하 10 다면체는 ㄱ, ㄷ, ㄹ, ㅁ의 4개이다. 답 4개

하 11 각 다면체의 면의 개수는
① 4+2=6(개) ② 5+1=6(개) ③ 5+2=7(개)
④ 6+2=8(개) ⑤ 6+1=7(개)
따라서 면의 개수가 가장 많은 다면체는 ④이다.
답 ④

하 12 ⑤ 칠각뿔의 면의 개수는 7+1=8(개)이므로 팔면체이다.
답 ⑤

중 13 ㈏, ㈐를 만족하는 다면체는 각뿔대이다. 이때 ㈎에 의하여 면의 개수가 8개이므로 구하는 다면체는 육각뿔대이다.
답 육각뿔대

중 14 주어진 다면체의 면의 개수는 7개이다.
각 다면체의 면의 개수는
① 4+2=6(개) ② 5+1=6(개) ③ 6+2=8(개)
④ 6+1=7(개) ⑤ 7+2=9(개)
따라서 면의 개수가 같은 다면체는 ④ 육각뿔이다.
답 ④

15 각 다면체의 면의 개수를 구하면

① 삼각기둥: $3+2=5$(개), 오각뿔: $5+1=6$(개)

② 사각뿔: $4+1=5$(개), 삼각뿔대: $3+2=5$(개)

③ 직육면체: 6개, 육각기둥: $6+2=8$(개)

④ 육각뿔: $6+1=7$(개), 오각기둥: $5+2=7$(개)

⑤ 칠각뿔대: $7+2=9$(개), 육각뿔: $6+1=7$(개)

따라서 면의 개수가 같은 다면체끼리 짝 지어진 것은 ②, ④이다. **답** ②, ④

16 밑면의 변의 개수가 10개이고 옆면의 모양이 모두 삼각형이므로 주어진 다면체는 십각뿔이다.

따라서 십각뿔의 면의 개수는

$10+1=11$(개) **답** 11개

17 주어진 각뿔대를 n각뿔대라 하면 밑면의 모양은 n각형이므로

$n-3=5$ ∴ $n=8$

즉, 밑면의 모양은 팔각형이다. …… ㉮

즉, 주어진 각뿔대는 팔각뿔대이다. …… ㉯

이때 팔각뿔대의 면의 개수는

$8+2=10$(개)이므로 십면체이다. …… ㉰ **답** 십면체

채점 기준	
㉮ 밑면의 모양 알기	40%
㉯ 주어진 각뿔대의 이름 알기	30%
㉰ 몇 면체인지 구하기	30%

개념 보충 학습

다각형의 대각선의 개수

① (n각형의 한 꼭짓점에서 그을 수 있는 대각선의 개수)

$=n-3$(개)

② (n각형의 대각선의 개수)$=\dfrac{n(n-3)}{2}$(개)

18 각 다면체의 모서리의 개수는

① 12개 ② $4\times3=12$(개) ③ $4\times3=12$(개)

④ $5\times3=15$(개) ⑤ $6\times2=12$(개)

따라서 모서리의 개수가 나머지 넷과 다른 하나는 ④ 오각뿔대이다. **답** ④

19 칠각뿔의 모서리의 개수는 $7\times2=14$(개)이므로

$a=14$ …… ㉮

삼각뿔대의 모서리의 개수는 $3\times3=9$(개)이므로

$b=9$ …… ㉯

∴ $a-b=14-9=5$ …… ㉰ **답** 5

채점 기준	
㉮ a의 값 구하기	40%
㉯ b의 값 구하기	40%
㉰ $a-b$의 값 구하기	20%

20 주어진 각뿔대를 n각뿔대라 하면

$3n=18$ ∴ $n=6$

즉, 주어진 각뿔대는 육각뿔대이다.

이때 육각뿔대의 면의 개수는 $6+2=8$(개)이므로 팔면체이다. **답** ④

21 주어진 각뿔을 n각뿔이라 하면

$2n=22$ ∴ $n=11$

즉, 주어진 각뿔은 십일각뿔이다.

십일각뿔과 밑면의 모양이 같은 각기둥은 십일각기둥이므로 십일각기둥의 모서리의 개수는

$11\times3=33$(개) **답** ③

22 민주, 승훈, 경민이의 말을 모두 만족하는 다면체는 각기둥이다. 이때 주어진 각기둥을 n각기둥이라 하면 은경이의 말에 의하여 모서리의 개수가 30개이므로

$3n=30$ ∴ $n=10$

따라서 구하는 다면체는 십각기둥이다. **답** ④

23 ① 꼭짓점의 개수: $6\times2=12$(개), 면의 개수: $6+2=8$(개)

② 꼭짓점의 개수: $5\times2=10$(개), 면의 개수: $5+2=7$(개)

③ 꼭짓점의 개수: $7+1=8$(개), 면의 개수: $7+1=8$(개)

④ 꼭짓점의 개수: $8\times2=16$(개), 면의 개수: $8+2=10$(개)

⑤ 꼭짓점의 개수: $9\times2=18$(개), 면의 개수: $9+2=11$(개)

따라서 꼭짓점의 개수와 면의 개수가 같은 다면체는 ③ 칠각뿔이다. **답** ③

24 각 다면체의 꼭짓점의 개수는

① $3\times2=6$(개) ② 8개 ③ $5+1=6$(개)

④ $4+1=5$(개) ⑤ $3\times2=6$(개)

따라서 꼭짓점의 개수가 가장 많은 다면체는 ② 정육면체이다. **답** ②

25 주어진 각기둥을 n각기둥이라 하면

$2n=24$ ∴ $n=12$

따라서 주어진 각기둥은 십이각기둥이고 밑면의 모양은 십이각형이다. **답** ⑤

26 십각뿔을 밑면에 평행한 평면으로 자를 때 생기는 두 다면체는 십각뿔과 십각뿔대이다. …… ㉮

이때 십각뿔의 꼭짓점의 개수는 $10+1=11$(개)

십각뿔대의 꼭짓점의 개수는 $10\times2=20$(개) …… ㉯

따라서 두 다면체의 꼭짓점의 개수의 차는

$20-11=9$(개) …… ㉰ **답** 9개

채점 기준	
㉮ 십각뿔을 밑면에 평행한 평면으로 자를 때 생기는 두 다면체 알기	20%
㉯ 두 다면체의 꼭짓점의 개수 각각 구하기	60%
㉰ 두 다면체의 꼭짓점의 개수의 차 구하기	20%

🔵**27** 주어진 각기둥을 n각기둥이라 하면
$3n=21$ $\therefore n=7$
즉, 주어진 각기둥은 칠각기둥이다.
면의 개수는 $7+2=9$(개)이므로 $a=9$
꼭짓점의 개수는 $7\times2=14$(개)이므로 $b=14$
$\therefore a+b=9+14=23$ **답 ③**

🔴**28** 팔각뿔의
면의 개수는 $8+1=9$(개)이므로 $a=9$
모서리의 개수는 $8\times2=16$(개)이므로 $b=16$
꼭짓점의 개수는 $8+1=9$(개)이므로 $c=9$
$\therefore a+b+c=9+16+9=34$ **답 34**

🔵**29** 주어진 입체도형의 모서리의 개수는 12개이므로
$a=12$
또, 꼭짓점의 개수는 6개이므로 $b=6$
$\therefore a+b=12+6=18$ **답 18**

다른 풀이 사각뿔의 모서리의 개수는 $4\times2=8$(개)
사각뿔의 꼭짓점의 개수는 $4+1=5$(개)
이때 두 개의 사각뿔의 밑면이 완전히 포개어지면 4개의 모서리가 겹쳐지고, 4개의 꼭짓점이 만난다.
따라서 주어진 다면체의 모서리의 개수는
$8\times2-4=12$(개)이므로 $a=12$
꼭짓점의 개수는 $5\times2-4=6$(개)이므로 $b=6$
$\therefore a+b=12+6=18$

🔵**30** 주어진 각뿔대를 n각뿔대라 하면
$n+2=8$ $\therefore n=6$
즉, 주어진 각뿔대는 육각뿔대이다.
모서리의 개수는 $6\times3=18$(개)이므로 $a=18$
꼭짓점의 개수는 $6\times2=12$(개)이므로 $b=12$
$\therefore a-b=18-12=6$ **답 ③**

🔵**31** 주어진 전개도로 만들어지는 입체도형은 오각뿔이다. 오각뿔의 모서리의 개수는 10개이므로 구하는 다면체는 면의 개수가 10개이어야 한다. 각 다면체의 면의 개수는
① $4+1=5$(개) ② $5+2=7$(개) ③ $6+2=8$(개)
④ $7+1=8$(개) ⑤ $8+2=10$(개)
답 ⑤

🔴**32** n각뿔대의 면의 개수는 $(n+2)$개이므로 $a=n+2$
n각뿔대의 모서리의 개수는 $3n$개이므로 $b=3n$
n각뿔대의 꼭짓점의 개수는 $2n$개이므로 $c=2n$
$\therefore a+b+c=(n+2)+3n+2n=6n+2$ **답 ⑤**

🔴**33** 주어진 각기둥을 n각기둥이라 하면 밑면의 모양은 n각형이므로
$\dfrac{n(n-3)}{2}=14$, $n(n-3)=28=7\times4$
$\therefore n=7$
즉, 밑면의 모양은 칠각형이므로 주어진 각기둥은 칠각기둥이다. ⋯⋯ ㉮

면의 개수는 $7+2=9$(개)이므로 $a=9$
모서리의 개수는 $7\times3=21$(개)이므로 $b=21$
꼭짓점의 개수는 $7\times2=14$(개)이므로 $c=14$ ⋯⋯ ㉯
$\therefore a-b+c=9-21+14=2$ ⋯⋯ ㉰
답 2

채점 기준	
㉮ 주어진 입체도형 구하기	40 %
㉯ a, b, c의 값 각각 구하기	40 %
㉰ $a-b+c$의 값 구하기	20 %

🔴**34** ③ 사각뿔의 옆면의 모양은 삼각형이다. **답 ③**

🔵**35** 옆면의 모양이 사각형인 것은
정육면체 ― 정사각형, 육각기둥 ― 직사각형,
사각뿔대 ― 사다리꼴, 구각기둥 ― 직사각형,
직육면체 ― 직사각형, 오각뿔대 ― 사다리꼴
의 6개이다. **답 6개**

🔵**36** 옆면의 모양이 모두 삼각형이므로 각뿔이다.
구하는 다면체를 n각뿔이라 하면 모서리의 개수가 14개이므로
$2n=14$ $\therefore n=7$
따라서 구하는 다면체는 칠각뿔이다. **답 ③**

🔵**37** ㄱ. 면의 개수가 $6+1=7$(개)이므로 칠면체이다.
ㄴ. 꼭짓점의 개수는 $6+1=7$(개), 모서리의 개수는
$6\times2=12$(개)이다.
ㄷ. 각뿔의 밑면과 옆면은 서로 수직이 아니다.
ㄹ. 밑면에 평행한 평면으로 자를 때 생기는 단면은 육각형이다.
이상에서 옳지 않은 것은 ㄷ, ㄹ이다. **답 ㄷ, ㄹ**

🔵**38** ③ 밑면이 팔각형인 각기둥이므로 팔각기둥이다. **답 ③**

🔵**39** 밑면의 개수가 2개이고 옆면의 모양이 사다리꼴이므로 주어진 다면체는 각뿔대이다. 이때 밑면의 모양이 구각형이므로 구각뿔대이다. ⋯⋯ ㉮
구각뿔대의 모서리의 개수는 $9\times3=27$(개)
구각뿔대의 꼭짓점의 개수는 $9\times2=18$(개) ⋯⋯ ㉯
따라서 모서리의 개수와 꼭짓점의 개수의 합은
$27+18=45$(개) ⋯⋯ ㉰
답 45개

채점 기준	
㉮ 조건을 만족하는 다면체 구하기	40 %
㉯ ㉮에서 구한 다면체의 모서리와 꼭짓점의 개수 각각 구하기	40 %
㉰ 모서리의 개수와 꼭짓점의 개수의 합 구하기	20 %

공략 비법

조건을 만족하는 다면체 찾기
❶ 옆면의 모양에 따라
직사각형 ➡ 각기둥, 삼각형 ➡ 각뿔, 사다리꼴 ➡ 각뿔대
❷ 면, 모서리, 꼭짓점의 개수에 따라 밑면의 모양이 결정된다.

❸ 40 ② 오각뿔의 옆면의 모양은 삼각형이다.
⑤ 칠각뿔대의 두 밑면은 모양은 같지만 크기가 다르므로 서로 합동이 아니다. **답 ②, ⑤**

❹ 41 ⑤ n각뿔의 면의 개수와 꼭짓점의 개수는 $(n+1)$개로 같다. **답 ⑤**

❹ 42 면의 개수와 꼭짓점의 개수가 12개로 같으므로 구하는 입체도형은 각뿔이다. 이때 구하는 입체도형을 n각뿔이라 하면
$2n=22$ ∴ $n=11$
따라서 주어진 조건을 모두 만족하는 입체도형은 십일각뿔이다.
④ 십일각뿔의 옆면의 모양은 삼각형이다.
⑤ 십일각뿔의 밑면의 개수는 1개이다. **답 ④**

Lecture 14 정다면체

Level A 개념 익히기
126쪽

01 답 ㄴ, ㄹ
02 답 ○

03 답 ×
04 답 ○

05 답 정육면체
06 답 점 M, 점 I

07 답 점 G
08 답 $\overline{FE}$

09 답 면 KDEJ

참고 주어진 전개도로 만들어지는 정다면체의 꼭짓점은 오른쪽 그림과 같이 겹쳐진다.

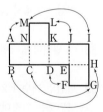

Level B 유형 공략하기
127~129쪽

❸ 10 ② 정다면체는 정사면체, 정육면체, 정팔면체, 정십이면체, 정이십면체의 5가지뿐이다. **답 ②**

❶ 11 ① 정사면체 − 정삼각형 ② 정육면체 − 정사각형 ③ 정팔면체 − 정삼각형 ⑤ 정이십면체 − 정삼각형 **답 ④**

❸ 12 ㄷ. 정다면체는 한 꼭짓점에 모인 면의 개수가 3개 또는 4개 또는 5개이다.
이상에서 옳은 것은 ㄱ, ㄴ이다. **답 ㄱ, ㄴ**

❸ 13 (1) 꼭짓점 A에 모인 면의 개수는 3개이고, 꼭짓점 B에 모인 면의 개수는 4개이다. **⋯⋯ ㉮**

(2) 각 면이 모두 합동인 정삼각형이지만 각 꼭짓점에 모인 면의 개수가 다르므로 정다면체가 아니다. **⋯⋯ ㉯**
답 (1) 꼭짓점 A: 3개, 꼭짓점 B: 4개 (2) 풀이 참조

채점 기준		
(1)	㉮ 꼭짓점 A와 B에 모인 면의 개수 각각 구하기	50%
(2)	㉯ 정다면체가 아닌 이유 설명하기	50%

❶ 14 모든 면이 합동인 정삼각형이고, 한 꼭짓점에 모인 면의 개수가 4개인 정다면체는 정팔면체이다. **답 ③**

❶ 15 모든 면이 합동인 정오각형으로 이루어진 정다면체는 정십이면체이므로 면의 개수는 12개이다. **답 ④**

❸ 16 한 꼭짓점의 모인 면의 개수를 차례대로 구하면
① 3개, 4개 ② 3개, 5개 ③ 3개, 4개
④ 3개, 3개 ⑤ 4개, 5개 **답 ④**

❸ 17 정팔면체의 꼭짓점의 개수는 6개이므로 $a=6$
정십이면체의 모서리의 개수는 30개이므로 $b=30$
정이십면체의 한 꼭짓점에 모인 면의 개수는 5개이므로 $c=5$
∴ $a+b-c=6+30-5=31$ **답 31**

❸ 18 ㈎에서 한 꼭짓점에 모인 면의 개수가 3개인 정다면체는 정사면체, 정육면체, 정십이면체이다. 이 중 모서리의 개수가 12개인 정다면체는 정육면체이므로 꼭짓점의 개수는 8개이다. **답 8개**

❸ 19 모서리의 개수가 가장 적은 정다면체는 정사면체이므로 정사면체의 면의 개수는 4개이다. **⋯⋯ ㉮**
면의 개수가 가장 많은 정다면체는 정이십면체이므로 정이십면체의 꼭짓점의 개수는 12개이다. **⋯⋯ ㉯**
따라서 구하는 합은 $4+12=16$(개)이다. **⋯⋯ ㉰**
답 16개

채점 기준	
㉮ 모서리의 개수가 가장 적은 정다면체의 면의 개수 구하기	40%
㉯ 면의 개수가 가장 많은 정다면체의 꼭짓점의 개수 구하기	40%
㉰ 면의 개수와 꼭짓점의 개수의 합 구하기	20%

❸ 20 ① 정사면체의 모서리의 개수는 6개이다.
③ 꼭짓점의 개수가 가장 많은 것은 정십이면체이다.
⑤ 정사면체와 정팔면체는 면의 모양이 정삼각형이지만 정십이면체는 면의 모양이 정오각형이다. **답 ②, ④**

❸ 21 주어진 전개도로 만들어지는 정다면체는 오른쪽 그림과 같은 정육면체이다.
따라서 $\overline{FG}$와 겹치는 모서리는 $\overline{CD}$이다.

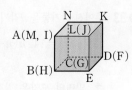

답 $\overline{CD}$

중 22 주어진 전개도로 만들어지는 정다면
체는 오른쪽 그림과 같은 정사면체이
다. …… ㉮

(1) 점 B와 겹치는 꼭짓점은 점 D이
다. …… ㉯

(2) $\overline{DE}$와 꼬인 위치에 있는 모서리는 $\overline{CF}$이다. …… ㉰

답 (1) 점 D (2) $\overline{CF}$

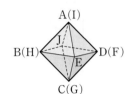

채점 기준		
(1)	㉮ 겨냥도 그리기	40 %
	㉯ 점 B와 겹치는 꼭짓점 구하기	30 %
(2)	㉰ $\overline{DE}$와 꼬인 위치에 있는 모서리 구하기	30 %

중 23 ② 주어진 전개도를 접으면 ㉠, ㉡이 겹치
므로 정육면체의 전개도가 될 수 없다.

답 ②

상 24 주어진 전개도로 만들어지는 정다
면체는 오른쪽 그림과 같은 정팔면
체이다.

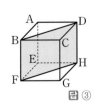

ㄴ. 점 F와 겹치는 꼭짓점은 점 D
이다.

ㄹ. $\overline{AJ}$와 꼬인 위치에 있는 모서리는
$\overline{BC}$ (또는 $\overline{HG}$), $\overline{CD}$ (또는 $\overline{GF}$), $\overline{ED}$ (또는 $\overline{EF}$), $\overline{EH}$이다.

이상에서 옳은 것은 ㄱ, ㄷ이다. 답 ㄱ, ㄷ

참고 ㄹ. $\overline{AJ}$와 $\overline{EG}$는 평행하다.

중 25 정육면체의 면의 개수가 6개이므로 구하는 입체도형은 꼭짓점
의 개수가 6개인 정팔면체이다. 답 정팔면체

중 26 주어진 전개도로 만들어지는 정다면체는 정십이면체이다.
따라서 정십이면체의 면의 개수는 12개이므로 구하는 입체도형
은 꼭짓점의 개수가 12개인 정이십면체이다. 답 ⑤

중 27 정이십면체의 면의 개수는 20개이므로 주어진 입체도형은 꼭짓
점의 개수가 20개인 정십이면체이다. …… ㉮
따라서 구하는 모서리의 개수는 30개이다. …… ㉯

답 30개

채점 기준	
㉮ 주어진 입체도형 구하기	60 %
㉯ ㉮에서 구한 입체도형의 모서리의 개수 구하기	40 %

중 28 세 꼭짓점 B, D, H를 지나는 평면은 꼭
짓점 F도 지나므로 자를 때 생기는 단면
은 사각형 BFHD이고 그 단면의 모양은
오른쪽 그림과 같은 직사각형이다.

답 ③

중 29 $\overline{BC}=\overline{BF}=\overline{CF}$이므로 △BFC는 정삼각형이다.
∴ ∠BFC=60° 답 60°

상 30 네 점 L, M, N, O를 지나는 평면은 모서
리 BF, DH의 중점 P, Q도 지난다.
이때 이 6개의 점을 지나는 평면으로 정육
면체를 자를 때 생기는 단면은 오른쪽 그림
과 같이 육각형이다.

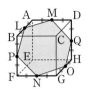

답 ⑤

Lecture 15 회전체

Level Ⓐ 개념 익히기 130~131쪽

01 답 ㄴ, ㄷ, ㅁ

02 답
원기둥

03 답
원뿔

04 답
원뿔대

05 답
구

06 답 ○

07 답 ×

08 답 ○

09 답 ○

10 답 직사각형

11 답 이등변삼각형

12 답 원

13 답 사다리꼴

14 답
3 cm
5 cm

15 답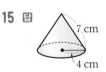
7 cm
4 cm

16 답 $a=3$, $b=8$, $c=5$

Level Ⓑ 유형 공략하기 131~135쪽

하 17 ② 정사면체는 다면체이다.
⑤ 오각뿔대는 다면체이다. 답 ②, ⑤

하 18 ② 다면체이다. 답 ②

❸ 19 (1) 다면체는 다각형인 면으로만 둘러싸인 입체도형이므로

ㄷ, ㅂ, ㅇ, ㅈ이다. ...... **㉮**

(2) 회전체는 평면도형을 한 직선을 축으로 하여 1회전 시킬 때

생기는 입체도형이므로 ㄴ, ㄹ, ㅁ, ㅅ이다. ...... **㉯**

답 (1) ㄷ, ㅂ, ㅇ, ㅈ (2) ㄴ, ㄹ, ㅁ, ㅅ

채점 기준		
(1)	**㉮** 다면체 모두 고르기	50 %
(2)	**㉯** 회전체 모두 고르기	50 %

❺ 20 주어진 평면도형이 회전축에서 떨어져 있으
므로 평면도형을 직선 *l*을 회전축으로 하여
1회전 시킬 때 생기는 회전체는 오른쪽 그림과
같이 속이 뚫린 원뿔대 모양의 입체도형이다.

답 ②

❸ 21 주어진 평면도형을 직선 *l*을 회전축으로 하여
1회전 시킬 때 생기는 회전체는 오른쪽 그림과
같다.

답 풀이 참조

❸ 22 ③ 주어진 평면도형을 직선 *l*을 회전축으로 하여
1회전 시킬 때 생기는 회전체는 오른쪽 그림
과 같다.

답 ③

❸ 23 주어진 회전체는 오른쪽 그림과 같
이 ③의 평면도형을 직선 *l*을 회전
축으로 하여 1회전 시킨 것이다.

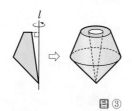

답 ③

❸ 24 각 직선을 회전축으로 하여 1회전 시킬 때 생기는 회전체는 다
음 그림과 같다.

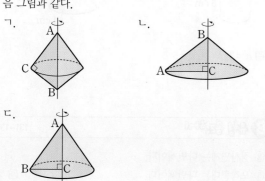

따라서 원뿔을 만드는 회전축이 될 수 있는 것은 ㄴ, ㄷ이다.

답 ㄴ, ㄷ

❹ 25 직사각형 ABCD를 직선 AC를 회전축으
로 하여 1회전 시킬 때 생기는 회전체는 오
른쪽 그림과 같다.

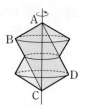

답 풀이 참조

❸ 26 ④ 원뿔대를 회전축을 포함하는 평면으로 자를
때 생기는 단면의 모양은 사다리꼴이다.

답 ④

❸ 27 ② 원기둥을 회전축에 수직인 평면으로 자를 때 생기는 단면은
항상 합동인 원이다. **답** ②

❸ 28

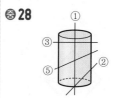

답 ④

❹ 29 주어진 평면도형을 직선 BC를 회
전축으로 하여 1회전 시킬 때 생기
는 회전체는 오른쪽 그림과 같다.
이 회전체를 회전축을 포함하는 평
면으로 자를 때 생기는 단면의 모양
은 오른쪽 그림과 같이 네 변의 길
이가 모두 같은 사각형이므로 마름
모이고, 회전축에 수직인 평면으로
자를 때 생기는 단면의 모양은 원이다.

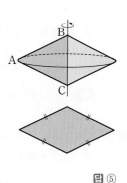

답 ⑤

❸ 30 ㄷ. 구는 어떤 평면으로 잘라도 그 단면의 모양은 원이지만 항
상 합동인 것은 아니다.

ㄹ. 원뿔을 회전축을 포함하는 평면으로 자를 때 생기는 단면의
모양은 이등변삼각형이다. **답** ㄷ, ㄹ

❸ 31

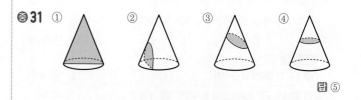

답 ⑤

❸ 32 회전축을 포함하는 평면으로 자를 때
생기는 단면은 오른쪽 그림과 같은 사
다리꼴이다.

∴ (단면의 넓이)

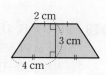

$$= \left\{ \frac{1}{2} \times (2+4) \times 3 \right\} \times 2 = 18 (cm^2)$$

답 18 cm²

33 (1) 회전체는 다음 그림과 같이 원기둥이고 이를 회전축에 수직 인 평면으로 자를 때 생기는 단면은 반지름의 길이가 4 cm인 원이다.

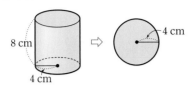

∴ (단면의 넓이)$=\pi\times4^2=16\pi(\text{cm}^2)$ ······ ㉮

(2) 회전축을 포함하는 평면으로 자를 때 생기는 단면은 오른쪽 그림과 같이 한 변의 길이가 8 cm인 정사각형이다.

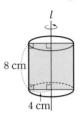

∴ (단면의 넓이)$=8\times8$
$=64(\text{cm}^2)$ ······ ㉯

답 (1) 16π cm² (2) 64 cm²

채점 기준		
(1)	㉮ 회전축에 수직인 평면으로 자를 때 생기는 단면의 넓이 구하기	50 %
(2)	㉯ 회전축을 포함하는 평면으로 자를 때 생기는 단면의 넓이 구하기	50 %

34 회전축을 포함하는 평면으로 자를 때 생기는 단면은 오른쪽 그림과 같으므로

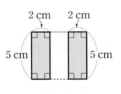

(단면의 넓이)$=(2\times5)\times2$
$=20(\text{cm}^2)$

답 20 cm²

35 주어진 평면도형을 직선 l을 회전축으로 하여 1회전 시킬 때 생기는 회전체는 오른쪽 그림과 같다.

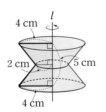

회전축에 수직인 평면으로 자를 때 생기는 단면 중 회전체의 가운데 부분을 지나도록 자른 단면의 넓이가 가장 작다.
이때 단면인 원의 반지름의 길이는 2 cm이므로 넓이는
$\pi\times2^2=4\pi(\text{cm}^2)$

답 4π cm²

36 각 회전체의 전개도를 그려 보면 다음과 같다.

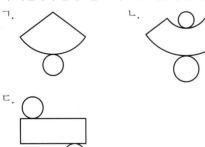

답 ㄹ

37 시작하는 부분과 끝나는 부분이 같고 실의 길이가 가장 짧게 되는 경로는 전개도에서 선분으로 나타난다.

답 ④

38 주어진 직사각형을 직선 l을 회전축으로 하여 1회전 시킬 때 생기는 회전체는 원기둥이다.
원기둥의 밑면의 반지름의 길이는 5 cm이므로 $x=5$
옆면인 직사각형의 가로의 길이는 밑면인 원의 둘레의 길이와 같으므로
$2\pi\times5=10\pi(\text{cm})$
∴ $y=10\pi$
또, 세로의 길이는 원기둥의 높이와 같으므로 $z=9$
∴ $xyz=5\times10\pi\times9=450\pi$

답 450π

39 전개도를 그리면 오른쪽 그림과 같다.
옆면인 직사각형의 가로의 길이는 밑면인 원의 둘레의 길이와 같으므로
$2\pi\times2=4\pi(\text{cm})$
또, 세로의 길이는 원기둥의 높이와 같으므로 7 cm이다.
따라서 옆면이 되는 직사각형의 넓이는
$4\pi\times7=28\pi(\text{cm}^2)$

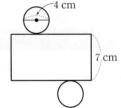

답 28π cm²

40 주어진 회전체의 전개도는 오른쪽 그림과 같다.

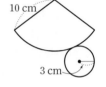

(1) 부채꼴의 호의 길이는
$2\pi\times3=6\pi(\text{cm})$ ······ ㉮

(2) 부채꼴의 넓이는
$\dfrac{1}{2}\times6\pi\times10=30\pi(\text{cm}^2)$ ······ ㉯

답 (1) 6π cm (2) 30π cm²

채점 기준		
(1)	㉮ 부채꼴의 호의 길이 구하기	40 %
(2)	㉯ 부채꼴의 넓이 구하기	60 %

참고 (부채꼴의 넓이)$=\dfrac{1}{2}\times$(반지름의 길이)$\times$(호의 길이)

41 주어진 원뿔대의 전개도는 오른쪽 그림과 같으므로

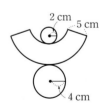

(옆면의 둘레의 길이)
$=2\pi\times2+2\pi\times4+5\times2$
$=12\pi+10(\text{cm})$

답 $(12\pi+10)$ cm

42 ① 원기둥, 원뿔, 원뿔대의 회전축은 1개이다.
② 구는 전개도를 그릴 수 없다.
③ 원뿔대의 두 밑면은 서로 평행하고 모양은 같지만 크기가 다르므로 합동이 아니다.
④ 원뿔을 회전축에 수직인 평면으로 자르면 원뿔대가 생긴다.

답 ⑤

43 ㄱ. 구의 회전축은 무수히 많다.

답 ㄴ, ㄷ

◆44 ㄴ. 직각삼각형의 빗변을 회전축으로 하여 1회
전 시킬 때 생기는 회전체는 오른쪽 그림과
같다. 즉, 직각삼각형의 한 변을 회전축으
로 하여 1회전 시켰을 때 항상 원뿔을 만들
수 있는 것은 아니다.

이상에서 옳은 것은 ㄱ, ㄷ, ㄹ이다.

🔲 ㄱ, ㄷ, ㄹ

---

01 ③	**02** 십이면체	**03** 2	**04** 16개	**05** ②
06 ③, ⑤	**07** 정이십면체		**08** ④	**09** ④
10 ㄱ, ㄷ	**11** ②, ④	**12** ③	**13** ③	**14** ④
15 ④	**16** ④, ⑤	**17** ③	**18** 24 cm²	
19 (1) 칠각형 (2) 21개		**20** 십이각뿔대		**21** 50
22 24π cm²		**23** 660π cm²		**24** 2 cm

01 [전략] 각 다면체의 면의 개수를 구해 본다.

ㄱ. 칠면체   ㄴ. 칠면체   ㄷ. 육면체
ㄹ. 칠면체   ㅁ. 팔면체   ㅂ. 구면체
이상에서 칠면체는 ㄱ, ㄴ, ㄹ이다.

02 [전략] 밑면인 다각형을 n각형이라 하고 주어진 조건을 이용하여 n을
사용한 식을 세운다.

㈎, ㈏에 의하여 주어진 입체도형은 각뿔이다.
㈐에서 밑면인 다각형을 n각형이라 하면 대각선의 개수가 44개
이므로
$$\frac{n(n-3)}{2}=44, \ n(n-3)=88=11\times 8$$
∴ $n=11$
즉, 주어진 다면체의 밑면은 십일각형이므로 십일각뿔이다.
따라서 십일각뿔의 면의 개수는 $11+1=12$(개)이므로 십이면체
이다.

03 [전략] 주어진 입체도형에서 꼭짓점, 모서리, 면의 개수를 세어 본다.

주어진 입체도형에서
꼭짓점의 개수는 10개이므로 $v=10$
모서리의 개수는 15개이므로 $e=15$
면의 개수는 7개이므로 $f=7$
∴ $v-e+f=10-15+7=2$

> **개념 보충 학습**
>
> **다면체의 꼭짓점, 모서리, 면의 개수 사이의 관계**
> 다면체의 꼭짓점의 개수(v), 모서리의 개수(e), 면의 개수(f) 사이
> 에는 다음과 같은 관계가 성립한다.
> (꼭짓점의 개수)−(모서리의 개수)+(면의 개수)=2
> ➡ $v-e+f=2$

04 [전략] 주어진 각기둥을 n각기둥이라 하고, 조건을 이용하여 n을 사
용한 식을 세운다.

주어진 각기둥을 n각기둥이라 하면 모서리의 개수는 $3n$개, 꼭
짓점의 개수는 $2n$개이므로
$3n+2n=70$ ∴ $n=14$
즉, 주어진 각기둥은 십사각기둥이다.
따라서 십사각기둥의 면의 개수는
$14+2=16$(개)

05 [전략] 주어진 전개도로 만들어지는 다면체를 찾은 후, 그 다면체의 꼭
짓점, 모서리, 면의 개수를 세어 본다.

주어진 전개도로 만들어지는 다면체는 육각뿔대이다.
따라서 옳지 않은 것은 ②이다.

06 [전략] 각 다면체의 겨냥도를 생각해 본다.

③ 육각뿔대의 면의 개수는 $6+2=8$(개), 팔각뿔의 면의 개수
는 $8+1=9$(개)이므로 두 다면체의 면의 개수는 같지 않다.
④ 오각기둥과 구각뿔의 꼭짓점의 개수는 10개로 같다.
⑤ 구각뿔대의 면의 개수는 $9+2=11$(개)이므로 십일면체이다.

07 [전략] 주어진 조건을 만족하는 다면체를 구한다.

각 면이 서로 합동이고 한 꼭짓점에 모인 면의 개수가 같으므로
정다면체이다.
이때 각 면은 정삼각형이고 한 꼭짓점에 모인 면의 개수가 5개이
므로 기사에서 설명하는 다면체는 정이십면체이다.

08 [전략] 정다면체의 성질을 확인한다.

② 정삼각형으로 이루어진 정다면체는 정사면체, 정팔면체, 정
이십면체의 3가지이다.
④ 한 꼭짓점에 모인 면의 개수가 3개인 정다면체는 정사면체,
정육면체, 정십이면체이다.
⑤ (정십이면체의 면의 개수)=12(개)
  (정이십면체의 꼭짓점의 개수)=12(개)

09 [전략] 조건을 모두 만족하는 다면체를 찾은 후, 그 다면체의 꼭짓점의
개수를 구한다.

㈎, ㈏에 의하여 주어진 다면체는 각뿔대이고, ㈐에 의하여 밑
면의 모양이 팔각형이므로 팔각뿔대이다.
이때 팔각뿔대의 꼭짓점의 개수는
$8\times 2=16$(개)
각 다면체의 꼭짓점의 개수는 다음과 같다.
① 6개   ② $9\times 2=18$(개) ③ $10\times 2=20$(개)
④ $15+1=16$(개) ⑤ 20개
따라서 주어진 다면체와 꼭짓점의 개수가 같은 다면체는
④ 십오각뿔이다.

10 전략 면의 개수가 12개인 정다면체는 정십이면체이다.

주어진 전개도로 만들어지는 정다면체는 정십이면체이다.
ㄴ. 꼭짓점의 개수는 20개이다.
ㄹ. 한 꼭짓점에 모인 면의 개수는 3개이다.
이상에서 옳은 것은 ㄱ, ㄷ이다.

11 전략 주어진 전개도로 만들어지는 정팔면체의 겨냥도를 그려 $\overline{AJ}$와 한 점에서 만나거나 일치하거나 평행한 모서리를 찾는다.

주어진 전개도로 정팔면체를 만들면 오른쪽 그림과 같다. 주어진 모서리 중 $\overline{EF}$는 $\overline{AJ}$와 평행하고 $\overline{DJ}$는 $\overline{AJ}$와 한 점에서 만난다.
따라서 $\overline{AJ}$와 꼬인 위치에 있는 모서리가 아닌 것은 ② $\overline{EF}$, ④ $\overline{DJ}$이다.

> **개념 보충 학습**
>
> **공간에서 두 직선의 위치 관계**
> ① 한 점에서 만난다. ② 일치한다.
> ③ 평행하다. ④ 꼬인 위치에 있다.

12 전략 각 모서리의 중점을 연결하여 입체도형을 만들어 본다.

정사면체의 각 모서리의 중점을 연결하여 만든 입체도형은 오른쪽 그림과 같이 모든 면이 합동인 정삼각형이고 꼭짓점의 개수가 6개인 정팔면체이다.

13 전략 각 도형이 나올 수 있도록 정사면체를 평면으로 자를 때 생기는 단면을 그려 본다.

①   ②

④   ⑤

> **공략 비법**
>
> 다면체를 평면으로 자를 때 생기는 단면을 구할 때는 모서리나 꼭짓점을 이용하여 만들 수 있는 도형을 찾아야 한다. 이때 변의 길이나 각의 크기를 이용하여 다각형의 모양을 결정할 수 있다.

14 전략 회전축에 대칭이 되도록 그림을 그린 뒤 보이는 곳은 실선으로, 보이지 않는 곳은 점선으로 연결한다.

주어진 평면도형을 직선 l을 회전축으로 하여 1회전 시킬 때 생기는 회전체는 오른쪽 그림과 같다.

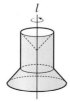

15 전략 주어진 평면도형을 각 변을 회전축으로 하여 1회전 시킨 회전체를 그려 본다.

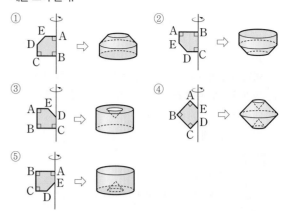

따라서 주어진 회전체는 ④ $\overleftrightarrow{DE}$를 회전축으로 하여 1회전 시킨 것이다.

16 전략 주어진 직각삼각형을 각 직선을 회전축으로 하여 1회전 시킬 때 생기는 회전체를 그려 본다.

각 직선을 회전축으로 하여 1회전 시킬 때 생기는 입체도형은 다음과 같다.

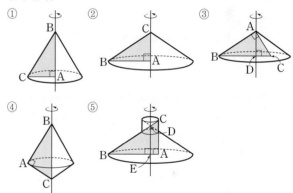

따라서 원뿔을 만들려고 할 때, 회전축이 될 수 없는 직선은 ④ $\overleftrightarrow{BC}$, ⑤ $\overleftrightarrow{DE}$이다.

17 전략 주어진 회전체를 회전축에 수직인 평면으로 자를 때 생기는 단면의 모양을 각각 그려 본다.

각 회전체를 회전축에 수직인 평면으로 자를 때 생기는 단면의 모양은 다음과 같다.

①, ②, ④, ⑤ ◎   ③ ●

따라서 단면의 모양이 나머지 넷과 다른 하나는 ③이다.

18 전략 회전축을 포함하는 평면으로 자를 때 생기는 단면의 모양을 그려 본다.

회전축을 포함하는 평면으로 자를 때 생기는 단면은 오른쪽 그림과 같으므로
(단면의 넓이)
$= (3 \times 6 - 2 \times 3) \times 2$
$= 12 \times 2 = 24 \, (\text{cm}^2)$

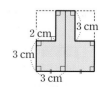

19 전략 밑면의 모양을 나타내는 다각형을 n각형이라 하고 내각의 크기의 합을 이용하여 n을 사용한 식을 세운다.

(1) 주어진 각기둥의 밑면의 모양을 나타내는 다각형을 n각형이라 하면 $180° \times (n-2) = 900°$

$n-2 = 5$ ∴ $n = 7$

따라서 주어진 각기둥의 밑면의 모양은 칠각형이다. …… ㉮

(2) 칠각형이 밑면인 각기둥은 칠각기둥이므로 칠각기둥의 모서리의 개수는

$7 \times 3 = 21$(개) …… ㉯

채점 기준		
(1)	㉮ 각기둥의 밑면의 모양 구하기	50 %
(2)	㉯ 각기둥의 모서리의 개수 구하기	50 %

20 전략 구하는 각뿔대를 n각뿔대라 하고 면, 꼭짓점, 모서리의 개수를 각각 n을 사용한 식으로 나타낸다.

구하는 각뿔대를 n각뿔대라 하면

$a = n+2$, $b = 2n$, $c = 3n$ …… ㉮

따라서 $(n+2) + 2n + 3n = 74$이므로

$6n = 72$ ∴ $n = 12$

따라서 구하는 각뿔대는 십이각뿔대이다. …… ㉯

채점 기준	
㉮ a, b, c를 n을 사용한 식으로 나타내기	50 %
㉯ 각뿔대 구하기	50 %

21 전략 정다면체의 면, 모서리, 꼭짓점의 개수를 생각해 본다.

한 꼭짓점에 모인 면의 개수가 가장 많은 정다면체는 정이십면체이고, 이때 면의 개수는 20개이므로

$a = 20$ …… ㉮

꼭짓점의 개수가 가장 많은 정다면체는 정십이면체이고, 이때 모서리의 개수는 30개이므로

$b = 30$ …… ㉯

∴ $a + b = 20 + 30 = 50$ …… ㉰

채점 기준	
㉮ a의 값 구하기	40 %
㉯ b의 값 구하기	40 %
㉰ $a+b$의 값 구하기	20 %

22 전략 주어진 원을 1회전 시킬 때 생기는 회전체를 생각해 본다.

주어진 원을 직선 l을 회전축으로 하여 1회전 시킬 때 생기는 회전체는 도넛 모양이고, 점 A를 지나면서 회전축에 수직인 평면으로 자를 때 생기는 단면의 모양은 오른쪽 그림과 같다. …… ㉮

∴ (단면의 넓이) $= \pi \times 5^2 - \pi \times 1^2$

$= 25\pi - \pi = 24\pi (\text{cm}^2)$ …… ㉯

채점 기준	
㉮ 단면의 모양 알기	40 %
㉯ 단면의 넓이 구하기	60 %

23 전략 원기둥 모양의 롤러를 한 바퀴 굴릴 때, 페인트가 칠해지는 부분의 넓이는 원기둥의 전개도에서 옆면의 넓이와 같다.

롤러를 한 바퀴 굴릴 때, 페인트가 칠해지는 부분의 넓이는 원기둥의 전개도에서 옆면의 넓이와 같으므로

$2\pi \times 5 \times 22 = 220\pi (\text{cm}^2)$ …… ㉮

따라서 롤러를 세 바퀴 굴릴 때, 페인트가 칠해지는 부분의 넓이는

$220\pi \times 3 = 660\pi (\text{cm}^2)$ …… ㉯

채점 기준	
㉮ 롤러를 한 바퀴 굴릴 때, 페인트가 칠해지는 부분의 넓이 구하기	50 %
㉯ 롤러를 세 바퀴 굴릴 때, 페인트가 칠해지는 부분의 넓이 구하기	50 %

24 전략 원뿔대의 밑면인 원의 둘레의 길이는 원뿔대의 옆면에서 곡선으로 된 부분의 길이와 같다.

두 밑면 중 큰 원의 둘레의 길이는 반지름의 길이가 $4 + 4 = 8$(cm)이고 중심각의 크기가 90°인 부채꼴의 호의 길이와 같다. …… ㉮

두 밑면 중 큰 원의 반지름의 길이를 r cm라 하면

$2\pi \times 8 \times \dfrac{90}{360} = 2\pi r$

∴ $r = 2$

따라서 구하는 반지름의 길이는 2 cm이다. …… ㉯

채점 기준	
㉮ 구하는 원의 둘레의 길이와 같은 부채꼴의 호의 길이 찾기	50 %
㉯ 반지름의 길이 구하기	50 %

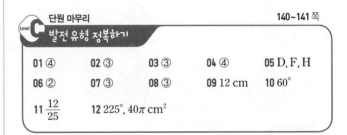

단원 마무리   140~141 쪽

Level C 발전 유형 정복하기

01 ④	02 ③	03 ③	04 ④	05 D, F, H
06 ②	07 ③	08 ③	09 12 cm	10 60°
11 $\dfrac{12}{25}$	12 225°, 40π cm²			

01 전략 십면체인 각기둥, 각뿔, 각뿔대를 먼저 찾는다.

십면체인 각기둥을 a각기둥이라 하면

$a + 2 = 10$ ∴ $a = 8$

팔각기둥의 꼭짓점의 개수는 $8 \times 2 = 16$(개)

십면체인 각뿔을 b각뿔이라 하면

$b + 1 = 10$ ∴ $b = 9$

구각뿔의 꼭짓점의 개수는 $9 + 1 = 10$(개)

십면체인 각뿔대를 c각뿔대라 하면

$c + 2 = 10$ ∴ $c = 8$

팔각뿔대의 꼭짓점의 개수는 $8 \times 2 = 16$(개)

따라서 구하는 꼭짓점의 개수의 합은

$16 + 10 + 16 = 42$(개)

02 전략 주어진 입체도형의 성질을 생각해 본다.

조건에 맞는 입체도형을 모두 찾아 짝 지으면 다음과 같다.

①—ㄱ, ㄴ, ㄹ   ②—ㄹ   ③—ㅂ

④—ㄱ, ㄴ, ㄷ, ㅁ, ㅂ   ⑤—ㄷ

03 전략 등식 $v-e+f=2$와 비례식 $v:e:f=3:6:4$를 이용하여 f의 값을 구한다.

$v:e:f=3:6:4$이므로

$v=3n$, $e=6n$, $f=4n$ (n은 자연수)이라 하자.

$v=3n$, $e=6n$, $f=4n$을 $v-e+f=2$에 대입하면

$3n-6n+4n=2$ ∴ $n=2$

따라서 $f=4\times2=8$, 즉 면의 개수는 8개이므로 구하는 정다면체는 정팔면체이다.

04 전략 정이십면체의 꼭짓점의 개수와 면의 개수는 각각 축구공 모양의 다면체의 오각형의 개수와 육각형의 개수와 같다.

정이십면체의 각 꼭짓점에서 각 모서리를 삼등분하는 점을 지나는 평면으로 자르면 꼭짓점이 있는 부분은 오각형이 되고, 면이 있는 부분은 육각형이 된다.

즉, 축구공 모양의 다면체에서 오각형의 개수는 정이십면체의 꼭짓점의 개수인 12개이고, 육각형의 개수는 정이십면체의 면의 개수인 20개이다.

이때 오각형의 변의 개수는 5개, 육각형의 변의 개수는 6개이고 한 모서리에서 2개의 면이 만나므로 모서리의 개수는

$\dfrac{5\times12+6\times20}{2}=90$(개)

따라서 오각형의 개수, 육각형의 개수, 모서리의 개수의 합은

$12+20+90=122$(개)

참고 한 꼭짓점에 3개의 면이 모이므로 축구공 모양의 다면체의 꼭짓점의 개수는 $\dfrac{5\times12+6\times20}{3}=60$(개)이다.

05 전략 주어진 전개도로 만들어지는 정팔면체의 겨냥도를 그려 본다.

주어진 전개도로 만들어지는 정팔면체는 오른쪽 그림과 같으므로 E의 면과 서로 이웃한 면에 적힌 알파벳은 D, F, H이다.

주의 이웃하는 두 면은 반드시 한 모서리에서 만난다는 것을 알아둔다.

06 전략 세 점 D, M, F를 지나는 평면이 정육면체와 만나는 점을 모두 찾는다.

오른쪽 그림과 같이 세 점 D, M, F를 지나는 평면은 $\overline{\mathrm{GH}}$의 중점 N을 지난다.

이때 △DAM, △FBM, △FGN, △DHN이 모두 합동이므로

$\overline{\mathrm{DM}}=\overline{\mathrm{FM}}=\overline{\mathrm{FN}}=\overline{\mathrm{DN}}$이다.

따라서 사각형 DMFN은 마름모이다.

참고 ∠MFN≠90°이므로 사각형 DMFN은 정사각형이 아니다.

07 전략 각 회전체가 나올 수 있도록 회전축을 정해 직사각형을 1회전시켜 본다.

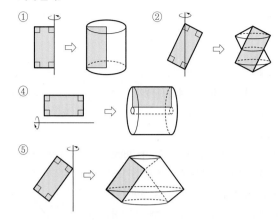

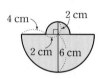

08 전략 회전체를 회전축을 포함하는 평면으로 자를 때 생기는 단면을 그려 본다.

주어진 평면도형을 직선 l을 회전축으로 하여 1회전 시킬 때 생기는 회전체를 회전축을 포함하는 평면으로 잘랐다. 이때 생기는 단면의 모양은 오른쪽 그림과 같다.

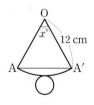

∴ (단면의 둘레의 길이)

$=\left(2\pi\times2\times\dfrac{90}{360}+2\pi\times6\times\dfrac{90}{360}+4\right)\times2$

$=(\pi+3\pi+4)\times2=8\pi+8\,(\mathrm{cm})$

(단면의 넓이) $=\left(\pi\times2^2\times\dfrac{90}{360}+\pi\times6^2\times\dfrac{90}{360}\right)\times2$

$=(\pi+9\pi)\times2=20\pi\,(\mathrm{cm}^2)$

09 전략 점 A에서 출발하여 한 바퀴 돌아 다시 점 A에 돌아오는 가장 짧은 선을 찾는다.

점 A에서 출발하여 한 바퀴 돌아 다시 점 A에 돌아오는 가장 짧은 선은 오른쪽 그림과 같이 전개도에서 직선으로 나타난다.

원뿔의 모선의 길이는 $6\times2=12\,(\mathrm{cm})$이므로 부채꼴의 중심각의 크기를 $x°$라 하면

$2\pi\times12\times\dfrac{x}{360}=2\pi\times2$ ∴ $x=60$

즉, ∠AOA′=60°이고 $\overline{\mathrm{OA}}=\overline{\mathrm{OA}'}$이므로 삼각형 OAA′은 정삼각형이다. 따라서 가장 짧은 선의 길이는 모선의 길이와 같으므로 구하는 길이는 12 cm이다.

10 전략 세 점 A, B, C를 지나는 평면으로 자를 때 생기는 단면의 각 변의 길이를 이용한다.

주어진 전개도로 만들어지는 정육면체를 세 점 A, B, C를 지나는 평면으로 자를 때 생기는 단면은 오른쪽 그림에서 △ABC이다.

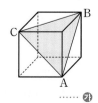

…… ㉮

이때 각 면은 정사각형이므로 대각선의 길이가 같다.

즉, $\overline{AB}=\overline{BC}=\overline{CA}$이므로

$\triangle ABC$는 정삼각형이다. .... ㉯

$\therefore \angle ABC=60°$ .... ㉰

11 전략 회전체를 회전축을 포함하는 평면으로 자를 때 생기는 단면과 회전축에 수직인 평면으로 자를 때 생기는 단면을 각각 그려 본다.

회전체를 회전축을 포함하는 평면으로 자를 때 생기는 단면의 모양은 오른쪽 그림과 같으므로

$$(\text{단면의 넓이})=\left(\frac{1}{2}\times3\times4\right)\times2=12\,(\text{cm}^2)$$

$\therefore a=12$ .... ㉮

오른쪽 그림에서 회전체를 회전축에 수직인 평면으로 자르면 그 단면은 모두 원이고 그 중 가장 큰 단면의 반지름의 길이를 r cm라 하면 직각삼각형의 넓이에서

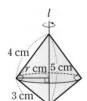

$$\frac{1}{2}\times4\times3=\frac{1}{2}\times5\times r \qquad \therefore r=\frac{12}{5}$$

따라서 가장 큰 단면의 넓이는

$$\pi\times\left(\frac{12}{5}\right)^2=\frac{144}{25}\pi\,(\text{cm}^2) \qquad \therefore b=\frac{144}{25}$$ .... ㉯

$$\therefore \frac{b}{a}=b\times\frac{1}{a}=\frac{144}{25}\times\frac{1}{12}=\frac{12}{25}$$ .... ㉰

12 전략 원뿔의 전개도에서 옆면인 부채꼴의 호의 길이는 밑면인 원의 둘레의 길이와 같다.

주어진 회전체는 오른쪽 그림과 같은 원뿔이고, 원뿔의 전개도에서 옆면인 부채꼴의 호의 길이는 밑면인 원의 둘레의 길이와 같다.

이때 옆면인 부채꼴의 중심각의 크기를 $x°$라 하면

$$(\text{호의 길이})=2\pi\times8\times\frac{x}{360}=2\pi\times5$$

$\therefore x=225$ .... ㉮

부채꼴의 중심각의 크기는 225°이므로 부채꼴의 넓이는

$$\pi\times8^2\times\frac{225}{360}=40\pi\,(\text{cm}^2)$$ .... ㉯

7. 입체도형의 부피와 겉넓이

Lecture 16 기둥의 부피와 겉넓이

Level A 개념 익히기 144쪽

01 (밑넓이)$=5\times6=30\,(\text{cm}^2)$, (높이)$=10$ cm

$\therefore$ (부피)$=30\times10=300\,(\text{cm}^3)$ 답 300 cm³

02 (밑넓이)$=\pi\times3^2=9\pi\,(\text{cm}^2)$, (높이)$=7$ cm

$\therefore$ (부피)$=9\pi\times7=63\pi\,(\text{cm}^3)$ 답 63π cm³

03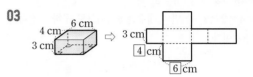

답 4, 6

04 (밑넓이)$=4\times6=24\,(\text{cm}^2)$ 답 24 cm²

05 (옆넓이)$=(4+6+4+6)\times3=60\,(\text{cm}^2)$ 답 60 cm²

06 (겉넓이)$=(\text{밑넓이})\times2+(\text{옆넓이})$

$=24\times2+60=108\,(\text{cm}^2)$ 답 108 cm²

07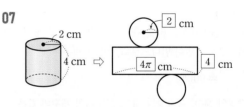

(밑넓이)$=\pi\times2^2=4\pi\,(\text{cm}^2)$

(옆넓이)$=4\pi\times4=16\pi\,(\text{cm}^2)$

$\therefore$ (겉넓이)$=(\text{밑넓이})\times2+(\text{옆넓이})$

$=4\pi\times2+16\pi=24\pi\,(\text{cm}^2)$

답 2, 4π, 4 / 24π cm²

Level B 유형 공략하기 145~147쪽

하 08 (부피)$=(\text{밑넓이})\times(\text{높이})$

$$=\left\{\frac{1}{2}\times(6+3)\times4\right\}\times8$$

$=18\times8=144\,(\text{cm}^3)$ 답 144 cm³

중 09 $6\times6\times h=144$이므로

$36h=144$ $\therefore h=4$ 답 4

중 10 밑면의 한 변의 길이를 x cm라 하면 전개도에서 옆면의 가로의 길이는 밑면의 둘레의 길이와 같으므로

$4x=12$ $\therefore x=3$

따라서 사각기둥의 부피는

$3\times3\times4=36\,(\text{cm}^3)$ 답 ⑤

11 (밑넓이)$=\dfrac{1}{2}\times8\times3+\dfrac{1}{2}\times8\times5=32(\text{cm}^2)$

$\therefore$ (부피)$=32\times4=128(\text{cm}^3)$ 　　　　답 $128\ \text{cm}^3$

12 자른 세 조각의 버터는 높이가 각각 $a\ \text{cm}$, $b\ \text{cm}$, $c\ \text{cm}$이고 밑넓이가 모두 같은 각기둥이다. 즉, 부피의 비는 버터의 높이의 비와 같다.

$\therefore a:b:c=8:12:20=2:3:5$ 　　　답 $2:3:5$

13 (부피)$=$(밑넓이)$\times$(높이)

$\qquad=(\pi\times6^2)\times8=288\pi(\text{cm}^3)$ 　　답 ④

14 밑면의 반지름의 길이를 $r\ \text{cm}\ (r>0)$라 하면

$\pi r^2\times4=196\pi$, $r^2=49$ 　　$\therefore r=7$

따라서 밑면의 반지름의 길이는 $7\ \text{cm}$이다. 　　답 $7\ \text{cm}$

15 도자기 A의 부피는

$(\pi\times6^2)\times x=36\pi x(\text{cm}^3)$ 　　…… ㉮

도자기 B의 부피는

$(\pi\times4^2)\times9=144\pi(\text{cm}^3)$ 　　…… ㉯

두 도자기 A, B의 부피가 같으므로

$36\pi x=144\pi$ 　　$\therefore x=4$ 　　…… ㉰

답 4

채점 기준	
㉮ 도자기 A의 부피 구하기	40 %
㉯ 도자기 B의 부피 구하기	40 %
㉰ x의 값 구하기	20 %

16 (밑넓이)$=\dfrac{1}{2}\times6\times8=24(\text{cm}^2)$

(옆넓이)$=(10+6+8)\times12=288(\text{cm}^2)$

$\therefore$ (겉넓이)$=$(밑넓이)$\times2+$(옆넓이)

$\qquad=24\times2+288=336(\text{cm}^2)$ 　　답 ③

17 정육면체의 한 모서리의 길이를 $a\ \text{cm}\ (a>0)$라 하면

$(a\times a)\times6=384$, $a^2=64$

$\therefore a=8$

따라서 정육면체의 한 모서리의 길이는 $8\ \text{cm}$이다. 　　답 ④

18 주어진 전개도로 만들어지는 삼각기둥의 높이를 $h\ \text{cm}$라 하면

$\left(\dfrac{1}{2}\times3\times4\right)\times h=48$, $6h=48$ 　　$\therefore h=8$ 　…… ㉮

$\therefore$ (겉넓이)$=\left(\dfrac{1}{2}\times3\times4\right)\times2+(3+4+5)\times8$

$\qquad=12+96=108(\text{cm}^2)$ 　…… ㉯

답 $108\ \text{cm}^2$

채점 기준	
㉮ 삼각기둥의 높이 구하기	50 %
㉯ 삼각기둥의 겉넓이 구하기	50 %

19 주어진 입체도형의 겉넓이는 한 변의 길이가 $20\ \text{cm}$인 정사각형 14개의 넓이의 합과 같으므로

(겉넓이)$=(20\times20)\times14$

$\qquad=5600(\text{cm}^2)$ 　　답 $5600\ \text{cm}^2$

20 (밑넓이)$=\pi\times5^2=25\pi(\text{cm}^2)$

(옆넓이)$=2\pi\times5\times7$

$\qquad=70\pi(\text{cm}^2)$

$\therefore$ (겉넓이)$=$(밑넓이)$\times2+$(옆넓이)

$\qquad=25\pi\times2+70\pi$

$\qquad=120\pi(\text{cm}^2)$ 　　답 $120\pi\ \text{cm}^2$

21 $(\pi\times4^2)\times2+2\pi\times4\times h=96\pi$

$32\pi+8\pi h=96\pi$, $8\pi h=64\pi$

$\therefore h=8$ 　　답 8

22 필요한 한지의 넓이는 원기둥의 옆넓이와 같으므로 　…… ㉮

(필요한 한지의 넓이)

$=2\pi\times10\times20$

$=400\pi(\text{cm}^2)$ 　　…… ㉯

답 $400\pi\ \text{cm}^2$

채점 기준	
㉮ 필요한 한지의 넓이 구하는 방법 파악하기	40 %
㉯ 필요한 한지의 넓이 구하기	60 %

23 (밑넓이)$=\pi\times6^2\times\dfrac{120}{360}$

$\qquad=12\pi(\text{cm}^2)$

(옆넓이)$=\left(6\times2+2\pi\times6\times\dfrac{120}{360}\right)\times5$

$\qquad=60+20\pi(\text{cm}^2)$

$\therefore$ (겉넓이)$=$(밑넓이)$\times2+$(옆넓이)

$\qquad=12\pi\times2+(60+20\pi)$

$\qquad=60+44\pi(\text{cm}^2)$ 　　답 $(60+44\pi)\ \text{cm}^2$

개념 보충 학습

주어진 입체도형의 전개도는 오른쪽 그림과 같으므로

(옆넓이)

$=$(부채꼴의 둘레의 길이)$\times$(높이)

$=\{$(호의 길이)$+$(반지름의 길이)$\times2\}\times$(높이)

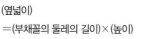

24 비닐하우스의 부피는 밑면이 반지름의 길이가 $40\ \text{cm}$인 반원이고, 높이가 $120\ \text{cm}$인 기둥의 부피와 같다.

$\therefore$ (부피)$=$(밑넓이)$\times$(높이)

$\qquad=\left(\pi\times40^2\times\dfrac{1}{2}\right)\times120$

$\qquad=800\pi\times120$

$\qquad=96000\pi(\text{cm}^3)$ 　　답 $96000\pi\ \text{cm}^3$

중 25 (1) (부피)=(큰 각기둥의 부피)−(작은 각기둥의 부피)

　　　　=$(4×4)×5−(2×2)×5$

　　　　=$80−20=60(cm^3)$

(2) (밑넓이)=$4×4−2×2=12(cm^2)$

　　(옆넓이)=(큰 각기둥의 옆넓이)+(작은 각기둥의 옆넓이)

　　　　　=$(4×4)×5+(2×4)×5$

　　　　　=$80+40=120(cm^2)$

　　∴ (겉넓이)=(밑넓이)$×2+$(옆넓이)

　　　　　　　=$12×2+120$

　　　　　　　=$144(cm^2)$

　　　　　　　　　　　　　　　　답 (1) $60\ cm^3$ (2) $144\ cm^2$

> **다른 풀이** (1) (밑넓이)=$4×4−2×2=12(cm^2)$이므로
> (부피)=$12×5=60(cm^3)$

중 26 (1) (부피)=(큰 원기둥의 부피)−(작은 원기둥의 부피)

　　　　=$(π×5^2)×10−(π×3^2)×10$

　　　　=$250π−90π=160π(cm^3)$

(2) (밑넓이)=$π×5^2−π×3^2=16π(cm^2)$

　　(옆넓이)=(큰 원기둥의 옆넓이)+(작은 원기둥의 옆넓이)

　　　　　=$2π×5×10+2π×3×10$

　　　　　=$100π+60π=160π(cm^2)$

　　∴ (겉넓이)=(밑넓이)$×2+$(옆넓이)

　　　　　　　=$16π×2+160π$

　　　　　　　=$192π(cm^2)$

　　　　　　　　　　　　　　답 (1) $160π\ cm^3$ (2) $192π\ cm^2$

중 27 오른쪽 그림과 같이 잘린 부분의 면을 이동하여 생각하면 주어진 입체도형의 겉넓이는 가로의 길이, 세로의 길이, 높이가 각각 $9\ cm$, $3\ cm$, $4\ cm$인 직육면체의 겉넓이와 같다.

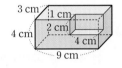

　∴ (겉넓이)=(밑넓이)$×2+$(옆넓이)

　　　　　　=$(3×9)×2+(3+9+3+9)×4$

　　　　　　=$54+96=150(cm^2)$　　　**답** $150\ cm^2$

> **주의** 잘라 내는 과정에서 생긴 단면의 넓이가 겉넓이에 추가된다. 입체도형에서 일부를 잘라 내면 겉넓이는 잘라 낸 부분의 넓이만큼 줄어든다고 생각하지 않도록 주의한다.

상 28 주어진 입체도형은 오른쪽 그림과 같이 높이가 $8\ cm$인 원기둥과 높이가 $4\ cm$인 원기둥을 이등분한 입체도형을 붙인 것과 같다.

　∴ (부피)=$(π×4^2)×8+(π×4^2)×4×\dfrac{1}{2}$

　　　　　=$128π+32π=160π(cm^3)$　**답** $160π\ cm^3$

> **다른 풀이** 주어진 입체도형의 부피는 오른쪽 그림과 같이 밑면이 반지름의 길이가 $4\ cm$인 원이고 높이가 $20\ cm$인 원기둥의 부피의 $\dfrac{1}{2}$과 같다.

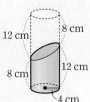

　∴ (부피)=$(π×4^2)×20×\dfrac{1}{2}=160π(cm^3)$

중 29 주어진 직사각형을 직선 l을 회전축으로 하여 1회전 시킬 때 생기는 회전체는 오른쪽 그림과 같은 원기둥이므로

(부피)=(밑넓이)$×$(높이)

　　　=$(π×3^2)×8=72π(cm^3)$

(겉넓이)=(밑넓이)$×2+$(옆넓이)

　　　　=$(π×3^2)×2+2π×3×8$

　　　　=$18π+48π=66π(cm^2)$

　　　　　　　답 부피: $72π\ cm^3$, 겉넓이: $66π\ cm^2$

중 30 주어진 직사각형이 회전축에서 떨어져 있으므로 주어진 직사각형을 직선 l을 회전축으로 하여 1회전 시킬 때 생기는 회전체는 오른쪽 그림과 같이 가운데에 구멍이 뚫린 원기둥 모양의 입체도형이다.

∴ (겉넓이)=(밑넓이)$×2+$(큰 원기둥의 옆넓이)

　　　　　　　　　　+(작은 원기둥의 옆넓이)

　　　　=$(π×6^2−π×3^2)×2+2π×6×6+2π×3×6$

　　　　=$54π+72π+36π$

　　　　=$162π(cm^2)$　　　　　　　**답** $162π\ cm^2$

Lecture 17 뿔의 부피와 겉넓이

Level A 개념 익히기　　　　　　　　　148쪽

01 (밑넓이)=$5×5=25(cm^2)$

　∴ (부피)=$\dfrac{1}{3}×25×9=75(cm^3)$　　**답** $75\ cm^3$

02 (밑넓이)=$π×6^2=36π(cm^2)$

　∴ (부피)=$\dfrac{1}{3}×36π×8=96π(cm^3)$　**답** $96π\ cm^3$

03

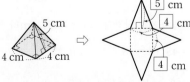

(밑넓이)=$4×4=16(cm^2)$

(옆넓이)=$\left(\dfrac{1}{2}×4×5\right)×4=40(cm^2)$

∴ (겉넓이)=(밑넓이)+(옆넓이)

　　　　=$16+40$

　　　　=$56(cm^2)$　　　　**답** 5, 4, 4 / $56\ cm^2$

04

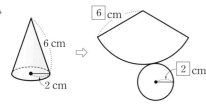

(밑넓이)$=\pi\times2^2=4\pi\,(\text{cm}^2)$

(옆넓이)$=\pi\times2\times6=12\pi\,(\text{cm}^2)$

$\therefore$ (겉넓이)$=$(밑넓이)$+$(옆넓이)

$\qquad\qquad=4\pi+12\pi=16\pi\,(\text{cm}^2)$ 　　　🔳 6, 2 / $16\pi\,\text{cm}^2$

05 (부피)$=$(큰 각뿔의 부피)$-$(작은 각뿔의 부피)

$\qquad=\dfrac{1}{3}\times(6\times4)\times8-\dfrac{1}{3}\times(3\times2)\times4$

$\qquad=64-8=56\,(\text{cm}^3)$ 　　　🔳 $56\,\text{cm}^3$

06 (부피)$=$(큰 원뿔의 부피)$-$(작은 원뿔의 부피)

$\qquad=\dfrac{1}{3}\times(\pi\times9^2)\times12-\dfrac{1}{3}\times(\pi\times3^2)\times4$

$\qquad=324\pi-12\pi=312\pi\,(\text{cm}^3)$ 　　　🔳 $312\pi\,\text{cm}^3$

Level B 유형 공략하기　　　149~153쪽

하 07 (부피)$=\dfrac{1}{3}\times$(밑넓이)$\times$(높이)

$\qquad=\dfrac{1}{3}\times(6\times8)\times7=112\,(\text{cm}^3)$ 　　　🔳 ②

중 08 삼각뿔의 높이를 h cm라 하면

$\dfrac{1}{3}\times\left(\dfrac{1}{2}\times10\times8\right)\times h=120$

$\dfrac{40}{3}h=120$　　$\therefore h=9$

따라서 삼각뿔의 높이는 9 cm이다. 　　　🔳 $9\,\text{cm}$

중 09 사각뿔 모양의 그릇의 부피는 사각기둥 모양의 그릇의 부피의

$\dfrac{1}{3}$이므로 구하는 모래의 높이는 사각기둥의 높이의 $\dfrac{1}{3}$이다.

$\therefore$ (모래의 높이)$=6\times\dfrac{1}{3}=2\,(\text{cm})$ 　　　🔳 $2\,\text{cm}$

상 10 주어진 전개도로 만든 삼각뿔은 오른쪽 그림과 같이 밑면은 밑변의 길이와 높이가 각각 6 cm인 직각이등변삼각형이고 높이는 12 cm이다. 　　…… ㉮

$\therefore$ (부피)$=\dfrac{1}{3}\times\left(\dfrac{1}{2}\times6\times6\right)\times12$

$\qquad\qquad=72\,(\text{cm}^3)$ 　　…… ㉯

　　　🔳 $72\,\text{cm}^3$

채점 기준	
㉮ 삼각뿔의 모양 파악하기	50%
㉯ 삼각뿔의 부피 구하기	50%

상 11 밑넓이의 비가 $2:3$인 각기둥과 각뿔의 밑넓이를 각각 $2S$, $3S$라 하고 높이를 각각 h, h'이라 하면

$2S\times h=\dfrac{1}{3}\times3S\times h',\ 2h=h'$　　$\therefore h:h'=1:2$

따라서 각기둥과 각뿔의 높이의 비는 $1:2$이다.

　　　🔳 ②

중 12 $\triangle\text{BCD}$를 밑면으로 생각하면 높이가 $\overline{\text{CG}}$이므로

(부피)$=\dfrac{1}{3}\times\left(\dfrac{1}{2}\times12\times12\right)\times12$

$\qquad=288\,(\text{cm}^3)$ 　　　🔳 $288\,\text{cm}^3$

중 13 오른쪽 그림과 같이 구하는 입체도형의 부피는 정육면체의 부피에서 삼각뿔의 부피를 뺀 것과 같다.

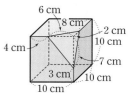

$\therefore$ (부피)

$=$(정육면체의 부피)$-$(삼각뿔의 부피)

$=10\times10\times10-\dfrac{1}{3}\times\left(\dfrac{1}{2}\times6\times2\right)\times7$

$=1000-14=986\,(\text{cm}^3)$ 　　　🔳 ④

상 14 (그릇 A의 물의 양)$=$(삼각뿔의 부피)

$\qquad\qquad=\dfrac{1}{3}\times\left(\dfrac{1}{2}\times9\times6\right)\times4$

$\qquad\qquad=36\,(\text{cm}^3)$ 　　…… ㉮

(그릇 B의 물의 양)$=$(삼각기둥의 부피)

$\qquad\qquad=\left(\dfrac{1}{2}\times6\times x\right)\times4$

$\qquad\qquad=12x\,(\text{cm}^3)$ 　　…… ㉯

두 그릇 A, B에 들어 있는 물의 양이 같으므로

$36=12x$　　$\therefore x=3$ 　　…… ㉰

　　　🔳 3

채점 기준	
㉮ 그릇 A의 물의 양 구하기	40%
㉯ 그릇 B의 물의 양 구하기	40%
㉰ x의 값 구하기	20%

공략 비법

직육면체 모양의 그릇을 기울였을 때 물의 부피는 삼각기둥의 부피 또는 삼각뿔의 부피와 같다.

상 15 구하는 삼각뿔의 부피는 정육면체의 부피에서 네 삼각뿔 $\text{A}-\text{EFH}$, $\text{C}-\text{FGH}$, $\text{B}-\text{AFC}$, $\text{D}-\text{ACH}$의 부피를 뺀 것과 같으므로

(부피)$=6\times6\times6-\left\{\dfrac{1}{3}\times\left(\dfrac{1}{2}\times6\times6\right)\times6\right\}\times4$

$\qquad=216-144=72\,(\text{cm}^3)$ 　　　🔳 $72\,\text{cm}^3$

하 16 (부피)$=\dfrac{1}{3}\times$(밑넓이)$\times$(높이)

$\qquad=\dfrac{1}{3}\times(\pi\times6^2)\times9=108\pi\,(\text{cm}^3)$ 　　　🔳 $108\pi\,\text{cm}^3$

중 17 원뿔의 높이를 $h \, \text{cm}$라 하면

$$\frac{1}{3} \times (\pi \times 4^2) \times h = 64\pi$$

$$\frac{16}{3}\pi h = 64\pi \qquad \therefore h = 12$$

따라서 원뿔의 높이는 $12 \, \text{cm}$이다. 　　　　　　답 $12 \, \text{cm}$

중 18 주어진 입체도형의 부피는 원뿔과 원기둥의 부피의 합이므로

$$(\text{부피}) = \frac{1}{3} \times (\pi \times 3^2) \times 3 + (\pi \times 3^2) \times 6$$

$$= 9\pi + 54\pi = 63\pi (\text{cm}^3)$$　　답 ④

중 19 원뿔의 부피는 밑넓이와 높이가 각각 같은 원기둥의 부피의 $\frac{1}{3}$

이므로 원뿔 모양의 그릇에 물을 가득 채워서 원기둥 모양의 그

릇에 옮기면 물의 높이는 원기둥의 높이의 $\frac{1}{3}$이 된다.

$$\therefore (\text{물의 높이}) = 9 \times \frac{1}{3} = 3 (\text{cm})$$　　답 $3 \, \text{cm}$

상 20 밑면의 반지름의 길이가 $5 \, \text{cm}$이고 높이가 $12 \, \text{cm}$인 원뿔 모양의 아이스크림의 부피는

$$\frac{1}{3} \times (\pi \times 5^2) \times 12 = 100\pi (\text{cm}^3)$$

밑면의 반지름의 길이가 $10 \, \text{cm}$이고 높이가 $18 \, \text{cm}$인 원뿔 모양의 아이스크림의 부피는

$$\frac{1}{3} \times (\pi \times 10^2) \times 18 = 600\pi (\text{cm}^3)$$

구하는 아이스크림의 가격을 x원이라 하면

$$100\pi : 600\pi = 700 : x, \; 1 : 6 = 700 : x$$

$$\therefore x = 4200$$

따라서 구하는 아이스크림의 가격은 4200원이다. 　답 4200원

상 21 $(\text{그릇의 부피}) = \frac{1}{3} \times (\pi \times 12^2) \times h$

$$= 48\pi h (\text{cm}^3)$$

1분에 $12\pi \, \text{cm}^3$씩 물을 넣어 빈 그릇에 물을 가득 채우는 데 80분이 걸리므로

$$48\pi h \div 12\pi = 80$$

$$\therefore h = 20$$　　답 20

공략 비법

(원뿔 모양의 그릇에 물을 가득 채우는 데 걸리는 시간)

＝(원뿔 모양의 그릇의 부피)÷(1분에 넣는 물의 양)

중 22 $(\text{겉넓이}) = (\text{밑넓이}) + (\text{옆넓이})$

$$= 10 \times 10 + \left(\frac{1}{2} \times 10 \times 8 \right) \times 4$$

$$= 100 + 160 = 260 (\text{cm}^2)$$　　답 $260 \, \text{cm}^2$

중 23 $(\text{겉넓이}) = (\text{밑넓이}) + (\text{옆넓이})$

$$= 8 \times 8 + \left(\frac{1}{2} \times 8 \times 7 \right) \times 4$$

$$= 64 + 112 = 176 (\text{cm}^2)$$　　답 ①

중 24 $(\text{겉넓이}) = 6 \times 6 + \left(\frac{1}{2} \times 6 \times x \right) \times 4$

$$= 36 + 12x (\text{cm}^2)$$

이때 주어진 사각뿔의 겉넓이가 $96 \, \text{cm}^2$이므로

$$36 + 12x = 96, \; 12x = 60$$

$$\therefore x = 5$$　　답 5

중 25 밑면은 정사각형이고 옆면은 모두 이등변삼각형이므로 주어진 입체도형은 사각뿔이다. 　　…… ㉮

$\therefore (\text{겉넓이}) = (\text{밑넓이}) + (\text{옆넓이})$

$$= 8 \times 8 + \left(\frac{1}{2} \times 8 \times 10 \right) \times 4$$

$$= 64 + 160$$

$$= 224 (\text{cm}^2)$$　　…… ㉯

답 $224 \, \text{cm}^2$

채점 기준

㉮ 어떤 입체도형인지 구하기	40 %
㉯ 입체도형의 겉넓이 구하기	60 %

중 26 $(\text{밑넓이}) = \pi \times 6^2 = 36\pi (\text{cm}^2)$

$(\text{옆넓이}) = \pi \times 6 \times 10 = 60\pi (\text{cm}^2)$

$\therefore (\text{겉넓이}) = (\text{밑넓이}) + (\text{옆넓이})$

$$= 36\pi + 60\pi$$

$$= 96\pi (\text{cm}^2)$$　　답 ⑤

중 27 원뿔의 모선의 길이를 $x \, \text{cm}$라 하면

$(\text{겉넓이}) = (\text{밑넓이}) + (\text{옆넓이})$

$$= \pi \times 3^2 + \pi \times 3 \times x$$

$$= 9\pi + 3\pi x (\text{cm}^2)$$

이때 주어진 원뿔의 겉넓이가 $24\pi \, \text{cm}^2$이므로

$$9\pi + 3\pi x = 24\pi, \; 3\pi x = 15\pi$$

$$\therefore x = 5$$

따라서 원뿔의 모선의 길이는 $5 \, \text{cm}$이다.

답 $5 \, \text{cm}$

중 28 밑면의 반지름의 길이를 $r \, \text{cm}$라 하면 원뿔의 옆넓이가 $45\pi \, \text{cm}^2$이므로

$$\pi \times r \times 9 = 45\pi \qquad \therefore r = 5$$

따라서 원뿔의 겉넓이는

$$\pi \times 5^2 + 45\pi = 25\pi + 45\pi$$

$$= 70\pi (\text{cm}^2)$$　　답 $70\pi \, \text{cm}^2$

중 29 필요한 종이의 넓이는 원뿔의 옆넓이와 같으므로

$$(\text{옆넓이}) = \frac{1}{2} \times 12\pi \times 30$$

$$= 180\pi (\text{cm}^2)$$　　답 $180\pi \, \text{cm}^2$

개념 보충 학습

부채꼴의 반지름의 길이와 호의 길이를 알 때

$(\text{부채꼴의 넓이}) = \frac{1}{2} \times (\text{호의 길이}) \times (\text{반지름의 길이})$

중 30 밑면의 반지름의 길이를 r cm라 하면

$$2\pi \times 9 \times \frac{120}{360} = 2\pi r \qquad \therefore r = 3$$

$\therefore$ (겉넓이)=(밑넓이)+(옆넓이)

$$= \pi \times 3^2 + \pi \times 3 \times 9$$
$$= 9\pi + 27\pi = 36\pi(\text{cm}^2)$$

답 36π cm²

중 31 원뿔의 모선의 길이를 l cm라 하면

$$\pi \times 3 \times l = 15\pi \qquad \therefore l = 5$$

부채꼴의 호의 길이가 밑면의 둘레의 길이와 같으므로

$$2\pi \times 5 \times \frac{x}{360} = 2\pi \times 3, \ \frac{x}{36}\pi = 6\pi$$

$$\therefore x = 216$$

답 ④

상 32 주어진 부채꼴을 옆면으로 하는 원뿔은 오른쪽 그림과 같다. 밑면의 반지름의 길이를 r cm라 하면

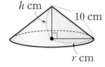

$$2\pi \times 10 \times \frac{288}{360} = 2\pi r$$

$$16\pi = 2\pi r \qquad \therefore r = 8 \qquad \cdots\cdots \text{㉮}$$

또, 원뿔의 높이를 h cm라 하면

$$(\text{부피}) = \frac{1}{3} \times (\pi \times 8^2) \times h = \frac{64}{3}\pi h(\text{cm}^3)$$

$$\frac{64}{3}\pi h = 128\pi \qquad \therefore h = 6$$

따라서 원뿔의 높이는 6 cm이다. $\cdots\cdots$ ㉯

답 6 cm

채점 기준	
㉮ 밑면의 반지름의 길이 구하기	40 %
㉯ 원뿔의 높이 구하기	60 %

중 33 (부피)=(큰 사각뿔의 부피)−(작은 사각뿔의 부피)

$$= \frac{1}{3} \times (12 \times 12) \times 16 - \frac{1}{3} \times (6 \times 6) \times 8$$
$$= 768 - 96$$
$$= 672(\text{cm}^3)$$

답 672 cm³

중 34 (부피)=(큰 원뿔의 부피)−(작은 원뿔의 부피)

$$= \frac{1}{3} \times (\pi \times 6^2) \times 9 - \frac{1}{3} \times (\pi \times 4^2) \times 6$$
$$= 108\pi - 32\pi$$
$$= 76\pi(\text{cm}^3)$$

답 ④

상 35 (사각뿔의 부피)$= \frac{1}{3} \times (4 \times 3) \times 5$

$$= 20(\text{cm}^3) \qquad \cdots\cdots \text{㉮}$$

(사각뿔대의 부피)$= \frac{1}{3} \times (8 \times 6) \times 10 - (\text{사각뿔의 부피})$

$$= 160 - 20 = 140(\text{cm}^3) \qquad \cdots\cdots \text{㉯}$$

$\therefore$ (사각뿔의 부피) : (사각뿔대의 부피)=20 : 140

$$= 1 : 7 \qquad \cdots\cdots \text{㉰}$$

답 1 : 7

채점 기준	
㉮ 사각뿔의 부피 구하기	40 %
㉯ 사각뿔대의 부피 구하기	40 %
㉰ 사각뿔과 사각뿔대의 부피의 비 구하기	20 %

중 36 (겉넓이)=(두 밑넓이의 합)+(옆넓이)

$$= \pi \times 3^2 + \pi \times 6^2 + \{\pi \times 6 \times (5+5) - \pi \times 3 \times 5\}$$
$$= 9\pi + 36\pi + 45\pi$$
$$= 90\pi(\text{cm}^2)$$

답 90π cm²

중 37 (겉넓이)=(두 밑넓이의 합)+(옆넓이)

$$= 4 \times 4 + 6 \times 6 + \left\{\frac{1}{2} \times (4+6) \times 5\right\} \times 4$$
$$= 16 + 36 + 100$$
$$= 152(\text{cm}^2)$$

답 152 cm²

상 38 주어진 입체도형의 전개도는 다음 그림과 같다.

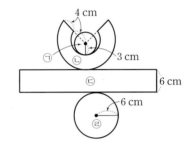

(㉠의 넓이)$= \pi \times 3^2 = 9\pi(\text{cm}^2)$

(㉡의 넓이)$= \pi \times 6 \times (4+4) - \pi \times 3 \times 4 = 36\pi(\text{cm}^2)$

(㉢의 넓이)$= 2\pi \times 6 \times 6 = 72\pi(\text{cm}^2)$

(㉣의 넓이)$= \pi \times 6^2 = 36\pi(\text{cm}^2)$

$\therefore$ (겉넓이)=(㉠의 넓이)+(㉡의 넓이)+(㉢의 넓이)
$$\qquad\qquad\qquad + (\text{㉣의 넓이})$$
$$= 9\pi + 36\pi + 72\pi + 36\pi$$
$$= 153\pi(\text{cm}^2)$$

답 153π cm²

주의 겉넓이를 구할 때 도형을 둘러싸고 있는 모든 면의 넓이를 빠짐없이 더했는지 확인해야 한다.

중 39 주어진 직각삼각형을 직선 l을 회전축으로 하여 1회전 시킬 때 생기는 회전체는 오른쪽 그림과 같은 원뿔이므로

(겉넓이)=(밑넓이)+(옆넓이)

$$= \pi \times 5^2 + \pi \times 5 \times 13$$
$$= 25\pi + 65\pi = 90\pi(\text{cm}^2)$$

답 90π cm²

중 40 주어진 사다리꼴을 직선 l을 회전축으로 하여 1회전 시킬 때 생기는 회전체는 오른쪽 그림과 같은 원뿔대이므로

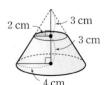

(부피)$= \frac{1}{3} \times (\pi \times 4^2) \times 6$

$$\qquad - \frac{1}{3} \times (\pi \times 2^2) \times 3$$

$$= 32\pi - 4\pi = 28\pi(\text{cm}^3)$$

답 28π cm³

⊜41 주어진 도형을 직선 l을 회전축으로 하여 1회전 시킬 때 생기는 회전체는 오른쪽 그림과 같으므로

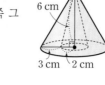

$$(부피)=\frac{1}{3}\times\left\{\pi\times(3+2)^2\right\}\times6$$
$$-\frac{1}{3}\times(\pi\times2^2)\times6$$
$$=50\pi-8\pi=42\pi(\text{cm}^3)$$

目 $42\pi\ \text{cm}^3$

⊛42 △ABC를 직선 AC를 회전축으로 하여 1회전 시킬 때 생기는 회전체는 오른쪽 그림과 같다.

이 회전체는 모양과 크기가 같은 두 원뿔의 밑면을 겹쳐 놓은 입체도형이므로 겉넓이는 두 원뿔의 옆넓이의 합과 같다.

∴ (겉넓이)=(원뿔의 옆넓이)×2
$$=(\pi\times4\times5)\times2=40\pi(\text{cm}^2)$$

目 $40\pi\ \text{cm}^2$

Lecture 18 구의 부피와 겉넓이

Level A 개념 익히기   154쪽

01 $(부피)=\frac{4}{3}\pi\times6^3=288\pi(\text{cm}^3)$

$(겉넓이)=4\pi\times6^2=144\pi(\text{cm}^2)$

目 $288\pi\ \text{cm}^3,\ 144\pi\ \text{cm}^2$

02 $(부피)=\frac{4}{3}\pi\times4^3=\frac{256}{3}\pi(\text{cm}^3)$

$(겉넓이)=4\pi\times4^2=64\pi(\text{cm}^2)$

目 $\frac{256}{3}\pi\ \text{cm}^3,\ 64\pi\ \text{cm}^2$

03 (1) $(부피)=\frac{4}{3}\pi\times3^3=36\pi(\text{cm}^3)$

(2) $(겉넓이)=4\pi\times3^2=36\pi(\text{cm}^2)$

目 (1) $36\pi\ \text{cm}^3$ (2) $36\pi\ \text{cm}^2$

04 (1) $(부피)=\frac{4}{3}\pi\times5^3=\frac{500}{3}\pi(\text{cm}^3)$

(2) $(겉넓이)=4\pi\times5^2=100\pi(\text{cm}^2)$

目 (1) $\frac{500}{3}\pi\ \text{cm}^3$ (2) $100\pi\ \text{cm}^2$

05 원뿔과 원기둥의 높이는 $2r$이므로

$(원뿔의 부피)=\frac{1}{3}\times\pi r^2\times2r=\frac{2}{3}\pi r^3$

$(구의 부피)=\frac{4}{3}\pi r^3$

$(원기둥의 부피)=\pi r^2\times2r=2\pi r^3$

目 원뿔의 부피: $\frac{2}{3}\pi r^3$, 구의 부피: $\frac{4}{3}\pi r^3$
원기둥의 부피: $2\pi r^3$

06 (원뿔의 부피) : (구의 부피) : (원기둥의 부피)

$$=\frac{2}{3}\pi r^3:\frac{4}{3}\pi r^3:2\pi r^3$$
$$=1:2:3$$

目 $1:2:3$

07 (원뿔의 부피) : (구의 부피) : (원기둥의 부피)$=1:2:3$

이고, 원뿔의 부피가 $2\pi\ \text{cm}^3$이므로

$(구의 부피)=2\pi\times2=4\pi(\text{cm}^3)$

$(원기둥의 부피)=2\pi\times3=6\pi(\text{cm}^3)$

目 구의 부피: $4\pi\ \text{cm}^3$, 원기둥의 부피: $6\pi\ \text{cm}^3$

Level B 유형 공략하기   155~157쪽

⊜08 $(부피)=(반구의 부피)+(원뿔의 부피)$

$$=\left(\frac{4}{3}\pi\times6^3\right)\times\frac{1}{2}+\frac{1}{3}\times(\pi\times6^2)\times8$$
$$=144\pi+96\pi=240\pi(\text{cm}^3)$$

目 $240\pi\ \text{cm}^3$

⊜09 반지름의 길이가 r, $2r$인 구의 부피를 각각 V_1, V_2라 하면

$$V_1=\frac{4}{3}\pi r^3,\ V_2=\frac{4}{3}\pi\times(2r)^3=\frac{32}{3}\pi r^3$$

따라서 반지름의 길이가 2배가 되면 구의 부피는 8배가 된다.

目 8배

⊜10 $(부피)=(작은 반구의 부피)+(큰 반구의 부피)$

$$=\left(\frac{4}{3}\pi\times4^3\right)\times\frac{1}{2}+\left(\frac{4}{3}\pi\times8^3\right)\times\frac{1}{2}$$
$$=\frac{128}{3}\pi+\frac{1024}{3}\pi$$
$$=384\pi(\text{cm}^3)$$

目 $384\pi\ \text{cm}^3$

⊛11 (쇠구슬 3개를 모두 꺼냈을 때 남아 있는 물의 양)

$$=(원기둥의 부피)-(쇠구슬 1개의 부피)\times3$$
$$=(\pi\times4^2)\times10-\left(\frac{4}{3}\pi\times2^3\right)\times3$$
$$=160\pi-32\pi=128\pi(\text{cm}^3)$$

이때 남아 있는 물의 높이를 $h\ \text{cm}$라 하면

$\pi\times4^2\times h=128\pi$, $16\pi h=128\pi$ ∴ $h=8$

따라서 남아 있는 물의 높이는 $8\ \text{cm}$이다.

目 $8\ \text{cm}$

⊛12 (반지름의 길이가 $3\ \text{cm}$인 쇠구슬의 부피)

$$=\frac{4}{3}\pi\times3^3=36\pi(\text{cm}^3)$$

(반지름의 길이가 $1\ \text{cm}$인 쇠구슬의 부피)

$$=\frac{4}{3}\pi\times1^3=\frac{4}{3}\pi(\text{cm}^3)$$

따라서 만들 수 있는 쇠구슬의 개수는

$$36\pi\div\frac{4}{3}\pi=36\pi\times\frac{3}{4\pi}=27(개)$$

目 27개

⊛13 $(겉넓이)=(구의 겉넓이)\times\frac{1}{2}+(원의 넓이)$

$$=4\pi\times3^2\times\frac{1}{2}+\pi\times3^2$$
$$=18\pi+9\pi=27\pi(\text{cm}^2)$$

目 $27\pi\ \text{cm}^2$

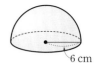

중 14 (겉넓이)=(구의 겉넓이)+(원기둥의 옆넓이)

$$=4\pi\times2^2+2\pi\times2\times5$$

$$=16\pi+20\pi=36\pi\,(\mathrm{cm}^2)$$　답 ④

중 15 구의 반지름의 길이를 r cm라 하면 구의 중심을 지나는 평면으로 자를 때 생기는 단면의 넓이가 144π cm²이므로

$$\pi r^2=144\pi,\ r^2=144\qquad\therefore r=12$$

$$\therefore (겉넓이)=4\pi\times12^2=576\pi\,(\mathrm{cm}^2)$$　답 576π cm²

상 16 (원뿔의 겉넓이)$=\pi\times2^2+\pi\times2\times4$

$$=4\pi+8\pi$$

$$=12\pi\,(\mathrm{cm}^2)\qquad\cdots\cdots ㉮$$

(반구의 겉넓이)=(구의 겉넓이)$\times\dfrac12$+(원의 넓이)

$$=(4\pi\times x^2)\times\frac12+\pi\times x^2$$

$$=2\pi x^2+\pi x^2$$

$$=3\pi x^2\,(\mathrm{cm}^2)\qquad\cdots\cdots ㉯$$

이때 원뿔의 겉넓이와 반구의 겉넓이가 서로 같으므로

$$12\pi=3\pi x^2,\ x^2=4\qquad\therefore x=2\qquad\cdots\cdots ㉰$$

답 2

채점 기준	
㉮ 원뿔의 겉넓이 구하기	40 %
㉯ 반구의 겉넓이 구하기	40 %
㉰ x의 값 구하기	20 %

중 17 (겉넓이)=(구의 겉넓이)$\times\dfrac34$+(반원의 넓이)$\times2$

$$=(4\pi\times5^2)\times\frac34+\left(\frac12\times\pi\times5^2\right)\times2$$

$$=75\pi+25\pi=100\pi\,(\mathrm{cm}^2)$$　답 ①

공략 비법

구의 $\dfrac1n$을 잘라 내고 남은 입체도형의 부피와 겉넓이

① (부피)=(구의 부피)$\times\dfrac{n-1}{n}$

② (겉넓이)=(구의 겉넓이)$\times\dfrac{n-1}{n}$+(잘린 단면의 넓이)

중 18 주어진 입체도형은 구의 $\dfrac18$을 잘라 낸 것이므로 구의 $\dfrac78$이 남은 것이다.

$$\therefore (부피)=(구의 부피)\times\frac78$$

$$=\left(\frac43\pi\times3^3\right)\times\frac78$$

$$=\frac{63}{2}\pi\,(\mathrm{cm}^3)$$　답 $\dfrac{63}{2}\pi$ cm³

중 19 (겉넓이)=(구의 겉넓이)$\times\dfrac18$+(잘린 단면의 넓이)

$$=(4\pi\times6^2)\times\frac18+\left(\pi\times6^2\times\frac{90}{360}\right)\times3$$

$$=18\pi+27\pi=45\pi\,(\mathrm{cm}^2)$$　답 45π cm²

중 20 주어진 평면도형을 직선 l을 회전축으로 하여 1회전 시킬 때 생기는 회전체는 오른쪽 그림과 같이 반지름의 길이가 6 cm인 반구이므로

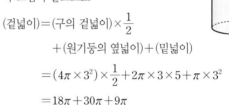

$$(부피)=\left(\frac43\pi\times6^3\right)\times\frac12=144\pi\,(\mathrm{cm}^3)$$

(겉넓이)=(구의 겉넓이)$\times\dfrac12$+(원의 넓이)

$$=(4\pi\times6^2)\times\frac12+\pi\times6^2$$

$$=72\pi+36\pi=108\pi\,(\mathrm{cm}^2)$$

답 부피: 144π cm³, 겉넓이: 108π cm²

중 21 주어진 평면도형을 직선 l을 회전축으로 하여 1회전 시킬 때 생기는 회전체는 오른쪽 그림과 같으므로

(겉넓이)=(구의 겉넓이)$\times\dfrac12$

　　　+(원기둥의 옆넓이)+(밑넓이)

$$=(4\pi\times3^2)\times\frac12+2\pi\times3\times5+\pi\times3^2$$

$$=18\pi+30\pi+9\pi$$

$$=57\pi\,(\mathrm{cm}^2)$$　답 ④

상 22 색칠한 부분을 직선 l을 회전축으로 하여 1회전 시킬 때 생기는 회전체는 오른쪽 그림과 같다.　　$\cdots\cdots ㉮$

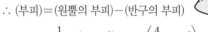

$$\therefore (부피)=(원뿔의 부피)-(반구의 부피)$$

$$=\frac13\times(\pi\times6^2)\times9-\left(\frac43\pi\times3^3\right)\times\frac12$$

$$=108\pi-18\pi$$

$$=90\pi\,(\mathrm{cm}^3)\qquad\cdots\cdots ㉯$$

답 90π cm³

채점 기준	
㉮ 회전체의 겨냥도 그리기	30 %
㉯ 회전체의 부피 구하기	70 %

상 23 색칠한 부분을 직선 l을 회전축으로 하여 1회전 시킬 때 생기는 회전체는 오른쪽 그림과 같으므로

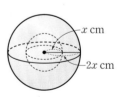

(부피)=(큰 구의 부피)

　　　-(작은 구의 부피)

$$=\frac43\pi\times(2x)^3-\frac43\pi\times x^3$$

$$=\frac{32}{3}\pi x^3-\frac43\pi x^3$$

$$=\frac{28}{3}\pi x^3\,(\mathrm{cm}^3)$$

이때 회전체의 부피가 252π cm³이므로

$$\frac{28}{3}\pi x^3=252\pi,\ x^3=27$$

$$\therefore x=3$$　답 3

중 24 구의 반지름의 길이를 r cm라 하면

$$\frac{4}{3}\pi r^3 = 32\pi \qquad \therefore r^3 = 24$$

$$\therefore \text{(원뿔의 부피)} = \frac{1}{3} \times (\pi \times r^2) \times 2r = \frac{2}{3}\pi r^3$$

$$= \frac{2}{3}\pi \times 24 = 16\pi (\text{cm}^3)$$

$$\text{(원기둥의 부피)} = (\pi \times r^2) \times 2r = 2\pi r^3$$

$$= 2\pi \times 24 = 48\pi (\text{cm}^3)$$

답 원뿔의 부피: 16π cm³, 원기둥의 부피: 48π cm³

다른 풀이 (원뿔의 부피) : (구의 부피) : (원기둥의 부피) $= 1 : 2 : 3$
이므로

$$\text{(원뿔의 부피)} = \text{(구의 부피)} \times \frac{1}{2} = 32\pi \times \frac{1}{2} = 16\pi (\text{cm}^3)$$

$$\text{(원기둥의 부피)} = \text{(원뿔의 부피)} \times 3 = 16\pi \times 3 = 48\pi (\text{cm}^3)$$

중 25 구의 반지름의 길이를 r라 하면

$$\text{(구의 부피)} = \frac{4}{3}\pi r^3, \ \text{(원뿔의 부피)} = \frac{2}{3}\pi r^3$$

(원기둥의 부피) $= 2\pi r^3$이므로

$$2\pi r^3 + \frac{2}{3}\pi r^3 = \frac{8}{3}\pi r^3$$

따라서 원기둥과 원뿔의 부피의 합은 구의 부피의 2배이다.

답 2배

중 26 원기둥의 밑면의 반지름의 길이가 r cm이고
원기둥의 높이는 $4r$ cm이므로

$$(\pi \times r^2) \times 4r = 108\pi, \ r^3 = 27$$

$$\therefore r = 3 \qquad \cdots\cdots \text{㉮}$$

따라서 공 한 개의 부피는

$$\frac{4}{3}\pi \times 3^3 = 36\pi (\text{cm}^3) \qquad \cdots\cdots \text{㉯}$$

답 36π cm³

채점 기준	
㉮ 구의 반지름의 길이 구하기	60 %
㉯ 공 한 개의 부피 구하기	40 %

상 27 (남아 있는 물의 부피)

$$= \text{(원기둥의 부피)} - \text{(쇠공의 부피)}$$

$$= (\pi \times 12^2) \times 24 - \frac{4}{3}\pi \times 12^3 = 1152\pi (\text{cm}^3)$$

이때 남아 있는 물의 높이를 h cm라 하면

$$(\pi \times 12^2) \times h = 1152\pi, \ 144\pi h = 1152\pi \qquad \therefore h = 8$$

따라서 원기둥 모양의 그릇에 남아 있는 물의 높이는 8 cm이다.

답 8 cm

다른 풀이 (구의 부피) : (원기둥의 부피) $= 2 : 3$이므로 쇠공의
부피는 원기둥 모양 그릇의 부피의 $\frac{2}{3}$이다.

즉, 남아 있는 물의 부피는 (원기둥의 부피) $\times \frac{1}{3}$이므로 남아 있
는 물의 높이는

$$\text{(원기둥의 높이)} \times \frac{1}{3} = 24 \times \frac{1}{3} = 8 (\text{cm})$$

중 28 $\text{(반구의 부피)} = \left(\frac{4}{3}\pi \times 3^3\right) \times \frac{1}{2} = 18\pi (\text{cm}^3)$

$$\text{(원뿔의 부피)} = \frac{1}{3} \times (\pi \times 3^2) \times 3 = 9\pi (\text{cm}^3)$$

$$\therefore \text{(반구의 부피)} : \text{(원뿔의 부피)} = 18\pi : 9\pi = 2 : 1$$

답 ①

중 29 구의 반지름의 길이를 r cm라 하면

$$\text{(구의 겉넓이)} = 4\pi \times r^2 = 100\pi (\text{cm}^2)$$

$$r^2 = 25 \qquad \therefore r = 5$$

따라서 정육면체의 한 모서리의 길이가 10 cm이므로

$$\text{(정육면체의 겉넓이)} = (10 \times 10) \times 6 = 600 (\text{cm}^2)$$

답 600 cm²

상 30 구하는 정팔면체의 부피는 밑면인 정사각형의 대각선의 길이가
12 cm이고 높이가 6 cm인 사각뿔의 부피의 2배와 같다.
이때 사각뿔의 밑넓이는 오른쪽 그림과 같
이 밑변의 길이가 12 cm, 높이가 6 cm인
삼각형의 넓이의 2배와 같으므로

$$\text{(사각뿔의 밑넓이)} = \left(\frac{1}{2} \times 12 \times 6\right) \times 2$$

$$= 72 (\text{cm}^2)$$

$$\therefore \text{(정팔면체의 부피)} = \text{(사각뿔의 부피)} \times 2$$

$$= \left(\frac{1}{3} \times 72 \times 6\right) \times 2 = 288 (\text{cm}^3)$$

답 288 cm³

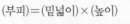

단원 마무리 158~161쪽

Level B 필수 유형 정복하기

01 240 cm³	**02** 500 m³	**03** ⑤	**04** ④	**05** ⑤
06 $(640-16\pi)$ cm³		**07** 298 cm²	**08** 아이스크림 통 1개	
09 6 cm	**10** ④	**11** $(36\pi-72)$ cm²		**12** 78시간
13 ②	**14** ④	**15** 3번	**16** 32π cm²	**17** ②

18 1600π cm²

19 캔 A의 겉넓이: 42π cm², 캔 B의 겉넓이: 44π cm² / 캔 A

20 부피: 90π cm³, 겉넓이: $(78\pi+60)$ cm²

21 (1) 216 cm³ (2) 36 cm³ (3) 6 : 1

22 부피: 6π cm³, 겉넓이: $(12\pi+12)$ cm²　　　**23** 컵 C

24 192π cm³

01 **전략** 직육면체 모양의 상자의 가로의 길이, 세로의 길이, 높이를 각
각 구한다.

만든 직육면체 모양의 상자는 오
른쪽 그림과 같으므로

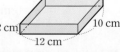

$$\text{(부피)} = \text{(밑넓이)} \times \text{(높이)}$$

$$= 12 \times 10 \times 2 = 240 (\text{cm}^3)$$

02 **전략** 수영장이 각기둥 모양임을 이해하고,
(각기둥의 부피) $=$ (밑넓이) $\times$ (높이)임을 이용한다.

물의 부피는 밑면이 사다리꼴이고 높이가 $2.5 \times 4 = 10\,(\text{m})$인 각기둥의 부피와 같으므로

$$(\text{부피}) = \left\{ \frac{1}{2} \times (1.6 + 2.4) \times 25 \right\} \times 10 = 500\,(\text{m}^3)$$

03 전략 각 면에 보이는 정사각형의 개수를 세어 본다.

각 면에 보이는 한 변의 길이가 1 cm인 정사각형의 개수를 세어 보면 앞면, 뒷면에 각각 13개, 옆면에 각각 12개, 윗면, 아랫면에 각각 20개이므로 총개수는

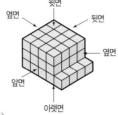

$13 \times 2 + 12 \times 2 + 20 \times 2 = 90\,(\text{개})$

$\therefore (\text{겉넓이}) = (1 \times 1) \times 90 = 90\,(\text{cm}^2)$

04 전략 원기둥의 옆면인 직사각형의 가로의 길이는 밑면의 둘레의 길이와 같음을 이용한다.

포장지의 가로의 길이는 밑면의 둘레의 길이와 같으므로

$$(\text{포장지의 넓이}) = (\text{밑면의 둘레의 길이}) \times (\text{높이})$$
$$= (2\pi \times 8) \times 10 = 160\pi\,(\text{cm}^2)$$

05 전략 케이크 전체의 부피는 큰 원기둥의 부피에서 가운데에 작은 원기둥의 부피를 뺀 것과 같다.

케이크 전체의 부피는

$$(\pi \times 10^2) \times 8 - (\pi \times 5^2) \times 8 = 800\pi - 200\pi = 600\pi\,(\text{cm}^3)$$

따라서 한 사람이 먹는 케이크의 양은

$$600\pi \times \frac{1}{5} = 120\pi\,(\text{cm}^3)$$

06 전략 위, 옆에서 본 모양을 이용하여 입체도형의 모양을 파악한다.

주어진 입체도형의 겨냥도는 오른쪽 그림과 같으므로

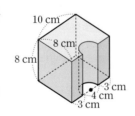

(부피)
$= (\text{직육면체의 부피})$
$\quad - (\text{밑면이 반원인 기둥의 부피})$
$= 10 \times 8 \times 8 - \left(\pi \times 2^2 \times \frac{1}{2} \right) \times 8$
$= 640 - 16\pi\,(\text{cm}^3)$

07 전략 옆면의 가로의 길이는 밑면의 둘레의 길이와 같음을 이용하여 옆넓이를 구한다.

$(\text{밑넓이}) = 5 \times (4 + 3) - 3 \times 2 = 35 - 6 = 29\,(\text{cm}^2)$
$(\text{옆넓이}) = (5 + 4 + 2 + 3 + 3 + 7) \times 10 = 240\,(\text{cm}^2)$
$\therefore (\text{겉넓이}) = 29 \times 2 + 240 = 298\,(\text{cm}^2)$

08 전략 원뿔과 원기둥 모양의 아이스크림의 부피를 각각 구해 본다.

원뿔 모양의 아이스크림 콘 4개의 부피는

$$\left\{ \frac{1}{3} \times (\pi \times 3^2) \times 20 \right\} \times 4 = 240\pi\,(\text{cm}^3)$$

원기둥 모양의 아이스크림 통 1개의 부피는

$$(\pi \times 7^2) \times 5 = 245\pi\,(\text{cm}^3)$$

따라서 같은 가격으로 더 많은 아이스크림을 먹으려면 원기둥 모양의 아이스크림 통 1개를 사야 한다.

09 전략 밑면의 반지름의 길이를 r cm, 모선의 길이를 $3r$ cm로 놓고 겉넓이를 구해 본다.

밑면의 반지름의 길이를 r cm라 하면 모선의 길이는 $3r$ cm이므로

$\pi \times r^2 + \pi \times r \times 3r = 144\pi$
$4r^2 = 144\pi$, $r^2 = 36$ $\therefore r = 6$

따라서 밑면의 반지름의 길이는 6 cm이다.

10 전략 원뿔의 밑면의 둘레의 길이는 원 O의 둘레의 길이의 $\frac{1}{3}$배임을 이용한다.

반지름의 길이가 6 cm인 원 O의 둘레의 길이는

$2\pi \times 6 = 12\pi\,(\text{cm})$

원뿔을 3바퀴 굴렸을 때 원래의 자리로 돌아왔으므로 원뿔의 밑면의 둘레의 길이는 $12\pi \times \frac{1}{3} = 4\pi\,(\text{cm})$

이때 원뿔의 밑면의 반지름의 길이를 r cm라 하면

$2\pi \times r = 4\pi$ $\therefore r = 2$

따라서 원뿔의 겉넓이는

$\pi \times 2^2 + \pi \times 2 \times 6 = 4\pi + 12\pi = 16\pi\,(\text{cm}^2)$

공략 비법

원뿔 굴리기
원뿔을 꼭짓점 O를 중심으로 n바퀴 굴려 원래의 자리로 돌아왔을 때
(원 O의 둘레의 길이)
$= (\text{원뿔의 밑면의 둘레의 길이}) \times (\text{회전수})$
$2\pi l = 2\pi r \times n$ $\therefore l = rn$

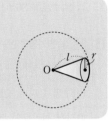

11 전략 원뿔의 전개도를 그려 옆면의 색칠한 부분을 찾는다.

주어진 원뿔의 전개도는 오른쪽 그림과 같으므로 점 A에서 출발하여 점 A로 다시 돌아오는 가장 짧은 선은 $\overline{AA'}$이다.

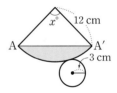

부채꼴의 중심각의 크기를 $x°$라 하면

$2\pi \times 12 \times \dfrac{x}{360} = 2\pi \times 3$ $\therefore x = 90$

따라서 옆면에서 색칠한 부분의 넓이는

$(\text{옆넓이}) - (\text{삼각형의 넓이}) = \pi \times 3 \times 12 - \frac{1}{2} \times 12 \times 12$
$= 36\pi - 72\,(\text{cm}^2)$

12 전략 수족관에 채워진 물의 부피를 먼저 구해 본다.

$(\text{수족관에 채워진 물의 부피}) = \frac{1}{3} \times (\pi \times 3^2) \times 4 = 12\pi\,(\text{m}^3)$

즉, 이 수족관에 $12\pi\,\text{m}^3$의 물을 채우는 데 3시간이 걸렸으므로 1시간에 $12\pi \div 3 = 4\pi\,(\text{m}^3)$의 물이 채워진다. 이때

$(\text{수족관의 부피}) = \frac{1}{3} \times (\pi \times 9^2) \times 12 = 324\pi\,(\text{m}^3)$

이므로 수족관에 물을 가득 채우려면

$324\pi - 12\pi = 312\pi\,(\text{m}^3)$의 물을 더 넣어야 한다.

따라서 이 수족관에 물을 가득 채우려면 앞으로 $312\pi \div 4\pi = 78\,(\text{시간})$ 동안 물을 더 넣어야 한다.

13 전략 회전체의 겨냥도를 그려 본다.

주어진 사다리꼴을 직선 l을 축으로 하여 1회전 시킬 때 생기는 회전체는 오른쪽 그림과 같으므로
(부피)

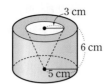

$=$(원기둥의 부피)$-$(원뿔의 부피)

$=(\pi\times5^2)\times6-\dfrac{1}{3}\times(\pi\times3^2)\times6$

$=150\pi-18\pi=132\pi(\text{cm}^3)$

14 전략 직각삼각형 ABC에서 직선 BC, AC를 회전축으로 하여 1회전 시킬 때 생기는 회전체의 모양을 각각 파악한 후 그 겉넓이를 구한다.

직선 BC가 회전축일 때 회전체는 밑면의 반지름의 길이가 4 cm이고, 모선의 길이가 5 cm인 원뿔이므로
$S_1=\pi\times4^2+\pi\times4\times5$

$\quad=36\pi(\text{cm}^2)$

또, 직선 AC가 회전축일 때 회전체는 밑면의 반지름의 길이가 3 cm이고, 모선의 길이가 5 cm인 원뿔이므로
$S_2=\pi\times3^2+\pi\times3\times5$

$\quad=24\pi(\text{cm}^2)$

$\therefore S_1:S_2=36\pi:24\pi=3:2$

15 전략 원기둥과 반구의 부피를 각각 r를 사용하여 나타내어 본다.

(원기둥의 부피)$=\pi r^2\times2r=2\pi r^3$

(반구의 부피)$=\dfrac{4}{3}\pi r^3\times\dfrac{1}{2}=\dfrac{2}{3}\pi r^3$

따라서 원기둥의 부피는 반구의 부피의 3배이므로 그릇 B에 물을 담아 그릇 A에 물을 부어 가득 채우려면 물을 최소 3번 부어야 한다.

16 전략 야구공의 겉면을 이루는 가죽 한 조각의 넓이는 야구공의 겉넓이의 $\dfrac{1}{2}$이다.

야구공의 반지름의 길이가 4 cm이므로
야구공의 겉넓이는
$4\pi\times4^2=64\pi(\text{cm}^2)$

따라서 가죽 한 조각의 넓이는
$64\pi\times\dfrac{1}{2}=32\pi(\text{cm}^2)$

17 전략 공 한 개의 부피와 원기둥의 부피를 각각 구해 본다.

공의 반지름의 길이가 6 cm이므로
(공 한 개의 부피)$=\dfrac{4}{3}\pi\times6^3$

$\quad\quad\quad\quad\quad\quad=288\pi(\text{cm}^3)$

원기둥의 높이는 $12\times3=36(\text{cm})$이므로
(원기둥의 부피)$=(\pi\times6^2)\times36$

$\quad\quad\quad\quad\quad\quad=1296\pi(\text{cm}^3)$

$\therefore$ (빈 공간의 부피)

$=$(원기둥의 부피)$-$(공 3개의 부피)

$=1296\pi-288\pi\times3=432\pi(\text{cm}^3)$

$\therefore$ (공 한 개의 부피) : (빈 공간의 부피)

$\quad=288\pi:432\pi=2:3$

18 전략 농구공의 반지름의 길이가 r cm이면 원기둥 모양의 상자의 높이는 $2r$ cm임을 이용하여 겉넓이를 r를 사용한 식으로 나타낸다.

농구공의 반지름의 길이를 r cm라 하면 원기둥 모양의 상자의 높이는 $2r$ cm이므로
(원기둥의 겉넓이)$=\pi r^2\times2+2\pi r\times2r$

$\quad\quad\quad\quad\quad\quad=2\pi r^2+4\pi r^2$

$\quad\quad\quad\quad\quad\quad=6\pi r^2(\text{cm}^2)$

$6\pi r^2=2400\pi$

$r^2=400$ $\quad\therefore r=20$

따라서 농구공의 겉넓이는
$4\pi\times20^2=1600\pi(\text{cm}^2)$

19 전략 두 원기둥 모양의 캔 A, B의 겉넓이를 각각 구해 본다.

(캔 A의 겉넓이)$=(\pi\times3^2)\times2+2\pi\times3\times4$

$\quad\quad\quad\quad\quad=18\pi+24\pi$

$\quad\quad\quad\quad\quad=42\pi(\text{cm}^2)$ ⋯⋯ ㉮

(캔 B의 겉넓이)$=(\pi\times2^2)\times2+2\pi\times2\times9$

$\quad\quad\quad\quad\quad=8\pi+36\pi$

$\quad\quad\quad\quad\quad=44\pi(\text{cm}^2)$ ⋯⋯ ㉯

캔 A의 겉넓이가 캔 B의 겉넓이보다 작으므로 제작 비용이 적게 드는 것은 캔 A이다. ⋯⋯ ㉰

채점 기준	
㉮ 캔 A의 겉넓이 구하기	40 %
㉯ 캔 B의 겉넓이 구하기	40 %
㉰ 제작 비용이 적게 드는 것 구하기	20 %

참고 (A의 부피)$=\pi\times3^2\times4=36\pi(\text{cm}^3)$,
(B의 부피)$=\pi\times2^2\times9=36\pi(\text{cm}^3)$이므로 A, B의 부피는 같다.
즉, A, B에 같은 양의 음료수를 담을 수 있다.

20 전략 주어진 입체도형의 밑넓이는 큰 부채꼴의 넓이에서 작은 부채꼴의 넓이를 뺀 것과 같다.

(밑넓이)$=\pi\times6^2\times\dfrac{120}{360}-\pi\times3^2\times\dfrac{120}{360}$

$\quad\quad\quad=12\pi-3\pi=9\pi(\text{cm}^2)$ ⋯⋯ ㉮

$\therefore$ (부피)$=9\pi\times10=90\pi(\text{cm}^3)$ ⋯⋯ ㉯

(옆넓이)$=\left(2\pi\times3\times\dfrac{120}{360}\right)\times10+\left(2\pi\times6\times\dfrac{120}{360}\right)\times10$

$\quad\quad\quad\quad\quad\quad\quad\quad\quad+(3\times10)\times2$

$\quad\quad\quad=20\pi+40\pi+60$

$\quad\quad\quad=60\pi+60(\text{cm}^2)$ ⋯⋯ ㉰

$\therefore$ (겉넓이)$=9\pi\times2+(60\pi+60)$

$\quad\quad\quad\quad=78\pi+60(\text{cm}^2)$ ⋯⋯ ㉱

채점 기준	
㉮ 밑넓이 구하기	30 %
㉯ 부피 구하기	20 %
㉰ 옆넓이 구하기	30 %
㉱ 겉넓이 구하기	20 %

21 전략 잘라 낸 삼각뿔의 밑면은 직각삼각형이고, 높이는 $6\,cm$임을 이용하여 부피를 구해 본다.

(1) (처음 정육면체의 부피)
$=6\times 6\times 6=216(cm^3)$ …… ㉮

(2) (잘라 낸 삼각뿔의 부피)
$=\dfrac{1}{3}\times\left(\dfrac{1}{2}\times 6\times 6\right)\times 6$
$=36(cm^3)$ …… ㉯

(3) (처음 정육면체의 부피) : (잘라 낸 삼각뿔의 부피)
$=216:36=6:1$ …… ㉰

채점 기준		
(1) ㉮ 처음 정육면체의 부피 구하기		30 %
(2) ㉯ 잘라 낸 삼각뿔의 부피 구하기		50 %
(3) ㉰ 부피의 비 구하기		20 %

22 전략 겉넓이를 구할 때 잘라 내는 과정에서 생긴 단면인 이등변삼각형의 넓이도 더해 준다.

(부피)$=\left\{\dfrac{1}{3}\times(\pi\times 3^2)\times 4\right\}\times\dfrac{1}{2}$
$=6\pi(cm^3)$ …… ㉮

(옆넓이)$=\dfrac{1}{2}\times 6\times 4+(\pi\times 3\times 5)\times\dfrac{1}{2}$
$=12+\dfrac{15}{2}\pi(cm^2)$

∴ (겉넓이)$=(\pi\times 3^2)\times\dfrac{1}{2}+\left(12+\dfrac{15}{2}\pi\right)$
$=12\pi+12(cm^2)$ …… ㉯

채점 기준	
㉮ 부피 구하기	50 %
㉯ 겉넓이 구하기	50 %

23 전략 원뿔, 반구, 원기둥의 부피를 각각 구한 후 대소 비교한다.

컵 A에 들어 있는 음료수의 양은
$\dfrac{1}{3}\times(\pi\times 3^2)\times 12=36\pi(cm^3)$ …… ㉮

컵 B에 들어 있는 음료수의 양은
$\left(\dfrac{4}{3}\pi\times 4^3\right)\times\dfrac{1}{2}=\dfrac{128}{3}\pi(cm^3)$ …… ㉯

컵 C에 들어 있는 음료수의 양은
$(\pi\times 2^2)\times 12=48\pi(cm^3)$ …… ㉰

이때 $36\pi<\dfrac{128}{3}\pi<48\pi$이므로
음료수가 가장 많이 들어 있는 컵은 컵 C이다. …… ㉱

채점 기준	
㉮ 컵 A에 들어 있는 음료수의 양 구하기	30 %
㉯ 컵 B에 들어 있는 음료수의 양 구하기	30 %
㉰ 컵 C에 들어 있는 음료수의 양 구하기	30 %
㉱ 음료수가 가장 많이 들어 있는 컵 구하기	10 %

24 전략 만들어지는 회전체는 큰 구에서 작은 구 2개가 빠진 입체도형이다.

색칠한 부분을 직선 AB를 회전축으로 하여 1회전 시킬 때 생기는 회전체는 오른쪽 그림과 같다.

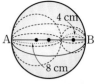

(큰 구의 부피)$=\dfrac{4}{3}\pi\times 6^3$
$=288\pi(cm^3)$ …… ㉮

(빈 공간의 부피)$=\dfrac{4}{3}\pi\times 4^3+\dfrac{4}{3}\pi\times 2^3$
$=\dfrac{256}{3}\pi+\dfrac{32}{3}\pi=96\pi(cm^3)$ …… ㉯

∴ (부피)$=288\pi-96\pi=192\pi(cm^3)$ …… ㉰

채점 기준	
㉮ 큰 구의 부피 구하기	40 %
㉯ 빈 공간의 부피 구하기	50 %
㉰ 회전체의 부피 구하기	10 %

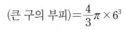

단원 마무리 162~163쪽

Level C **발전 유형 정복하기**

01 $4.32\,m$	**02** $\left(100-\dfrac{150}{\pi}\right)cm^2$	**03** $1248\,cm^2$
04 $81\,cm^3$	**05** $1250\pi\,cm^3$	**06** $288\,cm^3$ **07** $4\,cm$
08 $960\pi\,cm^3$	**09** ④	**10** 312개
11 (1) $360\pi\,cm^3$ (2) $72\pi\,cm^3$		**12** 2배

01 전략 두 수조의 물의 부피의 합을 먼저 구한다.

작은 수조의 물을 제외한 큰 수조의 물의 부피는
$10\times 10\times 4-2\times 4\times 4=368(m^3)$
작은 수조의 물의 부피는
$2\times 4\times 8=64(m^3)$
두 수조의 물을 합쳤을 때, 수조의 물의 높이를 $h\,m$라 하면
$368+64=10\times 10\times h$
$100h=432$ ∴ $h=4.32$
따라서 구하는 물의 높이는 $4.32\,m$이다.

02 전략 먼저 원기둥의 밑면의 반지름의 길이와 높이를 구한다.

전개도에서 원기둥의 밑면의 반지름의 길이를 $r\,cm$라 하면 옆면의 가로의 길이는 밑면의 둘레의 길이와 같으므로

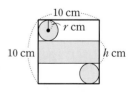

$2\pi r=10$ ∴ $r=\dfrac{5}{\pi}$

원기둥의 높이를 $h\,cm$라 하면
$h=10-2\times 2r=10-4\times\dfrac{5}{\pi}$
$=10-\dfrac{20}{\pi}$

따라서 원기둥의 겉넓이는
$(\pi \times r^2) \times 2 + 10 \times h$

$= \left\{ \pi \times \left(\dfrac{5}{\pi} \right)^2 \right\} \times 2 + 10 \times \left(10 - \dfrac{20}{\pi} \right)$

$= \dfrac{50}{\pi} + 100 - \dfrac{200}{\pi} = 100 - \dfrac{150}{\pi} (\text{cm}^2)$

03 전략 종이 상자의 가로의 길이, 세로의 길이, 높이를 각각 구한다.

원기둥 모양의 통조림 8개를 담을 가장
작은 종이 상자는 오른쪽 그림과 같이
(가로의 길이)$=6+6=12(\text{cm})$
(세로의 길이)$=6+6=12(\text{cm})$
(높이)$=10+10=20(\text{cm})$
인 직육면체이다.

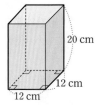

따라서 종이 상자의 겉넓이는
$(12 \times 12) \times 2 + (12+12+12+12) \times 20$
$= 288 + 960 = 1248(\text{cm}^2)$

04 전략 구멍이 교차하는 부분을 고려하여 부피를 구한다.

밑면이 한 변의 길이가 $2\,\text{cm}$인
정사각형이고 높이가 $5\,\text{cm}$인
세 사각기둥 모양의 구멍이 교
차하는 부분은 한 모서리의 길
이가 $2\,\text{cm}$인 정육면체이다.
정육면체 내부의 구멍의 부피는
오른쪽 그림과 같은 입체도형의

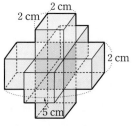

부피와 같으므로 구하는 입체도형의 부피는
(정육면체의 부피)$-$(사각기둥 모양의 구멍의 부피)$\times 3$
$\qquad\qquad\qquad + $(교차하는 부분의 부피)$\times 2$
$= 5 \times 5 \times 5 - (2 \times 2 \times 5) \times 3 + (2 \times 2 \times 2) \times 2$
$= 125 - 60 + 16 = 81(\text{cm}^3)$

05 전략 주어진 입체도형을 세 부분으로 나누어 생각해 본다.

자르기 전의 처음 파이프의 부피는 다음 그림과 같은 원기둥의
부피와 같다.

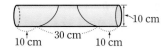

따라서 구하는 부피는
$(\pi \times 5^2) \times 50 = 1250\pi(\text{cm}^3)$

06 전략 사각뿔의 밑넓이는 정육면체의 한 면의 넓이의 $\dfrac{1}{2}$이다.

오른쪽 그림과 같이 사각뿔
$\text{O}-\text{ABCD}$의 밑면 ABCD의 넓이
는 정육면체의 한 면의 넓이의 $\dfrac{1}{2}$이
므로

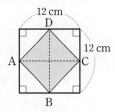

$(12 \times 12) \times \dfrac{1}{2} = 72(\text{cm}^2)$

이때 사각뿔의 높이는 $12\,\text{cm}$이므로 사각뿔의 부피는
$\dfrac{1}{3} \times 72 \times 12 = 288(\text{cm}^3)$

07 전략 정팔면체는 밑면이 정사각형인 사각뿔 2개의 밑면을 포개어 놓
은 것과 같다.

정육면체의 한 모서리의 길이를 $a\,\text{cm}$라 하면 구하는 정팔면체
의 부피는 밑면인 정사각형의 대각선의 길이가 $a\,\text{cm}$이고 높이
가 $\dfrac{a}{2}\,\text{cm}$인 사각뿔의 부피의 2배와 같으므로

(정팔면체의 부피)$= \left\{ \dfrac{1}{3} \times \left(\dfrac{1}{2} \times a \times a \right) \times \dfrac{a}{2} \right\} \times 2$

$\qquad\qquad\qquad\quad = \dfrac{a^3}{6}$

이 정팔면체의 부피가 $\dfrac{32}{3}\,\text{cm}^3$이므로

$\dfrac{a^3}{6} = \dfrac{32}{3}$, $a^3 = 64$ $\qquad \therefore a=4$

따라서 정육면체의 한 모서리의 길이는 $4\,\text{cm}$이다.

08 전략 회전한 입체도형의 겨냥도를 그려 보고 부피를 구한다.

색칠한 부분을 직선 l을 회전축으로 하
여 $180°$만큼 회전시킬 때 생기는 입체
도형은 오른쪽 그림과 같으므로
(부피)$= \{$(구의 부피)

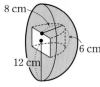

$\qquad\qquad - $(원기둥의 부피)$\} \times \dfrac{1}{2}$

$= \left\{ \dfrac{4}{3}\pi \times 12^3 - (\pi \times 8^2) \times 6 \right\} \times \dfrac{1}{2}$

$= (2304\pi - 384\pi) \times \dfrac{1}{2}$

$= 960\pi(\text{cm}^3)$

09 전략 세 입체도형의 부피를 각각 구해 본다.

정육면체의 부피는 $6 \times 6 \times 6 = 216(\text{cm}^3)$

구의 부피는 $\dfrac{4}{3}\pi \times 3^3 = 36\pi(\text{cm}^3)$

사각뿔의 부피는 $\dfrac{1}{3} \times (6 \times 6) \times 6 = 72(\text{cm}^3)$

따라서 세 입체도형의 부피의 비는
$216 : 36\pi : 72 = 6 : \pi : 2$

10 전략 옆넓이를 구할 때, 앞, 뒤, 좌, 우를 모두 생각해 본다.

오른쪽 그림과 같이 빗금친 부분의
넓이의 합은 가로의 길이가 $2\,\text{m}$,
세로의 길이가 $4\,\text{m}$인 직사각형의
넓이와 같다.

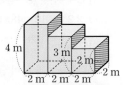

$\therefore$ (옆넓이)$= (2 \times 4) \times 2$
$\qquad\qquad\quad + \{(2 \times 4) + (2 \times 3) + (2 \times 2)\} \times 2$
$\qquad\qquad = 16 + 36 = 52(\text{m}^2) \qquad \cdots\cdots$ ㉮

따라서 필요한 타일의 개수는
$52 \times 6 = 312(\text{개}) \qquad \cdots\cdots$ ㉯

채점 기준	
㉮ 옆넓이 구하기	70 %
㉯ 필요한 타일의 개수 구하기	30 %

11 전략 : 통 전체의 부피는 요구르트의 부피와 요구르트가 들어 있지 않은 부분의 부피의 합과 같음을 이용한다.

(1) (요구르트의 부피)$=(\pi \times 6^2) \times 10$
$=360\pi \, (\text{cm}^3)$ ...... ㉮

(2) 거꾸로 세웠을 때 비어 있는 부분의 부피는
$(\pi \times 6^2) \times 4 = 144\pi \, (\text{cm}^3)$
이므로 통 전체의 부피는
$360\pi + 144\pi = 504\pi \, (\text{cm}^3)$ ...... ㉯
$\therefore$ (원뿔대 부분의 부피)
$=$(통 전체의 부피)$-$(원기둥 부분의 부피)
$=504\pi - (\pi \times 6^2) \times 12$
$=504\pi - 432\pi$
$=72\pi \, (\text{cm}^3)$ ...... ㉰

채점 기준		
(1)	㉮ 통에 들어 있는 요구르트의 부피 구하기	40 %
(2)	㉯ 통 전체의 부피 구하기	40 %
	㉰ 통에서 원뿔대 부분의 부피 구하기	20 %

공략 비법

복잡한 모양의 입체도형의 문제는
❶ 주어진 도형이 어떤 입체도형으로 이루어져 있는지 도형의 형태를 먼저 파악한다.
❷ 문제에서 겉넓이를 구하는지, 부피를 구하는지를 확인하고 필요한 공식을 이용해야 한다.

12 전략 : 큰 반죽의 부피와 작은 반죽의 부피의 합이 같음을 이용하여 작은 반죽의 반지름의 길이를 구한다.

작은 반죽의 반지름의 길이를 $r \, \text{cm}$라 하면 큰 반죽의 부피와 작은 반죽 8개의 부피의 합이 같으므로

$\dfrac{4}{3}\pi \times 4^3 = \left(\dfrac{4}{3}\pi \times r^3\right) \times 8$

$64 = 8r^3, \ r^3 = 8$

$\therefore r = 2$ ...... ㉮

(큰 반죽의 겉넓이)$= 4\pi \times 4^2$
$= 64\pi \, (\text{cm}^2)$ ...... ㉯

(작은 반죽 8개의 겉넓이의 합)$= (4\pi \times 2^2) \times 8$
$= 128\pi \, (\text{cm}^2)$ ...... ㉰

따라서 작은 반죽 8개의 겉넓이의 합은 큰 반죽의 겉넓이의
$128\pi \div 64\pi = 2$(배)이다. ...... ㉱

채점 기준		
㉮ 작은 반죽의 반지름의 길이 구하기	30 %
㉯ 큰 반죽의 겉넓이 구하기	20 %
㉰ 작은 반죽 8개의 겉넓이의 합 구하기	30 %
㉱ 작은 반죽 8개의 겉넓이의 합이 큰 반죽의 겉넓이의 몇 배인지 구하기	20 %

---

8. 자료의 정리와 해석

Lecture 19 줄기와 잎 그림, 도수분포표

Level A 개념 익히기 166~167쪽

01 답

통학 시간						(0|2는 2분)
줄기	**잎**					
0	2	5	7	8		
1	0	2	2	3	6	9
2	2	3	4	5	7	
3	0	5	8			

02 답 3

03 답 2, 3, 4, 5, 7

04 답 6

05 답 7

06 답 63

07 답 96

08 전체 학생 수는
$5 + 11 + 6 + 3 = 25$(명) 답 25

09 답 5개

10 답

맥박 수 (회)	도수 (명)
$70^{\text{이상}} \sim 75^{\text{미만}}$	1
$75 \quad \sim 80$	3
$80 \quad \sim 85$	4
$85 \quad \sim 90$	6
$90 \quad \sim 95$	2
합계	16

11 답 85회 이상 90회 미만

12 $4 + 6 = 10$(명) 답 10명

13 전체 학생 수는
$2 + 4 + 12 + 9 + 3 = 30$(명) 답 30명

14 답 4명

15 답 50점 이상 60점 미만

16 84점인 학생이 속하는 계급은 80점 이상 90점 미만이므로 이 계급의 도수는 9명이다. 답 9명

Level B 유형 공략하기 167~169쪽

중 17 ① 줄기가 1인 잎은 0, 1, 4, 6, 8의 5개이다.
② 잎이 가장 많은 줄기는 2이다.
③ 나이가 23세 미만인 사람 수는
$1 + 5 + 1 = 7$(명)

④ 조사한 전체 사람 수는 잎의 총개수와 같으므로
  $1+5+6+4=16$(명)
⑤ 나이가 가장 적은 사람은 9세, 나이가 가장 많은 사람은 36세
  이므로 나이의 합은
  $9+36=45$(세)
따라서 옳은 것은 ③이다. 답 ③

중 18 (1) $3+7+9+1=20$(명) ...... ㉮
(2) 몸무게가 42 kg 이상인 회원 수는 $7+1=8$(명)이므로
  전체의 $\dfrac{8}{20}\times100=40$(%)이다. ...... ㉯
(3) 몸무게가 35 kg 미만인 회원 수는 $3+3=6$(명)이므로 규리
  보다 가벼운 회원은 6명이다. ...... ㉰
답 (1) 20명 (2) 40 % (3) 6명

채점 기준		
(1)	㉮ 전체 회원 수 구하기	30 %
(2)	㉯ 42 kg 이상인 회원은 전체의 몇 %인지 구하기	40 %
(3)	㉰ 규리보다 가벼운 회원 수 구하기	30 %

공략 비법

백분율 구하기
전체 a명 중에서 b명은 전체의 몇 %인지 구하기
➡ $\dfrac{b}{a}\times100$(%)

중 19 수학 성적이 여학생 중 4번째로 좋은 학생의 성적은 91점, 남학
생 중 4번째로 좋은 학생의 성적은 89점이므로 두 학생의 성적
의 차는 $91-89=2$(점)이다. 답 2점

상 20 잎이 가장 적은 줄기 4에 있는 변량들의 합은
$41+47=88$
잎이 가장 많은 줄기 1에 있는 변량들의 합은
$10+10+12+12+(10+A)+15+15+16+17+18$
$=135+A$
이므로 $135+A=88+51$ ∴ $A=4$ 답 4

상 21 줄기가 2인 학생 수가 6명이므로
전체 학생 수를 x명이라 하면
$x\times\dfrac{2}{7}=6$ ∴ $x=21$
따라서 구하는 학생 수는
$21-(4+6)=11$(명) 답 11명

중 22 ① (계급의 크기)$=60-50=10$(점)
③ $A=30-(2+5+9+6)=8$
④ 음악 성적이 70점 미만인 학생 수는
  $2+5=7$(명)
따라서 옳지 않은 것은 ④이다. 답 ④

하 23 청취 시간이 120분 이상 150분 미만인 회원 수는
$40-(4+7+11+8)=10$(명) 답 ③

중 24 ㈎ 계급의 크기는 $16-14=\boxed{2}$(m)이다.
㈏ 기록이 20 m 이상 22 m 미만인 선수 수는
  $35-(5+9+10+4)=7$(명)
  따라서 기록이 20 m 이상인 선수 수는
  $7+4=\boxed{11}$(명)이다. 답 ㈎ 2 ㈏ 11

중 25 ㄴ. 각 계급에 속하는 변량의 개수를 도수라 한다.
ㄹ. 도수의 총합은 일정하지 않다.
이상에서 옳은 것은 ㄱ, ㄷ이다. 답 ㄱ, ㄷ

중 26 읽은 책의 수가 12권 이상 15권 미만인 학생 수는
$32-(4+6+10+7)=5$(명)
읽은 책의 수가 9권 이상인 학생 수는 $7+5=12$(명)이므로
읽은 책의 수가 10번째로 많은 학생이 속하는 계급은 9권 이상
12권 미만이다.
따라서 구하는 도수는 7명이다. 답 7명

상 27 50분 이상 60분 미만인 계급의 도수를 A편이라 하면 20분 이
상 30분 미만인 계급의 도수는 $3A$편이므로
$8+3A+12+9+A+1=50$
$4A+30=50,\ 4A=20$ ∴ $A=5$
이때 상영 시간이 22분인 영화가 속하는 계급은 20분 이상
30분 미만이므로 그 계급의 도수는 $3A=3\times5=15$(편)이다.
답 15편

중 28 무게가 250 g 이상인 토마토의 개수는 $10+2=12$(개)이므로
전체 토마토의 개수를 x개라 하면
$\dfrac{12}{x}\times100=24,\ 24x=1200$ ∴ $x=50$
따라서 무게가 240 g 이상 250 g 미만인 토마토의 개수는
$50-(7+12+10+2)=19$(개) 답 19개

중 29 성적이 80점 이상 90점 미만인 응시자 수는
$100-(5+32+12+26+8)=17$(명)
따라서 성적이 70점 이상인 응시자 수는 $26+17+8=51$(명)
이므로 전체의 $\dfrac{51}{100}\times100=51$(%)이다. 답 51 %

다른 풀이 성적이 70점 이상인 응시자 수는
$100-(5+32+12)=51$(명)
이므로 전체의 $\dfrac{51}{100}\times100=51$(%)이다.

중 30 멀리뛰기 기록이 200 cm 미만인 학생이 전체의 30 %이므로
$\dfrac{4+A}{40}\times100=30,\ 4+A=40\times\dfrac{30}{100}$
$4+A=12$ ∴ $A=8$ ...... ㉮
전체 학생 수가 40명이므로
$B=40-(4+8+10+8)=10$ ...... ㉯
∴ $B-A=10-8=2$ ...... ㉰
답 2

Lecture 20 히스토그램, 도수분포다각형

Level A 개념 익히기

01 답

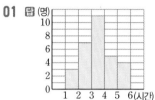

02 계급의 크기는
$2-1=3-2=4-3=5-4=6-5=1$(시간) 답 1시간

03 (직사각형의 넓이의 합)=(계급의 크기)×(도수의 총합)
$=1×30=30$ 답 30
참고 히스토그램에서 직사각형의 넓이는 단위를 쓰지 않는다.

04 계급의 크기는
$40-35=45-40=\cdots=60-55=5$(kg) 답 5 kg

05 계급의 개수는 직사각형의 개수와 같으므로 5개이다. 답 5개

06 전체 학생 수는
$3+5+6+4+2=20$(명) 답 20명

07 답 45 kg 이상 50 kg 미만

08 도수가 가장 작은 계급은 55 kg 이상 60 kg 미만이므로
(직사각형의 넓이)=(계급의 크기)×(그 계급의 도수)
$=5×2=10$ 답 10

09 답

영어 성적(점)	도수(명)
$50^{이상}\sim 60^{미만}$	2
60 ~ 70	4
70 ~ 80	8
80 ~ 90	3
90 ~100	5
합계	22

10 답 8명 **11** 답 50점 이상 60점 미만

12 계급의 크기는
$12-10=14-12=\cdots=20-18=2$(시간) 답 2시간

13 답 5개

14 전체 학생 수는
$6+10+8+5+1=30$(명) 답 30명

15 도수가 가장 작은 계급은 18시간 이상 20시간 미만이므로 그 계급의 도수는 1명이다. 답 1명

16 독서 시간이 17시간인 학생이 속하는 계급은 16시간 이상 18시간 미만이므로 그 계급의 도수는 5명이다. 답 5명

Level B 유형 공략하기

중 17 ① 계급의 개수는 직사각형의 개수와 같으므로 5개이다.
② 계급의 크기는 $5-3=2$(개)
③ 전체 학생 수는 $6+8+9+10+7=40$(명)
④ 도수가 가장 큰 계급은 9개 이상 11개 미만이므로 그 계급의 도수는 10명이다.
⑤ 관찰일지의 개수가 5개 미만인 학생 수는 6명, 7개 미만인 학생 수는 $6+8=14$(명)이므로 관찰일지를 7번째로 적게 작성한 학생이 속하는 계급은 5개 이상 7개 미만이다.
따라서 옳지 않은 것은 ⑤이다. 답 ⑤

하 18 계급의 개수는 6개이므로 $a=6$
전체 학생 수는 $3+5+9+11+8+4=40$(명)이므로 $b=40$
$\therefore a+b=6+40=46$ 답 46

중 19 전체 학생 수는
$2+4+10+8+6=30$(명) …… ㉮
키가 150 cm 이상 160 cm 미만인 학생 수는
$10+8=18$(명) …… ㉯
이므로 전체의 $\frac{18}{30}×100=60$(%)이다. …… ㉰
답 60 %

채점 기준	
㉮ 전체 학생 수 구하기	30 %
㉯ 키가 150 cm 이상 160 cm 미만인 학생 수 구하기	30 %
㉰ 키가 150 cm 이상 160 cm 미만인 학생은 전체의 몇 %인지 구하기	40 %

중 20 ㄱ. 기록이 33회인 학생이 속하는 계급은 30회 이상 35회 미만이므로 이 계급의 도수는 11명이다.
ㄴ. 기록이 가장 좋은 학생의 기록은 알 수 없다.
ㄷ. 전체 학생 수는
$1+3+7+11+10+6+2=40$(명)
기록이 35회 이상인 학생 수는 $10+6+2=18$(명)
이므로 전체의 $\frac{18}{40}×100=45$(%)이다.

ㄹ. 기록이 20회 미만인 학생 수는 1명,
　　기록이 25회 미만인 학생 수는 $1+3=4$(명),
　　기록이 30회 미만인 학생 수는 $1+3+7=11$(명)이므로
　　기록이 8번째로 낮은 학생이 속하는 계급은 25회 이상 30회 미만이다.
이상에서 옳은 것은 ㄱ, ㄷ이다.　　　　　　　　　**답** ②

상 21 전체 학생 수는
$1+2+4+13+8+7=35$(명)
전체 학생의 20 %인 학생 수는
$35 \times \dfrac{20}{100} = 7$(명)
봉사 활동 시간이 20시간 미만인 학생 수가 $1+2+4=7$(명)이므로 민수는 봉사 활동을 최소 20시간 했다.　　**답** ③

중 22 계급의 크기는 $25-20=5$(m)
전체 학생 수는 $1+2+3+7+6+1=20$(명)
∴ (직사각형의 넓이의 합)=(계급의 크기)×(도수의 총합)
　　　　　　　　　　　　　$=5 \times 20 = 100$　　**답** ①

중 23 히스토그램의 각 직사각형의 넓이는 각 계급의 도수에 정비례한다. 40 m 이상 45 m 미만인 계급의 도수는 6명, 30 m 이상 35 m 미만인 계급의 도수는 3명이므로 40 m 이상 45 m 미만인 계급의 직사각형의 넓이는 30 m 이상 35 m 미만인 계급의 직사각형의 넓이의 $6 \div 3 = 2$(배)이다.　　**답** ③

중 24 계급의 크기는 $40-20=20$(분)
도수가 가장 작은 계급의 도수는 2명이므로 도수가 가장 작은 계급의 직사각형의 넓이는
$20 \times 2 = 40$
도수가 가장 큰 계급의 도수는 6명이므로 도수가 가장 큰 계급의 직사각형의 넓이는
$20 \times 6 = 120$
따라서 도수가 가장 작은 계급과 도수가 가장 큰 계급의 직사각형의 넓이의 합은
$40+120=160$　　　　　　　　　　　**답** 160

중 25 (1) 30 kcal 이상 50 kcal 미만인 계급의 도수는 3개, 70 kcal 이상 90 kcal 미만인 계급의 도수는 a개이고 히스토그램의 각 직사각형의 넓이는 각 계급의 도수에 정비례하므로
$3 : a = 1 : 3$
∴ $a = 9$　　　　　　　　　　…… ㉮
(2) 전체 과일의 개수는
$3+7+9+6+5=30$(개)　　　　…… ㉯
　　　　　　　　　　답 (1) 9　(2) 30개

채점 기준		
(1)	㉮ a의 값 구하기	60 %
(2)	㉯ 전체 과일의 개수 구하기	40 %

중 26 전체 학생 수를 x명이라 하면 걸린 시간이 10시간 미만인 학생 수는 $6+9+11=26$(명)이므로
$\dfrac{26}{x} \times 100 = 65$　　　∴ $x=40$
따라서 걸린 시간이 10시간 이상 12시간 미만인 학생 수는
$40-(6+9+11+4)=10$(명)　　**답** 10명

하 27 전체 학생 수가 40명이므로 독서 시간이 10시간 이상 12시간 미만인 학생 수는
$40-(9+11+10+7+1)=2$(명)　　**답** 2명

중 28 수면 시간이 7시간 이상 8시간 미만인 학생 수는
$25-(1+8+10+2)=4$(명)
이므로 전체의 $\dfrac{4}{25} \times 100 = 16$(%)이다.　　**답** ①

중 29 소음도가 45 dB 이상 50 dB 미만인 지역의 수는
$30-(5+7+6+4)=8$(곳)
즉, 도수가 가장 큰 계급은 45 dB 이상 50 dB 미만이므로 그 계급의 도수는 8곳이다.　　∴ $a=8$
소음도가 60 dB 이상인 지역의 수는 4곳,
55 dB 이상인 지역의 수는 $4+6=10$(곳),
50 dB 이상인 지역의 수는 $4+6+7=17$(곳)
따라서 소음도가 11번째로 높은 지역이 속하는 계급은 50 dB 이상 55 dB 미만이므로 그 계급의 도수는 7곳이다.
∴ $b=7$
∴ $a+b=8+7=15$　　　　　　　　**답** ④

중 30 높이가 2.4 m 미만인 나무 수는 $4+8=12$(그루)　…… ㉮
높이가 2.4 m 이상 2.6 m 미만인 나무 수를 x그루라 하면 높이가 2.4 m 이상 2.8 m 미만인 나무 수는
$(x+5)$그루이다.　　　　　　　…… ㉯
$12 : (x+5) = 4 : 5$에서　　　　…… ㉰
$4(x+5)=60$, $x+5=15$　　　∴ $x=10$
따라서 구하는 나무 수는 10그루이다.　…… ㉱
　　　　　　　　　　　　　　답 10그루

채점 기준		
㉮ 높이가 2.4 m 미만인 나무 수 구하기		20 %
㉯ 높이가 2.4 m 이상 2.8 m 미만인 나무 수를 x를 사용하여 나타내기		20 %
㉰ 나무 수의 비가 4 : 5임을 이용하여 식 세우기		30 %
㉱ 높이가 2.4 m 이상 2.6 m 미만인 나무 수 구하기		30 %

상 31 사용 시간이 7시간인 학생이 속하는 계급은 6시간 이상 8시간 미만이므로 이 계급의 도수를 x명이라 하면 8시간 이상 10시간 미만인 계급의 도수는
$30-(2+3+x+6+4)=15-x$(명)
이때 사용 시간이 8시간 이상인 학생 수가 8시간 미만인 학생 수보다 6명이 많으므로
$2+3+x+6=(15-x)+6+4$, $11+x=25-x$
$2x=14$　　　∴ $x=7$
따라서 구하는 계급의 도수는 7명이다.　　**답** 7명

중 32 ㄱ. 전체 학생 수는 $5+7+10+8+4+2=36$(명)

ㄴ. 방문 횟수가 7회 미만인 학생 수는 $5+7=12$(명)

ㄷ. 방문 횟수가 16회 이상인 학생 수는 2명, 13회 이상인 학생 수는 $2+4=6$(명)이므로 방문 횟수가 5번째로 많은 학생이 속하는 계급은 13회 이상 16회 미만이다.
따라서 그 계급의 도수는 4명이다.

이상에서 옳지 않은 것은 ㄴ이다. **답 ㄴ**

하 33 (1) 도수가 가장 큰 계급의 도수는 12명, 도수가 가장 작은 계급의 도수는 2명이므로 구하는 차는
$12-2=10$(명)

(2) 모형 비행기의 비행 시간이 92초인 학생이 속하는 계급은 90초 이상 100초 미만이므로 그 계급의 도수는 3명이다.

답 (1) 10명 (2) 3명

중 34 ㄱ. ⑺는 히스토그램이고 ⑻는 도수분포다각형이다.

ㄴ. 전체 학생 수는
$1+3+5+10+8+2+1=30$(명)

ㄷ. 계급의 크기는 두 그래프 모두 $10-5=5$(초)이다.

ㄹ. 기록이 25초 이상인 학생 수는
$8+2+1=11$(명)

이상에서 옳은 것은 ㄴ, ㄹ이다. **답 ④**

중 35 여행을 다녀온 횟수가 12회 이상인 학생 수는 4명, 10회 이상인 학생 수는 $8+4=12$(명)이므로 여행을 다녀온 횟수가 10번째로 많은 학생이 속하는 계급은 10회 이상 12회 미만이다.

답 10회 이상 12회 미만

중 36 전체 학생 수는
$2+7+15+9+7=40$(명) ······ ㉮

식사 시간이 20분 이상인 학생 수는 $9+7=16$(명)

이므로 전체의 $\frac{16}{40}\times100=40$(%)이다. ······ ㉯

답 40 %

채점 기준		
㉮ 전체 학생 수 구하기		40 %
㉯ 식사 시간이 20분 이상인 학생은 전체의 몇 %인지 구하기		60 %

중 37 전체 학생 수는
$1+3+15+12+9=40$(명)

전체 학생의 10 %인 학생 수는 $40\times\frac{10}{100}=4$(명)

이때 성적이 60점 미만인 학생 수는 1명, 70점 미만인 학생 수는 $1+3=4$(명)이므로 보충 수업을 받지 않으려면 적어도 70점 이상이어야 한다. **답 70점**

하 38 계급의 크기는 $4-2=2$(회)
전체 학생 수는 $3+7+10+8+2=30$(명)
따라서 도수분포다각형과 가로축으로 둘러싸인 부분의 넓이는
$2\times30=60$ **답 ②**

중 39 세 쌍의 삼각형 A와 B, C와 D, E와 F는 각각 밑변의 길이와 높이가 같으므로 넓이가 같다. **답 ⑤**

중 40 계급의 크기는 $25-20=5$(세)
전체 회원 수는 $(a+b+c+d+e)$명이므로
$5\times(a+b+c+d+e)=185$
$\therefore a+b+c+d+e=37$ **답 37**

중 41 기록이 21초 이상인 학생 수는 3명이므로 전체 학생 수를 x명이라 하면
$\frac{3}{x}\times100=10$　　　$\therefore x=30$
따라서 기록이 17초 이상 19초 미만인 학생 수는
$30-(2+8+7+3)=10$(명) **답 ③**

중 42 ⑻에서 성적이 82점인 학생이 속하는 계급, 즉 80점 이상 90점 미만인 계급의 도수를 a명이라 하면 성적이 75점인 학생이 속하는 계급, 즉 70점 이상 80점 미만인 계급의 도수는 $2a$명이다.
⑺에서 전체 학생 수가 22명이므로
$2+5+2a+a+3=22$
$3a=12$　　　$\therefore a=4$
따라서 성적이 80점 이상인 학생 수는
$4+3=7$(명) **답 ④**

중 43 (1) 횟수가 20회 이상 25회 미만인 학생 수를 x명이라 하면 횟수가 30회 이상 35회 미만인 학생 수는 $(x-6)$명이다.
······ ㉮

$5+7+8+x+5+(x-6)+1=40$
$2x=20$　　　$\therefore x=10$
따라서 구하는 학생 수는 10명이다. ······ ㉯

(2) 윗몸 일으키기 횟수가 30회 이상 35회 미만인 학생 수는
$10-6=4$(명) ······ ㉰

답 (1) 10명 (2) 4명

채점 기준			
(1)	㉮ 횟수가 30회 이상 35회 미만인 학생 수를 x를 사용하여 나타내기		30 %
	㉯ 횟수가 20회 이상 25회 미만인 학생 수 구하기		40 %
(2)	㉰ 횟수가 30회 이상 35회 미만인 학생 수 구하기		30 %

중 44 홈런 개수가 30개 이상인 선수 수는
$20\times\frac{25}{100}=5$(명)
이므로 홈런 개수가 30개 이상 35개 미만인 선수 수는
$5-1=4$(명)
따라서 홈런 개수가 25개 이상 30개 미만인 선수 수는
$20-(4+8+4+1)=3$(명)
이므로 전체의 $\frac{3}{20}\times100=15$(%)이다. **답 ①**

중 45 ㄱ. 남학생 수는 $1+2+5+8+7+2=25$(명)
여학생 수는 $1+3+7+9+3+2=25$(명)

ㄴ. 남학생의 키를 나타내는 그래프가 여학생의 키를 나타내는 그래프보다 전체적으로 오른쪽으로 치우쳐 있으므로 남학생이 여학생보다 상대적으로 키가 큰 편이다.

ㄷ. 가장 큰 학생의 키는 알 수 없다.

이상에서 옳은 것은 ㄴ뿐이다. **답 ②**

46 (1) A 상자에서 무게가 75 g 미만인 귤의 개수는 2개, 무게가 80 g 미만인 귤의 개수는 $2+5=7$(개)이므로 5번째로 가벼운 귤이 속하는 계급은 75 g 이상 80 g 미만이다.
따라서 구하는 도수는 5개이다. …… ㉮

(2) A 상자에서 무게가 75 g 이상인 귤의 개수는 $5+7+6=18$(개)이고, B 상자에서 무게가 75 g 이상인 귤의 개수는 $7+4=11$(개)이다.
따라서 구하는 차는 $18-11=7$(개)이다. …… ㉯

답 (1) 5개 (2) 7개

채점 기준		
(1)	㉮ A 상자에서 5번째로 가벼운 귤이 속하는 계급의 도수 구하기	50 %
(2)	㉯ A, B 두 상자에서 무게가 75 g 이상인 귤의 개수의 차 구하기	50 %

47 ① 1반의 학생 수는 $1+4+9+11+5=30$(명)
2반의 학생 수는 $2+8+10+6+4=30$(명)

② 2반 학생 중 시청 시간이 10시간 미만인 학생 수는
$2+8+10=20$(명)

③ 시청 시간이 10시간 이상 11시간 미만인 1반 학생 수는 9명, 2반 학생 수는 6명이므로 1반이 2반보다 더 많다.

④ 1반 학생들의 시청 시간을 나타내는 그래프가 2반 학생들의 시청 시간을 나타내는 그래프보다 전체적으로 오른쪽으로 치우쳐 있으므로 1반 학생들의 시청 시간이 2반 학생들의 시청 시간보다 상대적으로 많은 편이다.

⑤ 계급의 크기와 도수의 총합이 각각 같으므로 각각의 도수분포다각형과 가로축으로 둘러싸인 부분의 넓이는 서로 같다.
따라서 옳지 않은 것은 ④이다. 답 ④

참고 ⑤ 계급의 크기는 $8-7=1$(시간)이므로
(도수분포다각형과 가로축으로 둘러싸인 부분의 넓이)
$=1 \times 30 = 30$

Lecture 21 상대도수와 그 그래프

Level A 개념 익히기 178~179쪽

01 전체 학생 수는
$5+6+7+4+3=25$(명) 답 25명

02 답

공부 시간(시간)	도수(명)	상대도수
$0^{이상} \sim 5^{미만}$	5	0.2
$5 \sim 10$	6	0.24
$10 \sim 15$	7	0.28
$15 \sim 20$	4	0.16
$20 \sim 25$	3	0.12
합계	25	1

---

03 (전체 학생 수)$=\dfrac{4}{0.08}=50$(명) 답 50

04 $A=$(도수의 총합)$\times$(계급의 상대도수)
$=\boxed{50} \times \boxed{0.32} = \boxed{16}$ 답 50, 0.32, 16

05 $B=\dfrac{(계급의 도수)}{(도수의 총합)}=\dfrac{\boxed{17}}{50}=\boxed{0.34}$ 답 17, 50, 0.34

06 $C=1-(0.08+0.32+\boxed{0.34}+\boxed{0.06})$
$=\boxed{0.2}$ 답 0.34, 0.06, 0.2

07 답

득점(점)	도수(경기)	상대도수
$35^{이상} \sim 40^{미만}$	2	0.1
$40 \sim 45$	5	0.25
$45 \sim 50$	6	0.3
$50 \sim 55$	4	0.2
$55 \sim 60$	3	0.15
합계	20	1

08 답
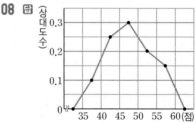

09 계급의 크기는
$8-4=12-8=16-12=20-16=4$(회) 답 4회

10 답 4개

11 답 12회 이상 16회 미만

12 $30 \times 0.2 = 6$(명) 답 6명

Level B 유형 공략하기 179~183쪽

13 4시간 이상 5시간 미만인 계급의 도수는
$40-(8+9+7+5)=11$(명)
따라서 도수가 가장 큰 계급은 4시간 이상 5시간 미만이므로
(상대도수)$=\dfrac{11}{40}=0.275$ 답 ③

14 전체 학생 수는 $3+5+7+9+6=30$(명)
과학 성적이 82점인 학생이 속하는 계급은 80점 이상 90점 미만이고 이 계급의 도수는 9명이므로
(상대도수)$=\dfrac{9}{30}=0.3$ 답 0.3

중 15 전체 학생 수는 $6+9+11+10+4=40$(명) …… ㉮
도수가 가장 작은 계급은 16시간 이상 18시간 미만이고 이 계급의 도수는 4명이므로 …… ㉯

(상대도수)$=\dfrac{4}{40}=0.1$ …… ㉰

답 0.1

하 16 (전체 학생 수)$=\dfrac{6}{0.2}=30$(명) **답** 30명

하 17 키가 145 cm 이상 155 cm 미만인 회원 수는
$20\times0.15=3$(명) **답** 3명

중 18 (도수의 총합)$=\dfrac{2}{0.05}=40$(명)이므로
$a=\dfrac{10}{40}=0.25,\ b=40\times0.4=16$
$\therefore a+b=0.25+16=16.25$ **답** 16.25

중 19 ④ 상대도수의 총합은 항상 1이다. **답** ④

중 20 전체 학생 수는 $\dfrac{10}{0.2}=50$(명)이므로
$A=50\times0.16=8,\ B=\dfrac{13}{50}=0.26$
$\therefore A+B=8+0.26=8.26$ **답** 8.26

중 21 (1) $E=\dfrac{7}{0.35}=20,\ B=\dfrac{6}{20}=0.3$
$C=1-(0.35+0.3+0.2+0.05)=0.1$
$A=20\times0.1=2,\ D=20\times0.05=1$ …… ㉮
(2) 기록이 280 cm 이상인 선수 수는 1명, 기록이 260 cm 이상인 선수 수는 $1+2=3$(명), 기록이 240 cm 이상인 선수 수는 $1+2+4=7$(명)이므로 기록이 5번째로 좋은 선수가 속하는 계급은 240 cm 이상 260 cm 미만이다.
따라서 구하는 상대도수는 0.2이다. …… ㉯
답 (1) $A=2,\ B=0.3,\ C=0.1,\ D=1,\ E=20$ (2) 0.2

중 22 6회 이상 8회 미만인 계급의 상대도수는
$1-(0.1+0.25+0.3+0.15)=0.2$
이므로 6회 이상인 두 계급의 상대도수의 합은
$0.2+0.15=0.35$
관람 횟수가 6회 이상인 학생은 전체의 $0.35\times100=35$(%)이다. **답** 35 %

참고 (백분율)$=$(상대도수)$\times100$(%)

상 23 ㄱ. $A=1-(0.05+0.2+0.35+0.2+0.05)$
$=0.15$
상대도수가 0.15인 계급의 도수가 12명이므로
(전체 교사 수)$=\dfrac{12}{0.15}=80$(명)
ㄴ. 220 mg/dl 이상 225 mg/dl 미만인 계급의 상대도수가 0.05이므로 구하는 교사 수는
$80\times0.05=4$(명)
ㄷ. 상대도수가 가장 큰 계급이 도수가 가장 크므로 도수가 가장 큰 계급은 210 mg/dl 이상 215 mg/dl 미만이다.
따라서 그 계급의 도수는 $80\times0.35=28$(명)
이상에서 옳은 것은 ㄱ, ㄷ이다. **답** ③

중 24 0개 이상 10개 미만인 계급의 도수가 12명이고 상대도수가 0.08이므로
(전체 학생 수)$=\dfrac{12}{0.08}=150$(명)
따라서 받은 메일 개수가 10개 이상 20개 미만인 학생 수는
$150\times0.2=30$(명) **답** ①

중 25 (1) 10회 이상 20회 미만인 계급의 도수가 3명이고 상대도수가 0.06이므로
(전체 학생 수)$=\dfrac{3}{0.06}=50$(명) …… ㉮
(2) 전체 학생 수가 50명이고 20회 이상 30회 미만인 계급의 도수가 8명이므로 그 계급의 상대도수는
$\dfrac{8}{50}=0.16$ …… ㉯
답 (1) 50명 (2) 0.16

중 26 1만 원 이상 2만 원 미만인 계급의 도수가 5명이고 상대도수가 0.125이므로
(전체 학생 수)$=\dfrac{5}{0.125}=40$(명)
용돈이 3만 원 이상인 학생이 전체의 70 %, 즉 상대도수가 0.7이므로 2만 원 이상 3만 원 미만인 계급의 상대도수는
$1-(0.125+0.7)=0.175$
따라서 용돈이 2만 원 이상 3만 원 미만인 학생 수는
$40\times0.175=7$(명) **답** 7명

중 27 남학생과 여학생의 혈액형에 대한 상대도수를 구하면 오른쪽 표와 같다.
따라서 여학생이 남학생보다 상대적으로 많은 혈액형은 AB형이다.

혈액형	상대도수	
	남학생	여학생
A	0.4	0.38
B	0.2	0.2
AB	0.1	0.12
O	0.3	0.3
합계	1	1

답 AB형

중 28 남학생 중 축구를 좋아하는 학생 수는 $30 \times 0.4 = 12$(명)
여학생 중 축구를 좋아하는 학생 수는 $20 \times 0.35 = 7$(명)
따라서 구하는 상대도수는

$$\frac{12+7}{30+20} = \frac{19}{50} = 0.38$$
　　　　　　　　　　　　　　　　　　답 0.38

중 29 1반과 2반의 전체 학생 수를 각각 $4a$명, $3a$명이라 하고 안경을 낀 학생 수를 각각 $3b$명, $2b$명이라 하면 구하는 상대도수의 비는 $\dfrac{3b}{4a} : \dfrac{2b}{3a} = \dfrac{9b}{12a} : \dfrac{8b}{12a} = 9 : 8$
　　　　　　　　　　　　　　　　　　답 $9 : 8$

중 30 B 중학교의 전체 학생 수를 a명, 여학생 수를 b명이라 하면
A 중학교의 전체 학생 수는 $3a$명, 여학생 수는 $2b$명이므로
구하는 상대도수의 비는

$$\frac{2b}{3a} : \frac{b}{a} = \frac{2b}{3a} : \frac{3b}{3a} = 2 : 3$$
　　　　　　　　　　　　　　　　　　답 $2 : 3$

상 31 1학년 1반과 1학년 전체 학생들의 후보별 지지도에 대한 상대도수를 구하면 다음과 같다.

후보	상대도수	
	1학년 1반	1학년 전체
A	0.275	0.29
B	0.325	0.26
C	0.25	0.25
D	0.15	0.2
합계	1	1

따라서 1학년 1반과 1학년 전체에서 지지도에 대한 상대도수가 같은 후보는 C이다.
　　　　　　　　　　　　　　　　　　답 C

중 32 상대도수가 가장 큰 계급은 25회 이상 30회 미만이고 이 계급의 도수가 6명, 상대도수가 0.3이므로

$$(전체 \ 학생 \ 수) = \frac{6}{0.3} = 20(명)$$

이때 35회 이상인 두 계급의 상대도수의 합이
$0.2 + 0.15 = 0.35$이므로 구하는 학생 수는
$20 \times 0.35 = 7$(명)
　　　　　　　　　　　　　　　　　　답 7명

개념 보충 학습

상대도수의 분포를 나타낸 그래프
가로축 ➡ 계급의 양 끝 값, 세로축 ➡ 상대도수를 나타낸 것이고,
(계급의 도수)=(도수의 총합)×(계급의 상대도수)를 이용하여 구한다.

중 33 40분 미만인 세 계급의 상대도수의 합은
$0.06 + 0.16 + 0.22 = 0.44$
따라서 입장 대기 시간이 40분 미만인 관객 수는
$300 \times 0.44 = 132$(명)
　　　　　　　　　　　　　　　　　　답 132명

중 34 (1) 60점 이상 80점 미만인 두 계급의 상대도수의 합은
　　$0.24 + 0.28 = 0.52$　　　　　　　……㉮
　　따라서 전체의 $0.52 \times 100 = 52(\%)$이다.　　……㉯

(2) 성적이 90점 이상인 학생 수는 $50 \times 0.16 = 8$(명)
성적이 80점 이상인 학생 수는
$50 \times (0.2 + 0.16) = 18$(명)
따라서 성적이 10번째로 좋은 학생이 속하는 계급은 80점 이상 90점 미만이므로 이 계급의 도수는
$50 \times 0.2 = 10$(명)　　　　　　　　……㉰
　　　　　　　　　　답 (1) 52 % (2) 10명

채점 기준

(1)	㉮ 60점 이상 80점 미만인 두 계급의 상대도수의 합 구하기	20 %
	㉯ 60점 이상 80점 미만인 학생은 전체의 몇 %인지 구하기	20 %
(2)	㉰ 성적이 10번째로 좋은 학생이 속하는 계급의 도수 구하기	60 %

중 35 물을 마시는 횟수가 18회 이상인 학생 수가 6명이고 전체 학생 수가 50명이므로

$$(상대도수) = \frac{6}{50} = 0.12$$

따라서 14회 이상 18회 미만인 계급의 상대도수는
$1 - (0.02 + 0.18 + 0.3 + 0.12) = 0.38$
　　　　　　　　　　　　　　　　　　답 ④

중 36 (1) 35 kg 이상 40 kg 미만인 계급의 도수가 8명이고 상대도수가 0.2이므로

　　$(전체 \ 학생 \ 수) = \dfrac{8}{0.2} = 40(명)$　　　……㉮

(2) 50 kg 이상 55 kg 미만인 계급의 상대도수는
$1 - (0.2 + 0.15 + 0.2 + 0.15 + 0.05) = 0.25$　　……㉯
따라서 구하는 학생 수는 $40 \times 0.25 = 10$(명)　……㉰
　　　　　　　　　　답 (1) 40명 (2) 10명

채점 기준

(1)	㉮ 전체 학생 수 구하기	40 %
(2)	㉯ 50 kg 이상 55 kg 미만인 계급의 상대도수 구하기	30 %
	㉰ 몸무게가 50 kg 이상 55 kg 미만인 학생 수 구하기	30 %

중 37 ㄱ. 남학생의 키를 나타내는 그래프가 여학생의 키를 나타내는 그래프보다 전체적으로 오른쪽으로 치우쳐 있으므로 남학생이 여학생보다 상대적으로 키가 더 큰 편이다.

ㄴ. 남학생 중 150 cm 미만인 두 계급의 상대도수의 합은
$0.05 + 0.15 = 0.2$이므로 전체의 $0.2 \times 100 = 20(\%)$이다.

ㄷ. 계급의 크기가 같고 상대도수의 총합도 1로 같으므로 각각의 그래프와 가로축으로 둘러싸인 부분의 넓이는 서로 같다.

이상에서 옳은 것은 ㄱ, ㄷ이다.
　　　　　　　　　　　　　　　　　　답 ㄱ, ㄷ

중 38 (1) 2학년의 기록을 나타내는 그래프가 1학년의 기록을 나타내는 그래프보다 전체적으로 왼쪽으로 치우쳐 있으므로 2학년이 1학년보다 상대적으로 기록이 더 좋은 편이다.　……㉮

(2) 상대도수가 가장 큰 계급의 도수가 가장 크다.
1학년에서 도수가 가장 큰 계급은 10초 이상 10.5초 미만이고 상대도수가 0.26이므로 그 계급의 도수는
$50 \times 0.26 = 13$(명)

2학년에서 도수가 가장 큰 계급은 9초 이상 9.5초 미만이고 상대도수가 0.3이므로 그 계급의 도수는

$100 \times 0.3 = 30$(명)

따라서 구하는 도수의 차는

$30 - 13 = 17$(명) ...... ❹

㉑ (1) 2학년 (2) 17명

채점 기준

(1)	㉑ 어느 학년의 기록이 더 좋은 편인지 구하기	30 %
(2)	❹ 각 학년에서 도수가 가장 큰 계급의 도수의 차 구하기	70 %

단원 마무리

Level B 필수 유형 정복하기

184~187쪽

01 ③	02 40 %	03 ③	04 ⑤	05 7명
06 ③	07 5명	08 22	09 200	10 ㄱ, ㄷ
11 ③	12 10등	13 ①	14 11곳	15 10
16 21	17 (1) 12명 (2) 24명		18 17초 이상 18초 미만	
19 0.185	20 150명			

---

01 전략 주어진 줄기와 잎 그림의 특징을 조사해 본다.

① 수명이 20세 미만인 왕은 1명이다.
② 잎이 가장 많은 줄기는 3이다.
④ 조사한 조선 시대의 왕은
$1+2+8+3+7+4+1+1 = 27$(명)
⑤ 줄기가 3인 잎은 1, 1, 3, 4, 4, 7, 8, 9의 8개이다.

02 전략 전체 여학생 수를 구하여 여학생 중 상위 20 %인 학생의 성적을 구한다.

전체 여학생 수는 $3+5+3+4 = 15$(명)이므로 여학생 중 상위 20 % 이내에 드는 학생 수는

$15 \times \dfrac{20}{100} = 3$(명)

이때 여학생 중 3번째로 성적이 높은 학생의 성적은 32점이다.
전체 남학생 수는 $2+4+3+6 = 15$(명)이고, 남학생 중 성적이 32점인 학생은 6번째로 성적이 높다.
따라서 남학생 중 성적이 32점인 학생은 상위

$\dfrac{6}{15} \times 100 = 40$(%) 이내에 든다.

공략 비법

줄기와 잎 그림에서 몇 번째인 자료의 값 구하기
'~ 중에서 몇 번째인 자료의 값'을 구할 때는 자료의 값을 크기순으로 나열하면 쉽게 찾을 수 있다. 이때 중복된 자료의 값을 모두 포함하여 나열해야 한다.

---

03 전략 주어진 조건을 이용하여 A, C를 각각 B를 사용한 식으로 나타낸다.

㈎에서 $A = \dfrac{1}{4}B$ ...... ㉠

㈏에서 $C = B-1$ ...... ㉡

이때 $1+5+A+B+C+4 = 27$이므로

$1+5+\dfrac{1}{4}B+B+(B-1)+4 = 27$

$\dfrac{9}{4}B = 18$ ∴ $B = 8$

㉠에서 $A = \dfrac{1}{4} \times 8 = 2$

㉡에서 $C = 8-1 = 7$

∴ $B-A+C = 8-2+7 = 13$

04 전략 주어진 도수분포표의 특징을 조사해 본다.

① $A = 40-(2+10+12+7+3)$
   $= 6$
② 계급의 개수는 6개이다.
③ 무게가 250 g인 사과가 속하는 계급의 도수는 7개이다.
④ 도수가 가장 큰 계급은 220 g 이상 240 g 미만이다.
⑤ 무게가 220 g 미만인 사과의 개수는
   $2+6+10 = 18$(개)이므로 전체의
   $\dfrac{18}{40} \times 100 = 45$(%)이다.
따라서 옳은 것은 ⑤이다.

05 전략 각 계급에 속하는 변량을 세어 히스토그램에서 계급의 도수와 비교해 본다.

10개 이상 15개 미만인 변량은
10개, 13개, 11개의 3개이다.
15개 이상 20개 미만인 변량은
16개, 18개, 15개, 17개의 4개이다.
20개 이상 25개 미만인 변량은 22개의 1개이다.
25개 이상 30개 미만인 변량은
28개, 26개, 28개, 27개의 4개이다.
30개 이상 35개 미만인 변량은 31개의 1개이다.
이때 $a < b$이므로 주어진 히스토그램에서 변량 a, b가 속하는 계급은 각각 15개 이상 20개 미만, 30개 이상 35개 미만이다.
따라서 구하는 도수의 합은
$5+2 = 7$(명)

06 전략 주어진 히스토그램의 특징을 조사해 본다.

ㄱ. 도수가 가장 작은 계급은 60시간 이상 70시간 미만이다.
ㄴ. 주어진 히스토그램만으로는 비행 시간이 가장 많은 승무원의 비행 시간을 알 수 없다.
ㄷ. 비행 시간이 30시간 이상 40시간 미만인 승무원 수는 10명, 비행 시간이 50시간 이상인 승무원 수는 $3+2 = 5$(명)이다. 따라서 비행 시간이 30시간 이상 40시간 미만인 승무원 수는 비행 시간이 50시간 이상인 승무원 수의 $10 \div 5 = 2$(배) 이다.
이상에서 옳은 것은 ㄱ, ㄷ이다.

07 전략 도수를 알 수 없는 두 계급의 도수 사이의 관계식을 구한다.

8점 이상 12점 미만인 계급의 도수를 x명이라 하면

4점 이상 8점 미만인 계급의 도수는 $\frac{2}{5}x$명이므로

$\frac{2}{5}x+x+7+3=17$, $\frac{7}{5}x=7$ ∴ $x=5$

이때 4점 이상 8점 미만인 계급의 도수는 $\frac{2}{5}\times5=2$(명), 8점 이상 12점 미만인 계급의 도수는 5명이다.

따라서 성적이 5번째로 낮은 학생이 속하는 계급은 8점 이상 12점 미만이고 그 계급의 도수는 5명이다.

08 전략 주어진 조건을 만족하는 나무 수를 구한다.

키가 24 cm 이상 자란 나무 수는
12+10+9=31(그루)이므로 $a=31$
키가 24 cm 미만 자란 나무 수는
4+5=9(그루)이므로 $b=9$
∴ $a-b=31-9=22$

09 전략 전체 태풍의 수를 구한 후 도수분포다각형과 가로축으로 둘러싸인 부분의 넓이를 구한다.

전체 태풍의 수를 x개라 하면 최대 풍속이 30 m/s 미만인 태풍의 수는 2+4=6(개)이므로

$\frac{6}{x}\times100=15$ ∴ $x=40$

이때 계급의 크기는 25-20=5(m/s)이므로
(도수분포다각형과 가로축으로 둘러싸인 부분의 넓이)
$=5\times40=200$

10 전략 두 도수분포다각형의 분포를 비교해 본다.

ㄱ. 계급의 개수는 6개이고, 계급의 크기는 25-24=1(초)이다.

ㄴ. 훈련 후의 기록을 나타내는 그래프가 훈련 전의 기록을 나타내는 그래프보다 전체적으로 왼쪽으로 치우쳐 있으므로 훈련 후 학생들의 기록이 좋아진 편이다.

ㄷ. 훈련 전에 기록이 28초 이상인 학생 수는 7+3=10(명), 훈련 후에 기록이 28초 이상인 학생 수는 3+1=4(명)이므로 10-4=6(명)이 줄었다.

ㄹ. 훈련 전과 훈련 후의 수영부 전체 학생 수는 모두 25명이고 계급의 크기가 같으므로 각각의 도수분포다각형과 가로축으로 둘러싸인 부분의 넓이는 같다.

이상에서 옳지 않은 것은 ㄱ, ㄷ이다.

11 전략 도수와 상대도수가 모두 주어진 계급을 이용하여 전체 학생 수를 먼저 구한다.

전체 학생 수는 $\frac{12}{0.15}=80$(명)이므로 $E=80$

$A=\frac{8}{80}=0.1$, $B=80\times0.2=16$

$C=\frac{24}{80}=0.3$, $D=80\times0.25=20$

12 전략 성적이 60점 이상 70점 미만인 학생 수를 이용하여 탁구반과 축구반의 전체 학생 수를 각각 구한다.

탁구반의 전체 학생 수는 $\frac{14}{0.28}=50$(명)이고,

축구반의 전체 학생 수는 $\frac{16}{0.32}=50$(명)이다.

탁구반에서 성적이 80점 이상 90점 미만, 90점 이상 100점 미만인 학생 수는 각각
$50\times0.18=9$(명), $50\times0.04=2$(명)
이므로 탁구반에서 체육 성적이 11등인 학생이 속하는 계급은 80점 이상 90점 미만이다.

이때 축구반에서 성적이 80점 이상인 학생 수는
$50\times(0.14+0.04)=9$(명)

따라서 이 학생이 축구반으로 옮긴다면 축구반에서 80점 이상인 학생 수는 9+1=10(명)이 되므로 적어도 10등이 된다.

13 전략 1반과 2반에서 요가반을 신청한 학생 수를 각각 a, b를 사용하여 나타낸다.

1반에서 요가반을 신청한 학생 수는 $40\times a=40a$(명), 2반에서 요가반을 신청한 학생 수는 $30\times b=30b$(명)이다.

따라서 두 반을 합쳤을 때, 요가반을 신청한 학생의 상대도수는

$\frac{40a+30b}{40+30}=\frac{4a+3b}{7}$

14 전략 여행자 수가 30명 미만인 지역의 수를 이용하여 전체 지역의 수를 구한다.

30명 미만인 두 계급의 상대도수의 합은 0.08+0.3=0.38이므로 전체 지역의 수는 $\frac{19}{0.38}=50$(곳)이다.

이때 40명 이상인 두 계급의 상대도수의 합은
0.18+0.04=0.22
따라서 여행자 수가 40명 이상인 지역의 수는
$50\times0.22=11$(곳)

15 전략 방문 횟수가 10회 이상 15회 미만인 학생 수는 10회 이상인 학생 수의 $\frac{1}{2}$임을 이용한다.

방문 횟수가 10회 이상인 학생 수는
$40-(3+5)=32$(명) ······ ㉮

이므로 $A=32\times\frac{1}{2}=16$ ······ ㉯

∴ $B=40-(3+5+16+10)=6$ ······ ㉰

∴ $A-B=16-6=10$ ······ ㉱

채점 기준	
㉮ 방문 횟수가 10회 이상인 학생 수 구하기	30 %
㉯ A의 값 구하기	30 %
㉰ B의 값 구하기	30 %
㉱ $A-B$의 값 구하기	10 %

16 전략 주어진 히스토그램에서 각 계급의 도수를 구한다.

맥박 수가 70회 미만인 학생 수는 4+12=16(명)이므로
$a=16$ ······ ㉮

맥박 수가 80회 이상인 학생 수는 3명, 75회 이상인 학생 수는
$3+5=8$(명)이므로 맥박 수가 많은 쪽에서 5번째인 학생이 속
하는 계급은 75회 이상 80회 미만이다.
75회 이상 80회 미만인 계급의 도수는 5명이므로
$b=5$ ...... ㉯
$\therefore a+b=16+5=21$ ...... ㉰

17 전략 먼저 백분율을 이용하여 몸무게가 46 kg 이상인 학생 수를 구한다.

(1) 몸무게가 46 kg 이상인 학생 수는
$$50 \times \frac{24}{100} = 12(\text{명})$$ ...... ㉮
(2) 몸무게가 38 kg 이상 46 kg 미만인 학생 수는
$$50 - (5+9+12) = 24(\text{명})$$ ...... ㉯

18 전략 기록이 4번째로 빠른 로봇이 속하는 계급을 찾는다.

기록이 17초 미만인 로봇 수는 3개이고
기록이 18초 미만인 로봇 수는 $3+5=8$(개)이다. ...... ㉮
따라서 기록이 빠른 4개의 로봇을 뽑으려면 기록이 4번째로 빠
른 로봇이 속하는 계급인 17초 이상 18초 미만인 계급에 속하
는 로봇들의 기록을 정확히 조사해야 한다. ...... ㉯

19 전략 A, B 두 학교에서 문화 행사에 참여한 학생 수를 각각 구한다.

A, B 두 학교에서 문화 행사에 참여한 학생 수는 각각
$300 \times 0.16 = 48(\text{명})$,
$500 \times 0.2 = 100(\text{명})$
이므로 두 학교의 전체 학생 중 문화 행사에 참여한 학생 수는
$48 + 100 = 148(\text{명})$ ...... ㉮
따라서 구하는 상대도수는
$$\frac{148}{300+500} = \frac{148}{800} = 0.185$$ ...... ㉯

20 전략 먼저 30분 이상 40분 미만인 계급의 상대도수를 구한다.

30분 이상 40분 미만인 계급의 상대도수는
$1 - (0.12 + 0.18 + 0.24 + 0.2) = 0.26$ ...... ㉮

이때 전체 탑승자 수를 x명이라 하면
$x \times 0.26 = x \times 0.2 + 9$ ...... ㉯
$0.06x = 9$ $\therefore x = 150$
따라서 전체 탑승자 수는 150명이다. ...... ㉰

단원 마무리 188~189쪽
Level C 발전 유형 정복하기

01 50 % **02** ③, ④ **03** 19명 **04** 60 % **05** ③
06 120명 **07** 642 **08** 0.16 **09** ㉡, ㉢ / 풀이 참조

01 전략 먼저 줄기가 1인 잎의 개수를 구한다.

줄기가 3인 잎의 개수가 9개이므로 줄기가 1인 잎의 개수는
$9 - 3 = 6(\text{개})$
전체 사람 수는 $3+6+7+9+5 = 30(\text{명})$이고
나이가 27세 이하인 사람 수는
$3+6+6 = 15(\text{명})$
이므로 전체의 $\frac{15}{30} \times 100 = 50(\%)$이다.

02 전략 주어진 조건을 이용하여 x, y의 값을 각각 구한다.

① $1+1+4x = 3(x+3)$이므로
$4x+2 = 3x+9$ $\therefore x = 7$
(도수의 총합) $= 1+1+28+7+3 = 40$이므로
$y = 40$
② 계급의 크기는 $4-0 = 4(\text{회})$
③ 도수가 가장 큰 계급은 8회 이상 12회 미만이다.
④ 체험 횟수가 12회 이상인 학생 수는
$7+3 = 10(\text{명})$
이므로 전체의 $\frac{10}{40} \times 100 = 25(\%)$이다.
⑤ 체험 횟수가 11번째로 많은 학생이 속하는 계급은 8회 이상
12회 미만이므로 그 계급의 도수는 28명이다.
따라서 옳은 것은 ③, ④이다.

03 전략 주어진 백분율과 도수의 총합을 이용하여 성적이 50점인 학생 수를 구한다.

성적이 50점 이상인 학생 수는 $40 \times \frac{30}{100} = 12(\text{명})$
성적이 50점인 학생 수를 x명이라 하면
$x+5+1 = 12$ $\therefore x = 6$
이때 2문제만 맞힌 학생이 얻을 수 있는 성적은
$10+20 = 30(\text{점})$, $10+40 = 50(\text{점})$, $20+40 = 60(\text{점})$
이므로 2문제만 맞힌 학생 수는
$8+6+5 = 19(\text{명})$

04 전략 히스토그램의 각 직사각형의 넓이는 각 계급의 도수에 정비례함을 이용한다.

$x:6=3:2$이므로

$2x=18$ ∴ $x=9$

이때 전체 학생 수는

$3+9+6+7+5=30$(명)

공책을 8권 미만으로 가지고 있는 학생 수는

$3+9+6=18$(명)

이므로 전체의 $\dfrac{18}{30}\times100=60(\%)$이다.

05 전략 모눈 한 칸의 세로의 길이를 a라 하고 넓이에 대한 식을 세운다.

모눈 한 칸의 세로의 길이를 a라 하면 모눈 한 칸의 가로의 길이는 10이고 $S_1=S_2$이므로

$S_1+S_2=2S_1=2\times\left(\dfrac{1}{2}\times5\times2a\right)=10a$

이때 $S_1+S_2=20$이므로

$10a=20$ ∴ $a=2$

수학 성적이 80점 이상 90점 미만인 학생 수는

$7a=7\times2=14$(명)

수학 성적이 90점 이상 100점 미만인 학생 수는

$4a=4\times2=8$(명)

따라서 수학 성적이 80점 이상인 학생 수는

$14+8=22$(명)

> **공략 비법**
> 히스토그램이나 도수분포다각형에서 세로축의 도수를 모를 경우에는 모눈 한 칸의 세로의 길이를 미지수로 놓고, 직사각형의 넓이를 이용하여 미지수의 값을 구한다.

06 전략 각 계급의 도수는 자연수이어야 하므로 자연수가 되도록 하는 전체 학생 수를 구한다.

70 cm 이상 75 cm 미만인 계급의 상대도수는

$1-\left(\dfrac{1}{8}+\dfrac{1}{6}+\dfrac{1}{4}+\dfrac{1}{8}\right)=1-\dfrac{2}{3}$

$\qquad\qquad\qquad\qquad\qquad=\dfrac{1}{3}$

각 계급의 도수는 자연수이어야 하므로 전체 학생 수는 상대도수의 분모인 3, 4, 6, 8의 최소공배수인 24의 배수이어야 한다.

이때 $24\times4=96$, $24\times5=120$, $24\times6=144$이므로

전체 학생 수는 120명이다.

07 전략 상대도수가 가장 큰 계급이 도수가 가장 크다는 것을 이용하여 전체 가구 수부터 구한다.

상대도수가 가장 큰 계급은 250 kWh 이상 300 kWh 미만이고 이 계급의 상대도수는 0.32이므로 전체 가구 수는

$\dfrac{192}{0.32}=600$(가구)

∴ $a=600$

전력 사용량이 100 kWh 이상 150 kWh 미만인 가구 수는

$600\times0.08=48$(가구)이므로 $b=48$

100 kWh 미만인 계급의 상대도수는 0.06이므로 전체의

$0.06\times100=6(\%)$ ∴ $c=6$

∴ $a+b-c=600+48-6=642$

08 전략 문자 메시지 수가 170건 이상 190건 미만인 학생 수를 x명이라 하고 식을 세운다.

문자 메시지 수가 110건 미만인 학생 수가 3명이므로 전체 학생 수는

$\dfrac{3}{0.12}=25$(명) ...... ㉮

이때 문자 메시지 수가 170건 이상 190건 미만인 학생 수를 x명이라 하면 150건 이상 170건 미만인 학생 수는 $2x$명이므로

$3+9+7+2x+x=25$, $3x=6$ ∴ $x=2$ ...... ㉯

따라서 150건 이상 170건 미만인 계급의 도수는 4명이므로 구하는 상대도수는

$\dfrac{4}{25}=0.16$ ...... ㉰

> **채점 기준**
> | ㉮ 전체 학생 수 구하기 | 30 % |
> |---|---|
> | ㉯ 문자 메시지 수가 170건 이상 190건 미만인 학생 수 구하기 | 40 % |
> | ㉰ 150건 이상 170건 미만인 계급의 상대도수 구하기 | 30 % |

09 전략 상대도수의 분포를 나타낸 그래프의 특징을 조사해 본다.

㉠ A, B 두 지역의 20대의 비율은 각각

$0.24\times100=24(\%)$, $0.08\times100=8(\%)$

따라서 20대의 비율은 A 지역이 24 %로 B 지역의 8 %보다 훨씬 높다.

㉡ A, B 두 지역의 60대의 비율은 각각

$0.1\times100=10(\%)$, $0.22\times100=22(\%)$

따라서 60대의 비율은 B 지역의 비율이 A 지역의 비율의 2배보다 크다.

㉢ A 지역의 40대 인구 수는

$1000\times0.23=230$(명)

B 지역의 40대 인구 수는

$600\times0.31=186$(명)

따라서 40대 인구 수는 A 지역이 B 지역보다 많다.

㉣ A 지역의 50대 이상 인구 수는

$1000\times(0.16+0.1)=260$(명)

B 지역의 50대 이상 인구 수는

$600\times(0.23+0.22)=270$(명)

따라서 50대 이상 인구 수는 B 지역이 A 지역보다 10명 더 많다. ...... ㉮

이상에서 틀린 문장은 ㉡, ㉢이다. ...... ㉯

> **채점 기준**
> | ㉮ ㉠, ㉡, ㉢, ㉣ 문장이 옳은지 판단하기 | 80 % |
> |---|---|
> | ㉯ 틀린 문장 찾기 | 20 % |

www.mirae-n.com

학습하다가 이해되지 않는 부분이나 정오표 등의 궁금한 사항이 있나요?
미래엔 홈페이지에서 해결해 드립니다.

교재 내용 문의
나의 교재 문의 | 수학 과외쌤 | 자주하는 질문 | 기타 문의

교재 정답 및 정오표
정답과 해설 | 정오표

교재 학습 자료
개념 강의 | 문제 자료 | MP3 | 실험 영상

영문법 기본서

GRAMMAR BITE

중학교 핵심 필수 문법 공략, 내신·서술형·수능까지 한 번에!

중등 영문법 PREP
중등 영문법 Grade 1, Grade 2, Grade 3
중등 영문법 SUM

영어 독해 기본서

READING BITE

끊어 읽으며 직독직해하는 중학 독해의 자신감!

중등 영어독해 PREP
중등 영어독해 Grade 1, Grade 2, Grade 3
중등 영어독해 PLUS 수능

영어 어휘 필독서

word BITE

중학교 전 학년 영어 교과서 분석, 빈출 핵심 어휘 단계별 집중!

핵심동사 561
중등필수 1500
중등심화 1200

미래엔 교과서 연계 도서

자습서

 ### 미래엔 교과서 자습서

핵심 정리와 적중 문제로 완벽한 자율학습!

국어 1-1, 1-2, 2-1, 2-2, 3-1, 3-2	도덕 ①, ②
영어 1, 2, 3	과학 1, 2, 3
수학 1, 2, 3	기술·가정 ①, ②
사회 ①, ②	제2외국어 생활 일본어, 생활 중국어, 한문
역사 ①, ②	

평가 문제집

 ### 미래엔 교과서 평가 문제집

정확한 학습 포인트와 족집게 예상 문제로 완벽한 시험 대비!

국어 1-1, 1-2, 2-1, 2-2, 3-1, 3-2
영어 1-1, 1-2, 2-1, 2-2, 3-1, 3-2
사회 ①, ②
역사 ①, ②
도덕 ①, ②
과학 1, 2, 3

예비 고1을 위한 고등 도서

룩

이미지 연상으로 필수 개념을 쉽게 익히는 비주얼 개념서

국어 문학, 독서, 문법
영어 비교문법, 분석독해
수학 고등 수학(상), 고등 수학(하)
사회 통합사회, 한국사
과학 통합과학

올리드

탄탄한 개념 설명, 자신있는 실전 문제

수학 고등 수학(상), 고등 수학(하), 수학Ⅰ, 수학Ⅱ, 확률과 통계, 미적분
사회 통합사회, 한국사
과학 통합과학

수학중심

개념과 유형을 한 번에 잡는 개념 기본서

수학 고등 수학(상), 고등 수학(하), 수학Ⅰ, 수학Ⅱ, 확률과 통계, 미적분, 기하

유형중심

체계적인 유형별 학습으로 실전에서 더욱 강력한 문제 기본서

수학 고등 수학(상), 고등 수학(하), 수학Ⅰ, 수학Ⅱ, 확률과 통계, 미적분

BITE

GRAMMAR	문법의 기본 개념과 문장 구성 원리를 학습하는 고등 문법 기본서
	핵심문법편, 필수구문편
READING	정확하고 빠른 문장 해석 능력과 읽는 즐거움을 키워 주는 고등 독해 기본서
	도약편, 발전편
word	동사로 어휘 실력을 다지고 적중 빈출 어휘로 수능을 저격하는 고등 어휘력 향상 프로젝트
	핵심동사 830, 수능적중 2000

손쉬운

작품 이해에서 문제 해결까지 손쉬운 비법을 담은 문학 입문서

현대 문학, 고전 문학